计算化学在典型大气污染物控制中的应用

汤立红 李凯 宁平 著

北京

冶金工业出版社

2017

内 容 提 要

全书共分 7 章，主要内容包括计算化学简介及其发展，理论基础和计算方法，大气污染物控制研究中常用的计算化学软件，计算化学在气态含硫化合物控制研究中的应用，计算化学在气态含氮化合物控制研究中的应用，计算化学在气态含碳化合物控制研究中的应用，计算化学在其他大气污染物控制中的应用。

本书既可供材料、环境、化学等专业的师生参考使用，也可供从事相关专业的工程技术人员参考使用。

图书在版编目(CIP)数据

计算化学在典型大气污染物控制中的应用/汤立红，李凯，宁平著 . —北京：冶金工业出版社，2016. 1（2017. 1 重印）
ISBN 978-7-5024-7128-6

Ⅰ.①计…　Ⅱ.①汤…　②李…　③宁…　Ⅲ.①化学—计算机应用—大气污染物—污染控制　Ⅳ.①X510. 6-39

中国版本图书馆 CIP 数据核字（2016）第 010722 号

出 版 人　谭学余
地　　　址　北京市东城区嵩祝院北巷 39 号　邮编　100009　电话　(010)64027926
网　　　址　www. cnmip. com. cn　电子信箱　yjcbs@ cnmip. com. cn
责任编辑　郭冬艳　美术编辑　彭子赫　版式设计　孙跃红
责任校对　卿文春　责任印制　李玉山
ISBN 978-7-5024- 7128-6
冶金工业出版社出版发行；各地新华书店经销；三河市双峰印刷装订有限公司印刷
2016 年 1 月第 1 版，2017 年 1 月第 2 次印刷
169mm×239mm；21. 25 印张；415 千字；330 页
49. 00 元
冶金工业出版社　投稿电话　(010)64027932　投稿信箱　tougao@cnmip. com. cn
冶金工业出版社营销中心　电话　(010)64044283　传真　(010)64027893
冶金书店　地址　北京市东四西大街 46 号(100010)　电话　(010)65289081(兼传真)
冶金工业出版社天猫旗舰店　yjgycbs. tmall. com
（本书如有印装质量问题，本社营销中心负责退换）

前　言

　　大气是对地球周围空气的总称，是人类赖以生存的环境条件之一，它主要由氧气、氮气、少量二氧化碳和惰性气体等组成。当有害物质如二氧化硫、氮氧化物、一氧化碳、挥发性有机物和颗粒物等进入大气并达到足够的浓度时，就形成了大气污染。将对环境质量和人类的健康造成危害。在大气污染控制和治理方面，许许多多的环境方面实验化学家投入了大量的研究工作。近年来温室效应、臭氧层破坏、PM2.5以及酸雨等大气污染问题日益突出，如何保护环境、治理环境污染，确保人类的可持续发展已经成为世界各国普遍关心的问题之一。全面了解大气污染反应的微观机理，掌握这些反应的动力学参数，对有效治理大气污染问题来说是必要的。实验上对于大气中分子与原子、分子与自由基、自由基与原子等反应的研究十分活跃。但是由于受到实验条件的限制，例如高温、高压、有毒、有害等，使得许多反应从传统实验上来测量研究往往很难进行，而对于同一反应体系，不同的实验测量结果之间差异又很大。这些目前难以用纯实验克服的困难，如果借助理论化学研究方法来处理，就可以从理论上深入地研究这些反应的微观机理，计算反应的速度常数，发挥理论计算的前瞻性，为实验研究提供可靠的线索。

　　理论化学是运用纯理论计算而非实验方法研究化学反应的本质问题，其研究领域主要是量子化学、统计力学、化学热力学、分子反应动力学及非平衡态热力学等，并且大多辅以计算机模拟，因此，有时候也有人把理论化学称为计算化学。在研究物质结构、预测化合物的反应活性、研究反应的微观本质过程等问题中，这几方面都可能会不同程度地涉及。另外，理论化学还包括对处于大维度物质化学性质的数学表征（如化学动力学的研究）和研究数学进展在基础研究的实用性（如拓扑学原理在研究电子结构方面的可能应用和非线性方面的研究等），因此，理论化学的这一方面有时也被称为数学化学。计算化学通常是指理论化学的具体应用并设计一些近似处理，例如一些哈特利-福克类型的方法、密度泛函理论、半经验方法和各种力场方法。当然，也有一些化学理论家应用统计力学将量子世界的微观想象与大体系物质的宏观性质联系在一起来研究化学问题。理论上解决化学问题可以追溯到化学发展的早期，但直到奥地利物理学家埃尔温·薛定谔导出薛定谔方程之前，所用的理论工具都相当不完善，并有很多近似猜测。随着数学、物理、化学、计算机的快速发展，现在基于量子力学以及统计力学原理的复杂得多的计算方法已经很普遍。本书主要介绍大多基于量子力学和统计力学理论的计算方法来研究大气方面的化学现象。

　　另外，理论化学经过理论化学家们将近一个世纪的共同努力，取得了许多令人瞩目的成果，比如，Mulliken 因"分子轨道理论"获得 1966 年诺贝尔化学奖；福井谦一因"前线轨道理论"与 Hoffman 因"分子轨道对称守恒原理"共同获得 1981 年诺贝尔化学奖；Pople 因"从头计算方法"与 Kohn 因"密度泛函理论"共同获得 1988 年诺贝尔化学奖。需要特别说明的是，2013 年诺贝尔化学奖授予了马丁·卡普拉斯、迈克尔·莱维特和阿里耶·瓦谢勒 3 人，以表彰他们在电脑模拟化学反应领域做出的开创性贡献，他们让借助电脑来描绘化学过程成为可能。这些在计算机实验研究方面所获得的诺贝尔化学奖，说明了量子化学计算对化学的发展所做出的巨大贡献，已经被化学界公认。从 1980 年开始，每年在 Engineering Village 中关于"Molecular Simulation"的文章数目由 37 篇递增到最高 5209 篇（2008 年）。与分子模拟有关的论文，美国发表的篇数最多，高达 16351 篇，其次是日本，中国名列第三。这些在理论化学方面取得的辉煌成绩，也是我们下决心撰写本书的一个动力所在。

本书的主要内容包括：计算化学简介、物理原理及计算软件，计算化学在大气污染研究中的应用等。首先本书对计算化学的发展史及研究现状进行了较详细的描述，并对理论方法也进行了全面介绍，让读者对计算化学有一个较清晰的了解。随后，对目前开发出的一些常用流行的计算软件一一进行了介绍，所介绍的计算软件一般是基于第一性原理或分子力学原理开发的。最后着重介绍了计算化学在不同污染气体研究中的应用现状和发展趋势。

本书由昆明理工大学环境科学与工程学院的部分老师共同编著，其中，第1章由宁平教授编写；第2章~第4章由汤立红编写；第5章~第7章由李凯编写。孙鑫、郭惠斌、张贵剑、宋辛、包双友和朱婷婷等参与了相关文献的检索、收集和整理，以及提供相关研究数据等工作，在此向他们表示感谢。在编写此书时，参考了不少书籍和期刊，本书的出版同这些图书及有关论文的作者的辛勤工作是分不开的，在此也向他们表示感谢。

计算化学涉及面大，包括医药化学、材料化学、冶金化学、高分子化学、能源电池等，限于篇幅而没有广泛介绍。另由于作者水平所限，书中疏漏及不妥之处，欢迎广大读者批评指正。

作　者

2015 年 10 月

目　　录

1 计算化学简介及其发展

1.1 计算化学简介

计算机在化学中的应用，又称计算机化学（computational chemistry）。主要包括 5 个研究领域：

（1）化学中的数值计算。即利用计算数学方法，对化学各专业的数学模型进行数值计算或方程求解，例如，量子化学和结构化学中的演绎计算、分析化学中的条件预测、化工过程中的各种应用计算等。

（2）化学模拟。其包括：数值模拟，如用曲线拟合法模拟实测工作曲线；过程模拟，根据某一复杂过程的测试数据，建立数学模型，预测反应效果；实验模拟，通过数学模型研究各种参数（如反应物浓度、温度、压力）对产量的影响，在屏幕上显示反应设备和反应现象的实体图形，或反应条件与反应结果的坐标图形。

（3）模式识别在化学中的应用。最常用的方法是统计模式识别法，这是一种统计处理数据、按专业要求进行分类判别的方法，适于处理多因素的综合影响，例如，根据二元化合物的键参数（离子半径、元素电负性、原子的价径比等）对化合物进行分类，预报化合物的性质。模式识别广泛用于最优化设计，根据物性数据设计新的功能材料。

（4）化学数据库及检索。在化学数据库中，数据、常数、谱图、文摘、操作规程、有机合成路线、应用程序等都是数据。数据库能存贮大量信息，并可根据不同需要进行检索。根据谱图数据库进行谱图检索，已成为有机分析的重要手段，首先将大量的谱图（红外、核磁、质谱等）存入数据库，作为标准谱图，然后由实验测出未知物的各种谱图，把它们和标准谱图进行对照，就可求得未知物的组成和结构。

（5）化学专家系统。专家系统是数据库与人工智能结合的产物，它把知识规则作为程序，让机器模拟专家的分析、推理过程，达到用机器代替专家的效果。如酸碱平衡专家系统，内容包括知识库和检索系统，当你向它提出问题时，它就能自动查出数据，找到程序，进行计算、绘图 、推理判断等处理，并用专业语言回答问题，如溶液 pH 值的计算，任意溶液用酸、碱进行滴定时操作规程的设计。

理论化学泛指采用数学方法来表述化学问题，而计算化学作为理论化学的一个分支，常特指那些可以用电脑程序实现的数学方法。计算化学并不追求完美无缺或者分毫不差，因为只有很少的化学体系可以进行精确计算。不过，几乎所有种类的化学问题都可以采用近似的算法来表述。

理论上讲，对任何分子都可以采用相当精确的理论方法进行计算。很多计算软件中也已经包括了这些精确的方法，但由于这些方法的计算量随电子数的增加成指数或更快的速度增长，所以它们只能应用于很小的分子。对更大的体系，往往需要采取其他更大程度近似的方法，以在计算量和结果的精确度之间寻求平衡。

计算化学主要应用已有的电脑程序和方法对特定的化学问题进行研究，而算法和电脑程序的开发则由理论化学家和理论物理学家完成。计算化学在研究原子和分子性质、化学反应途径等问题时，常侧重于解决以下两方面的问题：

（1）利用计算机程序解量子化学方程来计算物质的性质（如能量、偶极矩、振动频率等），用以解释一些具体的化学问题。这是一个计算机与化学交叉的学科。

（2）利用计算机程序做分子动力学模拟。

20世纪80年代以来，计算机已成为所有分支领域化学家的必备工具。事实说明，不能再把计算化学这门学科仅仅理解成"计算机在化学中的应用"，其原因不是如何定义一个学科的问题，而是科学发展的要求和趋势所在，只有具备足够学术的深度才能名副其实地担当起该学科可持续性发展的重任。计算化学需要有一个坚实的学术基点，确保它始终处于化学科学的主流，而不是停留在"计算机辅助"的角色。实际上，当今人们已经认识到："计算"已经与实验、形式理论一样能够发现新的科学现象、新的科学概念，这使它成为第三条科学发现的途径。

1.1.1　科学发现的三大支柱

1953年著名的Fermi-Pasta-Ulam的计算机实验，研究了动力学体系非线性项的微扰是如何改变单一的周期振动行为的。结果出人意料，回归初始状态的时间竟然远远比想象的Poincare回归时间短得多。这个计算机试验开创了"计算物理"这门学科。更为重要的是，从此人们明白除了实验、形式理论这两条能够创造、发现新的科学概念的途径外，还存在第三条途径——模拟计算。相当多的场合，一个演绎表达式不能让科学家们立刻感悟到其中隐藏的科学概念，但是可以通过模拟计算发现它。另外还有三个例子：1967年，Orban等用分子动力学模拟一个由100个硬球组成的体系对Loschmidt的错误结论做出了有说服力的解释，指出运动方程的微观可逆性与Boltzmann的H定理指出的宏观不可逆性是不矛盾的；1970年，Alder和wainwright的计算实验发现可能存在"分子湍流"，这是过去没有想到的；1993 年，Crommie 等通过在铜（111）切面上把 48 个铁原子围成圆圈，用扫描隧道显微镜测量隧穿电流，然后根据二维圆无限深势阱的理论模型用 Schrödinger 方程计算，得到解（球 Bessel 函数）的平方与实验值符合得极好，确认实验中测到的"水波"就是被铁原子散射的电子。所以，郝柏林院士早就强调："计算物理学的目的不是计算，而是理解、预言和发现新的物理现象。"计算不只是给出数值解，还创造、发现新的科学概念。当今物理科学界中已经普遍认为"物理学的三大支柱是实验、形式理论和计算"。

同样，化学作为原子、分子层次的物理科学，实验、形式理论和计算也是化学的三大支柱。1993 年诺贝尔化学奖颁奖公告及其附录首次公开指出形式理论在化学中的支柱作用："……量子化学已经发展成为广大化学家使用的工具，将化学带入一个新时代，在这个新时代里实验和理论能够共同协力探讨分子体系的性质。""化学不再是纯粹的实验科学……整个化学正在经历着一场革命性的变化"。这里所说的量子化学应当是指整个理论化学。于是计算化学作为理论化学的执行者，理论化学的延伸，各种化学体系的模拟计算近年来发展很快，随之壮大形成一门新的学科。"计算"正成为化学领域的支柱。与形式理论一样，计算化学的目的也是"理解、预言和发现"新的化学现象和概念。它将不断地推翻、纠正老的化学概念，揭示、建立新的化学概念。

尽管人们对计算科学的发展趋势还持有各种看法，但这已成为历史定局，一定会有更多的科学家涌入计算这个新领域。不仅是化学，而且在整个科学、工程领域都是如此。2005 年，美国总统的信息技术顾问委员会给总统一份长篇报告，题目就是《计算科学确保了美国的竞争力》（Computational science Ensuring America's Competitiveness）。"计算"不再是科学发现的辅助角色。尤其，2013 年 Nobel 化学奖授予了马丁·卡普拉斯、迈克尔·莱维特和阿里耶·瓦谢勒 3 人，以表彰他们在电脑模拟化学反应领域做出的开创性贡献，他们让借助电脑来描绘化学过程成为可能。说明计算科学成为科学探索三大支柱已成既定事实，在学术界的地位已经得到了普遍认可。

1.1.2 计算的可信度

什么是计算依据的"第一性原理"呢？尽管人们依然认定科学理论最后肯定离不开实验的检验，但是，当今人们已经不再把实验当做科学新思想、新概念的唯一来源。整个 20 世纪现代物理学和化学科学发展的结果，使人们相信："当今物理学的状况是处于这样的局面，看来不大可能再看到一种基本的普遍理论会在全部抛弃的意义下被取代，也许例外的是像宇宙起源说那样的历史理论。"人们解释客观世界的活动，有意无意地都从经验领域沿着一个箭头深入下去，实质上指向物理学的基本原理。从牛顿以来的三百多年，至少是关于无生命物质世界第一性原理的框架已经建立，这就是量子力学和统计力学。

第一性原理具有公理结构，从很少几条公理假设出发，经过数学和逻辑演绎得到关于物质的形式理论体系，再从形式理论出发利用物理模型近似、二次形式化和计算，得到理论预计值，最后再与实验结果核对。结果，以量子力学、统计力学为核心的第一性原理已经在最近 100 年来经受了各种领域实验事实的检验。这些领域几乎包括从微观到宏观物质世界的所有方面，在时间、空间尺度的数量级跨度均达到 10^{43}。量子力学、统计力学经受实验检验的程度之深、领域之广是任何自然科学学科中其他理论所远远不能相比的。所以，以物质世界为对象的计算化学必然要尽可能地依据第一性原理，凭第一性原理来处理物理模型，这样的计算结果人们才会相信。

"实践是检验真理的唯一标准"是人类历史的总结，是完全正确的。它指出人类对客观世界的任何物理学、化学的理论都要接受整个历史长河中的全部实验事实来检验，即接受过去、现在还包括将来的实验事实来检验。必须着重指出：人们在对待自然科学理论时通常所谓"用实验事实来检验理论"，实际上用的是过去和现在两段时间内积累的实验事实，还没有也不可能包括将来的实验事实。即便被当前实验事实检验，那还不能解决当前的所有问题，当前实验不足以检验当前理论正确与否的事情并不稀罕。实际上，经常需要通过理论去设计实验来检验理论，还经常需要改进和扩大实验事实，在将来的时间里继续检验科学理论。

既然不可能用将来的实验来检验现在的理论，那么是否就无法建立正确的自然科学理论，只能陷入单纯等待实验结果的被动境地呢？不是的。提供答案的不是哲学，而是大自然。客观世界从其物质构成而言就是仅仅由电子和原子核组成的。正因为这种物质基础的统一性，当今人们能够扬言原则上可以用一个理论来解释至少无生命世界的所有问题。旧时那种采用相互间没有联系的多种"理论"来分别解释物质的不同性质的做法，起码在无生命的物质科学领域内已经被抛弃。如果有两个理论分别都能够解释同一个无生命物质世界领域的科学问题，那么人们总能够在数学上证明它们是等价的。所以说，20 世纪的最大科学成果是人们得到了无生命物质世界的统一理论，即第一性原理的基本框架——量子力学和统计力学。在物理上如此，在化学上也如此。

自我批评是科学的生命力所在。科学家们必须实事求是。尽管量子力学、统计力学的成就如此辉煌，他们对第一性原理如此有信心，但是他们全都公开承认现在的理论还不完善。从非相对论的量子力学发展到相对论的量子力学，Prigogine 揭示了量子力学在时间方向性上的局限性。20 世纪 70 年代，Dirac 说过："……不应认为量子力学的现在形式是最后的形式"。50 年代，Heisenberg 说过："量子力学中还没有对应于生物进化的算符，不能用于生物学"。总之，第一性原理在不断发展之中。

1.1.3　计算化学的原则

计算化学的原则：首先采用物理模型，数学模型是最后选择。

在运用第一性原理的时候，选用适当的模型才能执行计算。这里必须强调：物理模型比数学模型重要得多，只有在暂时无法构筑物理模型的场合才不得已采用数学模型。

量子计算机的奠基人、牛津大学量子物理教授 D. Deutsch 指出："预言事物或描述事物，不论多么准确，也和理解不是一回事……物理学家研究并形成理论的真正动机恰恰是渴望更好地理解世界。"理解就是要求得到物理模型。数值上准确的模型不见得机理上也正确，机理上正确的模型数值上一定准确。剑桥大学物理系教授 J. C. Taylor 说："当人们在设想物理模型的过程中陷入绝境时，有时会倒退回数学领域。"数学模型只是寻找科学真理的第一步，它只是在理论预计的数值上与实验值相符而已。物理模型还要求在客观机理上也要尽量正确。物理学是严密科学，化学也正在步入严密科学。所谓严密科学，"严"字指机理正确，"密"字指数值准确。

近年来，随着计算机软件的普及，黑箱方法得到广泛使用。应当承认，在技术、工程领域，数学模型有广泛应用，经济效益特别明显。可是，有人居然在已经能够用第一性原理处理物理模型的场合中，还另辟蹊径，采用专家系统和数据挖掘之类的黑箱方法，如实现波普模拟等，声称开拓了新的交叉学科。其实，此类方法本质上是构筑数学模型，是基于小样本数的统计数学方法，严谨的统计数学界早已告诫人们要警惕"统计陷阱"，不要滥用统计方法。搞数学模型的方法，也完全可以用来"算命"。显然后者无法与前者相比，只有前者才称得上严密科学。把黑箱方法提高到不适当的高度会迷失科研的方向。

科学家的价值观不同于经济学家、工程师的价值观。无论经济效益多么诱人，在探索客观规律的问题上，科学家只有在无法找到物理模型的处境下，不得已才抱着谨慎的态度使用数学模型。例如，在药物设计领域内，由于第一性原理对于生命过程目前还无能为力，所以才大量使用黑箱方法。材料科学中的 QSPR 也属于此类方法。生命科学领域目前还只有在对接、动态结构演化、局部结构演化、局部小范围内的化学反应等不多的场合下能够部分结合第一性原理的方法。

1.1.4　计算化学的目的

计算化学的目的在于理解、预言和发现新的化学现象及其物理本质。

世界上无论哪个化学物质都是由电子和不同电荷的原子核组成的，物质世界的"统一性"就在于此。所以科学家对"统一性"的追求并不是主观的臆想，而是在实践中不断修正、不断接近和符合客观实际的结果。20 世纪物理学和化学的最大成功之处就在于此。理论化学就是化学领域的第一性原理。科学理论具有强大的预见能力，它能启发我们获得科学的新思想、新概念。这种强大的预见能力远远超过人们的想象。

计算物理可以说是理论物理的执行者。同样，既然理论化学是分子体系的理论物理，所以计算化学也应当是理论化学的执行者。计算物理与计算化学两者有类似的学科结构。计算化学的目的不是计算，而是理解、预言和发现新的化学现象及其物理本质。

计算化学也是理论化学的自然延伸。发展初期，量子化学是理论化学的主要研究内容。正因为要进一步用来模拟计算实际化学体系，要求与宏观现象联系起来，于是理论化学也逐渐关注统计力学方法。原先作为统计力学两大计算手段的分子动力学方法和 Monte Carlo 方法就成为化学模拟的中心内容。进一步的发展，量子和统计融合成量子统计力学。采用 Green-Kubo 理论和分子动力学方法模拟各种波普、输运性质就是一例。由此，计算化学也推动了理论化学的发展。国际上著名的 Sanibel 会议就是这样的，在 20 世纪 50 年代其内容是纯粹的量子化学，陆续发展到包括统计力学、计算量子化学、分子模拟和计算化学领域了。

1.1.5 严密科学的特征

数学往往是许多书中最不受欢迎的语言，可是本书不打算避免数学语言。出于强调物理意义的目的，恰恰需要数学来做支撑。马克思说："一种科学只有成功地运用数学时，才算达到了真正完善的地步"。本书力图让读者感受这一点。虽然数学源于纯粹理性思维，不属于自然科学，可是化学家还是可以逐步练就一套从形式理论的数学语言中获取物理意义的能力。尽管数学有时也从经验获取灵感，可是一旦数学的公理体系建立了，在这个基础上就可以独立发展出整幢教学大厦，而与经验无关。数学抽象能够让我们对更多的自然问题有一个统一深入的物理认识，把经验再提高一步。

实际上，用数学传达的思想最少发生歧义和误解，回避数学的做法并不能在大多数场合把物理问题阐述透彻，搞不好还会误解。例如，如果没有量子力学的形式理论，我们始终只能把量子力学大师 Niels Bohr 的互补原理（complementary principle）误认为是量子力学思考问题的起点，永远把这个"神话"当作真实的，一代一代传下去。

本书努力想达到的另一个目的是从化学这个视角感受第一性原理的数学美，那是一个涉及科学真理观的问题。P. Dirac 认为"物理学定律必须具有数学美（mathematical beauty）"。他在普遍意义下比较了经验归纳方法和数学演绎方法后，认为在物理学中后者更为重要，因为它能够使人们推导出尚未做过的实验的结果。尽管人们还不知道是否应该接受 Dirac，Weyl 等如此关于科学真理的数学美原理，但是数学美原理的确提供了一个重要的探索真理的工具，几十年来结出了丰硕的、带本质性的科学成果。化学领域也一样，人们通过对理论的学习，不得不承认数学对科学真理的逼近程度大大超出了人们通常的预期。

计算化学是理论化学的执行者，倘若对理论化学的数学语言没有一定的了解，实际上不可能在执行过程中系统、完整、创造性地考虑问题。虽然不分场合强调高级数学语言不是合适的做法，但是我们不至于甘心让数学成为一道墙垒把化学家长久隔绝在现代科学之外为好。

1.2 计算化学的产生、发展、现状和未来发展

近二十年来，计算机技术的飞速发展和理论方法的进步使理论与计算化学逐渐成为一门新兴的学科。今天理论化学计算与实验研究的紧密结合大大改变了化学作为纯实验科学的传统印象，有力推动了化学各个分支学科的发展。而且，理论与计算化学的发展也对相关学科如：纳米科学、分子生物学以及环境科学等的发展起到了巨大的推动作用。

1.2.1 计算化学的产生

计算化学是随着量子化学理论的产生而发展起来的，是有着悠久历史的一门新兴学科。自 20 世纪 20 年代量子力学理论建立以来，许多科学家曾尝试以各种数值计算方法来深入了解原子与分子之间的各种化学性质。然而在数值计算机广泛使用之前，此类的计算由于其复杂性而只能应用在简单的系统与高度简化的理论模型中，所以即使是在此后的数十年里，计算化学仍是一门需具有高度量子力学与数值分析素养的人从事的研究，而且由于其庞大的计算量，绝大部分的计算工作需依靠昂贵的大型计算机主机或高端工作站来进行。

1.2.2 计算化学的发展

从 20 世纪 60 年代起，由于电子计算机的兴起使量子化学步入蓬勃发展的第二阶段，其主要标志是量子化学计算方法的研究。其中严格计算的从头计算方法、半经验计算全略微分重叠和间略微分重叠等方法的出现扩大了量子化学应用的范围，提高了计算的精度。在先于计算机的第一发展阶段中，已经看到实验和半经验计算之间的定性符合。在第二阶段里，由于引入了快速计算机，从头计算的结果与实际半定量的符合。在 20 世纪结束以前，量子化学正处于第三阶段的开端，当理论上可以达到实验的精度时，计算和实验就成为科研中不可偏废、互为补充的重要手段。在量子化学发展历史上，计算方法的开发是至关重要的。

20 世纪 90 年代中期开始，由于使用在个人计算机上的处理器以及外围设备的大幅进步，个人计算机的运算速度已经直逼一些传统的工作站；再加上个人计

算机系统无需负担传统多人多任务系统中复杂的作业，使得个人计算机逐渐开始成为从事量子化学计算的一种经济而有效率的工具。

　　计算化学普及的另外一个原因是图形接口的发展与使用。此前计算工作的输入与输出都是以文字方式来表示的，不但输入耗时易错，许多计算结果的解读也非常不易。今年来图形接口的使用大大简化了这些过程，使得稍具计算化学知识的人都能够轻易地设计复杂的理论计算，并且能够以简单直接的视觉效果来分析计算所得的结果。现在的人们已经很难想象以往化学计算工作者成天坐在计算机终端机前逐字地将大分子的矩阵敲入的情景了。我们从图 1-1 可以简洁地看出计算化学发展的整个过程。

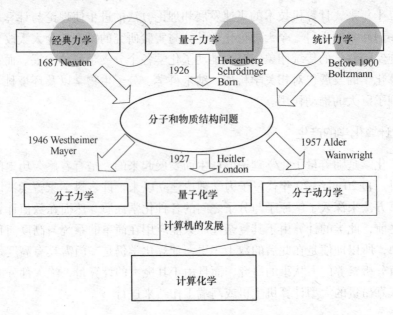

图 1-1　计算化学的发展简史图

1.2.3　计算化学的现状

　　从验证解释跨越到预示设计——计算化学面临的机遇与挑战。

　　化学已经成为一门实验与理论并重的科学。即化学的进步必须依靠"实验、理论方法和计算"三驾马车同时拉动，化学理论及其由此建立和发展起来的计算化学为化学、物理、生命及材料科学的发展提供了不可替代的支撑作用，从而成为化学不可或缺的组成部分，化学的发展由此进入了一个新的阶段。

　　借助于新理论及其计算方法，依靠计算机技术，利用理论计算仅仅定性地说明和验证结论的时代已经过去。精确计算纠正实验的错误、考察实验难以确认的中间微观过程，合理、定量而有效地解释隐藏在现象背后的原因从而揭示其本质，在总结规律的基础上做出预示甚至设计新的分子或功能材料，已成为现实。化学也因此正在经历着一场空前的革命性变化。

自从 1998 年 J. A. Pople 和 WalterKohn 因为建立和发展量子化学计算方法而获得诺贝尔奖后，由此宣告了量子化学理论和计算方法已经足够成熟。颁奖公告说："量子化学已经发展成为广大化学家所使用的工具，将化学带入一个新时代，在这个新时代里实验和理论能够共同协力探讨分子体系的性质。化学不再是纯粹的实验科学了"。所以在 21 世纪，理论和计算方法的应用将大大加强，理论和实验将更加密切结合。在 2013 年，Nobel 化学奖再次授予了马丁·卡普拉斯、迈克尔·莱维特和阿里耶·瓦谢勒三位计算化学家，以表彰他们在电脑模拟化学反应领域做出的开创性贡献，他们借助电脑来描绘化学过程成为可能。今后在该领域的研究应该是向引用领域开拓，在不断开拓其应用领域的过程中逐步改善其方法。基于这样的构思，这方面研究将对许多学科在分子水平上的发展做出不可估量的贡献。它不仅可验证、解释各类实验现象，更重要的是可以预测还未实现的实验结果及发现现在实验结果中的不合理现象。

1.2.4　计算化学的未来

由于计算化学主要是依靠计算机作为硬件载体平台和实施手段的一门学科，因此，计算机技术的发展将对其起到一定的促进作用。由于计算机科技发展的速度非常快，因此不易预测长远的未来计算化学的发展。二十年来 PC 在功能上有超过 1000 倍的提升，而未来二十年的发展又是如何呢？依照专家的估计，由于物理定律的限制，类似现有的处理器结构在功能上大概只有十倍的成长空间。短期来看，平行处理的技术可大幅提升运算的效率，长远而言，或许光学计算机，甚至量子计算机将会提供现今无法想象的计算速度。

然而，计算化学要有真正突破性的发展，除了硬件的进步外，理论上的研究似乎更为重要。因理论的复杂性，目前对于大分子的计算只能使用分子力学或半经验法。而且就算计算机功能上能有 1000 倍的提升，距离准确的量子仿真仍有一段距离。目前的理论方法，仅能对大约几十个原子的体系达到化学误差为 $4.1868 \sim 8.3736 \text{kJ/mol}$（$1 \sim 2 \text{kcal/mol}$）内的准确度；而且这些准确计算方法的计算量大约是跟系统大小的七次方成正比的。因此，计算机计算功能的提升通常并无法将可准确仿真的系统加大多少。一般认为，要使计算化学能够准确仿真各种生物及材料系统，理论化学家需要研发出计算量近与系统大小的平方甚至一次方成正比的准确量子化学方法。因此，我们可以预见，随着计算机技术和化学计算方法的进一步发展，计算化学必将对真正意义上的现代化学产生巨大的推动作用。

参 考 文 献

[1] Lipkowitz K B, Boyd D B. Reviews in Computational Chemistry [M]. New York: Wiley-VCH, Since, 1990.

[2] Schleyer P von R, et al. Encyclopedia of Computational Chemistry [M]. Chichester: John Wiley & Sons, 1998.

[3] Leszczynski J. Computational Chemistry: Reviews of Current Trends [M]. Singapore: World scientific, 1996.

[4] Dykstra C, Frenking G, Kim K, et al. Theory and Applications of Computational Chemistry: The First Forty Years [M]. Amsterdam: Elsevier, 2005.

[5] Orban J, Bellemans A. Velocity-inversion and irreversibility in a dilute gas of hard disks [J]. Phys Lett, 1967, 24A: 620.

[6] Alder B J, Wainwright T E. Studies in Molecular Dynamics. Ⅷ. The Transport Coefficients for a Hard-Sphere Fluid [J]. Phys Rev, 1970, A1: 18.

[7] Chi Q, Zhang J, Friis E P, et al. Creating nanoscale pits on solid surfaces in aqueous environment with scanning tunnelling microscopy [J]. Surface Science, 2000, 463 (2): 641~648.

[8] 郝柏林, 张淑誉. 漫谈物理学和计算机 [M]. 北京: 科学出版社, 1988.

[9] The Royal Swedish Academy of Sciences. Press Release and Additional Backgroud Material on the Nobel Prize in chemistry 1998 [DL]. http://nobelprize. org/nobel- prizes/chemistry/laureates/1998/press. html.

[10] Newton B G. 何为科学真理 [M]. 武际可, 译. 上海: 上海科学技术出版社, 1999.

[11] Diac P A M. 物理学的方向 [M]. 张宜综, 郭应焕, 译. 北京: 科学出版社, 1978.

[12] Heisenberg W. 物理学和哲学 [M]. 范岙年, 译. 北京: 商务印书馆, 1959.

[13] Deutsch D. 真实世界的脉络 [M]. 梁焰, 黄雄, 译. 南宁: 广西师范大学出版社, 2002.

[14] 泰勒. 自然规律中蕴藏的统一性 [M]. 暴永宁, 译. 北京: 北京理工大学出版社, 2004.

[15] 关洪. 一代神话——哥本哈根学派 [M]. 武汉: 武汉大学出版社, 1999.

[16] Kragh H. 狄拉克的数学美原理 [J]. 科学文化评论, 2007, 4 (6): 31.

[17] 陈洪捷. 德国古典大学观及其对中国大学的影响 [M]. 北京: 北京大学出版社, 2002.

[18] Doucet J P, Weber J. Computer-Aided Molecular Design: Theory and Applications [M]. London: Academic Press, 1996.

[19] Cramer C J. Essentials of Computational Chemistry: Theories and Models [M]. Chichester: John Wiley & Sons, 2002.

[20] Frenkel D, Smit B. Understanding molecular simulation: From Algoriths to Application [M]. Academic Press, 1996.

[21] Leach A R. Molecular Modelling : Principles and Applications. 2nd ED [M]. Harlow England: Pearson Education, 2001.

[22] 卢翠英. 计算化学研究进展 [J]. 榆林学院学报, 2004, 14 (3): 48~51.

［23］唐敖庆．量子化学［M］．北京：科学出版社，1982.

［24］徐光宪．21 世纪理论化学的挑战和机遇［J］．结构化学，2002，5.

［25］朱维良，生物大分子体系量子化学计算方法［J］．化学进展，1999，4.

［26］黎乐民．化学理论计算的现状及发展趋势［J］．中国基础科学，2004（2）：16～21.

［27］贾宝丽．量子化学计算研究进展［J］．科技创新导报，2013，38.

［28］苏培峰，谭凯，吴安安，等．理论与计算化学研究进展［J］．厦门大学学报，2011，50：2.

［29］陈敏伯．计算化学——从理论化学到分子模拟［M］．北京：科学出版社，2009.

2 理论基础和计算方法

20 世纪，量子力学与化学相结合产生的量子化学，对化学键理论和物质结构认识起着十分重要的作用，它作为应用量子力学的基本原理和方法是研究化学问题的一门基础科学，已经发展成为化学以及有关其他学科在解释和预测分子结构和化学行为的通用手段，它将化学带入了一个实验和理论共同协力探讨分子体系性质的新时代。20 世纪 20 年代末，科学家开始利用量子力学的方法来处理化学问题。

Heitler-London 应用量子力学的方法处理 H_2 分子，标志着量子化学计算的开始。量子化学从一开始就存在两种流派：价键理论（VB）和分子轨道理论（MO）。价键理论是在 Heitler-London 用量子力学处理 H_2 分子问题的基础上发展起来的现代化学键理论，它的核心思想是电子两两配对形成定域的化学键，每个分子体系可构成几种价键结构，电子可在这几种构型间共振。由于价键方法的图像与传统化学键理论相吻合，易为化学家们所接受，一开始得到了迅速的发展，但由于计算上的困难一度停滞不前。分子轨道理论假设分子轨道由原子轨道线性组合而成，允许电子离域在整个分子中运动，而不是在特定的键上，这种离域的轨道被电子对占据，从低能级到高能级逐次排列，离域轨道具有特征能量，数值与实验测定的电离势相当接近，这使分子轨道理论逐步被人们接受，并且得到更快的发展。

20 世纪 50 年代计算机的出现，为量子化学计算提供了有力的工具，而分子轨道理论因易于程序化而蓬勃发展起来。但由于当时计算机运算速度限制，主要是半经验 MO 理论获得发展，这种半经验算法的特点是计算中使用了一些通过实验拟合得到的参数。但是随着计算机和理论方法的不断发展，MO 的从头算（ab-initio）研究逐步展开，即进行全电子体系非相对论的量子力学方程计算，对分子的全部积分进行严格计算，不作任何近似处理，也不借助任何经验或半经验参数。80 年代，abinitio 计算方法逐步取代半经验方法，成为量子化学计算的主流。

2.1 分子体系的薛定谔（Schrödinger）方程

量子力学是研究描述微观世界物质运动规律的学科。在薛定谔（Schrödinger）发展的量子波动力学中，用波函数 Ψ 来描述微观体系的状态，其运动规律满足薛定谔方程。如果想要确定一个分子体系某状态下的电子结构，需要在非相对论近似的条件下，求解分子体系的定态 Schrödinger 方程：

$$\hat{H}\psi = E\psi \tag{2-1}$$

式中，$\hat{H}$ 为分子体系的哈密顿（Hamilton）算符；E 为 $\hat{H}$ 算符的本征值，也就是分子的总能量。假设分子中有 A 个原子核和 N 个电子，在不考虑电荷之间一般的电磁相互作用以及自旋与自旋和自旋与轨道间相互作用的情况下，则分子体系的 Hamilton 算符可以表示为：

$$\hat{H} = -\sum_{i=1}^{N}\frac{\hbar^2}{2m}\nabla_i^2 - \sum_{p=1}^{A}\frac{\hbar^2}{2M_p}\nabla_p^2 - \sum_{i=1}^{N}\sum_{p=1}^{A}\frac{Z_p e^2}{r_{ip}} + \frac{1}{2}\sum_{i\neq j=1}^{N}\frac{e^2}{r_{ij}} + \frac{1}{2}\sum_{p\neq q=1}^{A}\frac{Z_p Z_q e^2}{r_{pq}} \tag{2-2}$$

式中右边第一项是电子动能，第二项是核动能，第三项是核与电子吸引能，第四项是电子间的排斥能，第五项是核间的排斥能。

2.2　从头算方法

对于薛定谔方程的求解能实现对多电子体系中电子结构和相互作用的全部描述，但是正如在 1929 年狄拉克（Dirac）所说的："我们已经知道了用来描述大部分的物理和整个化学的物理规律及其数学理论。现在唯一的问题就是这些规律导出的数学方程太难求解。"对于一个复杂的多粒子体系，用式(2-2)写出的薛定谔方程一般是很难求解的。因此，为了使薛定谔方程能够求解，计算化学家们采用了一系列近似方法来处理薛定谔方程。

从头算（ab initio）方法采用了三个基本近似条件，除了前面提到的非相对论近似，还有就是绝热近似（Born-Oppenheime 近似和单电子近似）。

绝热近似（Born-Oppenheime 近似）即将核运动和电子运动分离开处理，因为原子核的质量一般是电子质量约 $10^3 \sim 10^5$ 倍，分子中核运动比电子运动要慢很多，因此在电子运动时，可以将核近似看为静止不动，这样 Born-Oppenheim 近似也可以称为定核近似，且原子核坐标可视为常数，因此原子核间的排斥能就可用常数 C 表示，即：

$$C = \frac{1}{2}\sum_{p\neq q=1}^{A}\frac{Z_p Z_q e^2}{r_{pq}} \tag{2-3}$$

于是电子的 Hamilton 算符可表示为：

$$\hat{H} = -\sum_{i=1}^{N}\frac{\hbar^2}{2m}\nabla_i^2 - \sum_{i=1}^{N}\sum_{p=1}^{A}\frac{Z_p e^2}{r_{ip}} + \frac{1}{2}\sum_{i\neq j=1}^{N}\frac{e^2}{r_{ij}} + C$$

$$= \hat{H}_1 + C \tag{2-4}$$

代入式（2-1）中得到：

$$(\hat{H}_1 + C)\psi = E\psi$$

或为：

$$\hat{H}_1 \psi = (E - C)\psi \qquad (2-5)$$

由上式可知，在 Born-Oppenheimer 近似下，式（2-5）的 Hamilton 算符 $\hat{H}_1$ 和波函数 Ψ 只是电子坐标的函数。因此求解分子体系的定态 Schrödinger 方程（2-1）的问题就转化为求解电子体系的 Schrödinger 方程（2-5）的问题，即研究一个分子内部运动的问题就转为讨论 N 个电子在固定核场中运动的问题。

由于式（2-4）中含有 r_{ij}^{-1} 项，因此方程（2-5）仍难以求解。为了简化计算引进第三个近似——单电子近似（又叫轨道近似，由 Hartree 提出）。轨道一词是从经典力学中借用的概念，在量子化学中指单电子波函数，轨道近似将 N 个电子体系的总波函数写成 N 个单电子波函数的乘积，并按照电子体系是费米子体系再进行反对称化，于是就得到：

$$\psi(r) = A\phi_1(r_1)\phi_2(r_2)\cdots\phi_N(r_N) \qquad (2-6)$$

式中，A 为反对称化算子，每一个电子波函数 $\psi(r_i)$ 只与一个电子坐标 r_i 有关。

基于上述三个近似，求解电子体系的薛定谔方程时，运用变分法就可获得单电子的广义能量本征方程，也就是 Hartree-Fock（HF）方程：

$$\hat{F}\phi_i(r_i) = \varepsilon_i\phi_i(r_i) \qquad (i = 1, 2, \cdots, N) \qquad (2-7)$$

式中，$\hat{F}$ 为 Hartree-Fock 算子，可表示为：

$$\hat{F} = \hat{h} + \sum_j (2\hat{J}_j - \hat{K}_j) \qquad (j = 1, 2, \cdots, N) \qquad (2-8)$$

式中，$\hat{h}$ 为平均场内单电子的哈密顿算子；$\hat{J}_j$、$\hat{K}_j$ 分别为库仑算子和交换算子。因为构造交换算子和库仑算子需要已知单电子波函数，故解 Hartree-Fock 方程是一个迭代和试探求解的过程，即采用自洽场（SCF）方法来求解。因此，求解 Hartree-Fock 方程是一个求解积分、微分方程的繁杂过程，Roothann 进而通过把分子轨道 ϕ_i 表示为原子轨道（基函数）χ_μ 的线性组合（LCAO-MO）[15]

$$\phi_i = \sum_{\mu=1}^{n} C_{\mu i}\chi_\mu \qquad (i = 1, 2, \cdots, N(n \geq N)) \qquad (2-9)$$

而且利用数学上的待定因子法进行变分运算，将 Hartree-Fock 微分方程转换为易于计算的代数方程组，也就是 Hartree-Fock-Roothann 方程：

$$\sum_{\nu=1} (F_{\mu\nu} - \varepsilon_i S_{\mu\nu})C_{\mu i} = 0 \qquad (\mu = 1, 2, \cdots, n) \qquad (2-10)$$

式中，矩阵元 $S_{\mu\nu}$ 为原子轨道的重叠积分：

$$S_{\mu\nu} = \int \chi_\mu^* \chi_\nu \mathrm{d}\tau \qquad (2-11)$$

式中，$F_{\mu\nu}$ 为 Fock 矩阵元；ε_i 为对应于分子轨道 ϕ_i 的能量，可表示为：

$$F_{\mu\nu} = h_{\mu\nu} + \sum_{\lambda\sigma} P_{\lambda\sigma} \left[\langle \mu\nu \mid \lambda\sigma \rangle - \frac{1}{2} \langle \mu\lambda \mid \nu\sigma \rangle \right] \quad (\sigma = 1, 2, \cdots, n) \quad (2\text{-}12)$$

式中，第一项为单电子能量；$P_{\lambda\sigma}$ 为密度矩阵；$\langle \mu\lambda \mid \nu\sigma \rangle$ 为双电子积分；$\langle \mu\nu \mid \lambda\sigma \rangle$ 为双电子库仑积分。

$$P_{\lambda\sigma} = 2 \sum_{i=1}^{N} C_{\lambda i}^{*} C_{\sigma i} \quad (2\text{-}13)$$

上面推导得出的结果实际上是限制性的 Hartree-Fock（RHF）方法，适用于闭壳层体系。但是对于开壳层体系，因为电子不配对地占据了分子轨道，即 α 和 β 电子不都是两两配对的按次占据低能量轨道，此时要用非限制性的 Hartree-Fock（UHF）方法，这时 α 和 β 电子分别占据两组分子轨道。近似于前面的推导，两组分子轨道可以分别由两套系数定义：

$$\phi_i^{\alpha} = \sum_{\mu=1}^{n} C_{\mu i}^{\alpha} \chi_{\mu} \quad (2\text{-}14)$$

$$\phi_i^{\beta} = \sum_{\mu=1}^{n} C_{\mu i}^{\beta} \chi_{\mu} \quad (2\text{-}15)$$

得到了两组 Hartree-Fock-Roothann 方程：

$$\sum_{\varpi=1}^{n} (F_{\mu\nu}^{\alpha} - \varepsilon_i^{\alpha} S_{\mu\nu}) C_{\mu i}^{\alpha} = 0 \quad (2\text{-}16)$$

$$\sum_{\varpi=1}^{n} (F_{\mu\nu}^{\beta} - \varepsilon_i^{\beta} S_{\mu\nu}) C_{\mu i}^{\beta} = 0 \quad (2\text{-}17)$$

不管是 RHF 方法，还是 UHF 方法，因为 Fock 矩阵的构造和分子轨道都依赖于轨道系数 $C_{\mu i}$，因此方程均不是线性的，需要通过迭代自洽的方法求解。

总而言之，从头算方法就是在上述三个近似条件下，不依赖于任何经验参数建立直接严格求解 Schrödinger 方程的计算方法。

2.3 电子相关问题

在 Hartree-Fock 方程的自洽场解法中，只考虑了电子之间的平均相互作用，但没有考虑瞬时相关作用。处理这种一次电子相关问题的方法称为电子相关方法或后自洽场（Post-SCF）方法，因为都是在 Hartree-Fock 方法上增加了电子相关的因素。其中包括组态相互作用理论（CI）、耦合簇理论（CC）和微扰理论（MP）等。

2.3.1 耦合簇理论

电子相关能就是指系统的精确的非相对论能与近似完备基下的 HF 极限能值之差。单组态自洽场方法中由于没有考虑电子间的库仑力相关，在计算能量时过高地估计了两个电子相互接近的几率，使计算出的排斥能过高，从而求得的总能量比实际值要高。

耦合簇理论（Coupled Cluster, CC）指的是一种用于求解多体问题的理论方法。该理论首先由 Hermann Kümmel 和 Fritz Coester 于 20 世纪 50 年代提出，当时是为了研究核物理中的一些现象，但是后来由 Josef Paldus 和 Jiři Čížek 重新改善，从 1960 年开始，被广泛地运用到研究原子和分子中的电子相关效应。耦合簇理论是目前最流行的包括电子相关的量子化学方法之一。值得一提的是，耦合簇主要应用于费密子体系，而在计算化学中则最主要应用于电子体系。

2.3.2　组态相互作用

最常见的描述电子相关的方法是组态相互作用，它是在 Born-Oppenheimer 近似下，解与时间无关的薛定谔方程。从任一 Fock 空间完备正交的单电子基函数 $\{\Psi_k(x)\}$ 出发，可以构造出一个完备的行列式函数集合 $\{\Phi_k\}$，其中：

$$\Phi_k = (N!)^{-1/2} \det\{\Psi_{k_1}(x_1)\Psi_{k_2}(x_2)\cdots\Psi_{kN}(x_N)\} \tag{2-18}$$

至此，从一组完全的单电子波函数 $\{\Psi_k(x)\}$ 出发，已造出一个完全的行列式函数集合 $\{\Phi\}$，任何多电子波函数都可以向它展开。通常称 $\{\Psi_k(x)\}$ 为轨道空间，称 $\{\Phi_k\}$ 为组态空间。

在组态相互作用的方法中，将多电子波函数近似展开为有限个行列式波函数的线性组合，常称为组态展开（CI 展开），即：

$$\begin{aligned}
\Psi &= \sum_{s=0}^{M} C_s \Phi_s \\
&= \Phi_0 + \sum_a \sum_i c_i^a \Phi_i^a + \sum_{a,b} \sum_{ij} c_{ij}^{ab} \Phi_{ij}^{ab} + \sum_{a,b,c} \sum_{i,j,k} c_{ijk}^{abc} \Phi_{ijk}^{abc} + \cdots
\end{aligned} \tag{2-19}$$

进而可以按变分法确定系数 C_s。

最直接限制 CI 展开项的方法[32]是限制体系的激发能级。CI 无激发能级即对应 HF 解。由于哈密顿仅含双体项，只有单、双粒子取代可作用于参考态，所以当使用正则 SCF 轨道时，单激发行列式与参考态的矩阵元为 0，双激发态对 CI 波函数贡献最大。虽然单、三重激发态与参考态没有直接作用，但它们直接、间接与双激发态有混合，所以它们仍是 CI 波函数的一部分。广泛使用的单、双激发态 CIS-CISD，仅包括参考态的单、双电子取代，计算结果可获得分子平衡态 95% 的相关能。

对于闭壳层体系，若 Φ_s 是由 RHF 轨道构成的，则它在 CI 展开式中的系数的数量级一般由激发程度决定。由于矩阵元 $<\Phi_s \mid H \mid \Phi_t>$ 当 Φ_s 和 Φ_t 有两个以上不同轨道时才为零，而三个以上激发轨道 Φ_s 的作用很小，因此对 SCF 波函数的一级校正主要来自于双重激发态，二级校正来自单激发态、三重激发与四重激发态，因为只有它们与一级波函数的能量矩阵元不为 0。对开壳层体系，单激发态也很重要。

2.3.3 微扰理论

电子相关能占体系总能仅百分之零点几,并且其中只有双重激发组态占有重要地位,因此用多体微扰理论(Many-Body Perturbation Theory,MBPT)计算电子相关能是非常恰当的。

设 Hamilton 算符可表示为:

$$\hat{H} = \hat{H}_0 + \hat{V} \tag{2-20}$$

式中,$\hat{H}_0$ 为无微扰 Hamilton 算符;$\hat{V}$ 为微扰量。

此时体系的 Schrödinger 方程:

$$\hat{H}\Psi = E\Psi$$

可表示为:

$$(E - \hat{H}_0) \mid \Psi \rangle = \hat{V} \mid \Psi \rangle \tag{2-21}$$

先将波函数 Ψ 向一个正交归一化本征函数系 Φ_i:

$$\hat{H}_0 \Phi_i = E_i \Phi_i \quad (i = 0,1,\cdots,\infty) \tag{2-22}$$

展开:

$$\Psi = \sum_{i=0}^{\infty} a_i \Phi_i \quad (a_0 = 1) \tag{2-23}$$

在一般情况下 $E \neq E_i$,由 Φ_i 的正交归一化条件:

$$\langle \Phi_i \mid \Phi_j \rangle = \delta_{ij} \tag{2-24}$$

并设:

$$\langle \Phi_0 \mid \Psi \rangle = 1 \tag{2-25}$$

由式(2-21)可得:

$$(E - E_i)a_i = \langle \Phi_i \mid \hat{V} \mid \Psi \rangle \tag{2-26}$$

用投影算符:

$$\hat{P}_0 = \mid \Phi_0 \rangle \langle \Phi_0 \mid \tag{2-27}$$

把函数 Ψ 投影到 Φ_0 子空间内,得到:

$$\hat{P}_0 \mid \Psi \rangle = \int \Phi_0 \Psi \mathrm{d}\tau \mid \Phi_0 \rangle = a_0 \mid \Phi_0 \rangle \tag{2-28}$$

从而得到:

$$\mid \Psi \rangle = \sum_i a_i \mid \Phi_i \rangle = \mid \Phi_0 \rangle + \sum_{i=1}^{\infty} a_i \mid \Phi_i \rangle$$

$$= \mid \Phi_0 \rangle + \frac{1 - \hat{P}_0}{E - \hat{H}_0}\hat{V}_0 \mid \Psi \rangle = \mid \Phi_0 \rangle + \hat{G}\hat{V} \mid \Psi \rangle \tag{2-29}$$

其中令：

$$\hat{G} = \frac{1 - \hat{P}_0}{E - \hat{H}_0} \tag{2-30}$$

上式可以利用迭代法求解，得到：

$$|\Psi\rangle = \sum_{n=0}^{\infty} (\hat{G}\hat{V})^n |\Phi_0\rangle \tag{2-31}$$

$$E = E_0 + \langle \Phi_0 | \hat{V} | \Psi \rangle = E_0 + \langle \Phi_0 | \hat{V} \sum_{n=0}^{\infty} (\hat{G}\hat{V})^n | \Phi_0 \rangle \tag{2-32}$$

若能量校正到一级微扰，则有：

$$E_1 = E_0 + \langle \Phi_0 | \hat{V} | \Phi_0 \rangle \tag{2-33}$$

到二级微扰，则有：

$$E_2 = E_0 + \langle \Phi_0 | \hat{V} | \Phi_0 \rangle + \langle \Phi_0 | \hat{V}\hat{G}\hat{V} | \Phi_0 \rangle \tag{2-34}$$

根据微扰项的不同，分为二级微扰（MP2），三级微扰（MP3）和四级微扰（MP4）理论。一级微扰可以达到 HFSCF 方法的精度水平，二级微扰可以达到甚至超过 CID 方法的精度水平，但计算量远远小于 CID，多体微扰理论是由量子化学家 Moller 和 Plesset 在 1934 年提出的，所以这一方法也常以两人的名字缩写 MP 表示，MPn 表示的是多体微扰 n 级近似在密度泛函方法得到广泛应用之前，MP2 方法是考虑电子相关的最便宜的方法，它可以成功应用于很多领域，一般都能得到很精确的结果，是理论化学中非常有效的工具。这些处理电子相关问题的方法的计算量也是非常巨大的，对于大分子体系计算也是难以实现的。因此许多理论化学家开始寻求其他求解方法，其中密度泛函方法是一种比较理想的方法。

2.3.4　物理图像

自洽场（SCF）方法中假定电子在由原子核及其他电子形成的平均势场中独立运动，所以考虑了粒子间时间平均的相互作用，但没考虑电子之间的瞬时相关，即在平均势场中独立运动的两个自旋反平行的电子有可能在某一瞬间在空间的同一点出现。由于电子间的 Coulomb 排斥，这是不可能的。当一个电子处于空间某一点时，其周围形成一个"Coulomb 孔"，降低了其他电子靠近的几率。电子间这种制约作用，被称为电子运动的瞬时相关性或电子的动态相关效应。它直接影响了电子的势能，由于维里定理也影响电子的动能。单组态自洽场（SCF）计算未考虑这种电子的相关作用，导致相关误差。

可以从两个电子同时出现的几率的角度来考虑电子相关作用。设 $P_1(r_1)$ 是任一个电子在 r_1 处出现的几率，$P_2(r_1, r_2)$ 是任何两个电子分别同时在 r_1 和 r_2 出现的几率，已知有一个电子在 r_2 时，在 r_1 发现一个电子的几率为 $P_2(r_1,$

$r_2)/P_1(r_2)$，由于 Coulomb 推斥作用，函数 $F_{r_2}(r_1) = [P_2(r_1,r_2)/P_1(r_2)] - P_1(r_1)$ 为负值，$r_{12} = |r_1 - r_2|$ 越小，其值越负，因此它确定一个环绕位于 r_2 的电子的"相关孔"，表明在 r_2 的近邻其他电子不得"自由"进入。若电子独立运动，则 $P_2(r_1,r_2) = P_1(r_1)P_1(r_2)$，引入相关函数 $f(r_1,r_2)$，则：

$$P_2(r_1,r_2) = P_1(r_1)P_1(r_2)[1 + f(r_1,r_2)]$$

对闭壳层组态：

$$f(r_1,r_2) = \frac{1}{2}[f^{\alpha\alpha}(r_1,r_2) + f^{\alpha\beta}(r_1,r_2)]$$

式中，$f^{\alpha\alpha}(r_1,r_2) \equiv f^{\beta\beta}(r_1,r_2)$ 为两个自旋平行电子的相关函数，主要反映一个电子的 Feimi 孔；$f^{\alpha\beta}(r_1,r_2) \equiv f^{\beta\alpha}(r_1,r_2)$ 为两个自旋反平行电子的相关函数，反映一个电子周围的 Coulomb 孔。

Hartree-Fock 方法，由于 Pauli 原理的限制，只反映了一个电子周围有一个 Feimi 孔的情况，没反映电子周围还有一个 Coulomb 孔，所以相对误差主要来自自旋反平行电子的相关作用。

2.4 密度泛函理论（DFT）

密度泛函理论方法是近几十年来量子化学计算中研究基态分子性质应用最为常用的方法之一。同运用多电子波函数描述多电子体系状态处理方法不一样，密度泛函方法尝试直接确定精确基态能量和电子密度，而不需要考虑多电子波函数。因此，密度泛函方法可以极大简化分子的电子结构计算。目前，密度泛函方法已经成为电子结构理论中处理较大分子体系计算的有力工具，并且在激发态及与时间相关的基态性质研究也取得了很好的成绩。

早在 20 世纪 20 年代 Thomas 和 Ferm 曾分别提出：体系的动能可以利用体系的电子密度来表示。这个模型得到的表达式简洁，物理图像清晰。但应用到实际计算中结果却不是很理想。在原子计算中它并不比其他方法更准确，而在分子计算中则不清楚原子间可能成键的结果，这显然使其在化学研究中的应用成为致命的瓶颈。

为了建立严格的密度泛函理论，在 20 世纪 60 年代 Hohenberg 和 Kohn 提出两个定理，也奠定了现代密度泛函理论基础，主要内容为：

（1）体系的基态电荷密度决定了体系的外势场，从而决定了体系的一切性质。实质是指出对给定的原子坐标，电子密度唯一确定基态的能量和性质，也就是肯定了分子基态泛函的存在。

（2）对给定的（或尝试性的）电子密度 $\rho(r) \geq 0$，且 $\int \rho(r)dr = N$（N 是体系总电子数），则体系基态总能量 $E_0 \leq E[\rho(r)]$，$E[\rho(r)]$ 是由给定密度泛函所表达的总能量。实质上说明分子的真实基态密度函数体系能量最低。这也为寻求密度泛函提供了一个变分原理判据。

以上为 Hohenberg-Kohn 定理的基本内容[36]。Hohenberg-Kohn 第一定理指出了体系的基态能量仅仅是电子密度的泛函，最初的 Hohenberg-Kohn 定理仅仅说出了——对应关系的存在，但是并没有给出任何这种精确的对应关系。第一定理为密度泛函理论打下了坚实的理论基础。第二定理是密度泛函框架下的变分原理，证明了以基态密度为变量，将体系能量最小化后就得到了基态能量。这条定理为采用变分法处理实际问题指出了一条途径。

没有相互作用参考体系的哈密顿量是：

$$\hat{H}_s = \sum_i^N \left(-\frac{1}{2} \nabla_i^2 \right) + \sum_i^N V_s(\boldsymbol{r}) \tag{2-35}$$

式中，V_s 是外势。

Kohn 和 Sham 假设它的基态粒子密度 ρ 与我们要研究的一个有相互作用的实际体系的基态粒子密度相同，于是可定义普适的泛函形式：

$$F[\rho] = T_s[\rho] + J[\rho] + E_{xc}[\rho] \tag{2-36}$$

式中，$T_s[\rho]$ 为无相互作用参考体系的动能泛函；$J[\rho]$ 为经典的库仑作用泛函。

体系的密度 ρ 和 $T_s[\rho]$ 可表示为：

$$\rho(\boldsymbol{r}) = \sum_{i=1}^N \varphi_i(\boldsymbol{r}) \varphi_i^*(\boldsymbol{r}) \tag{2-37}$$

$$T_s[\rho] = \sum_{i=1}^N \langle \varphi_i \mid \frac{1}{2} \nabla_i^2 \mid \varphi_i \rangle \tag{2-38}$$

式中，φ_i 为单粒子自旋轨道。

式 (2-36) 中被称为交换相关能泛函的 $E_{xc}[\rho]$ 的表达式是：

$$E_{xc}[\rho] = T[\rho] - T_s[\rho] + V_{ee}[\rho] - J[\rho] \tag{2-39}$$

由上式可见 $E_{xc}[\rho]$ 由两部分构成，一部分是真实体系动能与无相互作用参考体系的动能之差；另一部分是真实体系电子间相互作用与经典库仑作用之差。

总能量的表达式是：

$$E[\rho] = \int \rho(\boldsymbol{r}) V(\boldsymbol{r}) \mathrm{d}r + T_s[\rho] + J[\rho] + V_{xc}[\rho] \tag{2-40}$$

代入 T_s 和 ρ 的表达式，将总能量对单粒子轨道变分，可得到 Kohn-Sham 方程：

$$(\hat{T}_s + \hat{V}_{eff}) \mid \varphi_i \rangle = \varepsilon_i \mid \varphi_i \rangle \tag{2-41}$$

其中

$$V_{eff}(\boldsymbol{r}) = V_{ne}(\boldsymbol{r}) + \int \frac{\rho(\boldsymbol{r}') \mathrm{d}r'}{|\boldsymbol{r} - \boldsymbol{r}'|} + \frac{\delta E_{xc}}{\delta \rho(\boldsymbol{r})} \tag{2-42}$$

式中，右边第一项中 $V_{ne}(\boldsymbol{r})$ 为核吸引势；第二项为电子间的库仑势；第三项为交换相关势。

从形式上看 Hartree-Fork 方程与 Kohn-Sham 方程很相似，不同的是 Hartree-Fork

方程中包含非局域的交换项，而 Kohn-Sham 方程中的有效势 $V_{eff}(r)$ 是局域的，这就大大地降低了计算难度。

Kohn-Sham 方程中含有一个未知的交换相关势部分 E_{xc}，没有其具体形式无法展开实际计算。然而交换相关能的精确程度，决定了 Kohn – Sham 计算所能达到的最高精确度是多少，因此发展高精度的交换相关能泛函，始终为 DFT 研究的核心问题。

按照 Perdew 的建议，现有的交换相关能密度泛函可以分为以下几类：

（1）局域密度近似：是第一阶梯，它仅仅采用空间点的电子密度。

（2）广义梯度近似：是 Jacob 阶梯的第二个台阶，即泛函所依赖的变量除开局域密度以外，还包括局域密度的梯度。

（3）Meta-GGA：第三阶梯的泛函使用了电子密度拉普拉斯算符或动能密度作为额外的自由度。

（4）杂化泛函：在杂化密度泛函中，一个混合的 HF 交换和 GGA 交换使用时与 GGA 或（和）LDA 交换校正相结合，通过对大量实验分子数据的拟合来决定混合程度。

（5）完全非局域泛函：泛函与所有占据和非占据的轨道都有关。采用这样的泛函显示是不现实的。

以上所列泛函类别从上到下越来越接近于化学精确值，然而在密度泛函中过度引入轨道会造成计算量的增加，密度泛函理论会失去对一般从头计算方法的优势，所以不可取。HF 方法忽略了大部分的电子相关。相反，在很多时候密度泛函方法常常过多考虑了电子相关，这会造成过渡态的能量偏低，造成算出来的活化能偏低而且计算氢键键能也会偏低。并且在计算有机分子的芳香性也不是很好，密度泛函方法会过多考虑电子离域，导致计算出来的能量偏低，然而对于过渡金属、有机生物分子计算密度泛函方法都能处理得很好，这是其优于其他方法的地方。密度泛函方法的缺点是计算反应体系相对能量时准确度低，一般不能获得化学精度的势能面信息。

2.5 基组的选择

如上所述，分子轨道可以表示成原子轨道或任一组基函数的线性组合。在从头算方法中，广泛使用的基函数有两种：Slater 型基函数（STO）和 Gauss 型基函数（GTO）。Slater 在量化计算中发现，类氢离子波函数的计算瓶颈在径向函数部分，即加以改造，提出新的径向函数，称为 Slater 型基函数。但 STO 也有一个致命弱点，在多原子分子中需要计算大量的三中心、四中心积分，要使用 $1/r_{12}$ 无穷级数展开，会使计算变得十分困难。在 1950 年 Boys 提出用 Gauss 函数（GTO）去拟合 Slater 函数，这就将大大简化难以处理的多中心积分计算。

Slater 函数反映分子中的电子运动状态远好于 Gauss 函数，但是计算时远不如 Gauss 函数方便。为了使这两个函数的优点有机地结合起来，可以用 Slater 函数向 Gauss 函数集合展开的方法来选择基函数。

球坐标 Gauss 函数的形式为：

$$\begin{cases} \chi_{\text{nlm}}(\alpha;r,\theta,\phi) = R_n(\alpha;r)Y_{\text{lm}}(\theta,\phi) \\ R_n(\alpha;r) = N_n(\alpha)r^{n-1}e^{-\alpha r^2} \end{cases} \tag{2-43}$$

其归一化常数为：

$$N_n(\alpha) = 2^{n-1}\alpha^{(2n+1)/4}\left[(2n-1)!\right]^{-1/2}(2\pi)^{-1/4}$$

Slater 函数的形式为：

$$\begin{cases} \Phi_{\text{nlm}}(\xi;r,\theta,\phi) = R_n(\xi;r)Y_{\text{lm}}(\theta,\phi) \\ R_n(\xi;r) = N_n(\xi)r^{n-1}e^{-\xi r} \end{cases} \tag{2-44}$$

其归一化常数为：

$$N_n(\xi) = 2\xi^{(n+1)/2}\alpha^{(2n+1)/4}\left[(2n)!\right]^{-1/2} \tag{2-45}$$

球 Gauss 函数集合是完全集合，可以把 Slater 函数向球 Gauss 函数集合展开：

$$\Phi_{\text{nlm}}(\xi;r,\theta,\phi) = \sum_{k=1}^{k} c_{\text{klm}}\chi_{n_klm}(\alpha;r,\theta,\phi) \tag{2-46}$$

对 Slater 函数向球 Gauss 函数集合展开的过程中，可以根据计算需要仅近似地选择 k 项，参数和系数可以利用最小二乘法进行选择。由于球谐函数 $Y_{\text{lm}}(\theta,\phi)$ 的正交归一化性质，式 (2-46) 两端的量子数 l 和 m 只能取相同的值，从而只要对径向部分的函数加以展开就可以了。

一旦选定了 Slater 函数基集合，就可以用式 (2-46) 将每个 Slater 函数向 Gauss 函数展开，从而所有这些 Gauss 函数组成 Gauss 函数基集合。这个基函数集合通常用 STO-KG 表示。

"分裂价基"（Split Valence Basis Sets）是比 STO-KG 更好的基组。分裂价基是通过每个价层 Slater 原子轨道用两个或多个新的具有不同指数的 Gauss 函数来逼近，从而缩小了实验与计算结果之间的偏差。

对于元素周期表中第三周期以下的元素（包括主族元素及过渡金属元素），随着原子 d 轨道的出现，原子结构特点及化学性质都随之发生了很大改变，此时含有极化函数的 Gauss 基对于计算结果处理就变得更加合理。

使用从头算方法计算研究分子的电子结构，对于含有 N 个电子的分子，计算机时（CPU）将和 N^4 成正比。对于过渡金属元素来说，过渡金属的电子数目众多，价电子与内层电子差别大，相对论效应对于价层电子存在着本质影响。为了节省机时，对于重原子内层化学惰性电子通常使用一有效核势来代替，并考虑到相对论效应的影响（即相对论赝势基组），从而更加合理地解释价层电子的化学性质。

2.6 计算方案及结果分析

2.6.1 几何结构的优化

分子的平衡几何构型是分子静态总能量（含电子能量和核间排斥能量）最小时分子中原子的排布。在 Born-Oppenheimer 近似下，分子的总能量是核坐标的函数，从而定义了势能面。并且在伯恩海默近似下，电子和核的运动可以分开，原子核的位置就可以用位能面来描述。位能面的一阶导数就称为梯度（力的相反数），位能面上梯度为零的点称为位能面上的驻点。位能面上的局部极小点或极大点都是驻点。位能面的二阶导数称为力常数，通常将二阶导数矩阵称为力常数矩阵或 Hessian 矩阵。Hessian 矩阵的本征值全为正的驻点为稳定点，有一个负本征值的一阶鞍点是过渡态，具有多个负本征值的称为高阶鞍点。量子化学几何结构的优化通常是指寻找位能面上的稳定点和过渡态。早期优化方法有逐点优化法，其特点为基于能量本身，计算量大，收敛慢、不利于程序化。能量梯度法的提出为量子化学几何结构优化提供了可能。其特点为基于能量的一阶、二阶导数，更准确快速，易于程序化。稳定点几何结构的优化通常包括如下几个步骤：

第一步：运用适当的坐标体系如：直角坐标、内坐标或冗余内坐标，给出目标研究物的分子初始几何构型。

第二步：然后开始计算体系能量及能量梯度，选择搜索方向。体系能量的计算由于所选取的方法不同而不同。得到体系能量并计算其梯度后，搜索方向的选择也有多种方法，通常使用如下四种方法：

（1）最速下降法。该法是一种一次求导方法。其取当前位置局部下降梯度的方向为当前直线搜索的方向，进行直线搜索求势能面的极小值。这种方法的优点是开始收敛较快，能迅速调整分子的起始结构，缺点是会出现锯齿现象，在接近极小值处收敛变慢。

（2）共轭梯度法。也是一种一次求导方法。与最速下降法不同的是，它结合前一步的结果来确定当前直线搜索的方向。在共轭梯度法中，各搜寻点的梯度是相互正交的，而各搜寻点的方向是相互共轭的。这种方法的收敛性较好，但对体系的初始结构要求较高。

（3）牛顿法。是用当前点的梯度来决定直线搜索的方向，并用当前点的 Hessian 来确定沿该直线搜索方向的极小值。优点是如果能量为椭圆函数则一步就可以优化完毕，缺点是牛顿法需要求 Hessian 矩阵及其相应的逆矩阵而导致计算量很大，而且当位能面较复杂时，Hessian 矩阵可能出现奇异，需要用最速下降法先做一次优化。

（4）拟牛顿法。由于牛顿法需要计算 Hessian 矩阵而导致很大的计算量，因此在拟牛顿法里就用一个近似的 Hessian 矩阵替代，但要求该近似的 Hessian 矩阵必须是正定且对称的，即所谓的拟牛顿条件。

第三步：选取力常数矩阵，即 Hessian 矩阵，决定优化步长。初始 Hessian 矩阵的选取也有多种，可以选择单位矩阵或者经验数据，也可以选择半经验分子轨道理论计算或者低水平的从头算的数据，当然还可以先用选定的理论方法精确计算 Hessian 矩阵。在优化步长方面，早期的方法是加校正的因子，此法简单但校正因子不好确定；现在的方法是引入置信半径，每次步长不超过置信半径，置信半径的大小由比较两种能量差来调节。一种是真实的能量差，一种是按二次函数计算的能量差。

第四步：检验结构优化是否收敛。如果收敛，则结束优化；如未优化，则继续下一步。不同计算程序的收敛判据有所不同。高斯程序几何结构优化的默认判据为：最大的力小于 0.000450；所有力的均方根小于 0.000300；最大的位移小于 0.000180；位移均方根小于 0.000120（皆为原子单位）。

第五步：改进 Hessian，重复第二步至第四步。

2.6.2　振动频率的分析

计算分子的振动频率，必须先对体系进行构型优化，得到平衡几何构型，然后再做振动频率计算。对于含 N 个核的分子，有 $3N-6$ 个振动自由度（线性分子 $3N-5$ 个自由度）。分子不同的振动模式有不同的频率。一般情况下，键伸缩的能量变化大，键的弯曲能量其次，键扭曲能量再次。零点能是考虑分子在 0K 时振动效应的相关电子能量。

一个由 N 个原子组成的分子在其平衡构型附近的总能量可写为：

$$E = T + V = \frac{1}{2}\sum_{i=1}^{3N} q_1^2 + V_{eq} + \frac{1}{2}\sum_{i,j=1}^{3N}\left(\frac{\partial^2 V}{\partial q_i \partial q_j}\right)_{eq} q_i q_j \tag{2-47}$$

式中，$q_i = M_i^{1/2}(X_i - X_{i,eq})$，$M_i$ 为相对原子质量；X_i 代表偏离核平衡位置处的坐标；V_{eq} 代表平衡位置处的势能；$X_{i,eq}$ 为核的平衡位置坐标。

按照经典理论力学运动方程，可以得到：

$$q_j = -\sum_{i=1}^{3N} f_{ij}q_i \qquad (j = 1,2,3,\cdots,3N) \tag{2-48}$$

式中，f_{ij} 称为二次力常数，它是势能的二阶导数：

$$f_{ij} = \left(\frac{\partial^2 V}{\partial q_i \partial q_j}\right)_{eq} \tag{2-49}$$

对方程（2-49）可通过利用标准的方法求出 $3N$ 个正则模式的振动频率，其中振动模式（对于线性分子是五个）的频率为零，对应于平动和转动的自由度。使用 Freq 关键词，GO3 程序在自洽场解 HF 方程的基础上可进行分子的红外/拉曼振动频率、振动强度计算和振动模式分析，还可通过对振动、转动、平移和电子配分函数的计算预测化合物零点能和各种热力学函数，如系统的焓和熵。

2.6.3 自然键轨道分析

自然键轨道方法（NBO）是由单电子密度矩阵出发，将输入的基组转换为定域基组，即自然原子轨道（NAO）、自然杂化轨道（NHO）、自然键轨道（NBO）以及定域分子轨道（NLMO）的一整套完整的分析方法。其中，正交归一的 NAO 可用于自然布局分析（NPA），它要优于 Mulliken 的布局分析，因为计算得到的占据分布可自动满足 Pauli 原理（即占据数为 0~2 之间），原子上总占据加和就是电子数。在 NAO 的基础上，按预设的标准，可搜寻和识别核轨道（占据大于1.999e）、孤对电子（1.90e）以及成键和反键轨道，通过轨道的类型、NBO 分析，我们可很容易地找出所计算分子中的原子集居数，各种分子构成及分子内、分子间超共轭相互作用，从而对化学键组成做出正确的分析。利用自然键轨道分析可以得到有关电荷、Lewis 图表、杂化、键型、键序、电荷转移等一些理论计算信息，以便对化合物的成键特点进行分析，进而从分子内部的电子结构特征来解释化合物分子的外部结构特点。

NBO（Natural Bond Orbital），自然键轨道分析程序，在量化软件 Jaguar, Q-Chem, PQS, NWChem, GAMESS-US（含 PC GAMESS）和 Gaussian03/09 中都包含了此程序（NBO3.0）。NBO 程序功能包括：

（1）规范分子轨道分析；

（2）自然化学屏蔽分析；

（3）自然 J-耦合分析；

（4）3-c, 4-e 超键搜寻；

（5）可用于大的体系，最多 999 个原子，9999 个基函数。默认 200 个原子2000 个基函数；

（6）改进的自然共振理论；

（7）改进的自然局域化分子轨道；

（8）新的检查点选项可用于不同轨道不同自旋的开壳层计算，可以对激发态和基态存储特殊的局域化 PNBO 电子组态，用于后 SCF 计算或用作 SCF 改善的猜测轨道；

（9）新的矩阵输出；

（10）增强的混合方向性方法，可以计算过渡金属的混合方向性；

（11）基组线性依赖关系；

（12）在 Windows/Me/NT/2K/XP 操作系统提供 GENNBO 5.0W 工具，可以在 PC 桌面下研究 NBO。

2.6.4 过渡态的寻找

由于亚稳态的中间体，过渡态等寿命很短，仪器很难测得它们的信息，因此量子化学理论在它们的预测上起到了巨大的作用。过渡态的寻找是一个相当困难的工作，通常我们使用二次同步搜索（Quadratic Synchronous Transit，QST），包括 QST2 和 QST3，及过渡态优化 OPT = TS 两种方法来寻找过渡态。前者需要输入反应物，产物及猜测的过渡态才能进行计算。而后者是用 Newton-Rhapson 方法对力常数矩阵进行数值计算，可以有效地寻找到理想的过渡态。若 Hessian 矩阵有且只有一个负本征值，其他本征值均为正，则该点是势能面中的鞍点，它就是我们寻找的反应中的过渡态，对应即将断开的键或将结合的键。为了验证寻找到的确实是某个反应的过渡态，我们需要使用内禀反应坐标方法（Intrinsic Reaction Coordinate，IRC）来检验。从过渡态出发沿着势能梯度让矢量移动一小步，一小步，直至达到能量极小，即反应物或产物，则证实该过渡态就是此反应的过渡态。

2.6.5　芳香性的分析

"芳香化合物"最初起源于苯及其衍生物的香味。相应的"芳香性"这一概念是用来描述具有 $4n + 2$ 个 π 电子的平面环共轭有机分子的。因此，传统上人们总是把"芳香性"这个概念同有机分子联系在一起。而如今芳香性的概念已不仅仅是对有机分子而言，它已扩展到杂原子体系、有机金属化合物以及全金属体系。一个分子是否具有芳香性，对于探讨其结构和化学稳定性是非常重要的。

芳香性化合物在结构、能量和磁学上都表现出了特殊的性质，即结构上，其键长趋于平均化；能量上，比对应的烯烃参考结构要低；在外加磁场作用下产生电子环流，导致垂直磁化率增加以及 1H NMR 谱中典型的环外质子产生化学位移。通常用来判断芳香性的判据有很多，包括能量上的，如共振能（Resonance Energy，RE）和芳香性稳定化能（Aromatic Stabilization Energy，ASE）；磁性的，如 1H NMR 化学位移、磁敏感系数各向异性（Magnetic Suscepti bility Anisotropy）及其增量、核独立化学位移（Nucleus-Independent Chemical Shift，NICS）和结构上的，如键长相等、键序介于单双键之间等。核独立化学位移（NICS）是由 Schleyer 及其合作者提出的一个物理量，其定义是在平面环或原子簇的几何中心或中心之上计算的独立磁屏蔽系数的负值。如果在这些位置计算的 NICS 值为负，则表明分子具有芳香性；若为正，则是反芳香性的；接近零，则是非芳香性分子。NICS 作为一个简单而有效的芳香性判据，其可靠性已经被一系列对二维和三维芳香化合物的研究所证明。若某化合物的 NICS 值越负，则其芳香性越强。

2.7　半经验量子化学方法

对于复杂的大分子的计算，目前由于受到计算机条件的限制，从头计算还有困难，故往往采用各种近似方法。在半经验方法的计算中，从电子结构的一些实验资料估计最难以计算的一些积分。当使用模型法计算分子电子结构时，不再从原始的完整 Hamilton 量出发，而是从最简单的模型 Hamilton 量出发。这种 Hamilton 量只是粗略地考虑了分子中的相互作用，通常包含一些待定的参数。半经验法引入的化简极大地减少了必需的计算工作量，并且可能计算一些更复杂分子的电子结构。这种计算所得到的资料带有定性的和半定量的特性。实际上，如果该方法用于一些其力所能及的问题，计算结果的精确度通常足以说明所研究分子的性质，肯定或否定某一物理化学假定。尽管在半经验方法中依据实验值对一些计算所进行的参数化补偿了计算方案的不足，但是，却不能苛求半经验方法面面俱到，使分子的各种电子性质的计算都有同样好的结果。因此，通常保证分子的某些电子结构性质好的计算方案对于另外一些电子结构性质有可能导出不适当的结果。于是，对于每种半经验方法，可以因各类具体参数化方案的不同而变得多样化。在相当大的程度上，每类参数化都局限于分子的一些性质或某一种类分子的计算。因此，半经验方法不是以描述个别分子的全部特性为基本内容，而是着眼于比较同系物的某些性质。当足以正确地引入参数时，可以得到复杂的化合物电子结构的定性或半定量的资料，同系物分子的某些特性的变化规律，以及建立它们同实验观测的物理与化学性质的联系，显然，这些问题都是现代化学关注的中心。

在量子化学的半经验方法中，分子轨道（MO）法得到了广泛的发展。如 Pariser-Parr-Pople 对 π 电子体系所建议的半经验近似分子轨道法；借助于全价电子半经验分子轨道法实现饱和有机分子与无机化合物（包括过渡元素的化合物）的电子结构的量子化学计算法等。目前，这些方法已成功地用于研究化合物的电子结构，几何构型，反应能力以及解释光谱，NMR 和 ESR 谱等等。以下为一些常见的半经验方法：

（1）HMO（Hückel Mocular Orbital）于 20 世纪 30 年代开发，处理共轭分子体系，成功地讨论了共轭分子的结构与稳定性，预言了烯烃的加成和环合的可能性。

（2）EHMO（Expend HMO）于 20 世纪 50 年代开发，不仅处理共轭分子体系，也能处理骨架 σ 电子。

（3）CNDO 全略微分重叠（complete neglect of differential overlap），于 20 世纪 60 年代开发，只处理价电子，分子内部被看成刚性核实部分。

（4）INDO 间微分重叠（Intermediate neglect of differential overlap），相对 CNDO 而言，INDO 增加了双电子积分，结果更好一些。

（5）MNDO 改进方法，其忽略了双原子微分重叠法。不能表现氢键；对拥挤分子能量过正；对四元环能量过负……

2.8　分子力学和分子动力学方法

虽然通过量子化学计算原则上可以得到分子的优化构型与构象、化学与物理性质，但是目前的计算能力使其在较大分子的应用上受到限制，巨大的计算工作量依然是很难逾越的障碍。但是，如果原子间的相互作用可以用一个充分可靠的势场来描述，我们就能用经典的方法计算出基于原子水平相互作用的复杂体系的宏观性质信息。这些宏观性质既涉及到静态的所有热力学量的平衡特征，亦涉及动力学特征，如非平衡系统中的各种可测输运系数。

实际上，从化学的观点来看，分子是由两类粒子组成的，即可以忽略大小和内部结构的原子核以及围绕在原子核周围的电子。运用绝热近似，即 Born-Oppenheimer 近似把电子与原子核的运动区分开来（支配原子运动的势能可以从分子能量中分离出来）。这样，认为分子是由一系列原子或原子团抽象成的质点组成，把一个复杂的分子用在有效势场中运动的质点群体系来描述。分子力学和分子动力学运用经典质点力学的方法关注原子核的运动，原子在分子势场中相互联系、相互制约。势场还常常被进一步简化为保守场。保守力与原子运动的路线与速度无关，仅由原子的相对位置决定，即分子势场是原子坐标的函数，不包含时间 t。在常温下和不涉及氢原子的具体行为时，应用经典力学定律就可以得到足够满意的精度。

统计热力学所研究的是有大数自由度的系统在宏观长时间上的平均行为。在一定的宏观条件下（如总能量、动量、体积等），当系统达到平衡时，它在宏观上处于一个确定的平衡态。但是，由于宏观系统内部自由度是巨大的，从微观角度来看，它的微观状态远没有固定下来。在给定的宏观条件下，在测量时间 Δt 内，微观状态经历了巨大数目的变化。我们把这个巨大数目的微观状态的集合称为时间系综。代替一个系统，我们也可以同时考察大多数独立而类似的系统，它们构成一个统计系综。统计系综的各个系统反映了实际系统在不同微观时刻的面貌。因此，单个系统长时间所经历的时间系综的分布等于统计系综在同一个时刻的分布，求一个系统的某物理量的时间平均值也就是对系综求该物理量的平均值。

以上只是对于服从决定性动力学规律的经典系统而言，对于量子系统来说，从一开始，由波函数所表达的是量子系综的态。量子化学所研究的是单个分子（或广义分子）的单一态的系综，忽略分子与其他分子或环境的相互作用，它下属的各个系统处于相同的量子态。波函数决定了在确定量子态中系统的力学量的统计分布。这种量子系综叫做纯系综。混合系综所属的各个系统分布于一系列的量子态中。例如，在与恒温热源相接触以保持固定温度的情形下，由于可与热源交换能量，各个系统并非都处于有同一能量本征值的态，而是分布在有各种能量本征值的一系列态上。显然，混合系综相当于许多纯系综的集合，其中每个纯系综有一定的量子态，而各个纯系综所含系统数目的比等于从混合系综中随便找一个系统作抽样时发现抽样处在各个量子态的相对几率。

当问题涉及相互作用不能忽略时，即单个分子的状态还和其他分子的运动有关时，"某个分子具有确定的能量和动量"这句话的意义就变得含混不清。随着时间的推移，这些量会迅速变为其他值。单分子状态已不能从整个系统的状态中分离出来，讨论时必须从整个系统的状态出发。当过渡到相空间时，用整个系统的广义坐标、广义动量所张开的 G 相空间来描述系统的状态。

量子化学讨论的是单个分子的内部状态；分子力学给出的是分子系统静态的性质，例如分子的稳定结构及相应的生成热；对分子集合体或宏观物系则采用分子动力学方法（时间系综）或蒙特卡罗方法（Monte Carlo Method）（统计系综）。

参 考 文 献

[1] Nancy A Richardson, Steven S Wesolowski, Henry F. Schaefer, Ⅲ. Electron Affinity of the Guanine-Cytosine Base Pair and Structural Perturbations upon Anion Formation [J]. Journal of America Society, 2002, 124: 16163 ~ 16170.

[2] Born M, Oppenheimer J R. Quantum Theory of Molecules [J]. Ann Physik, 1927, 84: 457.

[3] Born M, Huang K. Dynamical Theory of Crystal Lattices [M]. Oxford University Press. New York, 1954.

[4] 唐敖庆，杨忠志，李前树. 量子化学 [M]. 北京：科学出版社，1982.

[5] 徐光宪，黎乐民，王德民. 量子化学——基本原理和从头计算法 [M]. 北京：科学出版社，1985.

[6] Born M, Oppenheimer J R. Quantum theory of molecules [J]. Ann Physik, 1927, 84: 457.

[7] 陈念陔，高坡，乐征宇. 量子化学理论基础 [M]. 哈尔滨：哈尔滨工业大学出版社，2002.

[8] Szabo A, Ostlund N S. Mordern quantum chemistry, introduction to advanced electronic structure theory [M]. New York: Mineoda, Dove Publications, INC. , 1996.

[9] Hehre W J, Radom L, Schleyer P V P, et al. Ab initio molecular orbital theory [M]. New York: Wiley & Sons Inc. , 1988.

[10] Dycstra C E. Ab initio calculation of the structures and properties of molecules [M]. New York: Elsevier Science Publishers, 1988.

[11] Born M, Huang K. Dynamical theory of crystal lattices [M]. Oxford: ClarendonPress, 1954.

[12] Hartree D. The calculations of atomic structure [M]. New York: Wiley, 1957.

[13] Hartree D R. Wave mechanics of an atom with a non-coulomb central field. Part Ⅰ theory and methods. Part Ⅱ some results and discussion [J]. Cambridge Phill. Soc. , 1928, 24: 89.

[14] Roothaan C C J. Electric Dipole Polarizability of Atoms by the Hartree-Fock Method. Ⅰ. Theory for Closed-Shell Systems [J]. Rev. Mod. Phys. , 1951, 23: 69.

[15] Lowdin P O. A complete active space SCF method (CASSCF) using a density matrix formulated super-CI approach. Adv. Chem. Phys. , 1959, 2: 207.

[16] Wilson S. Electron correlation in molecules [M]. Oxford: Clarendon Press, 1984.

[17] Bauschlicher C W Jr, Langhoff S R. Accurate quantum chemical calculations [J]. Adv. Chem. Phys. , 1990, 77: 103.

[18] Shavitt I. The method of configuration interaction, In: H. F. Schaefer, Methods of electronic structure theory [M]. New York: Plenum, 1977.

[19] Roos B O, Siegbahn P E M. The direct configuration interaction method from molecular integrals, In: H. F. Schaefer, Methods of electronic structure theory [M]. New York: Plenum, 1977.

[20] Siebahn P E M. Electronic structure of molecules [J]. J. Chem. Phys. , 1980, 72: 647.

[21] Knowles P J, Handy N C. A new determinant-based full configuration interaction method [J]. Chem. Phys. Lett. 1984, 111: 315.

[22] Pople J A, Binkley J S, Seeger R. Theoretical models incorporating electron correlation Int [J]. J. Quant. Chem. Symp. , 1976, 10: 1.

[23] Pople J A, Krishnan R, Schegel H B, Binkley J S. Electron correlation theories and their application to the study of simple reaction potential surfaces [J]. Int. J. Quant. Chem. , 1978, 14: 545.

[24] Purvis G D, Bartlett R J. A full cupled-cluster singles and doubles model: The inclusion of disconnected triples [J]. J. Chem. Phys. , 1982, 76: 1910.

[25] Scuseria G E, Schaefer H F. Is Coupled cluster singles and doubles (CCSD) more computationally intensive than quadratic configuration interaction (QCISD) [J]. J. Chem. Phys. , 1989, 90: 3700.

[26] MØller C, Plesset M S. Note on an approximation treatment for many-electron systems. Phys. Rev. , 1934, 46: 618~622.

[27] Head Gordon M, Pople J A, Frisch M J. MP2 energy evaluation by direct methodsChem [J]. Phys. Lett. , 1988, 153: 503.

[28] Frisch M J, Head-Gordon M, Pople J A. Semi-direct algorithms for the MP2 energy and gradient [J]. Chem. Phys. Lett. , 1990, 166: 275.

[29] Frisch M J, Head-Gordon M, Pople J A. A direct MP2 gradient methodsChem [J]. Phys. Lett. , 1990, 166: 281.

[30] Pople J A, Head-Gordon M, Raghavachari K. Quadratic configuration interaction. A general technique for determining electron correlation energies [J]. J. Chem. Phys. , 1987, 87: 5968.

[31] Dunning T H, Petersen K A. Use of Mo/ller-Plesset perturbation theory in molecular calculations: Spectroscopic constants of first row diatomic molecules [J]. J. Chem. Phys. , 1998. 108: 4761.

[32] Thomas L H. The calculation of atomic fields, Mathematical Proc [J]. Camb. Phil. Soc. , 1927, 23: 542.

[33] Fermi E. Statistical method to determine someproperties of atoms Rend [J]. Accad. Lincei, 1927, 6: 602.

[34] Hohenberg P, Kohn W. Inhomogeneous electron gas [J]. Phys. Rev. B, 1964, 136: 864.

[35] Miller J A, Klippenstein. S J. The recombination of propargyl radicals and other reactions on a C_6H_6 potential [J]. J. Phys. Chem. A, 2003, 107: 2680.

[36] 冯健男. 新型原子簇——自由基正离子磷原子簇和铱原子簇的理论研究 [D]. 长春: 吉林大学理论化学研究所, 1997.

[37] 葛茂发. 含碳团簇的从头算研究 [D]. 长春: 吉林大学化学系, 1998.

[38] Hehre W J, Radom L, Schleyer P V R, et al. Ab initio molecular orbital theory [M]. New York: Wiley & Sons, Inc., 1986.

[39] Dolg M, Stoll H, Preuss H. A combination of quasirelativistic pseudopotential and ligand field calculations for lanthanoid compounds [J]. Theoretical Chemistry Accounts, 1993, 85 (6): 441~450.

[40] Bergner A, Dolg M, Küchle W. Ab initio energy- adjusted pseudopotentials for elements of groups 13~17 [J]. Molecular Physics, 1993, 80 (6): 1431~1441.

[41] Huzinaga S. Gaussian- Type Functions for Polyatomic Systems [J]. Chem. Phys. 1965, 42: 1293~1302.

[42] Huzinaga S. Gaussian-Type Functions for Polyatomic Systems [J]. Journal of Chemical Physics, 1965, 42 (3): 1293~1302.

[43] 王志忠. 现代量子化学计算方法 [M]. 长春: 吉林大学出版社. 1998.

[44] 丁益宏. 新型原子簇——两类重要星际分子势能面的量子化学研究 [D]. 长春: 吉林大学理论化学研究所, 1998.

[46] 肖鹤鸣. 硝基化合物的分子轨道理论 [M]. 北京: 国防工业出版社. 1993.

[47] L SwdinP O. Quantum theory of many- particle systems. I. Physical interpretations by means of density matrices, natural spin- orbitals, and convergence problems in the method of configurational interaction [J]. Phys. Rev., 1955: 97, 1474.

[48] Alan E Reed, Larry A. Curtiss and Frank Weinhold [J]. Chem. Rev., 1988: 88, 899.

[49] Frank Jensen. Introduction Computational Chemistry [J]. JOHNW ILEY&SONS, 1999: 161.

[50] Alm J, Taylor P R. Relaxation times of organic radicals and transition metal ions [J]. Adv Quantum Chem., 1991, 22: 301.

[51] A lan E Reed, Frank W einhold. Mechanistic analysis of intramolecular free radical reactions toward synthesis of 7- Azabicyclo [2.2.1] heptane derivatives [J]. J Chem. Phys., 1983, 78 (6): 4061.

[52] Alan E Reed, Robert B, Frank Weinhold. Relationships for the impact Sensitivities of Energetic C- Nitro Compounds Based on Bond Dissociation Energy [J]. Chem. Phys., 1985, 83 (2): 735.

[53] Carpenter J E, Weinhold F. MMPEP: Development and evaluation of peptide parameters for Allinger's MMP2(85)' programme, including calculations on crambin and insulin. J. Mol. Struct. (Theochem), 1988, 169: 41.

3 大气污染物控制研究中常用的
计算化学软件

计算化学的主要目标是依据化学规律（理论化学）利用有效的数学近似以及电脑程序计算分子的性质，并用以解释一些具体的化学问题。用计算机模拟化学体系的微观结构和运动，并用数值运算、统计求和方法对系统的平衡热力学、动力学、非平衡输运等性质进行理论预测。计算化学是根据基本的物理化学理论（通常指量子化学、统计热力学及经典力学）及大量的数值运算方式，应用计算机技术，通过理论计算研究化学反应的机制和速率，总结和预见化学物质结构和性能关系规律的学科。计算化学是化学、计算机科学、物理学、生命科学、环境科学、材料科学以及药学等多学科交叉融合的产物，而化学则是其中的核心学科。可以用来解释实验中各种化学现象，了解、分析实验结果，预测化学反应方向，还可以用来验证、测试、修正或发展较高层次的化学理论。准确高效的理论计算方法也是计算化学领域中非常重要的一部分。近二十年来，计算机技术的飞速发展和理论计算方法的进步使理论与计算化学逐渐成为一门新兴的学科。今天，理论化学计算和实验研究的紧密结合大大改变了化学作为纯实验科学的传统印象，有力地推动了化学各个分支学科的发展。随着人们对"化学不再是纯实验科学"论断认识的不断提高，计算化学将在各个化学研究领域和交叉学科领域发挥作用。特别是随着当前世界学科前沿的发展趋势，材料、生命、医药、环境等学科越来越被政府和科学家们重视，计算化学也将在这些方面发挥重大作用。

计算化学在化学领域中有着广泛的应用，通过对具体的分子系统进行理论分析和计算，从而能比较准确地回答有关稳定性、反应机理等基本化学问题。如今计算化学已被广泛应用于材料、催化、生物制药和环境检测及治理等研究领域，其方法和结果都显示出其他研究手段无法比拟的优越性。下面我们对目前比较流行的几种计算化学软件进行简介，读者要了解某软件更详细的功能和使用方法，可访问本书提供的官方网站。

3.1 基于从头算或第一性原理方法开发的计算软件

3.1.1 Gaussian

Gaussian 程序是 John A. Pople 和他在 Carnegie-Mellon 大学的课题组在 1970年发布的，最初版本是 Gaussian 70，已经有四十多年的历史了，目前高斯公司已经推出 Gaussian 09 版本。Gaussian 软件的发展、普及和应用对计算化学的发展都做出了巨大贡献。Nature 杂志给予 Gaussian 软件很高的评价"实验研究者全新的工具",原文:"It was the release of Gaussian 70 and the advent of minicomputers, both in the 1970s, that brought the tools of quantum mechanics to organic chemists."❶。

Gaussian 软件是一款综合性量子化学软件包,它是目前应用最广泛的计算化学软件。比如可以做从头算、密度泛函计算、半经验计算、分子力学以及分子动力学计算等,如图 3-1 所示。

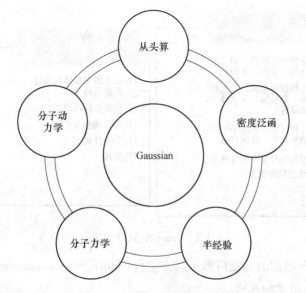

图 3-1 Gaussian 软件的应用范围

由于应用广泛,所以可以作为化学家、化学工程学家、生物化学家、物理学家、材料学家以及其他领域科学家的得心应手的科研工具。因为软件使用了高斯型(Gaussian-type Orbitals,GTO)基组代替斯莱特型(Slater-type Orbitals,STO)来提升计算的速度,所以也称为 Gaussian。

3.1.1.1 简介

Gaussian 是做半经验计算和从头计算使用最广泛的量子化学软件,可以研究:分子能量和结构,过渡态的能量和结构,化学键以及反应能量,分子轨道,偶极矩和多极矩,原子电荷和电势,振动频率,红外和拉曼光谱,NMR,极化率和超极化率,热力学性质,反应路径。

计算可以模拟在气相和溶液中的体系,模拟基态和激发态。Gaussian 03 还可

---

❶ Nature,2008,455:309~313。

以对周期边界体系进行计算。Gaussian 是研究诸如取代效应，反应机理，势能面和激发态能量的有力工具。

3.1.1.2 功能

Gaussian 软件可以研究的化学问题（见图 3-2），比如：快速可靠地得到分子稳定结构、预测过渡态结构、确定局域稳定点是稳态还是过渡态，还可以通过内禀反应坐标法（IRC）来追踪反应路径，从而确定一个特定的过渡态连接的是哪个反应物和产物。一旦得到反应的势能面图像，反应热和能垒就能够被精确地预测。通过一系列计算研究，我们就可以研究反应机理等问题。

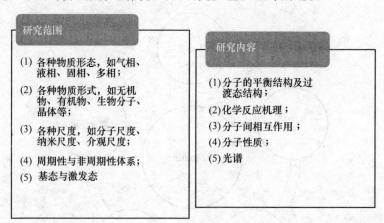

图 3-2   Gaussian 软件的功能

Gaussian 09 增加的功能可参见官方主页：http：//www. gaussian. com/。

3.1.1.3 能量和求导

（1）最近开发的半经验模型（AM1、PM3、PM3MM、PDDG、PM6），计算解析一阶导和二阶导，用户可自定义参数，以及结合使用 PCM 溶剂模型。

（2）TDDFT 解析梯度和数值频率。

（3）EOM-CCSD 计算激发能。

（4）新的 DFT 泛函，包括 HSE，wB97，m05/m06，LC 类泛函，以及双杂化 B2PLYP。

（5）经验色散模型和相应的泛函。

（6）ROMP3，ROMP4，ROCCSD，ROCCSD（T）能量。

（7）W1RO，W1BD，G4 方法计算能量。

（8）DFTB 半经验模型以及使用解析矩阵元的 DFTBA 版本。

3.1.1.4 分层计算 ONIOM

（1）ONIOM 与 PCM 组合。有多种 ONIOM + PCM 模型。

（2）ONIOM 计算 IRC，即使分子包含上千个原子，效率也很高。

3.1.1.5 溶剂化

（1）新的 PCM 溶剂化算法，使能量成为核坐标的连续函数。现在，PCM 的几何优化与气相优化的收敛速度一样。

（2）特定态的自洽溶剂化，用于模拟荧光和其他发射过程。它对上百种溶剂进行了参数化，可以给出非常好的总溶剂化自由能。

3.1.1.6 几何优化和 IRC

（1）能量最小化默认使用 GEDIIS 几何优化算法，这对大的柔软分子特别有帮助。

（2）对力学部分或电子嵌入部分，以及对能量极小点和过渡结构使用二次收敛 ONIOM（MO：MM）优化。

（3）一个输入部分，用于控制优化中的冻结或非冻结原子。可以用原子、元素、残基或 ONIOM 层来指定原子。

3.1.1.7 分子特性

分子特性包括：

（1）解析的含频 ROA 强度。

（2）解析的 DFT 超极化率。

（3）使用两个态的谐振模式，通过 Franck-Condon 原理计算电子激发、发射、光电离的谱带带型。

（4）用 Herzberg-Teller 或 Franck-Condon-Herzberg-Teller 理论计算电子激发的谱带带型。

（5）选择简正模式用于显示，非谐校正和 FC/HT/FCHT 分析。可通过原子、元素、残基或 ONIOM 层来选择。

3.1.1.8 分析和输出

（1）蛋白质二级结构的信息可以包含在分子指定的输入部分，或者.fchk 文件中。

（2）轨道布居分析，给出原子或角动量对轨道的贡献。

（3）正则 UHF/UDFT 进行二次正交化，用于显示或用于 ROHF 计算的初始猜测。

（4）CIS 和 TD 激发的自然跃迁轨道分析。

（5）把占据轨道投影到最小基之后，进行 Mulliken 布居分析。当基组增大时，可给出稳定的布居。

3.1.1.9 其他新功能

（1）SCF 的初始猜测可以从片段计算的组合产生，需要指定每个片段的电荷和自旋。

（2）用四点差分而不是默认的两点差分计算数值频率，具有更高的精度和数值稳定性。

3.1.1.10　效率改善

（1）HF 和 DFT 对大分子的频率计算更快，特别是当并行时。

（2）FMM 以及线性标度的库仑和交换对机群实现了并行。

（3）大体系的 ONIOM（MO：MM）频率计算更快，特别是对电子嵌入。可以计算 100～200QM 原子和 6000MM 原子的频率。

（4）在大型频率计算中保存简正模式，用于显示或打印模式，以及开始 IRC＝RCFC 任务。

（5）CC，BD 和 EOM-CCSD 振幅可以保存在检查点的文件中，在以后的计算中读入。保存 BD 轨道并在以后读入。

（6）半经验，HF 和 DFT 的频率计算可以在中期计算中重新开始。

（7）CC 和 EOM-CC 计算可以在中期计算中重新开始。

（8）ONIOM 个别步骤的初始猜测可以来自不同的检查点文件。

（9）加入了 SVP，TZVP，QZV 基组的密度拟合基。Fit 关键字调用与 AO 基组匹配的拟合基，没有特定的拟合基时需要 Auto 关键字。

（10）在 Default. Route 文件中包含 DensityFit 关键字，只要执行纯密度泛函就可使用拟合。

（11）为了与文献发表的基组兼容，读入的密度拟合因子可以是非归一化的原函数，密度归一化的原函数，或归一化的原函数。

3.1.2　ADF

3.1.2.1　简介

ADF 是专门作密度泛函计算的软件，包括 ADF 和 BAND 两部分，ADF 部分的简介见下文。BAND 部分类似，但专门用于计算周期性体系（晶体、聚合物等）。ADF-GUI 和 BAND-GUI 分别在图形界面下创建 ADF 和 BAND 的计算任务和图形显示结果。

3.1.2.2　功能

ADF 功能包括：单点计算，几何优化，过渡态，频率和热动力学特性，跟踪反应路径，理论预测化学催化过程，计算任意电子组态，激发能和（超）极化率，使用含时密度泛函（TDDFT）理论（于 1999 年 2002 年分别加入到 ADF 模块和 BAND 模块中），NMR 化学位移，激发能，超极化率，范德瓦尔斯系数，用 QM/MM（量子力学/分子力学）混合近似处理大体系环境。ADF 使用的全部是 Slater 型基组，不同于大多数量化软件使用的高斯基组。

3.1.2.3　应用范围

2002 版的基组库包含了 $Z＝1～118$ 号的所有元素，而且对常见元素有不同尺寸的基组，从最小的到高质量的，并且对在 ZORA 近似中的相对论计算和需要附加弥散基函数的响应计算提供了特殊的基组。

模型哈密顿量：

（1）选择一种密度泛函，局域密度近似（LDA）和广义梯度近似（GGA）。LDA 包括 Xonly，Xalpha，VWN 和 Stoll 修正的 VWN；GGA 包括 Pw91，Blyp，Lb94，以及 2002 版加入的 PBE，RPBE，revPBE 等。2002 版新加入 GRAC 和 SAOP 交换相关势，能够改善 LB94 和 BP 的结果。最近流行的 Meta-GGA 交换相关泛函进行 post-SCF 处理能够获得标准 G2 计算的精度，也加入到 2002 版中。

（2）自旋：限制或非限制。

（3）相对论效应：标量近似和自旋轨道（双群对称性），使用 ZORA（推荐）或泡利原理（以前使用）。

（4）环境：溶剂影响，均匀电场，点电荷（Madelung 场），QM/MM 方法分析。

（5）在化学组成（空间相互作用、泡利排斥、轨道相互作用……）中键能的分解。

（6）数据的表示（分子轨道系数、穆里肯布居），按照分子中化学片段的组成以及传统的元素基函数表示。

（7）原子的电荷由 Hirshfeld 分析与 Voronoi 分析，以及经典穆里肯布居决定。

（8）功能强大的图形用户界面 ADFinput，只用鼠标就能设置 ADF 非常复杂的计算，还可以显示分子。需要单独购买。

3.1.2.4 ADF 2008 的新功能

ADF 2008 的新功能包括：

（1）ADF：改进了结构优化和过渡态搜索；Grimme 的色散校正，GGA 交换关联泛函。

（2）BAND：过渡态搜索；数值频率；ESR A 张量和 g 张量；meta-GGA 泛函和 PBEsol；（部分）DOS 的显示。

（3）COSMO-RS：QM 方法预测化工热力学。

（4）DFTB：密度泛函紧束缚程序。

（5）超快的 Bader AIM 原子特性。

（6）磁化率，共振极化率。

（7）简化脚本。

3.1.2.5 ADF 2012.01 的新功能

ADF 2012.01 的新功能包括：

（1）分子 ADF 程序：新的功能（非自恰 Green 函数；旋轨耦合下的基态零

场分裂；旋轨耦合下的 ESR *g* 张量和 *A* 张量；顺磁 NMR 化学位移；态选择优化激发能；垂直激发自恰反应场 VSCRF；SCRF 和蛋白质环境；新的 XC 泛函 revTPSS，HTBS，Grimme-D3-BJ，dDsC）；新的分析（meta-GGA 和 meta-杂化 GGA 的能量分解分析；改进了杂化泛函的能量分析；AIM 临界点和键路径；自旋非限制的 NBO 分析）；精度提高（SCF 收敛方法 LISTi；改进了最小点和过渡态的优化）。

（2）周期 BAND 程序：格矢优化和旋轨耦合优化；声子色散曲线和热力学特性；QTAIM 分析寻找临界点；能带结构内插方法得到平滑的能带图；全解析的 NMR 屏蔽张量；静态均匀的电场；新的 XC 泛函 Grimme-D3-BJ，GGA + U，HTBS，revTPSS，TB-mBJ；计算加速。

（3）DFTB：功能齐全的 DFTB 模块；二阶和三阶自恰电荷（SCC，DFTB3）；色散校正；周期与非周期体系；优化格矢参数；使用 Velocity Verlet 算法的分子动力学；Berendsen 和缩放调温；计算声子；计算加速和减少内存需求；并行化；态密度和能带结构。

（4）ReaxFF：非反应迭代；统计氢键个数的阈值。

（5）GUI：虽然输入模块都融入一个统一的 GUI 中；用 DFTB，UFF 和 MOPAC 做预优化；重新设计用户接口；搜索面板、文档和分子数据库；显示声子谱，矢量场，张量，AIM；浏览 KF；加速。

（6）COSMO-RS：执行 COSMO-SAC；三元混合物，成分线，闪点；MOPAC PM6 COSMO 文件。

（7）PyMD：python 接口；正则系综和微正则系综的分子动力学模拟；多标度自适应 MD 模拟；偏移 MD 模拟。

3.1.2.6 ADF 2013.01 的新功能

ADF 2013.01 的新功能包括：

（1）分子 ADF 程序：范围分离的交换关联泛函用于改善电荷转移激发；电荷转移积分；TDDFT-原子电动力学耦合方法 DIM/QM；Becke 积分格点使势能面更平滑，更适合结构优化；用宽带极限近似做快速 NEGF 传输计算；通过距离效应使杂化泛函计算得更快。

（2）周期 BAND 程序：有效质量（电子/空穴转移）；大单位晶胞的计算加速；通过对导数不连续的估计，用 GLLB-SC 模型势准确计算带隙；显示费米面。

（3）DFTB：Grimme 色散校正 D3-BJ；3OB 参数，对轻元素更准确的 DFTB3；部分 DOS 的显示选项。

（4）ReaxFF：改善了并行和重新开始计算；新的 ReaxFF 力场；输出轨迹选项；力偏移蒙特卡罗方法用于加速动力学。

（5）GUI：支持大多数的新功能；对多原子体系改善了速度；改善了平移和

缩放；Mac OS X GUI 的改善。

（6）COSMO-RS：包含简化的 COSMO-RS 数据库；辛醇-水分配系数计算的模板；工具程序的改善。

（7）加入 NBO 6.0。

3.1.2.7　ADF 2014.01 的新功能

ADF 2014.01 的新功能包括，参见官方主页：http：//www.scm.com/。

（1）分子 ADF 程序：DFT-MBD 色散校正 XC 泛函；选择强度的激发能；NMR 自旋-自旋耦合使用子体系 DFT；在优化中限制距离差；电荷模型 5；用径向样条函数和 Z1m 改进了密度拟合；NMR 化学位移中的非换算 ZORA 自旋-轨道度规校正项；更小的 TAPE21 结果文件；对选择的计算瓶颈执行 GPGPU（CU-DA）；拟合和格点依赖于局域原子；修改了 Hartree-Fock 交换积分的距离截断值；可扩展 SCF，具有更好的并行和更小的内存；并行运行 COSMO；RamanRange 把 A1 表示包含到拉曼活性表示的列表中。

（2）周期 BAND 程序：非共线自旋；LISTi 和 LISTb SCF 收敛加速；更小的 RUNKF 文件；拟合和格点依赖于局域原子；DZP 基组。

（3）DFTB：TD-DFTB 激发能；限制优化；QUASINANO 2013.1 参数；密度矩阵纯化和稀疏矩阵代数；电导。

（4）更快的 MOPAC。

（5）ReaxFF：改变了二面角项和共轭项；巨正则蒙特卡罗（GCMC）；蒙特卡罗力场参数优化。

（6）GUI。

（7）UFF：新的 UFF4MOF。

3.1.3　Dalton

Dalton 量化软件包的功能十分强大，用 SCF，MP2，CC 或 MCSCF 等波函计算分子的特性，其中主要在于磁性和（含频率的）电性领域，以及用来研究分子的势能曲面。Dalton 和另一个免费的量化软件 DIRAC 的输入文件结构基本是类似的。Dalton 的部分功能包含在 COLUMBUS 中，可用作电子积分模块。

3.1.3.1　功能

功能包括：

（1）一阶和二阶几何优化。

（2）强大的二阶方法用于寻找过渡态。

（3）固定几何优化的键长、键角和二面角。

（4）普通数值导数，可以自动使用最高阶的解析导数。

3.1.3.2　计算模型

计算模型包括：

（1）RHF 和单个开壳层 ROHF，可以是直接的，也可以是并行的。

（2）密度泛函理论，可以是直接的，也可以是并行的。

（3）扩展休克尔或核哈密顿量的初始轨道。

（4）DIIS，Roothaan 或二次收敛方法。

（5）自动的 Hartree-Fock 占据

（6）灵活且强大的完全活性空间（CAS）或限制活性空间（RAS）波函。

3.1.3.3　Dalton 2013 版增加的功能

（1）Dalton：

1）使用 Cholesky 分解的子体系耦合簇。

2）用极化嵌入（PE）库进行多标度模拟。

3）X 射线谱使用静态交换（STEX）。

4）用复极化传播子（CPP）计算阻尼响应。

5）开壳层 DFT 的二次响应。

6）核屏蔽常数的相对论校正。

7）DFT-D2，DFT-D3 和 DFT-D3BJ 的经验色散校正。

8）各种改善和 BUG 修改。

（2）lsDalton：

1）HF 和 DFT 动力学。

2）更多的响应特性，包括 MCD 在内的磁性。

3）DEC-MP2 能量，密度和梯度。

4）局域轨道。

5）改进了 SCF 优化例程。

6）大规模并行 CCSD。

7）HF 和 DFT 的 MPI 并行。

8）改善积分代码，包括 MPI 并行化。

9）用 PBLAS/SCALAPACK 进行并行矩阵操作。

10）ADMM 交换（能量，梯度）。

3.1.3.4　Dalton 2015 版增加了以下功能

Dalton 2015 版增加了以下功能，参见官方主页：http：//daltonprogram. org/。

（1）LSDalton：

1）几何优化：准牛顿过渡态优化和 HOPE 算法。

2）DFT，HF，DEC-MP2 和 CCSD 相互作用能自动计算平衡校正。

3）动力学：Nose-Hoover 恒温。

4）DFT-D3 和 DFT-D3（BJ）计算色散能量校正。

5）改善：电荷束缚 ADMM 交换（能量和梯度），LSresponse 使用优化的复极化率传播子求解程序。

6）用二次响应计算完全偶极矩矩阵。

（2）Dalton：

1）CPP（复极化率传播子）：MChD，NSCD。

2）极化嵌入模型的扩展（QM/MM 通过 PE 库）：PE-MCSCF 波函与线性响应；PE-CPP 阻尼线性响应；PE 使用伦敦（HL）原子轨道计算磁线性响应。

3）PCM-SOPPA 激发能。

4）静电势拟合电荷 QFIT。

5）QM/CMM。

6）DFT-D3 和 DFT-D3（BJ）计算色散能量校正。

3.1.4 VASP

VASP 是使用赝势和平面波基组，进行从头量子力学分子动力学计算的软件包，它是基于 CASTEP 1989 版开发的。VAMP/VASP 中的方法基于有限温度下的局域密度近似（用自由能作为变量）以及对每一 MD 步骤用有效矩阵对角方案和有效 Pulay 混合求解瞬时电子基态。这些技术可以避免原始的 Car-Parrinello 方法存在的一切问题，而后者是基于电子、离子运动方程同时积分的方法。离子和电子的相互作用超缓 Vanderbilt 赝势（US-PP）或投影扩充波（PAW）方法描述。两种技术都可以相当程度地减少过渡金属或第一行元素的每个原子所必需的平面波数量。力与张量可以用 VAMP/VASP 很容易地计算，可把原子衰减到其瞬时基态中。

3.1.4.1 VASP 程序的亮点

VASP 程序的亮点包括：

（1）VASP 使用 PAW 方法或超软赝势，因此基组尺寸非常小，描述体材料一般需要每原子不超过 100 个平面波，大多数情况下甚至每原子 50 个平面波就能得到可靠结果。

（2）在平面波程序中，某些部分的代码执行是三次标度。在 VASP 中，三次标度部分的前因子可忽略，导致关于体系尺寸的高效标度。因此可以在实空间求解势的非局域贡献，并使正交化的次数最少。当体系具有大约 2000 个电子能带时，三次标度部分与其他部分可比，因此 VASP 可用于直到 4000 个价电子的体系。

（3）VASP 使用传统的自洽场循环计算电子基态。这一方案与数值方法组合会实现有效、稳定、快速的 Kohn-Sham 方程自洽求解方案。程序使用的迭代矩阵对角化方案（RMM-DISS 和分块 Davidson）可能是目前最快的方案。

（4）VASP 包含全功能的对称性代码，可以自动确定任意构型的对称性。

（5）对称性代码还可用于设定 Monkhorst-Pack 的特殊点，可以有效计算体材料和对称的团簇。Brillouin 区的积分使用模糊方法或四面体方法。四面体方法可以用 Blöchl 校正去掉线性四面体方法的二次误差，实现更快的 k 点收敛速度。

3.1.4.2　VASP 5.2 的新功能

VASP 5.2 新功能参见官方主页：http：//www. vasp. at/。

（1）大规模并行计算需要较少的内存。

（2）加入新的梯度校正泛函 AMO5 和 PBEsol；用标准 PBE POTCAR 文件提供新泛函；改善了单中心处理。

（3）离子位置和格矢中加入有限差分，从而得到二阶导，用于计算原子间力常数和声子（需要超晶胞近似）和弹性常数。计算中自动考虑对称性。

（4）离子位置和静电场中加入线性响应，从而得到二阶导，用于计算原子间的力常数和声子（需要超晶胞近似），Born 有效电荷张量，静态介电张量（电子和离子贡献），内应变张量，压电张量（电子和离子贡献）。线性响应只能用于局域和半局域泛函。

（5）精确的非局域交换和杂化泛函：Hartree-Fock 方法；杂化泛函，特别是 PBEO 和 HSEO6；屏蔽交换；（实验性的）简单模型势 GW-COHSEX，用于经验的屏蔽交换内核；（实验性的）杂化泛函 B3LYP。

（6）通过本征态求和计算含频介电张量：使用粒子无关近似，或通过 GW 的随机相近似。可用于局域，半局域，杂化泛函，屏蔽交换和 Hartree-Fock。

（7）完全含频 GW，速度达到等离子极点模型：单发 GOWO；在 G 和 W 中迭代本征矢直至自洽；（实验性的）迭代 G（也可以选 W）本征矢的自洽 GW；（实验性的）对相关能使用 RPA 近似的 GW 总能量；用 LDA 计算 G 和 W 的顶点校正（局域场效应），仅能用于非自旋极化的情况；（实验性的）W 的多体顶点校正，仅能用于非自旋极化的情况。

（8）实验性的功能：用 TD-HF 和 TD-杂化泛函求解 Cassida 方程（仅能用于非自旋极化的 Tamm-Dancoff 近似）；GW 顶点的 Bethe-Salpeter（仅能用于非自旋极化的 Tamm-Dancoff 近似）。

3.2　基于半经验或分子力学方法开发的计算软件

3.2.1　MOPAC

3.2.1.1　简介

MOPAC 是最著名的半经验分子轨道程序包。从 1981 年由 J. J. P. Stewart 开始开发，最早基于 Dewar 和 Thiel 的 NDDO 方法。在发布了 MOPAC 7.0 之后，MOPAC 成为 Fujitsu 公司的商业软件 Fujitsu MOPAC。但是 15 年后，作者在 MOPAC 7.0 的基础上重新开始了非商业版本 MOPAC 的开发，用 FORTRAN 90/

95 语言进行了改写，并加入了很多新的功能。MOPAC 2007 是目前唯一由 J. J. P. Stewart 维护的 MOPAC 版本。MOPAC 2007（即 MOPAC 7.2）功能相当于商业程序 Fujitsu MOPAC 2002，增加了 PM6，但缺少 MINDO/3，PM5，解析导数，Tomasi 溶剂模型和系间穿越。和 Fujitsu 商业版本不同，MOPAC 不包含图形界面。ADF 的图形界面程序 adfgui 支持 MOPAC 的全部计算功能。

3.2.1.2　功能

功能包括（7.0 标准版）：

（1）MNDO，MINDO/3，AM1 和 PM3 哈密顿量。

（2）限制 Hartree-Fock（RHF）和非限制 Hartree-Fock（UHF）方法。

（3）组态相互作用：

1）100 个组态。

2）单重，双重，三重，四重，五重和六重。

3）激发态。

4）指定态的几何优化等。

（4）单自恰场计算。

（5）几何优化。

（6）梯度最小化。

（7）过渡态定位。

（8）反应路径坐标计算。

（9）力常数计算。

（10）简正坐标分析。

（11）跃迁偶极计算。

（12）热力学特性计算。

（13）局域化轨道。

（14）共价键顺序。

（15）键分解为 sigma 和 pi 分量。

（16）一维空间聚合物计算。

（17）动力反应坐标计算。

（18）内反应坐标计算。

3.2.1.3　MOPAC 2007 增加的功能

MOPAC 2007 增加了以下功能：

（1）用 FORTRAN 90 改写。

（2）增强了周期体系（晶体、表面、聚合物）计算方面的功能。

（3）支持的方法有：MNDO，AM1，PM3，用于镧系元素的 Sparkle/AM1，RM1，PM6，实现对所有主族元素及过渡金属的参数化。PM6 是对 NDDO 方法的最近一次参数化，对近似做了三处修改，定义了对芯-芯相互作用的主要影响。除了 12 种镧系元素和所有的锕系元素之外，PM6 参数已对大多数元素进行了优化。有机分子元素（H，C，N，O，F，P，S，Cl，Br，I）的参数已经稳定，其他主族元素、某些过渡元素以及 1A 和 2A 元素的参数尚在测试中。

（4）用 PM6 半经验模型模拟有机固体、无机固体的结构。

（5）用 PM6 计算氢键。

（6）PM6 对于仅由 H，C，N，O，F，Si，P，S，Cl，Br 和 I 构成的化合物计算极化率，平均误差为 2.1%。

（7）PM6 可更精确地计算生成热，熵，焓，热容，进行结构优化。对简单的有机分子精度最高，对复杂有机体系和无机体系精度稍低。PM6 尚无法很好地计算频率。

（8）修改了 AM1 和 PM3 的一些严重错误。

（9）计算酸碱性（pKα）。

（10）产生动画。

（11）结构用 JMol 或 CHIME 显示。

3.2.1.4　MOPAC 2009 的新功能

MOPAC 2009 的新功能参见官方主页：http：//openmopac. net/。

（1）模拟酶的反应，优化整个蛋白质、DNA 片断以及其他的大体系，可以进行直到 15000 个原子的优化。

（2）线性标度算法 MOZYME 可以把半经验量子化学方法处理的极限从 1000 个原子提高到 15000 个（几何优化）或 18000 个（SCF）原子，对 100 个原子以上的体系显著增加了计算速度。一个由 1000 个原子构成的分子要比普通的 MOPAC 计算快 60 倍，并且只需要 7% 的内存。MOZYME 可以与 MOPAC 的大多数功能结合使用，包括最新的 PM6 方法。

3.2.2　Amber

3.2.2.1　简介

Amber 是程序套件集合的名称，用于分子（特别是生物分子）的动力学模拟，并不是哪个具体的程序都叫这个名称，而是很好地协调工作的各个程序部分一起提供了一个强大的理论框架，用于多种通用计算。Amber 提供两部分内容：用于模拟生物分子的一组分子力学力场（无版权限制，也用于其他一些模拟程序中）；分子模拟程序软件包，包含源代码和演示。

3.2.2.2　功能

发布版包含了大约 60 个程序，它们可相当好地协调工作。主要的程序有：

（1）sander：用来自 NMR 的能量限制模拟退火。可以基于来自 NOE 的距离限制和扭转角限制、基于化学位移和 NOESY 值的性能损失函数，进行 NMR 的精细化。Sander 也是用于分子动力学模拟的主程序。

（2）gibbs：程序包含自由能微扰（FEP）和热动力学积分（TI），还允许平均力势（PMF）的计算。

（3）roar：进行 QM/MM 计算，"真正的" Ewald 模拟，以及备用的分子动力学积分程序。

（4）nmode：使用一阶和二阶导数信息进行简正模式分析的程序，用于寻找局域最小值，进行振动分析，寻找过渡态。

（5）LEaP：X-window 程序，用于基本模型，Amber 坐标和参数/拓扑文件的创建。它包含分子编辑器，可以创建基团和操作分子。

3.2.2.3 Amber 10.0 版的新增功能

Amber 10.0 版新增的功能包括：

（1）力场：多种新的力场类型，包括新的水及离子模型；更新了核酸和碳水化合物的参数；并行支持 Amoeba 极化势；改善了经验价键模型，可用于构造化学反应的近似势。

（2）QM/MM 模拟：可以在周期溶剂箱中或用广义 Born 溶剂模型中进行 DFTB 计算；代码更快并实现并行化。

（3）自适应偏置模拟可用于加速取样和自由能的收敛。

（4）路径积分分子动力学模拟，对核运动使用量子动力学而不是牛顿方程来进行平衡正则分布取样。通过对质量的热动力学积分，可以估计平衡同位素效应和动态同位素效应。用量子瞬时模型估算速率常数，可以用环形聚合物 MD 或中心 MD 方法计算近似的量子时间关联函数。

（5）在 ptraj 中提供了一套新的构型聚合工具。

（6）新的自由能工具可以简化蛋白质突变的设置，可进行单、双拓扑。软芯势工具可用于有原子出现或消失的取样，不用创建虚原子。

（7）更新了复制交换方法，包括：改善了标准的复制交换代码，支持非玻耳兹曼热库的交换方法；使用杂化溶剂模型减少溶剂中大体系所需的复制数量。

（8）显著改善了扩展 pmemd 程序的速度和并行标度，现在包含了广义 Born 热容，支持偏中心电荷（与在 TIP4P 或 TIP5P 中相同）。

（9）完全包含了低模式（LMOD）搜索工具，它基于低频简正模式。

3.2.2.4 Amber 11.0 版的新增功能

Amber 11.0 版新增的功能有：

（1）力场：支持大多数 CHARMM 固定电荷力场，包括带有 CMAP 扭转势的力场。此外还有升级版的 GAFF——用于有机分子的 Amber 力场。

（2）新参数化的广义 Born 溶剂化模型，对肽类和蛋白质做了优化。

（3）用于数值 Poisson-Boltzmann 溶剂化计算的扩展选项。

（4）通过 Kovalenko-Hirata （及其他）封闭近似，用 3D-RISM 积分方程模型估计溶剂化效应。

（5）改善了与 Chimera 显示程序及 UCSF DOCK 程序的集成。

（6）在改变哈密顿量模型的自由能计算中，使用了简化的方法，包括原子出现和消失的更佳流程。

（7）Amber 11.0 包含了新的拉橡皮筋模型，用于搜索构象迁移的低能路径。它只能用于体系的一部分，或者直接的溶剂模拟中。

（8）升级版的脚本用于 pH 值常数模拟和 MMPB/SA 自由能计算。

（9）加入极性版的各向同性周期求和模型，以及相应的 IPS-DFFT。

（10）用 pmemd 的 MD 模拟可以利用 NVIDIA GPU 卡，与传统 CPU 代码相比可以获得显著的加速。

3.2.2.5　Amber 12.0 版的新增功能

Amber 12.0 版新增的功能参见官方主页：http：//ambermd.org/。

（1）力场：新的固定电荷蛋白质力场 ff12SB；增强了对极化势的支持；新的模块化油脂力场 Lipid11。

（2）数值 Poisson-Boltzmann 溶剂计算增加新选项，包括膜和周期体系的模块。

（3）增强的 3D-RISM 积分方程模型，使用 Kovalenko-Hirata 闭合近似可以更好地处理水电解质。

（4）改进了自导向 Langevin 动力学和加速分子动力学的思路，可以改进沿着软自由度方向的取样。

（5）简化了安装和自动升级。

（6）半经验量子力学计算可以使用含 d 轨道的哈密顿模型，如 AM1/d 和 PM6。

（7）QM/MM 到各种外部量子化学程序和量子模型类型的接口。

（8）pmemd 大量功能支持 GPU。

（9）增强的方法可用于改变哈密顿模型的自由能计算。

（10）新的工具可以用电子密度图作为限制，以及使用刚性（或部分灵活的）基团。

3.2.3　NWChem

3.2.3.1　简介

NWChem 是运行在高性能并行超级计算机和通常工作站集群上的计算化学软件，可以用在大多数计算平台上。NWChem 使用标准量子力学描述电子波函或密度，计算分子和周期性系统的特性，还可以进行经典分子动力学和自由能模拟。

3.2.3.2 功能

（1）分子的电子结构：

1）可用下面的方法计算原子坐标的能量，解析一阶导和二阶导。

① 自恰场（SCF）或 Hartree-Fock（RHF，UHF）

② 高斯密度泛函理论（DFT），使用正常的 N3 和 N4 标度的局域，非局域（梯度校正）和杂化（局域，非局域和 HF）的自旋限制交换-关联势。

2）可用下面的方法计算原子坐标的能量和解析一阶导。二阶导由一阶导的有限差分计算。

① 自恰场（SCF）或 Hartree-Fock（RHF，UHF，高自旋 ROHF）。

② 高斯密度泛函理论（DFT），使用正常的 N3 和 N4 标度的局域和非局域交换相关势（RHF 或 UHF）。

③ 自旋-轨道 DFT（SODFT），使用多种局域和非局域交换相关势（UHF）。

④ MP2，包括使用冻芯以及 RHF 和 UHF 参考的半直接 MP2。

⑤ 完全活性空间 SCF（CASSCF）。

⑥ 束缚 DFT。

⑦ 加入经验性长程色散校正的 DFT-D 方法。

3）可仅用下面的方法计算能量。一阶导和二阶导由能量的有限差分计算。

① CCSD，CCSD（T），CCSD + T（CCSD），使用 RHF 参考。

② 二级微扰修正选择 CI。选择参考组态的 CI + 微扰修正可以进行激发态的能量计算，并可以对激发态进行几何优化。

③ 使用 RHF 参考的完全直接 MP2。

④ 分解恒等积分近似 MP2（RI-MP2），使用 RHF 和 UHF 参考。

⑤ 使用 RHF，UHF，RDFT，或 UDFT 参考的 CIS，TDHF，TDDFT 和 Tamm-Dancoff TDDFT 用于激发态计算。

⑥ 用于闭壳层和开壳层体系的 CCSD（T）和 CCSD［T］（TCE 模块）。

⑦ 使用 RHF，UHF，或 ROHF 参考的 UCCD，ULCCD，UCCSD，ULCCSD，UQCISD，CCSD，CCSDT，CCSDTQ 用于闭壳层和开壳层体系偶极矩的计算。

⑧ 在 TCE 模块中，用二次近似的单双耦合簇模型（CC2）计算激发能。

4）可用下面的方法计算分子特性。

① 使用限制或非限制参考的耦合簇线性响应。

② 用线性响应方法计算 CCSD 和 CCSDT 级别的基态动态极化率。

③ 用线性响应方法计算 CCSDTQ 级别的动态偶极极化率。

5）对所有的方法，下面的操作都适用。

① 单点能。

② 几何优化（最小值和过渡态）。

③ 整个从头势能曲面上的分子动力学。

④ 如果不能用解析导数，自动计算数值的一阶和二阶导。

⑤ 笛卡儿坐标的简正振动分析。

⑥ Morokuma 及其合作者的 ONIOM 混合方法。

⑦ 产生电子密度文件可用于图形显示。

⑧ 求解静态和单电子特性。

⑨ 原子局部电荷的静电势匹配（CHELPG 方法，可以加上 RESP 限制或电荷约束）。

6）对于闭壳层和开壳层的 SCF 和 DFT：COSMO 能量。

7）另外，可自动提供到以下程序的接口：NBO 和 Python。

8）密度泛函：数十种 LDA 和 GGA 泛函（VWN，Becke97，Becke98，HCTH 系列，OPTX，MPW91 等），以及 meta-GGA 泛函。

（2）相对论效应。以下的方法可以在量化计算中包含相对论：

1）无自旋单电子 Douglas-Kroll 近似用于所有量子力学方法及其梯度。

2）Dyall 的无自旋改进 Dirac 哈密顿量近似，用于 Hartree-Fock 方法及其梯度。

（3）赝势平面波电子结构。

1）下面的模块使用赝势平面波 DFT，计算能量，结构优化，数值二阶导，以及从头分子动力学。

① PSPW（赝势平面波），Gamma 点程序，用于计算分子、液体、晶体、表面。

② Band，标准的能带结构代码，用于计算具有小带隙（如半导体和金属）的晶体和表面。

③ GAPSS，周期体系电子结构 LCAO 模块（聚合物，表面和固体的高斯方法），使用包含多种局域和非局域交换相关势的高斯 DFT，用于计算能量（4.6 以上新版本不包含这个模块）。

2）计算使用：

① 共轭梯度和有限内存的 BFGS 最小化。

② Car-Parrinello（扩展拉格朗日动力学）。

③ 常温恒定能量下 Car-Parrinello 模拟。

④ 在 Car-Parrinello 中固定原子的笛卡儿坐标和 SHAKE 束缚。

⑤ 赝势库。

⑥ Hamann 和 Troullier-Martins 模守恒赝势，可以用半芯校正。

⑦ 自动的波函初始猜测，现在使用 LCAO。

⑧ Vosko 和 PBE96 交换关联势（自旋限制与非限制）。

⑨ 非周期正交模拟单元，用于计算带电或高度极化的分子。

⑩ 用周期和自由空间边界条件，正交模拟晶胞。

⑪ 大、小平面波展开之间的转换模块。

⑫ 到 DRIVER，STEPPER 和 VIB 模块的接口。

⑬ 通过使用点电荷计算极化率。

⑭ Mulliken 分析，点电荷分析，DPLOT 分析（波函，密度，静电势绘图）。

（4）分子动力学。

1）以下功能用于经典分子模拟：

① 单构型能量求解。

② 能量最小化。

③ 分子动力学模拟。

④ 自由能模拟。

2）经典和量子描述的组合，执行：

① QM/MM 能量最小化和分子动力学模拟。

② 使用任何能计算梯度的量子力学方法进行量子动力学模拟。

3）通过使用 DIRDYVTST 模块，用户可以为 POLYRATE 程序写输入文件，计算化学反应速率常数，包括量子力学振动能和隧穿的贡献。

3.2.3.3　NWChem 6.5 的新功能

NWChem 6.5 的新功能参见官方主页：http://www.nwchem-sw.org。

（1）TDDFT 解析梯度。

（2）COSMO 解析梯度。

（3）强化了 COSMO 参数的处理。

（4）基于密度的溶剂化模型（SMD）。

（5）垂直激发或发射（VEM）模型。

（6）Becke97 型交换关联泛函的解析二阶导数。

（7）开壳层和闭壳层 CPHF。

（8）交换空穴偶极矩方法（XDM）。

（9）计算激发态之间的跃迁密度。

（10）平面波 DFT 交换关联泛函的完整列表。

（11）MP2/CCSD 的 SCS 方法。

（12）改进了芯内 MP2（即无 I/O）方法的稳定性。

（13）运动方程耦合簇理论（IP/EA-EOMCCSD）准确计算电子亲和（EA）与电离势（IP）。

（14）非迭代 CCSD（T）和 CR-EOMCCSD（T）计算使用大 tile（基于多维

张量切片表示的新并行算法）。

（15）TCE 对 RHF/ROHF 参考使用新的四指数变换。

（16）TCE CCSD（T）模块使用 Intel MIC 端口。

（17）减少了 beta 超极化率线性响应 CCSD 方法的内存需求。

（18）优化了闭壳层体系自旋匹配 CCSD 方法的执行。

（19）温度加速分子动力学（TAMD）。

（20）TAMD 和 Meta 动力学加入了方程输入，因此用户在自由能模拟中无需定义特别的共同变量。

（21）在 BAND 中冻结声子。

（22）二维表面结构优化。

（23）到 FEFF6L 的接口。

（24）AIMD/MM 中的离子-电子相互作用 FMM 执行。

（25）PSPW 加入常数温度和压强 Metropolis Monte-Carlo（beta）。

（26）在 QM/MM 计算中基于原子名称分配不同基组。

（27）完整处理空间群。

（28）Windows 32 位环境的 Mingw32 端口。

3.2.4　HyperChem

3.2.4.1　简介

HyperChem 主要包括：图形界面，有半经验方法（扩展 Huckel、CNDO、IN-DO、MINDO/3、MNDO、MNDO/d、AM1、RM1、PM3（支持过渡金属）、ZIN-DO/1 和 ZINDO/S）UHF、RHF、MP2、CI 和密度泛函。可进行单点能，几何优化，分子轨道分析，预测可见-紫外光谱，蒙特卡罗和分子力学计算。主页同时提供试用版下载。

3.2.4.2　功能

HyperChem 功能有：

（1）结构输入和对分子操作。

（2）显示分子。

（3）化学计算。用量子化学或经典势能曲面方法，进行单点、几何优化和过渡态寻找计算。可以进行的计算类型有：单点能，几何优化，计算振动频率得到简正模式，过渡态寻找，分子动力学模拟，Langevin 动力学模拟，Metropolis 蒙特卡罗模拟。支持的计算方法有：从头计算，半经验方法，分子力学，混合计算。

（4）可以用来研究的分子特性有：同位素的相对稳定性；生成热；活化能；原子电荷；HOMO-LUMO 能量间隔；电离势；电子亲和能；偶极矩；电子能级；MP2 电子相关能；CI 激发态能量；过渡态结构和能量；非键相互作用能；UV-

VIS 吸收谱；IR 吸收谱；同位素对振动的影响；对结构特性的碰撞影响；团簇的稳定性。

（5）支持用户定制的外部程序。

（6）其他模块：RAYTRACE 模块，RMS Fit，SEQUENCE 编辑器，晶体构造器；糖类构造器，构像搜寻，QSAR 特性，脚本编辑器。

（7）新的力场方法：Amber 2，Amber 3，用于糖类的 Amber，Amber 94，Amber 96。

（8）ESR 谱。

（9）电极化率。

（10）二维和三维势能图。

（11）蛋白质设计。

（12）电场。

（13）梯度的图形显示。

3.2.4.3 HyperChem 7.0 和 7.5 版新增功能

（1）HyperChem 7.0 版新增功能有：密度泛函理论（DFT）计算；NMR 模拟；数据库；Charmm 蛋白质模拟；半经验方法 TNDO；磁场中分子计算；激发态几何优化；MP2 相关结构优化；新的芳香环图；交互式参数控制；增强的聚合物构造功能；新增基组。

（2）HyperChem 7.5 版新增功能有：OpenGL 绘图，支持自定义色彩；增强的构建蛋白质模型功能，以及对蛋白质结构的操作；大分子的电子密度近似方法。

3.2.4.4 HyperChem 8.0 版新增功能

HyperChem 8.0 版新增功能参见官方主页：http：//www. hyper. com/。

（1）兼容 Microsoft Vista。

（2）第三方软件接口。执行 GAMESS，PQS，MOPAC2007，WinGamess，PC-Gamess，Q-Chem，Gaussian 等的计算，产生输入文件，读取输出用于显示轨道、光谱等，接口是开源的，可以对其进行扩充，接到用户自己的代码中。

（3）批处理功能。

（4）所有数值都改为双精度。

（5）Undo 和 Redo，Draw 和 Undraw 选项；最近四个文件列表。

（6）结构测量功能；化学取代功能。

（7）熵和自由能；任意温度的热容；零点能；速率常数；平衡常数。

（8）MP2 增加了新功能，只要能做 SCF 的地方，就能研究后-Hartree-Fock 结果。

（9）CI 从单点计算菜单中独立出来，使用更简单和方便。

（10）温度作为全局变量，用于分子动力学，蒙特卡罗等。

（11）计算光谱的线宽。

（12）MM-QM 更清晰地定义量子区和经典区。

（13）MD 计算中可以固定原子。

（14）分子力学计算加入电场。

（15）分子的 3D 显示。

（16）对量子力学和分子力学计算进行振动分析。

（17）箱中粒子，用于教学。

（18）多种单位系统：kcal/mol，kJ/mol，a. u. 。

（19）新的半经验方法 RM1。RM1 方法是重新参数化的 AM1，结果优于 AM1 和 PM3，支持的元素有 H，C，N，O，P，S，F，Cl，Br 和 I。

3.3　其他较流行计算软件

3.3.1　Accelrys 公司简介

Accelrys（美国）公司是世界领先的计算科学公司，其前身为四家世界领先的科学软件公司——美国 Molecular Simulations Inc.（MSI）公司、Genetics Computer Group（GCG）公司、英国 Synopsys Scientific 系统公司以及 Oxford Molecular Group（OMG）公司，由这四家软件公司于 2001 年 6 月 1 日合并组建的 Accelrys 公司是目前全球范围内唯一能够提供分子模拟、材料设计以及化学信息学和生物信息学全面解决方案和相关服务的软件供应商，所提供的全面解决方案和科技服务满足了当今全球领先的研究和开发机构的要求。Accelrys 材料科学软件产品提供了全面和完善的模拟环境，可以帮助研究者构建、显示和分析分子、固体、表面和界面的结构模型，并研究、预测材料的结构与相关性质。

Accelrys 的软件是高度模块化的集成产品，用户可以自由定制、购买自己的软件系统，以满足研究工作的不同需要。Accelrys 软件用于材料科学研究的主要产品是 Materials Studio 分子模拟软件，它可以运行在台式机、各类型服务器和计算集群等硬件平台上。Materials Studio 分子模拟软件广泛应用在石油、化工、环境、能源、制药、电子、食品、航空航天和汽车等工业领域和教育科研部门；这些领域中具有较大影响的跨国公司及世界著名的高校、科研院所等研究机构几乎都是 Accelrys 产品的用户。

3.3.2　Materials Studio 的优点

Materials Studio 具有的优点是：

（1）Materials Studio 是专门为材料科学领域研究者开发的一款可运行在 PC 上的商业分子模拟软件。支持 Windows、Unix 以及 Linux 等多种操作平台。

（2）Materials Studio 软件采用灵活的 Client-Server 结构。其核心模块 Visualizer 运行于客户端 PC，计算模块（如 Discover，Amorphous，Equilibria，DMol³，CASTEP 等）运行于服务器端，支持的系统包括 Windows 2000、NT、SGIIRIX 以及 Red Hat Linux。

（3）投入成本低，易于推广。浮动许可（Floating License）机制允许用户将计算作业提交到网络上的任何一台服务器上，并将结果返回到客户端进行分析，从而最大限度地利用了网络资源，减少了硬件投资。

3.3.3　Materials Studio 模块

Materials Studio 采用了大家非常熟悉的 Microsoft 标准用户界面，允许用户通过各种控制面板直接对计算参数和计算结果进行设置和分析。目前，Materials Studio 软件常用的模块有：

（1）基本环境模块 MS. Visualizer。该模块提供了搭建分子、晶体及高分子材料结构模型所需要的所有工具，可以操作、观察及分析结构模型，处理图表、表格或文本等形式的数据，并提供软件的基本环境和分析工具以及支持 Materials Studio 的其他产品，是 Materials Studio 产品系列的核心模块。同时 Materials Visualizer 还支持多种输入、输出格式，并可将动态的轨迹文件输出成 avi 文件加入到 Office 系列产品中。

（2）分子力学与分子动力学模块 MS. DISCOVER。MS. DISCOVER 是 Materials Studio 的分子力学计算引擎。它使用了多种成熟的分子力学和分子动力学方法，这些方法被证明完全适应分子设计的需要。以多个经过仔细推导的力场为基础，DISCOVER 可以准确地计算出最低能量构象，并可给出不同系综下体系结构的动力学轨迹。DISCOVER 还为 Amorphous Cell 等模块提供了基础计算方法。周期性边界条件的引入使得它可以对固态体系进行研究，如晶体、非晶和溶剂化体系。另外，DISCOVER 还提供了强大的分析工具，可以对模拟结果进行分析，从而得到各类结构参数、热力学性质、力学性质、动力学量以及振动强度。此外还有 MS. COMPASS 模块，COMPASS 是 "Condensed-phase Optimized Molecular Potential for Atomisitic Simulation Study" 的缩写。它是一个支持对凝聚态材料进行原子水平模拟的功能强大的力场。它是第一个由凝聚态性质以及孤立分子的各种从头算和经验数据等参数化并验证的从头算力场。使用这个力场可以在很大的温度、压力范围内精确地预测出孤立体系或凝聚态体系中各种分子的构象、振动及热物理性质。在 COMPASS 力场的最新版本中，Accelrys 加入了 45 个以上的无机氧化物材料以及混合体系（包括有机和无机材料的界面）的一些参数，使它的应用领域最终包含了大多数材料科学研究者感兴趣的有机和无机材料。可以用它来研究诸如表面、共混等非常复杂的体系。COMPASS 力场是通过 Discover 模块来调用的。

（3）量子力学模块 MS. DMol^3 和 MS. CASTEP。MS. DMol^3 是独特的密度泛函（DFT）量子力学程序，是唯一可以模拟气相、溶液、表面及固体等过程及性质的商业化量子力学程序，应用于化学、材料、化工、固体物理等许多领域。可用于研究均相催化、多相催化、半导体、分子反应等，也可预测诸如溶解度、蒸气压、配分函数、溶解热、混合热等性质。可计算能带结构、态密度。基于内坐标的算法强健高效，支持并行计算。在 MS 的高版本中加入了更方便的自旋极化设置，可用于计算磁性体系，此外还可进行动力学计算。MS 中的 CASTEP 模块是进的量子力学程序，广泛应用于陶瓷、半导体以及金属等多种材料。可研究：晶体材料的性质（半导体、陶瓷、金属、分子筛等）、表面和表面重构的性质、表面化学、电子结构（能带及态密度、声子谱）、晶体的光学性质、点缺陷性质（如空位、间隙或取代掺杂）、扩展缺陷（晶粒间界、位错）、成分无序等。可显示体系的三维电荷密度及波函数、模拟 STM 图像、计算电荷差分密度，高版本的 MS 还可以计算固体材料的红外光谱。

参 考 文 献

［1］李梦龙. 化学软件及其应用［M］. 北京：化学工业出版社，2004.

［2］马江权. 计算机在化学化工中的应用［M］. 北京：高等教育出版社，2005.

［3］乔圆圆，张明涛. 计算机化学简明教程［M］. 天津：南开大学出版社，2005.

［4］James B Foresman, Frisch A. Exploring chemistry with electronic structure methods. 2nd ed ［M］. Gaussian Inc. , Pittshurgh, P A. 1996.

［5］张常群. 计算化学［M］. 北京：高等教育出版社，2006.

［6］包综宏. 化工计算与软件应用［M］. 北京：化学工业出版社，2013.

［7］吕维忠，刘波，韦少慧. 化学化工常用软件与应用技术［M］. 北京：化学工业出版社，2007.

［8］Lewars E. Introduction to the theory and applications of molecular and quantum mechanics ［J］. Kluwer, 2004.

4 计算化学在气态含硫化合物控制
研究中的应用

4.1 常见的气态含硫化合物简介及现状

在历史发展的进程中，人类为自身的生存和发展，不断地开发和利用自然资源，导致环境污染问题的发生，破坏了人类赖以生存的环境，也就是人们常说的"大自然的报复"。当前，来自于大气污染的酸雨、温室效应和臭氧层的破坏属于全球性的环境问题，它们使自然资源遭到破坏，生态环境继续恶化，威胁着人类的生产和生活条件。因此，了解污染物在大气环境中的迁移，转化规律，并由此设法保护大气环境是关系到人类以及国民经济能否持续发展的重要问题。大气环境问题以及我们对它的洞察力是随着时间而变化的，随着社会的进步和发展，大气环境问题的内涵不断得到扩展和更新，大气环境化学的基础科学内容及其研究领域也在相应地充实和开拓。大气污染化学的发展只有几十年的历史，是在空气污染问题提出之后，尤其是在世界上几次重大的空气污染事件出现之后迅速发展起来的。由于大气污染最主要的成因是燃料的燃烧，因此，它的发展过程就与能源构成密切相关。伦敦煤烟型烟雾的出现，使燃煤产生的二氧化硫的氧化及其气溶胶问题成为大气污染化学的研究热点；洛杉矶型光化学烟雾的出现，使来自于燃油的汽车尾气的氮氧化合物和碳氢化合物的光化学反应成为又一研究焦点。经过多年的努力，和煤烟型烟雾、酸雨、气溶胶的形成有密切关系的二氧化硫的气相、气-液相、气-固相氧化，以及氮氧化合物与碳氢化合物的大气光化学反应机制已经有了比较深入、透彻的研究，并发展建立了相关的理论，通过煤烟型大气污染问题的研究，发展了气溶胶化学，通过洛杉矶型光化学烟雾的研究发展了大气光化学，通过酸雨污染的研究发展了降水化学，这是大气污染化学的三个主要研究方向。在新的能源技术和高科技污染治理技术尚未成熟的今天，二氧化硫、氮氧化合物、碳氢化合物仍然是大气中的主要污染物，它们在大气环境中共存。虽对于含有二氧化硫、氮氧化合物、碳氢化合物的大气体系中所发生反应有所了解，但仍是目前大气污染化学中薄弱的领域。复杂体系的分隔式研究是历史的必然，经过对洛杉矶型光化学烟雾的研究，氮氧化合物与碳氢化合物的大气化学反应已基本清楚。而和酸雨、气溶胶、光化学烟雾有关的含硫化合物的大气化学反应研究结果目前仍不是十分清晰。若要全面了解含硫体系化合物的大气化学行为，就有必要充分了解一些重要含硫化合物的大气化学反应的机理及动力学。

　　大多数硫化物对环境都有着直接或间接的危害。大气中硫的化合物包括硫化氢、二氧化硫、三氧化硫、硫酸、亚硫酸盐、硫酸盐和有机硫化合物等。但对环境影响最大的是硫化氢、二氧化硫和硫酸盐，因为它们是酸雨形成的主要因素。比如，燃煤与火力发电厂等是硫化物的主要人为来源。我们知道，一般煤中硫的质量分数为 2% ~ 5%，低硫煤中硫的质量分数为 1%，因而在燃烧煤时便会产生大量的 SO_2。据估计，70% 的 SO_2 来自于发电厂，这说明要控制硫化物首先应该考虑发电厂的燃煤问题。其他的工业活动，如石油加工、金属冶炼、木材造纸等，也会产生大量的二氧化硫和其他硫化物。就全世界来说，人为活动排入大气的硫化合物量大约与自然发生源产生的数量相等。据 1984 年估计，全世界每年由人为排入大气的 SO_2 约为 7200 万吨（以硫计算），70% 来自燃煤，16% 来自石油产品燃烧，其余的来自石油精炼和有色金属冶炼。据《中国环境状况公报》显示，1997 年二氧化硫年平均值的浓度在 $3 ~ 248\mu g/m^3$ 范围之间，全国年平均值为 $66\mu g/m^3$，一半以上的北方城市和三分之一的南方城市均值都超过国家二级标准（$60\mu g/m^3$）。北方城市年平均值为 $72\mu g/m^3$，南方城市年平均值为 $60\mu g/m^3$。以宜宾、贵阳、重庆为代表的西南高硫煤地区的城市和北方能源消耗量大的山西、山东、河北、辽宁、内蒙古及河南、陕西部分地区的城市二氧化硫污染较严重。二氧化硫属中等毒物，刺激呼吸道，影响新陈代谢，抑制和破坏或激活某些酶的活性，使糖和蛋白质的代谢发生紊乱，从而影响机体的生长和发育。同时，二氧化硫及其他硫化物对大气质量也有重要的不利影响。

　　因此，含硫物质的去除对环境的保护至关重要。目前，关于含硫物质的去除有多种方法，包括吸附、氧化、还原和水解等，在实验室已经被广泛的实验，然而纯粹的实验并不能完全彻底揭示出含硫物质对环境的危害机理，这样阻碍了科研工作者对环境方面治理和预防的进程。

　　随着科学技术的飞速发展，计算机技术的发展和广泛应用，使得人们可以不但在实验研究上发展很快，而且在理论计算研究上也可以能够准确地探求分子与分子（或原子与原子）间反应的特征，研究指定能态粒子之间的化学规律，揭示微观化学反应所经历的过程。这些研究不但对化学反应动力学理论有重要的贡献，而且对应用研究也有非常大的指导意义。特别是许多小分子以及少数大分子反应体系的反应路径、微观反应机理已逐渐能够利用精确的量子化学理论计算进行研究，从而解决当前实验手段还不能解决的问题，并给实验研究以启示。从理论和实验上更精确地进行分子反应动态学研究已成为十分活跃的领域。从 20 世纪 80 年代末出现的将理论化学成果结合分子模型来进行分子设计的第一批带图像界面的计算机软件到现在，理论与计算化学已经为化学领域的各个分支学科解决了很多目前实验水平所不能解决的课题。20 世纪 90 年代末，理论化学和计算化学的研究有了很大的进步，使整个化学正在经历着一场革命性的变化。这些进步也给我们所有做理论研究的工作者更大信心。接下来我们就计算化学针对不同含硫物质相关研究的案例计算进行较详细的介绍。

4.2 量子化学计算在二氧化硫控制研究中的应用

4.2.1 二氧化硫与水反应机理的量化研究

气态污染物 SO_2 是形成酸雨的主要物质，对它的研究也一直是大气污染和环境保护研究领域中的一个热点，由于它在大气中的氧化产物关系着酸雨形成和全球气候变化等问题，因此该研究有着重要的意义。迄今为止，人们已经充分了解了二氧化硫的结构光谱和离解性质。然而，大气中 SO_2 形成酸雨的机理在全部反应历程中仍存在一些不确定点和疑点，其化学反应机理有待于进一步研究。本节通过量子化学计算对二氧化硫和水反应机理进行了理论上的研究，从而理解 SO_2 的去除机理。

4.2.2 计算方法

近年来，密度泛函理论（DFT）得到了广泛的应用，特别是其中的 B3LYP 方法，在稳定构型和过渡态的计算中，已经被证明对大量体系是非常有效的，与MPZQCI 等考虑了电子相关的方法相比较，该方法花费了很少的计算资源。因此，DFT 方法已成为人们计算分子基态电子结构的首选理论方法。

研究者采用密度泛函理论（DFT）的 B3LYP 方法，在 $6-311+G$ （3df, 2P）基组水平上对由 GaussView 搭建的初始反应物、产物、中间体及过渡态进行了几何构型全优化，稳定点和过渡态的真实性通过频率分析确认，在此基础上，应用内禀联反应坐标（IRC）理论计算反应途径，验证了各反应通道中过渡态与反应物、中间体及产物的正确的连接关系。同时，为了得到精确的能量信息，基于优化获得的几何结构，利用 QCISD（T）/6-311G ++ （2df, P）方法计算了各驻点的高级单点能量，并且采用零点能校正，得出了各反应通道的反应能垒以及反应过程中的能量变化。全部计算工作均使用 GAUSSIAN 03 程序包。

4.2.3 反应路径上的中间体、过渡态的确认

在 B3LYP/6-311-G （3df, 2P）水平上，对气态 SO_2 与 H_2O 反应的反应物、产物、中间体 IM 和过渡态 TS 进行了优化，所得的几何构型及结构参数分别如图4-1 所示，其中键长单位为纳米，键角单位为度。同时，频率计算表明，所有的反应物、中间体和产物的振动频率皆为实频，是反应势能面上的稳定点，而所有过渡态均有且仅有唯一的虚频，表明它们分别是各反应势能面上的一阶鞍点。通过内反应坐标仅计算确认了各过渡态与相应的反应物和产物（或中间体）相连

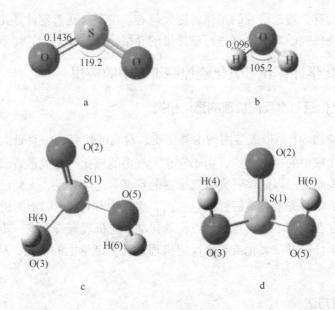

图 4-1 在 B3LYP/6-311-G∗ 水平上优化得到的反应物和产物的几何构型

a—SO₂ 构型；b—H₂O 构型；c—H₂SO₃ 构型（Ⅰ）；d—H₂SO₃ 构型（Ⅱ）

接，说明所有中间体和过渡态均位于正确的反应路径上，以 TS1 和 TS2 为例，图 4-2 给出了对该过渡态进行 IRC 计算的结果曲线。

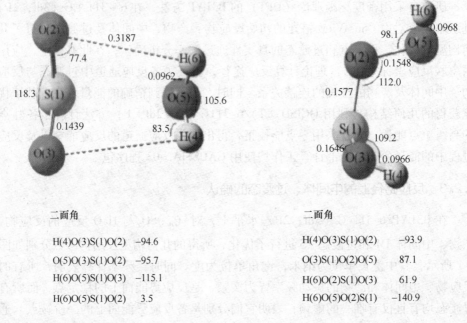

二面角

H(4)O(3)S(1)O(2)	-94.6
O(5)O(3)S(1)O(2)	-95.7
H(6)O(5)S(1)O(3)	-115.1
H(6)O(5)S(1)O(2)	3.5

二面角

H(4)O(3)S(1)O(2)	-93.9
O(3)S(1)O(2)O(5)	87.1
H(6)O(2)S(1)O(3)	61.9
H(6)O(5)O(2)S(1)	-140.9

a   b

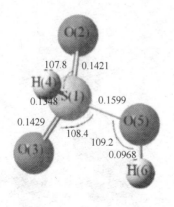

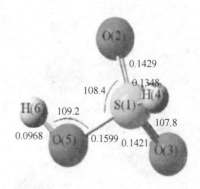

二面角

H(4)O(3)S(1)O(2) −127.0

O(5)O(3)S(1)O(2) 126.5

H(6)O(5)S(1)O(3) −11.5

H(6)O(5)S(1)H(4) 101.3

c

二面角

H(4)O(3)S(1)O(2) 127.2

O(5)O(3)S(1)O(2) −127.0

H(6)O(5)S(1)O(3) −146.8

H(6)O(5)S(1)H(4) 101.3

d

图 4-2 在 B3LYP/6-311 ++ G * 水平上优化得到的中间体的几何构型

a—IM1；b—IM2；c—IM3；d—IM4

如图 4-1 ~ 图 4-3 所示，对反应途径上各驻点的优化得到了四种中间体和八种过渡态的构型。其中，中间体 IM1 与两个反应物单体相比，几何参数变化很小，

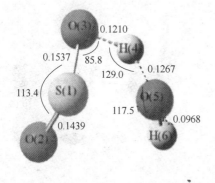

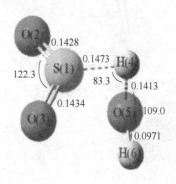

二面角

H(4)O(3)S(1)O(2) −99.4

O(5)O(3)S(1)O(2) −103.5

H(6)O(5)S(1)O(3) −116.2

H(6)O(5)S(1)O(2) −5.2

a

二面角

H(4)O(3)S(1)O(2) 167.7

O(5)O(3)S(1)O(2) 118.7

H(6)O(5)S(1)O(3) −12.8

H(6)O(5)S(1)H(4) 100.2

b

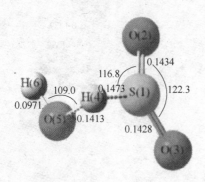

二面角

H(4)O(3)S(1)O(2) −167.3

O(5)O(3)S(1)O(2) −118.8

H(6)O(5)S(1)O(3) −142.7

H(6)O(5)S(1)H(4) 100.2

c

二面角

H(4)O(3)S(1)O(2) −78.0

O(5)O(3)S(1)O(5) 30.4

O(5)O(3)S(1)O(2) −108.4

H(6)O(5)S(1)O(2) −81.9

d

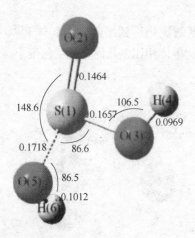

二面角

H(4)O(3)S(1)O(2) −20.5

H(4)O(3)S(1)O(5) −169.4

O(5)O(3)S(1)O(2) 148.9

H(6)O(5)S(1)O(2) 180.0

e

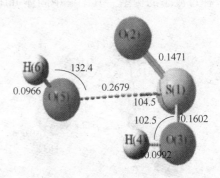

二面角

H(4)O(3)S(1)O(2) 35.6

H(4)O(3)S(1)O(5) −4.9

O(5)O(3)S(1)O(2) 40.5

H(6)O(5)S(1)O(2) −22.5

f

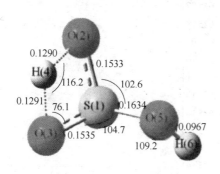

二面角

H(4)O(3)S(1)O(2) −3.0

H(4)O(3)S(1)O(5) 100.3

O(5)O(3)S(1)O(2) −103.3

H(6)O(5)S(1)O(2) −144.0

g

二面角

H(4)O(3)S(1)O(2) 1.8

H(4)O(3)S(1)O(5) −105.3

O(5)O(3)S(1)O(2) 107.0

H(6)O(5)S(1)O(2) −47.7

h

图 4-3 在 B3LYP/6-311 ++ G ∗ 水平上优化得到的反应过渡态的几何构型

a—TS1；b—TS2；c—TS3；d—TS4；e—TS5；f—TS6；g—TS7；h—TS8

键长改变在 0.0003nm 左右，键角改变在 0.9°左右，但 O（3）原子与 H（4）原子间的距离为 0.3187nm，远远超出了两原子共价半径之和，说明 IM1 是两个反应物通过弱相互作用结合生成的复合物 IM5 和 IM6 的构型比较接近，只是由于 SO₂ 被进攻的角度不同，才产生了这两种中间体，在 TS1、TS7 和 TS5 三种过渡态中，O（3）原子与 H（4）原子间距小于 0.129nm，并且，在 TS2 和 TS3 中，O（5）原子和 H（4）原子间距为 0.1413nm。从它们所对应的振动模式以及 IRC 计算结果（图4-4）我们可以看出，TS1 ~ TS8 是反应路径上正确的过渡态。

4.2.4 反应路径及反应机理分析

对 SO₂ 和 H₂O 反应的微观机理进行分析，得出可能的四种情况：

（1）H₂O 分子上的氧原子带着一个氢原子进攻 SO₂ 分子中的硫原子，同时 H₂O 分子的另一个氢原子向 SO₂ 分子中的任意一个氧原子进攻，旧键的断裂与新键的形成可能同步进行。

（2）H₂O 分子上的氧原子带着一个氢原子进攻 SO₂ 分子中的任意一个氧原子，同时 H₂O 分子剩下的一个氢原子向 SO₂ 分子中的另一个氧原子进攻，由于 O—H 键远远短于 S—O 键，因此不难想象，H₂O 分子中的 O—H 键必然先断裂，然后随着原子的转移才会有新的键形成。

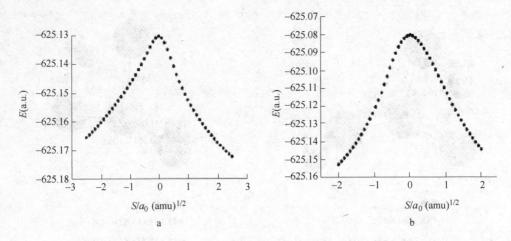

图 4-4　过渡态 TS1 和 TS2 的 IRC 曲线

a—TS1；b—TS2

（3）H_2O 分子上的任意一个氢原子向 SO_2 分子中的硫原子进攻，同时 H_2O 分子剩下的氧原子带着另一个氢原子也向硫原子进攻，虽然形成的结构可能与 H_2SO_3 分子结构有较大的差别，但是可以通过分子内转换进行重组。

（4）H_2O 分子中两条键都断裂，氧原子进攻 SO_2 分子中的硫原子，两个氢原子分别向 SO_2 分子中的两个氧原子进攻，此种途径无论从动力学还是热力学角度考虑，可行性都非常低，因此在计算中未被研究。

为了考查以上三种主要机理的可行性，研究人员利用量子化学的密度泛函方法对可能的反应通道进行了计算，研究结果表明，反应主要有六条通道，生成两种产物 H_2SO_3（I）（P1）和 H_2SO_3（II）（P2），即：

$$SO_2 + H_2O \rightarrow IM1 \rightarrow TS1 \rightarrow P1 \tag{4-1}$$

$$SO_2 + H_2O \rightarrow TS2 \rightarrow IM3 \rightarrow TS5 \rightarrow P1 \tag{4-2}$$

$$SO_2 + H_2O \rightarrow TS2 \rightarrow IM3 \rightarrow TS7 \rightarrow P1 \tag{4-3}$$

$$SO_2 + H_2O \rightarrow IM1 \rightarrow TS1 \rightarrow P2 \tag{4-4}$$

$$SO_2 + H_2O \rightarrow TS3 \rightarrow IM4 \rightarrow TS8 \rightarrow P2 \tag{4-5}$$

$$SO_2 + H_2O \rightarrow IM2 \rightarrow TS6 \rightarrow P2 \tag{4-6}$$

所有的反应物、产物、中间体和过渡态的能量均是由 B3LYP/6-311G + (3df, 2p) 方法优化结构后，用 QCISD(T)/6-311G-(2df, p)。

4.2.5　生成 H_2SO_3（I）（P1）的反应通道

在反应通道（4-1）中，反应物首先以弱相互作用结合，形成中间体 IM1，与其他中间体相比，它是能量最低的一个，只有 – 624.2635793Hartree。由于 IM1 的形成过程中反应活化势垒为零，并且能够释放出 14.18kJ/mol 的能量，所以两个反应物很容易通过弱相互作用结合成为复合物，然后 H_2O 分子中的 H（4）原子在同一平面内向 SO_2 分子中的 O（3）原子进攻，随着 IM1 中 O（5）—H（4）键的拉长及 O（3）—H（4）距离逐渐减少，生成一个具有 H 迁移的过渡态 TS1，形成此过渡态需要通过 146.73kJ/moL 的势垒，而后 TS1 中的 O（5）—S（1）键逐渐形成，同时 O（5）—H（4）键越来越弱，直到形成产物 H_2SO_3（I）。即从中间体到过渡态、产物，涉及的是 O（5）—H（4）键的断裂以及 O（5）—S（1）键的生成。在 QCISD（T）/6 – 311G ++（2df, p）水平面上生成 H_2SO_3（I）如图 4-5 所示。

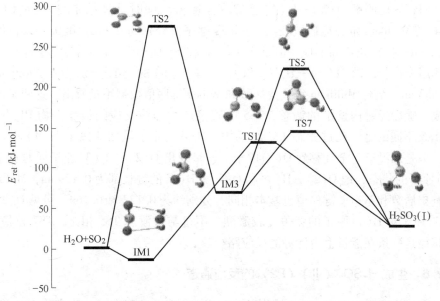

图 4-5　在 QCISD(T)/6-311G ++(2df,p)水平上生成 H_2SO_3（Ⅰ）的反应通道势能面图

为了进一步分析该过程，研究人员还对其进行了自然键轨道（NBO）计算和分析，结果表明在中间体 IM1 中，键 O（3）—H（4）和 O（5）—S（1）的 Mulliken 重叠集居数分别为 0.0008 和 0.0045，Wibeg 键序值分别为 0.0005 和 0.03，可见两个反应物分子之间尚未形成共价键，只是以弱相互作用结合。在过渡态 TS1 中，键 O（3）—H（4）的 Mulliken 重叠集居数为 0.1720，而键 O（3）—H（4）和 O（5）—S（1）的 Wibeg 键序值分别为 0.3848 和 0.4505，表明它们已经存在相互作用。当 O（5）—H（4）距离进一步增加而发生断裂以及 O（5）—S（1）键逐渐形成，就生成了产物 P1。

在反应通道（4-2）和（4-3）中，由反应物开始一直到生成中间体 IM3 的过程是一致的。过渡态 TS2 直接由两个反应物逐渐靠近生成，H（4）向 S（1）的不断迁移与 O（5）—H（4）键的逐渐断裂同时发生，此过渡态也是一个 H 迁移的过程，需要通过 27429kJ/mol 的势垒，然后生成中间体 IM3。由中间体 IM3 起，决定了形成该反应最终产物 P1 的反应通道的优劣与 TS7 相比，TS5 的能量相对较高，生成 P1 的反应势垒分别为 75.35kJ/mol 和 153.12kJ/mol，从能量分析可以看出，两条反应路径的反应势垒相差较小，它们在反应过程中同时存在，相互竞争进行，不过反应路径（4-3）更具有优势。在这两个反应通道中，所有的中间体和过渡态及产物的能量均高于反应物，属于吸热反应，反应最终吸热为29.45kJ/mol。从计算数据可以看出，在过渡态 TS2 和中间体 IM3 中，键 O(5)—H(4) 已经没有轨道重叠，并且 IM3 中的 O(5)—H(4) 键 Wibeg 键序值只有0.0454，这说明键 O(5)—H(4) 已经完全断开。同时计算结果显示，S(1)—H(4) 键Mulliken 重叠集居数较大，Wibeg 键序值分别为 0.5737 和 0.7982，可见S(1)—H(4) 键正逐渐形成。但是，在过渡态 TS5 结构中，H(4) 又完全迁移到了O(3) 原子上，键 O(3)—H(4) 和 O(3)—S(1) 的键长分别为 0.0969nm 和0.1657nm，结合 Mulliken 重叠集居数和 Wibeg 键序值数据不难看出，这两条键已形成。随后经过构型上的调整，TS5 的直接产物即该反应的最终产物 P1 生成。与 TS5 不同的是，在过渡态 TS7 结构中，H(4) 原子虽然脱离了 H(4)—S(1)键，但是却没有完全迁移到 O(3) 原子上，呈现出 O(2) 和 O(3) 原子同时竞争 H(4) 原子的状态，键 O(2)—H(4) 和 O(3)—H(4) 的键长都为 0.129nm，Mulliken重叠集居数和 Wibeg 键序值也基本相同，分别约为 0.127 和 0.369，可见 O(2) 和O(3) 原子对 H(4) 原子的竞争比较激烈，不过与过渡态 TS5 相比，TS7 较稳定，该路径是一条在能量上占优势的反应路径。

4.2.6　生成 H_2SO_3（Ⅱ）（P2）的反应通道

在反应通道（4-4）中，与路径（4-1）的反应过程类似，反应物 H_2O 首先在靠近 SO_2 时以弱相互作用结合，形成复合物 IM1，然后通过 146.73kJ/mol 的能垒，即经过过渡态 TS1 生成产物 P2，但是在过渡态 TS1 结构中，H(4) 进攻 O(3) 原子的方向稍有不同，使得两个氢原子同处于 O(3)、S(1) 和 O(5) 三个原子构成的平面上，因此，生成最终产物为顺式结构的 H_2SO_3 (n) 与反应通道（4-1）的反应过程相比较，主要的结构参数并没有发生明显的变化。这说明在两条反应通道中，结构参数并没有因为 H(4) 进攻方向的不同而受到明显的影响。在反应通道（4-5）中，过渡态 TS3 也是一个 H 迁移的过程，H(4) 向 S(1) 的不断迁移与 O(5)—H(4) 键的逐渐断裂同时发生。与过渡态 TS2 的形成过程相比，TS3 是反应物 H_2O 先垂直旋转 180°再向 SO_2 进攻的结果。在此通道中，从反应物到中间体 IM4，需要越过高的活化势垒。

图 4-6 在反应通道（4-6）中，反应物经过中间体 IM2 生成过渡态 TS6，计算结果表明，反应物中间体 IM2 是一个 O(5) 原子向 S(1) 原子进攻以及 O(3)

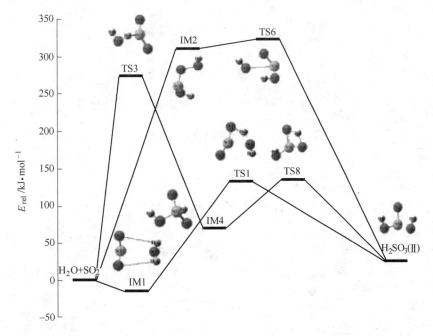

图 4-6　在 QCISD(T)/6-311G++(2df,p)水平上生成 H_2SO_3(Ⅱ)
的反应通道势能面图

原子和 H(4) 原子成键的过程，这个过程需要通过约 310.0kJ/mol 的势垒高度，可见此中间体形成比较困难。然后越过一个非常小的势垒约 12.0kJ/mol，达到过渡态 TS6，整个反应过程只经过这个过渡态即可完成，此时与产物相对应的各个键已基本形成，可见 TS6 是一种类产物的过渡态，由图不难看出，伴随着 O(5)—S(1) 距离的不断拉近即将得到产物 P2，在此反应通道中，反应物形成中间体的势垒远远高于反应通道（4-4）中 IM1 生成 TS1 的势垒，在形成产物 P2 的反应通道的竞争中处于完全劣势，没有竞争力。

4.2.7　产物 P1 和 P2 相互转化的反应通道

在研究反应途径的同时，研究人员还发现了产物 P1 和 P2 分子构象内转换的反应通道，由图 4-7 可直接看出，从产物 P1 到 P2 只是构象上的变化，分子共价键的旋转使构型的 O(2)—S(1)—H(5)—H(6) 二面角发生一定程度的扭转，因此产生了两种构象异构体。

这个反应过程是通过一个过渡态 TS4 完成的，图 4-7 是 TS4 唯一虚频的振动模式示意图，容易看出，TS4 上氢原子的上下摆动趋势是有利于形成顺式产物 H_2SO_3（Ⅰ）和反式产物 H_2SO_3(Ⅱ)，计算结果表明，异构体 P1 向 P2 及 P2 向 P1 的转化势垒分别为 4.12kJ/mol 和 8.31kJ/mol（如图 4-8 所示），由此不难推断：两个构象之间转化的势垒很低，异构体对（P1，P2）能够非常容易的相互转化。

图 4-7 TS4 振动模式示意图

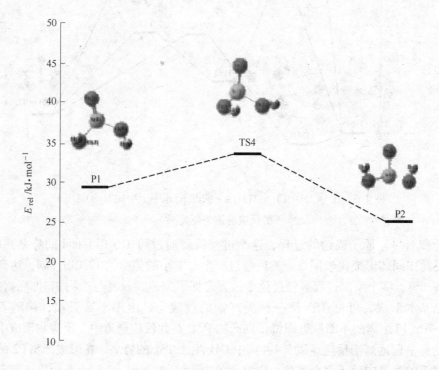

图 4-8 在 QCISD(T)/6-311G + + (2df,p)水平上 H_2SO_3（Ⅰ）转化成 H_2SO_3(Ⅱ)
的反应通道势能面图

4.2.8 结论

应用密度泛函的量子化学计算方法，在 B3LYP/6-311G + +（3df, 2p）水平上，较详细地研究了 SO_2 和 H_2O 反应机理，发现了两种产物 H_2SO_3（Ⅰ）和 H_2SO_3（Ⅱ）（P2），找到六条反应通道。得到的主要结论如下：

（1）以 DFT/B3LYP 方法对反应途径上各驻点进行优化，得到了四种中间体和八种过渡态构型。振动频率分析 IRC 计算确定了其中间体和过渡态的真实性。

（2）通过对反应机理的研究，找到三条生成产物 P1 的通道（4-1）、（4-2）、

（4-3）以及三条生成产物 P2 的通道（4-4）、（4-5）、（4-6）。其中，形成复合物中间体而后发生氢迁移的通道（4-1）和（4-4）势垒最低，为 146.73kJ/mol，是比较容易进行的反应通道，即是生成产物 P1 和 P2 的主反应通道。通道（4-2）、（4-3）及（4-5）活化势垒比通道（4-1）和（4-4）要高一些，所经历的步骤类似，都需要经过两个过渡态，不过它们的反应势垒相差较小，因此在反应过程中同时存在，相互竞争进行。最后，通道（4-6）是相对较难发生的途径，可能通过合适的催化剂使之易于进行。

（3）研究表明，该反应体系是吸热反应体系。

（4）确定了两种产物构象异构体异构化反应的过渡态 TS4，并计算了异构化反应的位垒。计算结果表明，两个构象之间转化的势垒很低，仅为 4.12kJ/mol 和 8.31kJ/mol，异构体对（P1，P2）能够非常容易的相互转化。这进一步证实了产物 H_2SO_3 是两种异构形式共存，容易相互转化的结论。

4.3　量子化学计算在硫化氢控制研究中的应用

计算基础模型为扶手椅型的氧化锌（4，4）单壁纳米管，包含 32 个锌原子，32 个氧原子。计算基于密度泛函理论的 $DMol^3$ 软件，采用第一性原理赝势法。采用基于广义梯度近似（GGA）的超软赝势，用 PBE 函数进行交换相关势修正，布里渊区 K 点网格取为 $1 \times 1 \times 4$，迭代过程中的收敛精度为 $1 \times 10eV$，作用在每个原子上的力不大于 0.02eV/nm，所有能量计算都在倒易空间中进行。自由基的计算采用自旋极化，其他的分子计算采用非自旋极化。过渡态的搜索过程均采用 NEB 的方法。H_2S 分子的自由基吸附能定义为：

$$E_a = -(E_{total} - E_{nanotube} - E_{gas})$$

H_2S 与 H_2O 分子反应过程中的反应物，产物和过渡态的吸附能定义为：

$$E_{ads} = E_{total} - E_{nanotube} - E_{gas}$$

式中，E_a、E_{ads}、E_{total}、$E_{nanotube}$、E_{gas} 分别为自由基在纳米管上的吸附能，反应过程中吸附物种（反应物，产物和过渡态）在纳米管上的吸附能，体系的总能量，氧化锌纳米管的能量，吸附物种的能量。我们采用能量上最稳定的几何结构的反应物和产物，用 NEB 方法完全的 LST/QST 搜寻过渡态，在这两条反应路径中均考查了生成水与生成氢气的反应机理：

$$H_2S(g) + ZnO(s) \longrightarrow H_2O(g) + S(Zn - ZnO)$$

$$H_2S(g) + ZnO(s) \longrightarrow H_2(g) + S(O - Zn)$$

路径一中 H_2S 在完美的氧化锌纳米管上的解离过程中各反应的反应物、产物和过渡态的几何参数以及吸附能见表 4-1。

路径一中 H_2S 在氧化锌纳米管上的解离过程各反应的反应物、产物和过渡态的几何构型见图 4-9。

表 4-1　几何参数及吸附能

反应物	$E_a/\text{kJ} \cdot \text{mol}^{-1}$ (kcal/mol)	S—Zn/nm	O—H/nm	S—H/nm
H_2S—Zn	-40.74 (-9.73)	0.263	0.301	0.136
HS—Zn, H—O	-106.43 (-25.42)	0.225	0.098	0.139
S—Zn, 2H—O	-125.14 (-29.89)	0.229	0.098	0.232
S—Zn, H_2O	49.20 (11.75)	0.229	0.252	0.191
LM1	40.24 (-9.61)	0.232	0.098	0.299
S—Zn, H_2	110.11 (26.30)	0.227	0.328	0.351
TS1	-36.84 (-8.80)	0.247	0.217	0.138
TS2	-48.86 (-11.67)	0.234~0.246	0.142	0.153
TS3	56.81 (13.57)	0.229	0.128	0.212
TS4	54.47 (13.01)	0.230	0.192	0.268
TS5	427.89 (102.20)	0.230	0.231	0.135

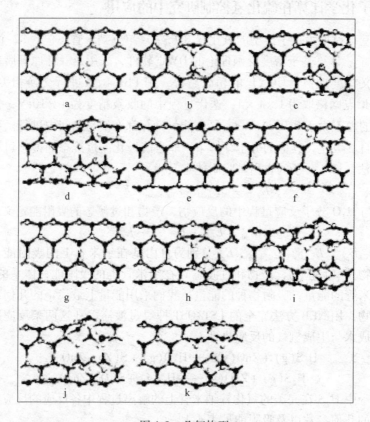

图 4-9　几何构型

a—H_2S—Zn (NTs); b—HS—Zn, H—O (NTs); c—S—Zn, 2H—O (NTs); d—S—Zn, H_2O (NTs);
e—LM1; f—S—Zn, H_2(NTs); g—TS1; h—TS2; i—TS3; j—TS4; k—TS5

路径一中 H_2S 在氧化锌纳米管上的解离过程的势能见图 4-10。

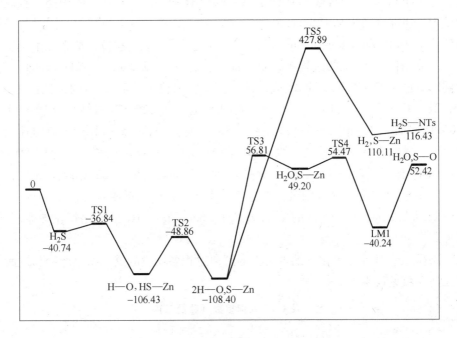

图 4-10 解离过程的势能（kJ/mol）

路径一：形成水的反应机理：H_2S 分子首先吸附在氧化锌纳米管上并没有经过固有的过渡态，且放热 40.74kJ/mol（9.73kcal/mol），S—Zn 的键长为 0.263nm，氢氧之间的距离为 0.319nm。接下来是 H_2S 分子的第一步解离的过程。通过 TS1 过渡态以及 3.89kJ/mol（0.93kcal/mol）的反应能垒，首先氢原子与邻近的氧原子形成 O—H 键，并且产物中 S—Zn 的键长缩短为 0.225nm，解离的氢与 HS 中 S 的距离为 0.221nm；TS1 的 S—Zn 的距离比 H_2S 分子中 S—Zn 的距离短 0.016nm，氢氧之间的距离为 0.217nm。经过渡态 TS2 以及越过 57.57kJ/mol（13.75kcal/mol）的反应能垒，HS 中的 H 与氧化锌中的 O 同样也形成 O—H 键。产物中，S 吸附在相邻两个锌的桥位上，且两个 S—Zn 键的键长均为 0.229nm，两个 S—H 键的键长均为 0.232nm；且吸附能 125.14kJ/mol（29.89kcal/mol）。在过渡态 TS2 中，S 由在 HS 中的顶位变成吸附在相邻两个锌的桥位上，且两个 S—Zn 键的键长分别为 0.234nm，0.246nm，H—S 键的键长则由 HS 中的 0.139nm 变为 0.153nm，S 与解离的第一个氢之间的距离为 0.263nm。两个 H—O 键通过 H 转移，克服 181.96kJ/mol（43.46kcal/mol）的反应能垒，经过过渡态 TS3，形成了含有 H_2O 的结构（吸附能为 49.19kJ/mol（11.75kcal/mol））。相较于两个 H—O 键的结构，在 TS3 中，两个 S—Zn 键的键长保持不变，H—S 键的键长减少了 0.02nm，转移的 H 处于原来两个 H—O 键中两个 O 的中间，且此时两个 H—O 键分别为 0.128nm，0.121nm。由于形成了含水的结构，同时与其相连的一个 Zn 由 Zn^{3+} 变成了 Zn^{2+}，也就是形成了一个氧空缺位，那么在水分子的脱附形成结构图 4-10 的过程中，反应能垒仅为 5.28kJ/mol（1.26kcal/mol），与此同时 S 原子通过与二价的 Zn 成键进入到氧空缺位中。形成 H_2 的路径：在 S—Zn，2H—O（NTs）结构中，同样发生 H 转移，形成含 H_2 的结构（吸附能为 110.11kJ/mol（26.30kcal/mol）），剩下 S 单质通过与氧、锌分别成键黏附在纳米管表面，黏附在锌、氧桥位上的 S 单质的 S—Zn，S—O 的键长分别为 0.227nm，0.178nm。经过过渡态 TS5，反应能垒高达 553.08kJ/mol（132.10kcal/mol），与形成水相比，形成 H_2 比较困难。在过渡态 TS5 时，已经形成氢气，并且 H—S 键的键长 0.231nm，H—O 键的距离为 0.135nm。最后 H_2 在氧化锌纳米管上脱附掉。

路径二中 H_2S 在氧化锌纳米管上的解离过程各反应的反应物，产物和过渡态的几何参数见表 4-2。

表 4-2 几何参数（路径二）

反应物	$E_a/kJ \cdot mol^{-1}$ （kcal/mol）	S—Zn/nm	O—H/nm	S—H/nm
H_2S—Zn	-40.74（-9.73）	0.263	0.301	0.136
HS—Zn，H—O	-111.96（-26.74）	0.242	0.098	0.136
S—Zn，H_2O	-123.43（-29.48）	0.224	0.098	0.197
LM2	-123.05（-29.39）	0.228	0.098	0.253
S—Zn，H_2	+128.41（30.67）	0.233	0.412	0.305
TS6	-25.75（-6.15）	0.250	0.129	0.155
TS7	-61.00（-14.57）	0.233	0.097	0.201
TS8	-40.74（-9.73）	0.223	0.098	0.199
TS9	259.20（61.91）	0.245	0.027	0.204

路径二中 H_2S 在氧化锌纳米管上的解离过程各反应的反应物，产物和过渡态的几何构型见图 4-11。

路径二中 H_2S 在氧化锌纳米管上的解离过程的势能见图 4-12。

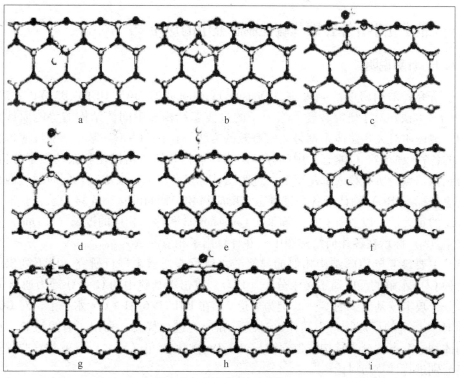

图 4-11 几何构型（路径二）

a—H_2S—Zn（NTs）；b—HS—Zn，H—O（NTs）；c—S—Zn，H_2O（NTs）；d—LM2；
e—S—Zn，H_2（NTs）；f—TS6；g—TS7；h—TS8；i—TS9

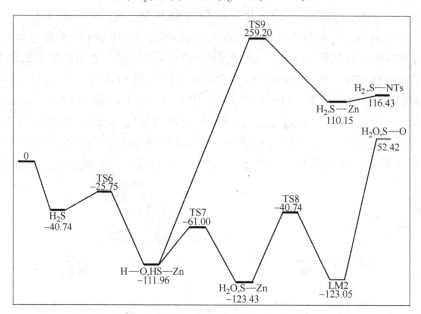

图 4-12 解离过程的势能（路径二）（kJ/mol）

4.4　量子化学计算在羰基硫控制研究中的应用

4.4.1　计算说明

研究者采用密度泛函理论（Density Functional Theory，DFT）B3LYP 方法，B3LYP 方法在对于研究较轻元素分子的过渡态结构和中间体结构的势能面计算中，被证明对大多数体系都是非常有效的方法。在 6-31 + G ∗ 基组下对反应过程中的各种反应物、过渡态、中间体、产物等进行几何结构优化和振动频率分析，得到稳定点的所有频率都是正值，过渡态有且仅有一个较大虚频。同时通过内禀反应坐标（IRC）确认了各个过渡态与反应物和产物间的正确连接关系，验证过渡态的正确性。以上所有计算均采用 Gaussian 03 程序。相应的键长（0.1nm）和键角（°）标示在各几何结构图中。并计算出了相应的 $\Delta H_{298,101325Pa}$。

主要参考与 COS 结构相似的异氰酸水解反应通道来进行研究。以下列出了两种 COS 水解的反应通道：水分子（H_2O）攻击羰基硫中的 C ═ O 键为通道 1，水分子攻击羰基硫中的 C ═ S 键为通道 2。在 B3LYP/6-31 + G ∗ 水平上，对 COS 和 H_2O 反应的反应物，中间体，过渡态和产物进行优化。列出了各反应物，中间体和过渡态的分子结构，包含键长（0.1nm）和键角（°）。以下就对这两种通道分别进行计算与讨论。

4.4.2　C ═ O 通道

在 C ═ O 反应通道中，将优化好的 COS 和 H_2O，通过调整其相对位置，进行再优化得到 M1a。水分子（H_2O）攻击 COS 中的中心原子 C，并通过与 C ═ O 键形成具有四元环结构的 TS1a。此时过渡态 TS1a 不稳定，放出能量 212.6kJ/mol 形成了加合物 M2a。这一阶段，水分子中的一个 H 与 COS 中的 O 成键，同时与 H_2O 中的 O 断键，此时 COS 中的 C 与 H_2O 中的 O 成键而形成。然后通过 120.7kJ/mol 的能垒，即经过过渡态 TS2a 生成产物 M3a。最终产物是 COS 和 H_2O 的一个复合氧化物，由 TS3a 释放 204.7kJ/mol 的能量后形成。具体的反应路径如图 4-13 所示。从图 4-13 可以发现，在 C ═ O 通道中，形成过渡态的活化能分

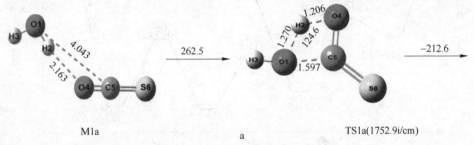

M1a　　　　　　　　　　　　a　　　　　　　TS1a(1752.9i/cm)

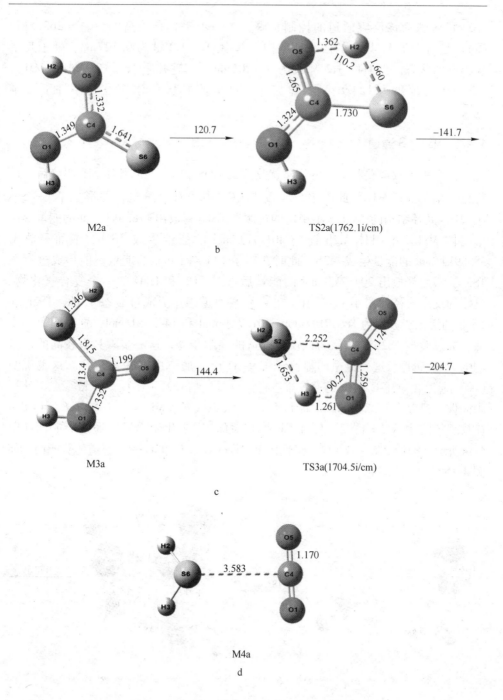

图 4-13 B3LYP/6-31 + G * 结构优化及其水分子攻击 C ═ O 键的 COS 水解反应通道
a—M1a；b—M2a；c—M3a；d—M4a

别为 262.5kJ/mol，120.7kJ/mol 和 144.4kJ/mol，这说明第一步骤生成过渡态

TS1a 的步骤为该反应通道的控制步骤，这一步骤具有较高的位垒（262.5kJ/mol）是由于 TS1a 具有的四元环结构，其中 O1—H2 键为 0.127nm，处于几乎快断键的状态。而 O4—H2 键长为 0.1206nm，该键几乎未形成。同时，O1—H2—O4 的键角为 124.6°，明显偏小，这也使 COS 的水解在此条件下较难进行。

4.4.3　C═S 通道

在 C═S 反应路径中，同样将优化好的 COS 和 H_2O 的相对位置调整后，进行再优化，得到 M1b。此时水分子攻击 COS 中的 C═S 键，并形成了 C—S—O—H 四元环结构的 TS1b。不稳定的过渡态 TS1b 释放出 178.5kJ/mol 的能量形成中间体 M2b。中间体 M2b 需要 401.7kJ/mol 的能量生成 TS2b，继而释放出 385.9kJ/mol 的能量生成 M3b。此时在给予 144.4kJ/mol 的能量下能形成过渡态 TS3b。最后释放出 204.7kJ/mol 的能量后形成 COS 和 H_2O 的一个复合氧化物。具体的反应路径如图 4-14 所示。在 C═S 通道中，形成过渡态 TS1b，TS2b 和 TS3b 的活化能分别为 183.7kJ/mol，401.7kJ/mol 和 144.4kJ/mol，这说明第一步骤生成过渡态 TS2b 的步骤为该反应通道的控制步骤，这一步骤具有较高的位垒（401.7kJ/mol）。这一位垒明显高于 C═O 反应通道中的最高位垒。这也说明 C═S 通道相对比 C═O 通道较难进行。以反应物 COS + H_2O 为能量零点，计算中间体，过渡态和产物的相对能量 E_{rel}。由关系式 $E_{rel}(Mi) = E_{tol}(Mi) - E_{tol}(COS + H_2O)$ 得到，其中 $i = 1, 2, 3, 4$。根据相对能 E_{rel} 变化做出反应通道势能面如图 4-14 所示。B3LYP/6 - 31 + G* 水平上分别通过 C═O 和 C═S 通道的势能面，如图 4-15 所示。

C═S 通道

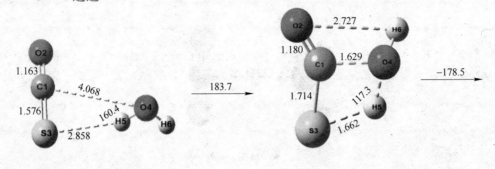

M1b　　　　　　　　　　　　　TS1b(1562.2i/cm)

a

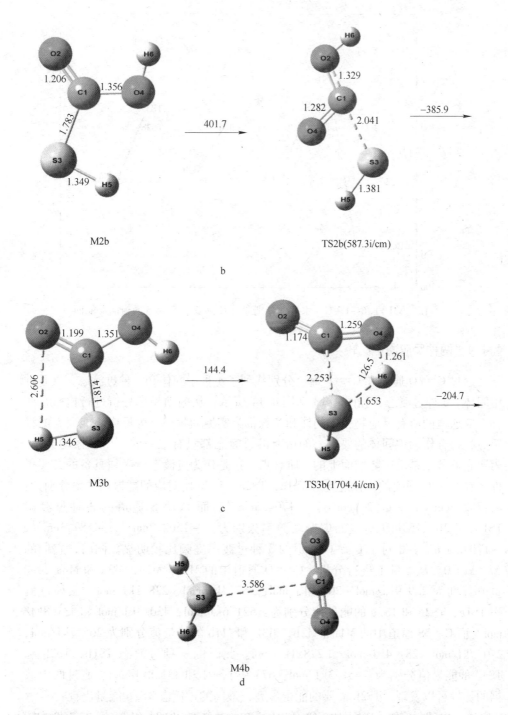

图 4-14   B3LYP/6-31 + G * 结构优化及其水分子攻击 C = S 键的 COS 水解反应通道
a—M1b; b—M2b; c—M3b; d—M4b

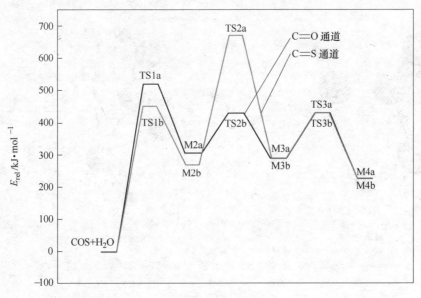

图 4-15　B3LYP/6-31＋G＊水平上分别通过 C＝O 和 C＝S 通道的势能面

4.4.4　两种反应通道比较

通过 C＝O 通道和 C＝S 通道分别找到了 4 种中间体和 3 种过渡态，共 8 种中间体，6 种过渡态，如图 4-13 和图 4-14 所示。从振动频率分析进行比较，两种反应通道的所有反应物，中间体和产物都为实振动频率，为反应势能面上的稳定点，符合作为中间体的要求。而所有的过渡态都只有唯一的一个虚振动频率，表明它们分别是反应势能面上的一阶鞍点，这是作为过渡态所必须具备的必要条件。在 C＝O 通道的 3 种过渡态 TS1a，TS2a，TS3a 所对应的虚振动频率分别为：$-1752.9\,cm^{-1}$，$-1762.1\,cm^{-1}$，$-1704.5\,cm^{-1}$。而 C＝S 通道的 3 种过渡态 TS1b，TS2b，TS3b 所对应的虚振动频率分别为：$-1562.2\,cm^{-1}$，$-587.3\,cm^{-1}$，$-1704.4\,cm^{-1}$。相对于 C＝O 通道的 3 种过渡态虚频比较明显。同时，它们的 $\Delta E/\Delta x = 0$。从能量上进行分析，C＝O 通道中的 M1a，M2a，M3a 和 M4a 的能量值分别为 259.9kJ/mol，307.9kJ/mol，287.4kJ/mol，228.1kJ/mol。三种过渡态 TS1a，TS2a 和 TS3a 的能量值分别为：521.6kJ/mol，430.3kJ/mol 和 431.8kJ/mol。而 C＝S 通道中的 M1b，M2b，M3b 和 M4b 的能量值分别为 265.7kJ/mol，270.9kJ/mol，287.4kJ/mol 和 228.1kJ/mol。此时的三种过渡态 TS1b，TS2b 和 TS3b 的能量值分别为：451.3kJ/mol，673.9kJ/mol 和 431.8kJ/mol。通过两组数据的比较可以发现，TS2b 需要的能量最高，最高的过渡态 TS2b 能量出现在 C＝S 通道，也就是需要相对于比 COS 和 H_2O 初始总能高出 631.9kJ/mol 的能量才能越过这个能垒。在这两个通道中，中间体 M3a 和 M3b 的能量、TS3a 和 TS3b 的能量与 M4a 和 M4b 的能量相同。因此，从能量方面考虑 C＝S 通道在理论上比 C＝O 通道更难进行。两种 COS 水解反应通道的能量值如表 4-3 所示。

表 4-3 两种 COS 水解反应通道的能量值（a. u.）

反应物	C＝O 通道	C＝S 通道
O＝C＝S	−511.6070	−511.6070
H—O—H	−76.4591	−76.4591
M1a（b）	−587.9671	−587.9649
TS1a（b）	−587.8674	−587.8942
M2a（b）	−587.9488	−587.9629
TS2a（b）	−587.9022	−587.8094
M3a（b）	−587.9566	−587.9566
TS3a（b）	−587.9016	−587.9016
M4a（b）	−587.9792	−587.9792

运用密度泛函 DFT 的计算方法，在 B3LYP/6-31＋G＊水平上，研究了 COS 和 H_2O 的反应机理，找到 8 种中间体和 6 种过渡态，找出了两条反应通道。得到以下结论：

（1）以 B3LYP/6-31＋＋G 方法分别对反应途径上的各个驻点进行优化，得到了 8 种中间体和 6 种过渡态。通过振动频率分析和 IRC 运算确定了这些中间体和过渡态的可靠性。

（2）通过分别从水分子攻击 C＝O 键和 C＝S 键，找出了两条 COS 和 H_2O 的反应通道。两条途径在无催化剂的条件下都是很难进行的，不管从各个驻点与 COS 和 H_2O 的总能量进行对比或者从 $E_{tol}(H_2S＋CO_2)＝580.7kJ/mol$ 进行对比，需要越过的能垒都是比较大的，这也从理论上说明 COS 和 H_2O 的反应需要在合适的催化剂条件下进行才易于发生的原因。

（3）从结果可以分析出 COS 和 H_2O 的反应为吸热反应。

（4）从两条途径进行分析，可以发现 C＝O 通道相对于 C＝S 通道更易进行。

4.5 量子化学计算在其他含硫化合物控制研究中的应用

4.5.1 二甲基二硫醚热解析出机理的量子化学计算

煤是一种复杂的大分子化合物。一般认为，煤在热解过程中，分子之间的桥键断裂形成小分子化合物和自由基。因此，我们选取了非噻吩类有机硫二甲基二硫醚为研究对象。图 4-16 为二甲基二硫醚结构图。

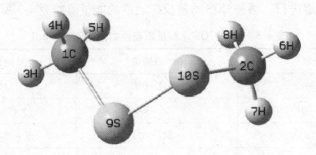

图 4-16   二甲基二硫醚结构图

4.5.1.1   计算过程设计

通过在命令中加入了 Bonding 关键字，可以得到各键的 Mulliken 重叠布居数。该方法是 Mulliken 于 1995 年提出的，通过对键的布居数的分析判断分子轨道的成键特性和原子间化学键的强度，从而了解裂解最可能发生的位置。

4.5.1.2   计算过程

对模型化合物二甲基二硫醚进行全参数几何优化和振动频率分析，在命令中加入了 Bonding 关键字，可以得到各键的 Mulliken 重叠布居数。优化结果表明二甲基二硫醚振动频率皆没有负值，说明它是势能面上的稳定结构。模型化合物的优化结果如表 4-4 所示。

表 4-4   二甲基二硫醚的优化结果及其各键的 Mulliken 重叠布居数

键	键长/nm	Mulliken 分布	键角	值/(°)
C1—S9	1.83412	0.175064	C1—S9—S10	97.5823
S9—S10	2.12461	0.157007	S9—S10—C2	97.5823
C2—S10	1.83412	0.175064	H3—C1—S9	112.1352
C1—H3	1.13201	0.350223	H4—C1—S9	112.1348
C1—H4	1.13205	0.363549	H5—C1—S9	112.1352
C1—H5	1.13201	0.350223		

Mulliken 重叠布居数是现代量子化学计算中描述化学键强弱的主要参量。许多研究者如肖继军、黎新、刘海明等利用 Mulliken 重叠布居数作为判据得出了与实验结果相吻合的结论。由表 4-4 中的数据可以看出，二甲基二硫醚中的 S9—S10 键分别是体系中布居数最小的键，这说明，它们原子间的电子分布较少，键相对较弱，是体系中的弱键，是热解引发键，在外界作用下会优先发生断裂。裂解产物如图 4-17 所示。

由图 4-17 可知，在体系弱键断裂后的产物为两个甲基硫自由基，记为 A1。

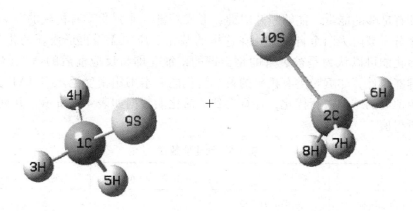

图 4-17 二甲基二硫醚裂解产物

对 A1 继续进行优化、振动频率分析和键的 Mulliken 重叠布居数计算。经计算，振动频率皆没有负值，说明它是势能面上的稳定结构，其计算结果列于表 4-5 中。A1 优化后的结构如图 4-18 所示。

表 4-5　A1 的优化结果及其各键的 Mulliken 重叠布居数

键	键长/nm	Mulliken 分布	键 角	值/(°)
C1—S9	1.87756	0.194343	S9—C1—H3	113.20828
C1—H3	1.09096	0.355480	S9—C1—H4	113.20828
C1—H4	1.09096	0.355480	S9—C1—H5	109.46213
C1—H5	1.09089	0.361196		

从表 4-5 中的结果可以看出，C1—S9 键的布居数最小，是 A1 体系中的弱键，在进一步的热解过程中会优先断裂。A1 的最终裂解产物为甲基自由基（CH3—）和硫（S:）根自由基，硫（S:）根自由基会与热解过程中产生的氢自由基结合以 H_2S 形式逸出，裂解产物如图 4-19 所示。

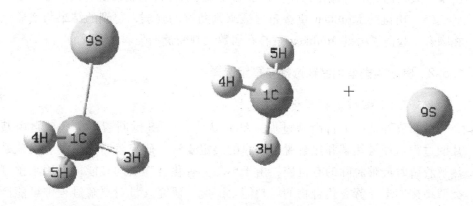

图 4-18　A1 优化后的结构图　　　　　图 4-19　裂解产物

　　具有足够的能量，能够断开旧键，形成新键。非噻吩类有机硫的断裂过程是一个分子裂解为两个自由基，在这样的基元反应中无需再形成新的化学键，所以活化能可以认为是被裂解的化学键的键能。即将反应前后的 ΔH（焓变）作为键能来计算非噻吩类有机硫的裂解活化能。本书用密度泛函 B3LYP 方法，对反应前后的结构进行优化，计算得到的活化能数据如表 4-6 所示，并列出了实验所得值。

表 4-6　活化能数据

名　称	修正后的焓/a. u.	活化能/kJ·mol⁻¹	实验值/kJ·mol⁻¹
二甲基二硫醚	− 876. 047735		
甲基硫自由基	− 438. 019662	247. 99930	260

　　从表 4-6 的结果可以看出，模拟计算所得活化能的计算值与实验值基本吻合，误差不超过 5%，所以模拟计算的结果比较准确。

4.5.1.3　小结

　　（1）计算使用密度泛函 B3LYP 方法，在 6-31G（d）基组水平上通过对各键的 Mulliken 重叠布居数的判断，对二甲基二硫醚模型化合物进行模拟，研究了它的热解析出过程。

　　（2）二甲基二硫醚中的 S—S 键是体系中的弱键，在热解时会优先发生断裂，是热解的引发键，并且最终以 H_2S 的形式释放出。

　　（3）二甲基二硫醚的反应历程为：

$$CH_3—S—S—CH_3 \longrightarrow 2CH_3—S \cdot 2CH_3—S \cdot \longrightarrow 2CH_3 \cdot +2S:$$

　　（4）由于 H_2S 的形成是硫（S:）根自由基与氢自由基相结合，所以在热解时增大氢自由基的含量，令其以 H_2S 气体的形式逸出。或者抑制硫（S:）根自由基生成较稳定的含硫化合物，都是增大煤热解脱除有机硫的有效途径。

　　（5）由键的 Mulliken 重叠布居数来判断键的强弱，得到的结果与实验结果相吻合，验证了由键 Mulliken 重叠布居数来判断键的强弱是可行的。

4.5.2　噻吩类模型化合物选择与基组选择

4.5.2.1　噻吩类模型化合物选择

　　煤的裂解是一个自由基过程。Attar 认为：C—S 键断裂形成含硫自由基碎片的过程是加氢热解和热解脱硫速率的决定步骤。研究表明噻吩类有机硫是煤热解脱硫时最难脱除的有机硫，由于单环芳香化合物的均裂能可以用来预测相类似结构的多环芳香化合物的均裂能。因此，研究人员对热解过程中可能产生的噻吩型有机硫环状自由基进行了简化模拟设计，选择了单环的噻吩作为研究对象。

4.5.2.2 计算基组选择

考虑计算量，选用 6-31G 基组，考虑其精确性，研究人员在密度泛函的 B3LYP 方法上加上一个极化函数，即在 6-31G 基组的基础上，对重原子增加了 d 轨道的成分，所以选择 6-31G（d）基组。

4.5.2.3 计算过程设计

应用密度泛函理论（DFT）和相关能校准的 MP2 方法，在 B3LYP/6-31G（d）基组水平上研究了煤中有机硫噻吩的热解机理，对热解过程中由于官能团周围环境的不同而形成的两类噻吩自由基进行了全优化计算。对两类噻吩自由基，由于不是简单的一个分子裂解为两个自由基这样的基元反应，键断裂过程中会有新的化学键生成，所以通过过渡态理论。对所得过渡态进行频率分析，发现存在唯一虚频，说明过渡态是真实的，并对它们分别进行了内禀反应坐标（IRC）计算以确证它们的可靠性。在采用过渡态方法的同时，并行应用了 Mulliken 重叠布居数方法进行补充，同时对两类噻吩自由基的裂解途径进行了模拟计算。两类噻吩自由基结构如图 4-20 所示。

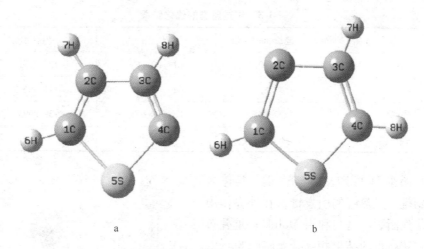

图 4-20 两类噻吩自由基结构

a—噻吩自由基 B；b—噻吩自由基 C

4.5.2.4 计算过程

A 噻吩自由基 B 的计算过程

对噻吩自由基 B 进行全参数几何优化和振动频率分析，在命令中加入了 Bonding 关键字，得到各键的 Mulliken 重叠布居数。振动频率皆没有负值，说明它是势能面上的稳定结构。B 的优化结果见表 4-7。

表 4-7　B 的优化结果

键	键长/nm	Mulliken 分布	键　角	值/(°)
C1—C2	1.36369	0.472990	C1—C2—C3	114.46484
C2—C3	1.45174	0.476397	C2—C3—C4	111.12628
C3—C4	1.35536	0.466281	C3—C4—S5	115.02925
C4—S5	1.79620	0.281242	C4—S5—C1	87.562644
C1—S5	1.82425	0.271157	S5—C1—C2	111.81695

　　键的 Mulliken 重叠布居数越大，化学键就越稳定。从而可以判断裂解最可能发生的位点。由表 4-7 中的数据可以看出，C1—S5 键是体系中布居数最小的键，这说明，它们原子间的电子分布较少，键相对较弱，是体系中的弱键，是热解引发键，在外界作用下会优先发生断裂。再通过内禀反应坐标（IRC）的计算确定过渡态，对所得过渡态进行频率分析，发现存在唯一虚频，说明过渡态是真实的，确认反应物、过渡态和产物的相关性。B 过渡态的优化结果见表 4-8，优化构型见图 4-21。

表 4-8　B 过渡态的优化结果

键	键长/nm	键　角	值/(°)
C1—C2	1.32490	C1—C2—C3	123.37077
C2—C3	1.48682	C2—C3—C4	111.86693
C3—C4	1.32928	C3—C4—S5	139.89939
C4—S5	1.63661		

　　从图 4-21 可知，C1—S5 键，是体系中的弱键，是热解的引发键，在外界作用下会优先断裂。这与利用 Mulliken 重叠布居数方法所得的结果相吻合。将噻吩自由基 B 的 C1—S5 键断裂后的产物记为 B1。在命令中加入 Bonding 关键字，得到各键的 Mulliken 重叠布居数。振动频率皆没有负值，说明它们是势能面上的稳定结构。对 B1 进行全参数几何优化和振动频率分析，B1 结构优化结果见表 4-9，B1 几何优化构型见图 4-22。

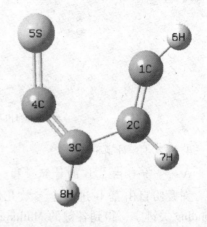

图 4-21　B 过渡态的结构图

表 4-9 **B1 的优化结果**

键	键长/nm	Mulliken 分布	键角	值/(°)
C1—C2	1.32691	0.652145	C1—C2—C3	127.25262
C2—C3	1.47233	0.375557	C2—C3—C4	126.19177
C3—C4	1.32031	0.536572	C3—C4—S5	179.34908
C4—S5	1.60912	0.437187		

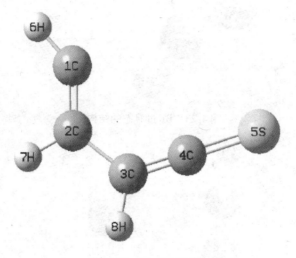

图 4-22 B1 的结构图

由表 4-10 的数据可以得出结论，C2—C3 键是体系中布居数最小的键，是热解引发键，在外界作用下会优先发生断裂。再通过内禀反应坐标（IRC）的计算确定 B1 的过渡态。B1 过渡态的优化结果见表 4-10，相应的优化构型见图 4-23。

表 4-10 **B1 过渡态的优化结果**

键	键长/nm	键角	值/(°)
C1—C2	1.23544	C1—C2—C3	108.53479
C2—C3	2.12243	C2—C3—C4	111.04652
C3—C4	1.26529	C3—C4—S5	174.27743
C4—S5	1.64986		

对 B1 进行 IRC 计算，得出体系中 C2—C3 键会优先断裂，与 Mulliken 重叠布居数方法所得的结果相符。将 B1 的裂解产物分别记为 B21 和 B22，其裂解产物结构见图 4-24。

由图 4-24 可知，B1 的裂解产物为 B21 和乙炔，对 B21 继续进行全参数几何优化和振动频率分析，得到 B21 的最终裂解产物结构如图 4-25 所示。

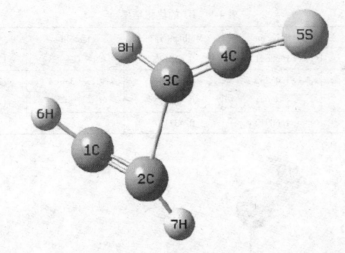

图 4-23   B1 过渡态的结构图

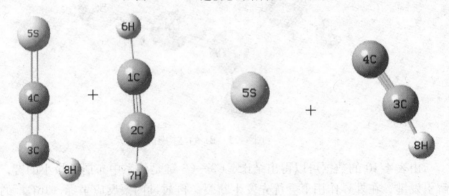

图 4-24   B1 的裂解产物   图 4-25   B21 的裂解产物

　　B21 最终热解生成乙炔自由基和硫（S:）根自由基，含硫自由基热解时在富氢气氛下易于加氢脱除，以 H_2S 的形式逸出，实现脱硫的目的。

　　B　噻吩自由基 C 的计算过程

　　对噻吩自由基 C 进行全参数几何优化和振动频率分析，在命令中加入了 Bonding 关键字，得到各键的 Mulliken 重叠布居数。振动频率皆没有负值，说明它是势能面上的稳定结构，C 的优化结果如表 4-11 所示。

表 4-11   C 的优化结果

键	键长/nm	Mulliken 分布	键角	值/(°)
C1—C2	1.36182	0.490171	C1—C2—C3	117.60410
C2—C3	1.42475	0.493391	C2—C3—C4	111.78439
C3—C4	1.36912	0.509140	C3—C4—S5	112.25258
C4—S5	1.81212	0.277686	C4—S5—C1	89.566104
C1—S5	1.82865	0.246767	S5—C1—C2	108.79279

　　优化结果及其各键的 Mulliken 重叠布居数越大，化学键就越稳定。从而可以判断裂解最可能发生的位点。由表 4-11 中的数据可以看出，C1—S5 键是体系中布居数最小的键，这说明，它们原子间的电子分布较少，键相对较弱，是体系中的弱键，是热解引发键，在外界作用下会优先发生断裂。再通过内禀反应坐标（IRC）的计算确定过渡态，对所得过渡态进行频率分析，发现存在唯一虚频，说明过渡态是真实的，确认反应物、过渡态和产物的相关性。C 过渡态的优化结果见表 4-12，优化构型见图 4-26。

表 4-12　C 过渡态的优化结果

键	键长/nm	键　角	值/（°）
C1—C2	1.25590	C1—C2—C3	138.88638
C2—C3	1.42637	C2—C3—C4	111.49810
C3—C4	1.35982	C3—C4—S5	117.62858
C4—S5	1.80865		

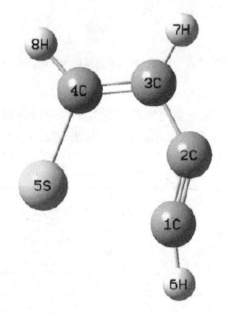

图 4-26　C 过渡态的结构图

　　从图 4-26 可知，C1—S5 键，是体系中的弱键，是热解的引发键，在外界作用下会优先断裂。这与利用 Mulliken 重叠布居数方法所得的结果相吻合。将噻吩自由基 C 的 C1—S5 键断裂后的产物记为 C1。在命令中加入 Bonding 关键字，得到各键的 Mulliken 重叠布居数。振动频率皆没有负值，说明它们是势能面上的稳定结构。对 C1 进行全参数几何优化和振动频率分析，C1 结构优化结果见表

4-13，C1 几何优化构型见图 4-27。

表 4-13　C1 的优化结果

键	键长/nm	Mulliken 分布	键角	值/(°)
C1—C2	1.21709	0.808311	C1—C2—C3	179.27151
C2—C3	1.42001	0.256557	C2—C3—C4	124.57311
C3—C4	1.34867	0.467841	C3—C4—S5	125.73324
C4—S5	1.80696	0.267429		

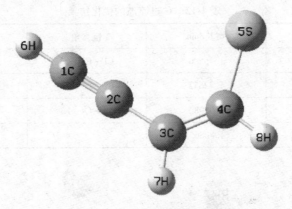

图 4-27　C1 的结构图

由表 4-13 的数据可以得出结论，C2—C3 键是体系中布居数最小的键，是热解引发键，在外界作用下会优先发生断裂。再通过内禀反应坐标（IRC）的计算确定 C1 的过渡态。C1 过渡态的优化结果见表 4-14，相应的优化构型见图 4-28。

表 4-14　C1 过渡态的优化结果

键	键长/nm	键角	值/(°)
C1—C2	1.22195	C1—C2—C3	161.14799
C2—C3	2.06201	C2—C3—C4	104.48972
C3—C4	1.34867	C3—C4—S5	112.90705
C4—S5	1.78150		

对 C1 进行 IRC 计算，得出体系中 C2—C3 键会断裂，与 Mulliken 重叠布居数方法所得的结果相符。将 C1 的裂解产物分别记为 C21 和 C22，其裂解产物结构见图 4-29。

从图 4-29 可知，C1 的裂解产物为 C21 和乙炔基，由于 C21 的结构中含有多个未成对的电子，因此这种结构很不稳定，很容易发生异构化重排反应，质子发生转移，生成乙炔基硫醇，C21 的重排反应见图 4-30。

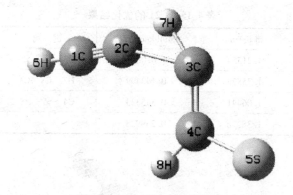

图 4-28 C1 过渡态的结构图

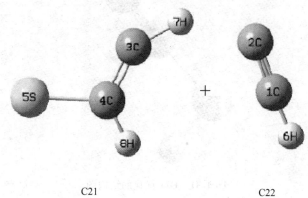

C21   C22

图 4-29 C1 的裂解产物

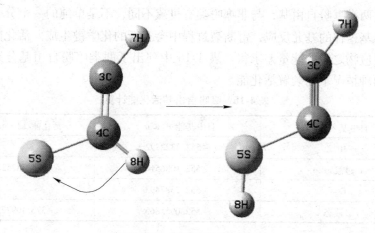

图 4-30 C21 的重排反应

对重排后的 C21 进行全参数几何优化和振动频率分析，振动频率皆没有负值，说明是势能面上的稳定结构，优化结果见表 4-15，优化后的结构见图 4-31。

表 4-15　　C21 的优化结果

键	键长/nm	Mulliken 分布	键角	值/(°)
C3—C4	1.21354	1.020815	C3—C4—S5	174.81186
C4—S5	1.75826	0.143499	H7—C3—C4	178.62416
C3—H7	1.06441	0.345333	C4—S5—H8	97.262304
S5—H8	1.38276	0.239928		

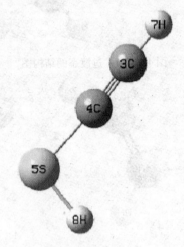

图 4-31　C21 优化的结构图

4.5.2.5　反应的活化能

对这两类噻吩自由基，与非噻吩类有机硫不同，不是单纯的一个分子裂解为两个自由基这样的基元反应，键断裂过程中会有新的化学键生成。活化能通过过渡态与反应物之间的能量差求得。表 4-16 中列出了两类噻吩自由基分别在环状和链状两种情况下的裂解活化能。

表 4-16　噻吩自由基活化能计算

自由基名称	自由基能量/a.u.	活化能/kJ·mol^{-1}
B	-552.2322792	
B 过渡态	-552.1086514	324.787526
C	-552.2387493	
C 过渡态	-552.0955865	376.109223

反应的活化能可以表征反应进行的难易程度，从表中可以看出，环状结构较链状结构稳定，自由基 C 较自由基 B 稳定。根据模拟计算所得的数据，本书所选取的两种模型的化合物对热稳定性为：噻吩自由基 C ＞噻吩自由基 B ＞二甲基二硫醚。

4.5.2.6 本节小结

（1）计算软件采用 Gaussian 03，视图软件采用 Gauss View。使用密度泛函 B3LYP 和相关能校准的 MP2 方法，在 6-31G（d）基组水平。
上对两类噻吩自由基的热解析出机理进行模拟。

（2）噻吩自由基中的 C—S 键是体系中的弱键，在热解时会优先发生断裂，是热解的引发键。

（3）噻吩自由基的环状结构较链状结构稳定。

（4）两类噻吩自由基的最终产物都是乙炔和 H_2S。这与实验结果相吻合，也验证了通过内禀反应坐标（IRC）和 Mulliken 布居数这两种方法来判断键的强弱是可行的。

（5）两类自由基的反应历程为：

B 的反应历程：

$$\cdot C_4H_4S \longrightarrow \cdot CH = CH—CH = C = S$$

$$\cdot CH = CH—CH = C = S \longrightarrow C_2H_2 + \cdot CH = C = S$$

$$\cdot CH = C = S \longrightarrow CH \equiv C \cdot + S:$$

C 的反应历程：

$$\cdot C_4H_4S \longrightarrow \cdot S—CH = CH—C \equiv CH$$

$$\cdot S—CH = CH—C \equiv CH \longrightarrow \cdot S—CH = HC \cdot + CH \equiv C \cdot$$

$$\cdot S—CH = HC \cdot \longrightarrow HC \equiv C—SH$$

$$HC \equiv C—SH \longrightarrow CH \equiv C \cdot + \cdot SH$$

（6）增加热解过程中氢自由基的含量，有利于噻吩中的硫以 H_2S 的形式逸出，有效抑制硫（S:）根自由基和硫氢（—SH）根自由基生成对热稳定的含硫化合物，是增大煤热解脱除噻吩硫的有效途径。

（7）稳定性分析：噻吩自由基 C＞噻吩自由基 B。

4.5.3 HOSO + NO 进行了理论研究

HOSO 在大气和燃烧化学中是非常重要的，Howard 等人发现 $SO_2 \cdot H$ 是 HSO 和 NO_2 在室温条件下反应的产物，并且发现它能迅速与 O_2 发生反应生成 HO_2。到目前为止，关于 HOSO 的研究大部分集中在其结构和性质上，而 HOSO 与单原子、小分子及自由基反应的研究并不多。研究以量子化学理论和过渡态理论为基础，利用密度泛函理论、微扰理论、组态相互作用理论、耦合簇理论和分子中的原子理论，对 HOSO 自由基与大气中活泼的自由基和原子的几个反应体系进行详细的研究，通过计算反应中各物种的构型、振动频率，体系的势能曲线，各通道的速率常数，深入解释了反应体系的微观反应机理和动力学特征。

对 HOSO + NO 的反应进行了理论研究，找到了单态和三态下的反应通道，预测 SO_2 与 HNO 为主要产物，为大气中 SO_2 的来源提供了一个可能的途径，为大气污染的研究提供了一定的理论依据。从电子密度拓扑分析的角度对 HOSO 和 NO 的反应过程进行了研究，讨论了单重态和三重态下的各个反应通道中化学键以及环结构的变化规律。分析发现：在主反应通道中存在环状和 T 型两种结构的过渡态，首先形成三元环状结构，经 T 型过渡结构后生成四元环结构，随后 H—O 键断裂，生成产物。研究 HOSO 与 X（X = F、Cl、Br）在单态和三态条件下反应的微观机理，动力学和热力学研究均表明 HOSO 与 X（X = F、Cl、Br）经单态反应生成 HX + SO_2 的反应为主反应通道，HX + SO_2 为主反应产物，反应速率随温度的升高而增大，在整个温度范围内变分效应对速率常数计算影响不大，而隧道效应在低温区对反应速率影响明显。研究者利用量子化学方法，对 HOSO 与 X（X = H，F，Cl，Br，I）反应所存在的反应通道进行了拓扑分析，找出了反应的主要产物，并计算了各自的速率常数，希望可以对实验提供理论指导。

4.5.3.1 OH 的理论研究

在大气中，OH 是非常重要的氧化剂，已经有很多人对 OH 进行了研究。AyakoYoshino 等人认为 OH 能氧化大气中的许多微量物种，比如 NO_x（NO_x＝NO + NO_2），CO，SO_2，NMHCs（Non-methane Hydrocarbons）和 OVOCs（Oxygenated Volatile Organic Compounds），并且可以控制它们在大气中的浓度，例如 OH 能把 CO 和烃类（RH）氧化成 HO_2 和 RO_2，与 H 的反应，已经有许多人在实验和理论上做过相当多的研究，说明了 SO_2 与 H 的反应的最低能量路径，反应吸热 115.56kJ/mol（27.6kcal/mol），HOSO 是反应的中间体。HOSO 在含硫燃料的燃烧模型中是非常重要的，Steven E. Wheeler，Henry F. SchaeferNapolion 和 Watts 试图找到平面的 syn-HOSO、anti-HOSO 构型用双团簇计算方法，不过最终也没有找到，因为 UCCSD(T)/6-31 + G(d) 和 UCCSD(T)/6-311G(d,p) 计算的扭转势能不稳定，计算出的 syn-HOSO、anti-HOSO 都是过渡态，然而 cc-pVTZUCCSD (T) 基组和方法优化构型，并且计算振动频率，预测出平面 syn-HOSO 在整个势能面上的能量最低。看似简单的 HOSO 自由基，研究者从早先的理论研究可以发现它们的结果是非常不一致的，这些研究大部分都支持平面的 syn-HOSO 是整个势能面的能量最小值，而平面反式的旋转异构体只是一个鞍点。直到 2009 年，Steven E. Wheeler 和 Henry F. Schaefer Ⅲ 才从理论上确定，平面的 syn-HOSO 能量最低。

4.5.3.2 与 HOSO 有关反应的理论研究

众所周知，SO_2 是大气中的一种非常重要的污染物，在许多燃烧系统和工业进程中，高温硫化学是非常重要的。而且由火山喷发、生物体腐烂和人类活动而

产生的 H_2S 在对流层中最终会变成硫酸，从而对大气造成污染。H_2S 首先氧化成 HSO，HSO 继续氧化成 CS_2、OCS、CH_3S、CH_3SO 等一系列中间体最后由 SO_2 氧化成硫酸，此过程已经有很多人从理论和实验上做过研究。相比之下，很少有人研究硫在 +1 到 +4 氧化态之间的硫的氧化物，如 HOSO、H_2SO_2 等中间体。1996年 Frank 等用 NRMS 方法首次在大气中发现了 HOSO 自由基，Isoniemi 等用双稀有气体隔离模型研究了 HOSO 的结构，研究发现红外光谱的三个振动模式与用 MP2 和 MP4 方法计算出的振动模式相匹配，第四个振动频率在 $1050cm^{-1}$，与实验上的 HOS 键的振动模式一致。在燃烧的条件下，气态硫大部分以 SO_2 的形式存在，这种形式对燃料氧化进程和氮化学都有很大的联系，在流动反应条件下，SO_2 既可以促进燃料的氧化又可以阻碍燃料的氧化。

近年 Glarborg 等人的研究表明，由于 $HOSO_2$ 的热力学不稳定，SO_2 和 OH 再结合的反应 $SO_2 + OH(+ M) \rightarrow HOSO_2(+ M)$，在 1000K 以上是没有意义的。但是反应 $H + SO_2 + M \rightarrow HOSO + M$，$HOSO + O_2 \rightarrow SO_2 + HO_2$，$HOSO + H \rightarrow SO_2 + H_2$ 等系列反应被认为是含硫燃料燃烧过程中 SO_2 回收的重要途径。对 SO_2 与 H 的反应，已经有许多人在实验和理论上有相当多的研究。HOSO 在大气和燃烧化学中是非常重要的，在高温条件下 HOSO 非常容易与 H 发生反应减少大气中的 SO_2，Howard 等人发现 $SO_2 \cdot H$ 是 HSO 和 NO_2 在室温条件下反应的产物，并且发现它能迅速与 O_2 发生反应生成 HO_2。从发现 HOSO 一直到现在，各个领域对 HOSO 的结构和性质做的研究比较多，但是 HOSO 还可以与大气中的小分子和原子进行反应，在 1996 年 Frank, Sadilek, Ferrier 和 Turecek 用 NRMS 方法首次在大气中发现了 HOSO 自由基，几年后，Isoniemi, Khriachtchev, Lundell 和 Räsänen 用双稀有气体隔离模型研究了 HOSO，研究中发现，红外光谱振动模型中的三个振动模式与用 MP2 和 MP4 方法计算出的振动模式相匹配，第四个振动模式在 $1050cm^{-1}$ 上，与实验上的 HOS 键的振动模型一致。在燃烧条件下，已经有许多关于硫氧化的详细的动力学模型，其中有 Zachariah 和 Smith 做的早期研究，也有许多近几年用从头计算法计算的可能的势能面和 RRKM（Rice-Ramsperger-Kassel-Marcus）速率常数，Dagaut 和他的同事发表了一系列文章如《研究在燃烧中 SO_2 对 NO_x 和 CO 氧化的影响》，同时 Cerru, Kronenburg 和 Lindstedt 也发表了一篇文章，给出了硫在火焰中氧化的实验数据。以前对 HOSO 自由基热力学参数和动力学研究缺乏理论上的支持。

在最近的三十年中，有许多关于 HOSO 自由基理论上的研究，也有许多 HOSO 相关反应的研究，用的都是从头计算法和 DFT 方法，最初，一致认为平面的 syn-HOSO 的能量最低，而平面 anti-HOSO 只是一种过渡态，Boyd, Gupta, Langler, Lownie 和 Pincock 最初对 HOSO 和相关自由基的研究，包括构型优化和振动频率分析，计算用的是非限制性的 HF 方法和小的基组，随后，在 19 世纪

90 年代 Marshall 和他的同事们发表了一系列论文，论文描述了 HOSO 自由基的热化学性质以及 H + SO₂和 HS + O₂反应的势能面研究。研究表明 syn-HOSO 自由基的生成焓是 -56. 7kcal/mol，Morris 和 Jackson 用 UMP2 方法 DZP 基组计算的结果表明 syn-HOSO 和 anti-HOSO 都是势能面上的极小值。同时，Frank 等的研究表明 syn-HOSO 和 anti-HOSO 只是局部最低能，1998 年，Drozdova 和他的同事们用从头计算法研究了 $H_xS_yO_z$（$x, y, z = 0 \sim 2$），其中包括对 syn-HOSO 的研究，文中用了 UMP2 方法在 6-311 + G(d, p) 基组上优化了 syn-HOSO 的构型用 ANOUCCSD (T) 方法计算了它的能量。三年后，McKee 和 Wine 用 B3LYP 的方法，在 6-31 + G(d) 基组上优化 HOSO 自由基的构型，并且计算了它的振动频率，表明 syn-HOSO 和 anti-HOSO 都只是过渡态，都不是最低能量，一种错位的 HOSO 自由基才是整个势能面的最低能量，与之前的研究结果都不一样。随后，Wang 和 Zhang 用 G3B3 和 G3 方法通过原子化反应计算了 syn-HOSO、anti-HOSO 和错位的 HOSO 的生成焓。Wang 和 Hou 用 aug-cc-pV(T + d)Z B3LYP 方法和基组提出了一种非平面的 syn-HOSO。预测的 HOSO + OH ——→SO₂ + H₂O 反应的生成焓（0K）是 -335. 36kJ/mol（ -80. 1kcal/mol），但是对反应机理的研究却没有。

4.5.3.3　研究意义

通过已经研究的文献可以看出 HOSO 在大气和燃烧化学中是非常重要的，在高温条件下 HOSO 非常容易与 H 发生反应减少大气中的 SO₂，Howard 等人发现 SO₂·H 是 HSO 和 NO₂在室温条件下反应的产物，并且发现它能迅速与 O₂发生反应生成 HO₂，在燃烧的条件下，气态硫大部分以 SO₂的形式存在，这种形式对燃料氧化进程和氮化学都有很大的联系，在流动反应条件下，SO₂既可能促进燃料的氧化又可能阻碍燃料的氧化。到目前为止，关于 HOSO 的研究大部分集中在其结构和性质上，为了了解 HOSO 在大气中的重要性，本书有必要综述一下 HOSO 与其他大气其他物种可能存在的反应，HOSO 与卤素、NO、OH 这三种大气中非常重要的物质之间的反应，用量子化学方法从微观机理方面从理论上预测它们之间可能存在的反应通道，并且对各个反应通道都做了动力学分析，计算了它们的反应速率，对大气化学提供了重要的理论依据，同时也为实验起到了指导性作用。

4.6　本章小结

随着研究的深入，单纯的从实验出发进行研究已经不能满足发展的需要。尽管量子化学计算在中国起步比较晚，但对理论计算的需求已不能阻止理论计算发展的脚步，理论计算已经快速的发展并达到了一定的高度。目前，计算与实验相结合的软件很多，包括 Gaussian、Material Studio、VASP 等都已被广泛运用。这些软件都有各自的优势对于在不同的领域，含硫物质的脱除，一直备受实验研究者的关注，目前，很多学者不在单纯的从实验研究出发去寻找合适的途径来脱除含硫物质中的硫，从而来降低对环境的污染，但这当中也存在一些不足，比如，不能很好地知道一些未知的性质，较多的反应途径的寻找等都有困难，而理论计算在这当中的应用刚好可以弥补这当中存在的不足。在实验中，我们可以通过实验结果分析和表征手段的辅助来对含硫物质进行高效、环保的脱除研究。而在理论计算中，理论计算的结果可以为我们在实验中提供一些理论依据，从而起指导的作用，比如分子的毒性等，可以从电子分析来判断该种分子是否有毒性，从而对实验实施者的人身安全提供保障等。通过前线轨道的分析，可以了解其他的性质，比如芳香性等。脱硫中，我们可以选择催化水解，而这当中比如温度和压强的选择，对催化水解可能有重要的影响，此时，我们就可以通过高斯，在不同温度和压强下温度的设置，来寻找最佳的温度和压强，然后通过实验进行证明。再比如，催化剂的选择也是至关重要的，在含硫气体中的催化水解，此时，我们可以通过 MS，通过催化剂不同比例的构造优化，在计算机上对催化剂和目标产物的相关物理化学量的计算来发现最佳的催化剂比例，比如，可以通过吸附能的计算来了解该种催化剂对目标物处理能力的强弱。从而为实验研究的进行提供一个大致的方向，不仅实验室成本低，也提供了相对合理的实验程序。量子化学中计算程序是强大的，各种需要知道的性质都可以通过计算来实现。因此，在实际研究中，纯粹的实验研究是不可能满足目标物研究的需要的，理论计算的结合也是目前广大实验研究工作者的一种需求，在实验研究中起指引作用。含硫物质的脱除，已有大量的前人从实验方向进行了研究，而结合理论进行研究是目前常见的研究方向，这给我们提供了一个方向。

含硫物质的脱除在量子化学计算中的应用，有潜在的研究意义。常见的含硫气体，比如二氧化硫，羰基硫，硫化氢和二硫化碳等都有相关的报道，关于从理论计算的方向。本章也通过文献查找，引用了部分该方面的理论计算，目的旨在为该方面的相关理论研究提供一个参考，根据前人在这方面工作的理解，思考研究思路，延伸出有意义的研究目标，该章所举的例子并不是单纯说明理论计算的重要，更关键的是对前人工作的总结，给读者提供阅读的方便，然后进行自主思考，对目前更多的含硫物质的去除想法。比如汽油中的含硫物质，如噻吩等相对更复杂的含硫物质的去除。通过反应机理寻找，了解该物质的反应路径，从而为寻找更好的脱除方法提供理论依据。而在理论计算中，方法的选择也是重要的，这就需要我们通过对前人工作的指引进行尝试，并寻找出适合的理论方法。针对需要的收集数据，对相关性质进行分析，寻找需要的结果。在脱硫方面，通过实验与理论的结合，可以更有效地对含硫物质进行脱除寻找更优的方法，更有效地对含硫物质进行脱除，从而达到净化目标物的目的。

参 考 文 献

［1］ Honghong Yi, Kai Li, Xiaolong Tang, et al. Simultaneous catalytic hydrolysis of low concentration of carbonyl sulfide and carbon disulfide by impregnated microwave activated carbon at low temperatures ［J］. Chemical Engineering Journal, 2013, 230: 220~226.

［2］ Liu B Q, Chen Mingqiang, Zhang Y K. Experimental Research on a Process for the Recycling of Yellow Phosphorous Tail Gas to Produce Formic Acid ［J］. AEROSOL AND AIR QUALITY RESEARCH, 2014, 14 (5): 1466~1476.

［3］ Yu H M. Material selection of water-ring vacuum pump in yellow phosphorus tail gas industry ［J］. Advanced Material Research, 2013, 660: 1520~1523.

［4］ Wang Z H, Jiang M, Ning P, et al. Thermodynamic Modeling and Gaseous Pollution Prediction of the Yellow Phosphorus Production ［J］. INDUSTRIAL & ENGINEERING CHEMISTRY RESEARCH, 2011, 50 (21): 12194~12202.

［5］ Zhang Qiong, Li Guobin, Su Yi, et al. Experimental study on producing polysilicate-ferric flocculant with yellow phosphorus slag ［J］. Shuichuli, 2014, 5 (40): 55~58.

［6］ Chen Yin, Ma Xiaojun. Research progress of modification of TiO_2 loaded on activated carbon fibers ［J］. Shengwuzhi Huaxue Gongcheng, 2014, 4 (48): 40~44.

［7］ Lu Xincheng, Jiang Jianchun, Sun Kang, et al. Kinetics studies on adsorption of Hg^{2+} by activated carbon ［J］. Shengwuzhi Huaxue Gongcheng, 2014, 2 (48): 1~7.

［8］ Michel Carlos R, Martinez-Preciado, Alma H. CO sensing properties of novel nanostructured La_2O_3 microspheres ［J］. Sensors and Actuators, B: Chemical, 2015, 208: 355~362.

［9］ Ramesh Chitrakar, Satoko Tezuka, Akinari Sonoda, et al. Selective adsorption of phosphate from seawater and wastewater by amorphous zirconium hydroxide ［J］. Journal of Colloid and Interface Science, 2006: 426~433.

［10］ Ma Qingxiang, Zhao Tiansheng, Wang Ding. Synthesis of dipropyl carbonate over calcined hydrotalcite-like compounds containing La ［J］. Applied Catalysis A-General, 2013, 464: 142~148.

［11］ Shunzheng Zhao, Honghong Yi, Xiaolong Tang, et al. Low temperature hydrolysis of carbonyl sulfide using Zn-Al hydrotalcite-derived catalysts ［J］. Chemical Engineering Journal, 2013, 226: 161~165.

［12］ Wang H Y, Yi H H, Tang X L. Catalytic hydrolysis of COS over calcined CoNiAl hydrotalcite-like compounds modified by cerium ［J］. Applied Clay Science, 2012, 70: 80.

［13］ Craig Wilson, David M Hirst. Theoretical a6 initio Study of the Reaction of CH, SH with OH Radical ［J］. J. CHEM. SOC. FARADAY TRANS. , 1995, 91 (21): 3783~3785.

［14］ Yan Li, Hao Yu Bi, Yun Bo, et al. Single and simultaneous sorption of copper ions and p-cresol into surfactant-modified hydrotalcite-like compound with chelating ligand ［J］. Separation and Purification Technology. 2013, 116: 448~453.

［15］ Rupp E C, Granite E J, Stanko D C. Catalytic formation of carbonyl sulfide during warm gas clean-up of simulated coal-derived fuel gas with Pd/γ-Al_2O_3 sorbents ［J］. Fuel. 2012, 92

(1)：211~215.

[16] Lewis M, Glaser R. Synergism of Catalysis and Reaction Center Rehybridization. A Novel Mode of Catalysis in the Hydrolysis of Carbon Dioxide [J]. J. Phys. Chem. A, 2003, 107: 6814.

[17] Raspoet G, Nguyen M T, McGarraghy M, et al. The Alcoholysis Reaction of Isocyanates Giving Urethanes: Evidence for a Multimolecular Mechanism [J]. J. Org. Chem. 1998, 63: 6867.

[18] Smith B J, Radom L. Gas- Phase acidities: a comparison of density funetional, MP2, MP4, F4, G2 (MP2, SVP), G2 (MP2) and G2 procedures [J]. Chem. Phys. Lett. 1995, 245: 123~128.

[19] Mebel A M, Lin M C, Yu T. Theoretical study of potential energy surface and thermal rate constants for the $C_6H_5 + H_2$ and $C_6H_6 + H$ reactions [J]. J. Phys, Chem. 1997, 101A: 3189.

[20] Glukhovtsev M N, Bach R D, Laiter S. Single-step and multistep mechanism of aromatic nucleoPhilic substitution of halobenzenes and halonitrobenzenes with halide anions: ab initio computational of study [J]. J. Org. Chem. , 1997, 62: 4036~4046.

[21] Jursic B S. Computation of electronic affinities of O and F atoms, and energy profile of $F-H_2$ reaction by density functional theory and ab initio methods [J]. J. Chem. Phys. , 1996, 104: 4151~4156.

[22] 陈宗良，王玉宝，陆妙琴，等. 大气有机物在酸雨形成中的作用 [J]. 中国环境监测，1991, 10 (1): 1~13.

[23] Andreae M, Elbert W, De Morn S J. Biogenic sulfur emissions and aerosols over the tropical south Atlantic 3. atmospheric dimethylsulfide, aerosols and cloud condensation nuclei [J], Geophys. Res. 1995, 100: 11335~11356.

[24] Calvert J G, Cantrell C A, Shetter R E. The chemistry of the troposphere: mechanism of generation of ozone and acid rain [M]. Tecnologia Ciencia Educacion, 1997.

[25] 金家骏. 分子化学反应动态学 [M]. 上海：上海交通大学出版社，1989.

[26] 赵成大. 化学反应量子理论——兼分子反应动力学基础 [M]. 长春：东北师范大学出版社，1989.

[27] 列文 R D, 伯恩斯坦 R B. 分子反应动力学 [M]. 北京：科学出版社，1989.

[28] 周鲁，滕礼坚，亚光汉. 分子反应动力学基础 [M]. 成都：成都科技大学出版社，1990.

[29] 穆尔 J W, 皮尔逊 R G. 化学动力学和历程 [M]. 北京：科学出版社，1987.

[30] 罗渝然，高盘良. 化学动力学进入微观层次 [J]. 化学通报，1986, 8, 56.

[31] 李远哲. 化学动力学的现状与将来 [J]. 化学通报，1987, 1, 1.

[32] 徐光宪. 第八届全国量子化学学术讨论会论文集 [C]. 2005.

[33] Berman M R, Lin M C. Kinetics and mechanism of the methylidyne + molecular nitrogen reaction. Temperature—and pressure—dependence studies and transition state theoryanalysis [J]. Phys. Chem. , 1983, 87 (20): 3933~3942.

[34] 曾勇平，闵元增，居沈贵. 分子模拟在脱硫机理研究中的应用 [J]. 现代化工，2006, 26 (4): 66~73.

[35] 孙亮，黄祖娟，朱勇. 含硫原油的加工形势性质及其腐蚀机理 [J]. 金陵科技，2000,

　　　　12 (4)：51～56.

[36] 刘翠微. 燃料油氧化脱硫技术进展 [J]. 河北工业科技, 2005, 22 (1)：44～47.

[37] 王雪松, 王安杰, 李翔, 等. 馏分油氧化脱硫技术进展 [J]. 现代化工, 2005,
　　　25：73～76.

[38] 赵野, 朱金玲, 胡胜. 国内外柴油氧化脱硫技术进展 [J]. 化工科技市场, 2005 (9)：
　　　10～15.

[39] Ma X L, Zhou A N, Song C S. A novel method for oxidative desulfurization of liquid hydrocar-
　　　bon fuels based on catalytic oxidation using molecular oxygen coupled with selective adsorption
　　　[J]. Catalysis Today, 2007, 123：276～284.

[40] 江雪源. 轻质油品绿色氧化脱硫技术研究 [D]. 中国优秀硕士学位论文全文数据库,
　　　大庆石油学院, 2007.

[41] 陈焕章, 李永丹, 赵地顺, 等. 汽油和柴油氧化脱硫技术进展 [J]. 化工进展, 2004,
　　　23 (9)：913～916.

[42] 王雪松. 柴油脱硫的机理研究以及反应中的溶剂效应 [J]. 广州化学, 2007, 32 (1)：
　　　62～67.

[43] Otsuki S, Nonaka T, Takashima N, et al. Oxidative desulfurization of light gas oil and vacuum
　　　gas oil by oxidation and solvent extraction [J]. Energy Fuels, 2000, 14：1232～1239.

[44] Heimlich B N, Wallance T J. Kinetics and mechanism of the oxidation of debenzothiophene in
　　　hydrocarbon solution [J]. Tetrahedron, 1966, 22：3571～3579.

[45] Paolo D F, Marco S. Oxidative desulfurization：oxidation reactivity of sulfur compounds in differ-
　　　ent organic matrixes [J]. Energy Fuels, 2003, 17 (6)：1452～1455.

[46] Shiraishi Y, Taki Y, Hirai T, et al. Visible light-induced desulfurization technique for light oil
　　　[J]. Chem Commun, 1998：2601～2602.

[47] Aboel-Magd A, Abdel-Wahab, Abd El-Aal M Gaber. YiO$_2$——photocatalytic oxidation of se-
　　　lected heterocyclic sulfur compounds [J]. Journal of Photochemistry and PhotobiologyA：Chem-
　　　istry, 1998, 114：213～218.

[48] Murata S, Murata K, Kidena K, et al. A Novel Oxidative Desulfurization System for Diesel Fu-
　　　els、Moleeular oxygen in the Presence of Cobalt Catalysts and Aldehydes [J]. Energy Fuels,
　　　2004, 18 (1)：116～121.

[49] 李建源. 油溶性氧化剂对二苯并噻吩的氧化脱硫研究 [D]. 中国优秀硕士学位论文全
　　　文数据库, 大连理工大学, 2006.

[50] Correa P E, Riley D P. Highly selective direct oxidation of thioethers to sulfoxides using molecu-
　　　lar oxygen [J]. J. Org. Chem., 1985, 50 (10)：1787～1788.

[51] 杨金荣, 侯影飞, 孔瑛, 等. 柴油臭氧氧化脱硫研究 [J]. 石油大学学报 (自然科学
　　　版), 2002, 26 (4)：84～89.

[52] Du L, Xu Y E, Ge M E, et al. Rate constant of the gas phase reaction of dimethyl sulfide
　　　(CH$_3$SCH$_3$) with ozone [J]. Chemical Physics Letters, 2007, 436：36～40.

[53] Otsuki S, Nonaka T, Qian W, et al. Oxidative desulfurization of middle distillate-oxidative
　　　dibenzothiophene using t-butyl-hypochlorile [J]. Sekiyu Gakkai shi, 2001, 44 (1)：18～24.

[54] 林梦海. 量子化学计算方法与应用 [M]. 北京：科学出版社，2004.

[55] 唐敖庆. 量子化学 [M]. 北京：科学出版社，1982.

[56] 徐光宪，黎乐民，王德民. 量子化学基本原理和从头计算法 [M]. 北京：科学出版社，1999.

[57] 张士国. 核酸碱基与无机小分子间的相互作用 [M]. 北京：国防工业出版社，2006.

[58] Li X, Kuznetsov A E, Zhang H F, et al. Observation of All-metal Aromatic Molecules [J]. Science, 2001, 291: 859 ~ 861.

[59] 刘靖疆. 基础量子化学与应用 [M]. 北京：高等教育出版社，2004.

[60] 夏道宏，苏贻勋. 轻质油品脱臭技术进展 [J]. 石油化工，1994，23 (3)：201 ~ 206.

[61] 田永亮，王玉海，项玉芝，等. 汽油和液化石油气中硫醇氧化反应机理的研究进展[J]. 石油化工腐蚀与防护，2005，22 (5)：25 ~ 28.

[62] 孔令艳，李钢，王祥生. 液体燃料催化氧化脱硫 [J]. 化学通报，2004，3：178 ~ 184.

[63] Oae S, Doi J T. Organic Sulfur Chemistry: Structure and Mechanism [M]. London: CRC Press, 1991: 253 ~ 381.

[64] 王少坤，张庆竹，曹成波，等. CH_3S 与 O_2 气相反应机理的理论研究 [J]. 化学学报，2000，60 (3)：432 ~ 437.

[65] Liu Y, Wang W L, Wang W N, et al. Theoretical study on the multi-channel reaction of CH_3S with C10 [J]. Journal of Molecular Structure: THEOCHEM, 2008, 866 (1 ~ 3): 46 ~ 51.

[66] Marfinez E, Albaladejo J, Jimtnez E, et al. Kinetics of the reaction of CHS with NO as a function of temperature [J]. Chem. Phys. Lett, 1999, 308: 37 ~ 44.

[67] Martinez E, Albaladejo J, Notario A, et al. A study of the atmospheric reaction of CH_3S with O_3 as a function of temperature [J]. Atmospheric Environment, 2000, 34: 5295 ~ 5302.

[68] 刘艳，王文亮，王渭娜，等. CH_3S 与 HCS 双自由基反应的密度泛函理论研究[J]. 化学学报，2006，64 (17)：1785 ~ 1792.

[69] Zhu L, BozzeUi J W. Kinetics of the Multichannel Reaction of Methanethiyl Radical (CH_3S) with O_2 [J]. Phys. Chem. A, 2006, 110 (21): 6923 ~ 6937.

[70] Tang Y Z, Pan Y R, Sun J Y, et al. Ab initio/DFT theory and multichannel RRKM study on the mechanisms and kinetics for the $CH_3S + CO$ reaction [J]. Chemical Physics, 2008, 344: 221 ~ 226.

[71] 樊红敏，李晓艳，曾艳丽，等. CH_3SO_x ($x = 0$, 1) 与三线态 O_y ($y = 1$, 2, 3) 反应机理的理论研究 [J]. 化学学报，2008，66 (2)：158 ~ 164.

[72] Zhou Y Z, Zhang S W, Li Q S. Density functional theory study of the reaction paths of reactions of CH_3C (O) O_2 radicals with HO_2 in the gas phase [J]. Progress in Natural Science, 2006, 16 (12): 1269 ~ 1273.

[73] Aloisio S. Theoretical study of adducts of dimethyl sulfide with hydroperoxyl and hydroxyl radicals [J]. Chem. Phys. Lett., 2006: 326, 335, 343.

[74] Hynes A J, Wine P H. Kinetics of the $OH + CH_3SH$ reaction under atmospheric conditions [J]. Phys. Chem., 1987, 91 (13): 3672 ~ 3676.

5 计算化学在气态含氮化合物
控制研究中的应用

5.1 常见的气态含氮化合物简介及现状

常见的气态含氮化合物主要包括氮氧化物、NH_3和胺类化合物等。

5.1.1 氮氧化物（NO_x）

NO_x是NO、NO_2、N_2O、NO_3、N_2O_3、N_2O_5等的总称。其中造成大气污染的NO_x主要是指NO和NO_2。NO是燃烧过程中的主要副产物，主要来源于煤、油等燃料中N的氧化，以及燃烧时，高温下空气中的N_2和O_2的反应。其过程为：

$$N_2 + \frac{1}{2}O_2 \longrightarrow NO + N$$

$$N + O_2 \longrightarrow NO + O$$

随着当今社会的快速发展，能源需求量不断增大，化石燃料消费显著增加，其燃烧过程所产生的大量氮氧化物（NO_x）排放到空气中，会产生一系列污染问题，对人类身体健康和自然生态环境都会造成威胁。2012年，我国NO_x排放总量达到2337.8万吨。其中，工业氮氧化物排放量为1658.1万吨，占全国NO_x化物排量的79.9%；机动车NO_x排量为640.0万吨，占全国NO_x排放量的27.4%；城镇生活NO_x排放量为39.3万吨，占全国NO_x排放量的1.7%。有预测统计，若不采取有效控制措施，我国NO_x排放量在2020年将达到3000万吨。

20世纪80年代至今，NO_x污染问题日趋严重，世界各国相继制定了一系列的方案、公约和法律，从政策上规范、从技术上革新，力求逐步减少氮氧化物的排放。我国的NO_x排放量在1980年为460万吨，而今排放量跃增到2404.3万吨，仅在美国之后，位居世界第二。2011年不仅没有完成预计要下降1.5%的目标，反而比上一年上升了5.73%。2010年，我国煤炭消费在18亿吨左右，预计2020年可达到24亿吨。煤炭消耗率大幅增加是由于进入新世纪后，作为国民生产力先行者的电力普遍呈现紧张情况，尤其是东南部沿海地区，迫切要求建设大规模电厂，突破原来的"十五"规划，这一热潮在2002至2005年期间达到顶峰。

截至2011年底，全国发电装机容量10.5亿千瓦，其中火电达到7.6亿千瓦，火电排放量的NO_x占到总排放量的35%~40%，是重点的减排对象。2007年火电厂排放的氮氧化物总量已达到840万吨，与2003年的597.3万吨相比，

增长了约 40.6%，约占全国氮氧化物排放量的 40%。"十二五"期间，火电厂
NO_x 的排放总量将增加到 1200 万吨左右。目前，我国 NO_x 历年排放总量的确切
数字并不完整，唯有火电厂记录可查，根据 NO_x 增长的比率，以及火电厂排放量
占总排放量的比例，可以估算出未来 NO_x 的增长趋势。

　　NO_x 主要指 NO 和 NO_2。燃料在燃烧过程中生产的 NO_x 几乎全部为 NO 和
NO_2。NO_x 中的氮来源于燃料中含有的氮，以及燃料在燃烧过程中送进炉膛内空
气中含有的氮。前者是在燃烧过程中由燃料中的氮元素被氧化而生成 NO_x 的；后
者生产的 NO_x 是由于在高温下，空气中氮氧化而成的，因此成为热力型 NO_x 或
成为温度型 NO_x。

　　NO_x 的危害主要包括：对植物的损害作用；NO_x 是形成酸雨、酸雾的主要原
因之一；NO_x 与碳氢化合物可形成光化学烟雾等。

　　氮氧化物对眼睛和上呼吸道黏膜刺激较轻，主要侵入呼吸道深部的细支气管
及肺泡。当氮氧化物进入肺泡后，因肺泡表面湿度增加，反应加快，在肺泡内约
可阻留 80%，一部分变为四氧化二氮。四氧化二氮与二氧化氮均能与呼吸道黏
膜的水分作用生成亚硝酸与硝酸，对肺组织产生强烈的刺激及腐蚀作用，从而增
加毛细血管及肺泡壁的通透性，引起肺水肿。亚硝酸盐进入血液后还可引起血管
扩张，血压下降，并可与血红蛋白作用生成高铁血红蛋白，引起组织缺氧。高浓
度的一氧化氮亦可使血液中的氧和血红蛋白变成高铁血红蛋白，引起组织缺氧。
因此，在一般情况下当污染物以二氧化氮为主时，对肺的损害就比较明显，严重
时可出现以肺水肿为主的病变。而当混合气体中有大量一氧化氮时，高铁血红蛋
白的形成就占优势，此时中毒发展迅速，出现高铁血红蛋白症和中枢神经损害症
状。一氧化氮含量在 100×10^{-6} 以上时，几分钟就能致人和动物死亡，吸入浓度
为 5×10^{-6} 的二氧化氮，几分钟就能对呼吸系统产生危害。氮氧化物由于参与光
化学烟雾和酸雨的形成而危害性更大。

　　光化学烟雾指大气中的氮氧化物和碳氢化合物等一次污染物及其受紫外线照
射后产生的以臭氧为主的二次污染物所组成的混合污染物。光化学烟雾是一种带
有刺激性气味的棕红色烟雾，长期吸入会引起咳嗽和气喘，浓度达 50×10^{-6} 时，
人将有死亡的危险。光化学烟雾主要污染源是机动车排放的尾气。20 世纪 40 年
代后，随着全球工业和汽车业的迅猛发展，光化学烟雾污染在世界各地不断出
现，如美国洛杉矶，日本东京、大阪，英国伦敦，澳大利亚，德国等大城市及中
国北京、南宁、兰州均发生过光化学烟雾现象。

　　高温燃烧生产的 NO_x 排入大气后，大部分转化成 NO，遇水生产 HNO_3、
HNO_2，并随雨水到达地面，导致酸雨或者酸雾的产生。

　　一般空气中的 NO 对人体是无害的，但当它转变为 NO_2 时，就具有腐蚀性和
强烈的刺激作用。NO_2 还能降低远方物体的亮度，并且还是形成光化学烟雾的主

要因素之一。具体来说，NO_2 能毁坏棉花、尼龙等织物，使燃料褪色，腐蚀镍青铜材料，使植物受到损害，其可导致急性呼吸道病变，是大气污染物的主要污染物之一，大量排放既可形成酸雨，又可与碳氢化合物结合形成光化学烟雾，给自然环境和人类生产活动带来严重危害。

NO_x 的一般控制主要包括选择性催化还原脱硝（SCR）、选择性非催化还原脱硝技术（SNCR）、液体吸收法、氧化吸收法等。

（1）选择性催化还原脱硝（SCR）。SCR（Selective Catalytic Reduction）由美国 Eegelhard 公司发明，并于 1959 年申请专利，而日本率先在 20 世纪 70 年代对该方法实现了工业化。它是利用催化剂铁、钒、铬、钴、镍及碱金属在温度为 $200 \sim 450℃$ 时将 NO_x 还原为 N_2。SCR 法中催化剂的选取是关键。对催化剂的要求是活性高、寿命长、经济性好和不产生二次污染。在以氨为还原剂来还原 NO_x 时，虽然过程容易进行，且铜、铁、铬、锰等非贵金属都可起到有效的催化作用，但因烟气中含有 SO_2、尘粒和水雾，对催化反应和催化剂均不利，故采用 SCR 法必须首先进行烟气除尘和脱硫，或者是选用不易受肮脏烟气污染影响的催化剂；同时要使催化剂具有一定的活性，还必须有较高的烟气温度。选择的催化剂要具有耐腐蚀、耐高温等特性。通常采用 TiO_2 为基体的碱金属催化剂，最佳反应温度为 $300 \sim 400℃$。SCR 法是国际上应用最多、技术最成熟的一种烟气脱硝技术。在欧洲已有 120 多台大型 SCR 装置的成功应用经验，NO_x 的脱除率可达到 $80\% \sim 90\%$；日本大约有 170 套 SCR 装置，接近 100000MW 容量的电厂安装了这种设备；美国政府也将 SCR 技术作为主要的电厂控制 NO_x 技术。该法的优点是反应温度较低，净化率高，可达 85% 以上；工艺设备紧凑，运行可靠，还原后放空氮气，无二次污染。但也存在一些明显的缺点，如烟气成分复杂，某些污染物可使催化剂中毒；高分散的粉尘微粒可覆盖催化剂的表面，使其活性下降，投资与运行费用高。我国 SCR 技术研究开始于 20 世纪 90 年代。早在 1995 年中国台湾台中电厂 $5 \sim 8$ 号 $4 \times 550MW$ 机组就安装了 SCR 脱硝装置，中国大陆第一台脱硝装置是福建后石电厂的 $1 \sim 6$ 号 $6 \times 600MW$SCR 的脱硝装置，自 1999 年起陆续投运。近年来随着我国环保标准日益严格，燃煤电厂烟气脱硝发展加速。自 2004 年 11 月，国华宁海电厂 600M 和国华台山电厂 600MW 机组烟气脱硝装置国际招标的开始，我国脱硝市场迅速升温。世界各脱硝公司纷纷云集我国抢占市场，同时，受近年来我国烟气脱硫市场竞争的影响，一开始国内的脱硝市场就呈现出激烈竞争的局面。截至 2005 年年底，我国内地已通过环境影响评价批准和待批准的火电脱硝机组容量为 29000MW，部分集中在江苏省沿江火电密集地区，或上海、天津、厦门、长沙、宁波、济南、广东等人口稠密和敏感区域。目前我国在建的脱硝项目超过 14 个，脱硝机组容量达 11400MW 以上，其中 12 个项目采用 SCR 技术，占在建脱硝项目总容量的 70% 左右。

（2）选择性非催化还原脱硝技术（SNCR）。SNCR（Selective Non-catalytic Reduction）又称热力脱硝，与 SCR 法相比，除不用催化剂外，基本原理和化学反应基本相同。因为没有催化剂作用，反应所需温度较高（900~1200℃），温度控制是关键，以免氨被氧化为氮氧化合物。此法的脱硝效率约为40%~70%，多用作低 NO_x 燃烧技术的补充处理手段。技术目前的趋势是用尿素代替氨作为还原剂，值得注意的是，近年来的研究表明，用尿素作还原剂时，NO_x 会转化为 N_2O，N_2O 会破坏大气平流层中的臭氧，产生的温室效应问题已引起人们的高度重视。SNCR 投资较 SCR 小，但液氨的消耗量大，NO_x 的脱除率也不高。SNCR 技术也是已投入商业运行的比较成熟的烟气脱硝技术，其建设周期短、投资少、脱硝效率较高，比较适合于中小型电厂的改造项目。

温度对 SNCR 脱硝技术起主导作用。一般认为温度范围为 800~1100℃ 时较为适宜。当温度过高时，NH_3 氧化生成 NO，可能造成 NO 浓度升高，导致 NO_x 脱除率降低；当温度过低时，NH_3 的反应速率下降，NO_x 脱除率也会有所下降，同时 NH_3 的逃逸量也会增加。氨水和尿素是 SNCR 工艺中常用的还原剂。在反应过程中，因还原剂的不同，其最佳温度窗口也不同。氨水的最佳温度窗口较宽，为 700~1000℃，800℃ 时效果最佳；尿素的温度窗口较窄，最佳脱硝温度为 900℃，其他温度的脱硝效果均会有所下降。此外，适量的 O_2 也是 SNCR 还原反应进行的一个重要因素，在没有 O_2 存在的条件下，NO_x 脱除效率很低；O_2 浓度从 2% 增加到 4%，NO_x 脱除效率稳定在一定的水平，但是随着 O_2 浓度的进一步增加，脱硝效率反而下降。因为过量的 O_2 会氧化 NH_3，从而增加 NO_x 的排放量。

（3）液体吸收法。NO_x 是酸性气体，可以通过碱性溶液吸收净化废气中的 NO_x。常见的吸收剂有：水、稀 HNO_3、NaOH、$Ca(OH)_2$、NH_4OH、$Mg(OH)_2$ 等。为提高 NO_x 的吸收效率，还可采用氧化吸收法、吸收还原法及络合吸收法等。氧化吸收法将 NO 部分氧化为 NO_2，再用碱液吸收。液相络合吸收法主要利用液相络合剂直接同 NO 反应，因此对于处理主要含有 NO 的尾气具有特别意义。NO_x 生成的络合物在加热时又重新放出 NO，从而使 NO 可富集回收。

（4）氧化吸收法。NO_x 除生成络合物外，无论在水中或碱液中都几乎不被吸收。在低浓度下，NO_x 的氧化速度是非常缓慢的，因此 NO_x 的氧化速度是吸收脱除 NO_x 的决定因素。为了加速 NO_x 的氧化反应，可以采用催化氧化和氧化剂直接氧化。而氧化剂有气相氧化剂和液相氧化剂两种。采用过氧化氢（H_2O_2）喷射到烟气流中，然后迅速将 NO 氧化形成 NO_2；NO_2 再被氧化形成 HNO_2 和 HNO_3，而以 NO_2、HNO_2 和 HNO_3 形式存在的 NO_x 更易溶于水，因此易于脱除。并且采用 H_2O_2 作为脱硝氧化剂，副产物可以综合利用，增加经济效益。H_2O_2 洗涤不会产生硝酸盐，可避免二次污染。同时，H_2O_2 本身就是一种绿色的化学试剂，对环境不会产生危害。但是，该技术的副产物硝酸回收及储存的安全性非常值得考虑，而且还没有在大型燃煤机组上实施的经验，运行的可靠性和稳定性需要进一步的考察和验证。另外，臭氧氧化脱硝的方法是利用臭氧氧化实现烟气中 NO_x 的脱除，同时反应产物为无害的 O_2，自身也可以分解形成 O_2，而且在脱硝过程中未引入其他杂质，NO 氧化后的产物 NO_x 大多溶于水，便于吸收和处理。

NO_x 是大气的主要污染物之一，也是大气污染治理和环境保护的重点和难点。随着国内近年来对氮氧化物污染的重视和相关法律法规的出台及实施，我国对氮氧化物排放的控制将日趋严格。目前国内氮氧化物的控制主要依靠低 NO_x 燃烧控制技术，燃烧后的烟气脱硝技术在国内的研究和应用还相对较少。虽然，国内外已研究开发了许多烟气脱硝工艺，各有特色，但都存在一个共同的问题：投资大、原料消耗高、操作费用高。

虽然近年来政府逐渐开始重视 NO_x 的排放控制问题，许多高等院校和研究机构的相关人员进行了大量研究并取得了一些成果，如低 NO_x 燃烧技术，烟气脱硝技术等。然而到目前为止，绝大多数研究都只是在实验的基础之上（热重实验、管式固定炉等），通过改变实验条件控制产物变化，对生成机理并未进行深入讨论，对于反应路径尚不完全清楚，因此需要运用当代量子化学，从分子层面对机理进行剖析，更加深入了解 NO_x 反应机理，为控制 NO_x 排放问题奠定理论基础。

5.1.2   NH₃

氨气是一种无色易燃又具有恶臭气味的刺激性气体。其相对分子质量为17.03，熔点为 77.8℃，沸点为 33.5℃，0℃时液态氨的相对密度为 0.638，临界温度 132.4℃，临界压力 $1.13 \times 10^7 Pa$（112.2atm）；常温（20℃）加压（891.658kPa）可液化为无色液体；易溶于水、乙醇和乙醚；高温下可分解为 N_2 和 H_2，具有还原作用；呈弱碱性，可与酸发生反应；与空气混合形成爆炸性物质；遇明火、高温可燃烧爆炸。

氨气在工业生产中的应用十分广泛，如石油炼制、制造氮肥、合成纤维，氨水、硝酸铵盐、尿素、三聚氰酰胺、油漆、塑料、树脂等制造，此外，氨气还可用于金属热处理及食品制冷剂等。利用氨气进行尿素生产，这种方法是利用氨进行气提的，在 1970 年投入工业化运行，其基本工序同二氧化碳气提法基本一致，不同的地方在于提高了氨与二氧化碳的比例（摩尔比提升到 3.3～3.6），这样就使汽提塔中氨的比例增大，从而实现自气提的目的。这种方法将氨与二氧化碳的比例增大，二氧化碳的转化率增加，回收负荷减少，而且通过这种比例的调整，也可以使设备的腐蚀速率降低，在开始生产前不必再对高压设备内部进行钝化处理，意外停车后，也不必急需进行排放，可以暂时封闭几天，不仅减少了损失，而且可以快速转入运行，节约时间。近年来氨气提法不断取得了技术上的进展，增加了吸收塔来进一步回收低压系统排放的氨；汽提塔换热设备从原先的钛金属改为衬锆双金属不锈钢，降低了材料费用，而且耐冲刷；柱式高压氨泵由原先的密封油替换为脱盐水，降低了油的消耗量；在造粒技术上改为转鼓造粒，这样进一步增加了尿素成品的硬度，使成品颗粒变大，不容易发生结块。

氨污染是指人类活动过程中产生和利用氨时对环境的污染。氨气的污染主要来源于合成氨生产的驰放气和尿素造粒塔的排放尾气。大气中氨的背景值浓度小于 10×10^{-6}，在空气中体积比达到 16%~25% 时为爆炸界限。氨主要来自建筑施工中使用的混凝土外加剂，主要有两种，一种是在冬季施工过程中，在混凝土墙体中加入混凝土防冻剂，另一种是为了提高混凝土的凝固速度，使用高碱混凝土膨胀剂和早强剂。混凝土外加剂的使用，有利于提高混凝土的强度和施工速度，国家在这方面有严格的标准和技术规范。正常情况下，不会出现污染室内空气的情况，可是近几年北京地区使用了大量高碱混凝土膨胀剂和含尿素的混凝土防冻剂，这些含有大量氨类物质的外加剂在墙体中会随着温湿度等环境因素的变化而还原成氨气从墙体中缓慢释放出来，造成室内空气中氨的浓度不断增高。另外，室内空气中的氨也来自室内装饰材料，比如家具涂饰时所用的添加剂和增白剂大部分都用氨水，氨水已成为建材市场中必备的商品。

据统计，2007 年我国的合成氨产量已突破 5000 万吨/年，占世界 40% 以上，合成氨施放气排放达 $1.33 Mm^3/h$，其氨浓度达 3.5%~5%，氨损失高达 30 万吨/年以上。随着农业和化工行业的发展对氨需求量的增加，促使我国合成氨产量进一步上升，含氨废气的排放形势将更加严峻。

空气中氨气因易溶于水而常被吸附在人体皮肤黏膜、眼结膜及呼吸道咽喉黏膜，对皮膜组织产生刺激和炎症。可麻痹呼吸道纤毛和顺海黏膜的上皮组织，使病源微生物易于侵入，减弱身体对疾病的抵抗力。空气中的氨气可通过呼吸方式吸入人体肺，而后经过肺泡进入血液并与血红蛋白结合使其运氧功能发生障碍甚至破坏。如果人体短期内吸入大量氨，则可出现流泪、咽痛、声音嘶哑、咳嗽、胸闷、呼吸困难等临床病状。并伴有头晕、头痛。严重者可发生肺水肿、成人呼吸窘迫综合征，同时可发生呼吸道刺激炎症。

由于室内空气污染并不是一时能够解决的问题，特别是针对那些已经使用的不合格材料装修过的房子，重装修是不切实际的，在这种情况下只有对日常生活中的一些细节加以留意以尽量减少和避免室内空气的氨污染：

（1）通风换气是最为经济的方法，不管住宅里是否有人，应尽可能地多通风，一方面它有利于室内污染物的排放，另一方面可以使装修材料中的有毒有害气体尽早的释放出来。

（2）保持室内环境具有一定的湿度和温度，湿度和温度过高，大多数污染物从装修材料中散发的快，这在室内有人时不利，同时湿度过高有利于细菌等微生物的繁殖。但是在住宅内无人时，比如外出旅游时就可以采取一些措施提高湿度。

（3）使用杀虫剂、熏香剂和除臭剂时要适量，这些物质对室内害虫和异味有一定的处理作用，但同时它们也会对人体产生一些危害。特别是在使用湿式喷剂时，产生的喷雾状颗粒可以吸附大量的有害物质从而进入体内，其危害比用干式的严重得多。

（4）尽量避免在室内吸烟，它不仅危害自身，而且对周围人群产生更大的危害。

NH_3 的活化及化学转化过程在生命化学研究、催化化学研究、新能源开发、石油化工过程、精细化学品生产和药物设计合成等一系列重要领域中的应用受到国内外研究者的广泛关注。鉴于 NH_3 活化的重要性，人们很早便开始研究探索金属配合物与 NH_3 的相互作用。化学家发现 NH_3 能够与过渡金属的化合物反应生成 NH_3 配合物。多数金属配合物与胺类物质均会生成 Werner 型的金属配合物。目前，人们已经在过渡及主族金属元素配合物，对于 N—H 键断裂的研究方面取得了一定进展，开发出一系列可进行 N—H 键活化的体系。对于这些体系，其金属中心、配体以及配合物结构等方面各具特点，以活化 NH_3 中 N—H 键为例，按反应机理可以大致分为以下四类：基于氧化加成的 NH_3 活化过程；外界碱辅助的 NH_3 活化过程；"中心金属-配体" 协同作用的 NH_3 活化过程；基于自由基过程的 NH_3 活化过程。

在近几十年中，虽然人们已经在过渡及主族金属元素配合物活化 NH_3 中，N—H 键的研究方面取得了一系列进展，但此方面的研究仍然存在许多亟待解决的问题。比如，目前人们对 NH_3 中 N—H 键活化反应的研究主要集中于后过渡金属元素的配合物，其中又以 Ir、Ru 为代表的第八及第九族金属元素配合物的研究为主。对于其他过渡金属元素配合物活化 NH_3 中 N—H 键的研究仍然较少。于主族金属元素配合物活化 NH_3 中 N—H 键的研究目前也还处于起步阶段。另外，对于许多可以进行 NH_3 中 N—H 键活化反应的体系，相关反应机理的研究仍有待深入和完善。

作为有毒有害气体，工业废气中氨严重危害人类的健康和财产安全；而作为化工原料，氨气又广泛应用于各个领域。因此，从工业废气中固定回收氨气具有重大的意义。对于含氨废气的处理，国内外现有技术主要分为吸收回收和催化转化两大类。包括：化学吸收和物理吸收、催化直接分解和有氧催化分解。下面分别介绍这几种氨气尾气的处理技术：

（1）化学吸收。氨的化学吸收是利用氨的碱性与酸性物质发生反应进而生成低附加值的氮肥。但是回收氨气所用的溶剂通常挥发性大、腐蚀性强。因此，化学直接吸收净化工业尾气中的氨在工业应用中逐渐被废除。

（2）物理吸收。物理吸收即采用软水或稀氨水为吸收质吸收工业尾气中的氨，得到低浓度的氨水，进一步将其蒸馏得到浓氨水，再一步精馏得到浓氨气，最后经加压、冷凝制成液氨加以利用。如在尿素装置惰性气体排放及治理中，在不同压力（常压、低压或中压）下，采用稀氨水或软水作吸收剂，含氨废气进入吸收塔底部，稀氨水或软水经冷却器冷却后送至塔顶，气液两相在填料塔或板式塔液相层内进行传质传热，气相中 NH_3 被吸收后由塔顶排入大气，氨水由吸收塔底部送至尿素装置的处理和回收系统。物理吸收方法是目前最常见的技术，但是这种技术也存在着不足之处：消耗水量大；吸收过程中产生大量的低浓度氨水需提浓到 20% 以上，能量消耗大；氨回收利用率不高，造成合成氨及尿素等生产原料大量损失；水洗后的尾气经膜分离回收氨后的气态氨浓度大于 15×10^{-6}，须经燃烧处理，这将会产生一定量的 NO_x，造成二次污染。同时，氨的回收并未降低原料损失所带来的生产成本的提高。所以，开发低挥发性、高溶解性的吸收剂成为降低氨回收能耗成本的关键问题。

（3）催化直接分解。氨催化分解技术是指在催化剂存在的条件下将氨气彻底分解为 N_2 和 H_2。理论上讲，催化分解是有效脱除氨、减少环境污染的可行方法。但是，目前报道的此工艺还存在很多问题：氨的催化分解需要在高温下进行，但是当温度超过 1200℃ 时，会使催化剂蒸汽压过高而加快催化剂的流失；当炉温低于 900℃ 时，则易发生催化剂的硫中毒或产生铵盐堵塞催化剂等现象，直接影响催化剂的使用寿命；反应热量大，不易回收利用，以造成氨的催化分解能耗高、运行成本高。因此氨催化分解技术并不宜普遍使用。

（4）有氧催化分解。氨有氧催化分解法是在有氧的条件下将氨催化分解为 N_2 和 H_2O。有氧分解反应在 300℃ 下就可以进行，可以完全消除氨的危害，是一种理想、具有潜力的治理氨污染的技术。但是，氨的有氧分解是一个强放热过程，容易造成氨的深度氧化而生成 NO_x 等，造成二次污染。

此外，生物降解也是废气净化技术之一。但是，工业废气具有气量大、毒害性和复合型等重要特征，而在生物菌种的耐毒性和降解效率方面，现有研究水平还不能满足这些要求。

目前对 NH_3 的控制研究大多数还停留在实验层面上，很少从理论层面上对 NH_3 的控制进行研究，对于反应路径尚不完全清楚，因此需要运用当代量子化学，从分子层面对机理进行剖析，更加深入了解 NH_3 反应机理，为控制 NH_3 排放问题奠定理论基础。

5.1.3 胺类化合物

胺是氨分子中的氢被烃基取代后形成的一类碱性有机化合物。其官能团包括 $-NH_2$、$-NHR$ 和 $-NR_2$。根据取代烃基的种类，胺分子可分为脂肪酸和芳香胺；根据氨分子上被取代的氢原子数量，可分为伯胺（一级胺）、仲胺（二级胺）、叔胺（三级胺）。此外，还有季铵盐（四级铵盐），可以看成是铵根离子（NH_4^+）的四个氢都被取代的产物。低级胺是气体或易挥发的液体，气味与氨相似，有的有鱼腥味（鱼的腥味其实就主要来自三甲胺）；高级的胺为固体；芳香胺多为高沸点的液体或低熔点的固体，具有特殊性气味。胺的沸点比相对分子质量相似的非极性化合物高，比醇或羧酸的沸点低；叔胺的沸点比相对分子质量相近的伯胺和仲胺低。胺是极性化合物。低级胺易溶于水，胺可溶于醇、醚、苯等有机溶剂。

胺类可看作是用不同种类或数目的烷基、芳香基等烃基取代氨分子中的氢得到的化合物，常见的有脂肪胺、芳香胺、季铵盐、醚胺、酰胺以及高分子胺类化合物等。1913 年脂肪胺类的表面活性被发现后，该类化合物在化工中应用十分广泛，如纺织工业、染料、浮选、冶金、废水处理、日用品等行业。

随着工业化的发展，国内对胺类化合物的需求急剧增加，而胺类的生产主要集中在发达国家，国内胺类研究市场潜力巨大。常见的小分子胺类化合物是脂肪胺类、芳香胺以及醚胺、季铵盐、酰胺等，由于这些物质的烃链和含氮官能团的不同，合成方法也各具特点。脂肪胺类化合物常用的合成方法是脂肪酸氨化加氢法和脂肪醇胺化法。脂肪酸氨化加氢分为制腈阶段（即脂肪酸氨化为羧酸胺中间体，催化剂作用下脱水生成脂肪腈）和还原阶段（即脂肪腈在 Ni 催化下加氢还原为脂肪胺）；脂肪醇催化胺化制备脂肪胺反应效率高，副产物为水，反应绿色环保，是工业上制备脂肪胺的另一重要途径。工业上该反应是在非均相催化剂的作用下完成的，催化剂的活性条件苛刻，选择性难以控制，在一定程度上制约其发展。均相催化剂的发现使反应在较低温度下进行，且选择性较高，改进了合成工艺。芳香胺合成的主要方法是还原芳硝基化合物，传统工业中利用金属加酸还原，但由于此法存在废液、废渣等严重的环境问题，已被催化氢化还原法取代。季铵盐类在水中的溶解度高，无毒，性能稳定，一般合成方法是将叔胺季铵化。醚胺类化合物结构中包含醚键（—O—），熔点较脂肪胺低，常温下为液态，在矿浆中易于分散，改善浮选效果，故常用于浮选。醚胺合成一般有两步：

（1）脂肪醇与丙烯腈在碱性条件下催化加成生成醚腈；

（2）醚腈加氢生成醚胺。酰胺类化合物传统的制备方法是用胺与羧酸或羧酸衍生物通过偶联剂作用合成。

高分子胺类化合物种类繁多，工业应用较多的是聚酰胺、聚丙烯酰胺、D201 树脂、聚酰胺-胺树状大分子等。丙烯酰胺及其衍生物共聚得到的聚丙烯酰胺（PAM），水溶性良好，兼具分散性与絮凝性，常规的合成方法是均相水溶液聚合、反相乳液聚合、反相悬浮聚合。

胺类化合物与金属离子的络合作用，优良的表面活性，使其在矿物浮选、湿法冶金中应用广泛。聚丙烯酰胺可以吸附沉降废水中的悬浮粒子，是废水处理中常见的絮凝剂。胺类化合物在酸性溶液中以 RNH_3^+ 存在，RNH_3^+ 与硅酸盐矿物的双电子层发生静电物理吸附，RNH_2 中氮原子上的孤独电子与矿物晶格的金属离子形成螯合物，R 基疏水使矿物上浮，实现金属氧化矿物分离，是一类优良的阳离子捕收剂。将十八胺、十二胺、二十胺以一定的比例混合浮选钾盐，较常规十八胺捕收剂相比，钾盐的回收率提高了 30% 左右，在低温浮选试验中，混合胺浮选回收率基本不变，十八胺浮选回收率下降明显。双季铵盐型 Gemini 捕收剂较普通季铵盐相比，自身的二聚结构使其临界胶束浓度更低，表面活性强，矿物氢键与静电吸引作用更强，更容易与矿物作用。胺类化合物中的氮原子作为配体可与金属离子选择性配位，常用作湿法冶金中的萃取剂。最常用的是叔胺，其次是带支链的仲胺、伯胺；如 Aliquat336、Alamine 336、N235 等。聚丙烯酰胺（PAM）分子中有酰胺基，可以吸附水中的悬浮粒子，通过"架桥"与"电中和"使颗粒凝聚沉降，可用于废水处理。将 PAM 黄原酸化制得的共聚物用于水溶液中 Cu^{2+} 的去除，去除率最高可达 95%，同时可降低水溶液中某些致癌物质的含量。阳离子型的 PAM 与聚合氯化铝复配，活性炭处理作为后续处理工艺，处理某造纸废水，对马来酸酐聚合物、甲醛的去除率可达 96.8%、87.5%，处理后废水可达 GB 8978—1996 的二级要求。

　　胺类化合物是重要的有机合成中间体，可用于制造农药中的各种杀虫剂、除草剂的合成，也可用于医用药物的制备。此外胺类化合物常用作腐蚀抑制剂、润滑剂等。将合成的新型季铵盐用作金属的腐蚀抑制剂，可抑制盐酸对低碳钢的腐蚀。芳香胺类化合物是染料合成重要的中间体，是染料工业的基础。芳香胺合成的聚氨酯是一种重要的化工材料。类化合物也可用作杀菌剂、织物柔软剂、固化剂等，该类化合物具有优良的表面活性，广泛用于洗涤产品、日化产品的生产。

　　近年来，有机胺类化合物在环境中的行为已引起人们广泛关注。有机胺类化合物是仅次于有机硫化物的恶臭污染物。有机胺类物质是农药、染料和医药等化工行业的原料或中间体。有机胺类化合物是仅次于有机硫化物的恶臭污染物，大多具有高毒性、持久性、迁移性和生物蓄积性等特点，对环境和公共健康产生不利影响，是恶臭污染控制的主要污染物。部分有机胺类还有鱼腥气味或氨的刺激性气味，对皮肤、呼吸道、黏膜和眼睛有很大刺激作用。其中三甲胺能抑制生物体内大分子物质的合成，对动物晶胚有致畸作用，我国的恶臭控制标准中规定三甲胺的限值为 $0.05 \sim 0.45 mg/m^3$。有机胺类废水和废气如不加以处理而直接排放，会造成环境污染和资源浪费。目前，胺类有机物的污染已成为一个不可忽视的环境问题，如何合理、有效控制这些污染物的排放及治理这类污染物是目前需要解决的一个难题。

　　采用焚烧法处理含氮有机化合物，会形成氮氧化物，包括 NO、NO_2 和 N_2O 等副产物。NO 和 NO_2 是形成光化学烟雾的主要物质，而 N_2O 会导致臭氧层损耗和全球变暖。因此，理论上有机胺类废气不适合采用焚烧技术处理。目前气相中有机胺类化合物的处理方法主要为生物法、等离子体法、吸附法和化学氧化法。

（1）生物法。生物法是利用微生物降解污染物使之无臭化、无害化的一种处理技术，具有设备简单、投资少、能耗低（常温操作）、产生二次污染小等优点，应用前景广阔，已成为恶臭污染控制的主要方法。目前，生物法是处理有机胺类废气的主要方法之一。采用生物滴滤池处理含三甲胺、氨气的恶臭混合气体，系统研究了混合废气中甲苯、苯、乙酸乙酯、三甲胺等的去除率，发现生物滤池对总挥发性有机化合物（TVOC）的去除率可达 81.5%。生物脱臭装置对恶臭污染物的改变具有很强的适应性，对新恶臭污染物质的进入有较好的适应性，具有较好的抗冲击负荷性，运行稳定，能适应非连续性生产的要求。目前，生物脱臭已成功用于有机胺类废气（尤其是三甲胺废气）的处理及混合有机废气的处理。

（2）活性炭吸附法。活性炭吸附法利用活性炭较大的表面积，能与气体充分接触。当这些气体碰到毛细管被吸附时，可起到净化作用。但活性炭吸附量小，适用于吸附小气量、低浓度的气体，由于活性炭的空隙体积有限及解吸作用，当有害气体浓度过高或气量较大时则投资较高，后期的人工及维护费用较多。

（3）中和吸收法。中和吸收法是利用酸性溶液中和胺类气体，使胺类气体在酸性溶液中以离子形态稳定存在于溶液中。中和吸收法吸收量大，而且迅速有效，形成较为稳定的络合胺类溶液，没有气味，可以直接应用于肥料作为氮肥，极易被植物吸收，无二次污染。但中和法吸收剂在运输、存储及使用过程中危险性较高。中和吸收法前期投资较少，但在后期运行及维护费用较高。

（4）低温等离子体技术。低温等离子体治理有机废气是近年来比较活跃的研究领域，是一种高效率、占地少、运行费用低、使用范围广的环保处理新技术。其原理是通过高压放电，在常温常压下产生非平衡等离子体（包括大量的高能电子，OH、O 等活性粒子），对有机物分子进行氧化降解。采用线-筒式脉冲电晕反应器，对三乙胺废气的去除效果进行研究，实验考察了峰值电压、载气成分和水分等因素对去除率的影响。结果表明：加大峰值电压、增加氧气的体积分数均有利于促进三乙胺的分解。当通气量在 300mL/min，三乙胺的质量浓度约为 0.05mg/L，氧气体积分数为 25% 时，处理效率可达 65% 以上，最终产物主要为 CO_2、H_2O 和 NO_2。采用双介质阻挡放电等离子体降解齐鲁石化公司腈纶厂的二甲胺废气，研究表明，二甲胺废气经等离子体处理后，去除率达 99.8% 以上，烟囱尾气臭气浓度小于 1000，厂界臭气浓度小于 5，达到了国家环保的排放要求。

（5）化学氧化法。有学者认为高温下甲胺气体分子催化氧化与温度和压力有很大关系，其分解机理包括 C—N 键单分子断裂和 H 原子摘除反应形成 HCN 和 H_2。研究人员阐述了气态甲胺在流动态反应器中高温氧化的反应路径，详细列出了甲胺的化学动力学反应方程式，包括 350 个基元反应和 65 个活性粒子间的反应，将高温氧化反应和文献中的 H—C—O 和 H—C—O—N 的化学反应进行分析并依据生成的 NO、HCN 产物推测了降解机理。研究发现，低温（523K）氧化时基本没有 HCN 生成，而高温条件下（1160～1600K）会产生 HCN。另外，研究发现甲胺光催化氧化产物为 NH_3、N_2O、NO_2、CO_2 和 H_2O，而高温催化氧化条件下甲胺被氧化为 NH_3、HCN、CO、CO_2 和 H_2O。采用单分子 Langmuir-Hinshelwood 模型描述了气相甲胺的高温催化氧化反应动力学：

$$CH_3-NH_2 \xrightarrow{h^+, \ O_2} NH_3 + \cdot CH_2 + H_2O$$

$$NH_3 \xrightarrow{h^+, \ O_2} NO/NO_2 + H_2O$$

$$NH_3 + NO \xrightarrow{h^+, \ O_2} N_2O + H_2O$$

$$\cdot CH_2 \xrightarrow{h^+, \ O_2} HCOOH$$

$$HCOOH \xrightarrow{h^+, \ O_2} CO_2 + H_2O$$

此外，研究者研究了气相中二甲胺的光催化氧化和高温催化氧化，发现光催化氧化时其产物为甲酰胺、氨、二氧化碳和水，生成的胺进一步被氧化为 N_2O 和 NO_2。胺是一种重要的生命物质，也是甲烷、氨气等物质的前驱体，所以在生物系统的化学反应、星体的大气化学模型、表面物理化学和环境保护等领域均有重要的地位。其能态和离子构型、单分子反应、离子分子反应、多光子电离解离通道和竞争已经引起天文学和物理化学研究者的兴趣。甲胺和二甲胺分子结构简单，因此很多研究借助光电离、电子轰击、光电子谱、同步辐射光电离等手段对其结构、轨道特性、生成热、电离势、解离通道进行研究。理论上采用的方法包括半经验、从头算和密度泛函方法。

早在 1963 年，Michael 等就报道了甲胺的 4 个光解离通道：$CH_3NH + H$、$CH_2NH_2 + H$、$CH_3 + NH_2$ 和 $CH_2NH + H_2$，通过自由基清除剂实验证明 N—H 键断裂，摘 H 反应是最主要的解离通道，解离几率占到 75%。在关于甲胺光解离的振动结构的研究中也提到甲胺可以吸收 190～240nm 的紫外光（与电子从 nN－3s 到里德堡态即 Rydberg 激发能相吻合），分子中的 C—N、C—H、N—H 键发生断裂而解离。Waschewsky 等研究了甲胺在第一个紫外吸收带（222nm）激发态下的键断裂和分子去除通道，发现甲胺不同于 CH_3OH 和 CH_3SH（只发生 OH 和 SH 断键解离），而是与 Michael 报道的结果一样存在 4 个解离通道，4 个通道之间存在竞争反应。与 NH_3 一样，目前对胺类控制研究大多数还停留在实验层面上，很少从理论层面上对胺类的控制进行研究，对反应路径尚不完全清楚，因此需要运用当代量子化学，从分子层面对机理进行剖析，更加深入了解胺类的反应机理，为控制胺类排放问题奠定理论基础。

5.2　量子化学计算在 NO$_x$ 控制研究中的应用

5.2.1　燃烧过程生成 NO$_x$ 机理

研究者对 CO/CH$_4$ 混合燃料，采用大型化学反应动力学软件 CHEMKIN 中的 OPPDIF、PREMIX 两种模型对对冲扩散火焰和预混火焰的燃烧特性进行了模拟计算。CHEMKIN（CHEMICAL KINETICS）是从 1980 年开始，由美国 sandia 国家实验室开发并推出的功能强大的求解复杂化学反应问题的软件包，可以用来解决带有化学反应的流动问题，是燃烧领域中普遍适用的一个模拟计算工具。CHEMKIN 时至今日已经发展至第 4 个版本，是化工、航天、动力、汽车等领域中用于解决燃烧问题的最普遍的模拟计算工具之一。使用 CHEMKIN 对燃烧问题求解并不是直接应用的，可分为三个部分：

（1）简化所研究燃烧问题的数学-物理模型，列出控制方程，采用行之有效的计算方法，编制相关的燃烧计算程序。

（2）用户输入相应的或编写反应机理文件、热力学参数文件以及气相扩散特性参数文件，通过 CHEMKIN 的核心程序 API（Application Programming Interface）处理后得到一系列包含化学反应各种信息的链接文件以供其他应用程序调用。

（3）根据所求的问题选择合适的 CHEMKIN 应用程序模型，根据软件要求将实际工况以关键字的形式编写到输入文本文档中，并通过上一步中生成的链接件调用模型中需要的各种参数对问题进行求解，解题流程示意图如图 5-1 所示。最新版本的 CHEMKIN 4.1 中共包含了 16 种模型，这些模型不仅可以单独使用，还可以通过互相组合形成反应网来模拟绝大多数的反应类型，功能更加强大。

燃烧现象是一个受多种物理和化学因素控制的复杂过程，涉及诸多学科领域。其中，化学反应过程本质上是燃料和氧化剂发生氧化反应生成中间产物和最终产物，同时伴随放热和发光的过程，这个过程进行的途径即称为机理。使用 CHEMKIN 的前处理模块来解释机理，分析机理以及最后的使用机理文件都必须符合 CHEMKIN 的格式要求。机理文件分成三段：

（1）ELEMENTS：该项是元素符号，列出来是为了应用机理时分配必要的存储空间。

（2）SPECIES：反应方程式中出现的全部组分符号。

（3）REACTIONS：反应方程式，其中可逆反应用"< = >"表示，逆向反应用"< ="表示。后面三项分别代表 Arrhenius 公式（$k = A T * * b \exp(-E/RT)$）中的 A，b 和 E。

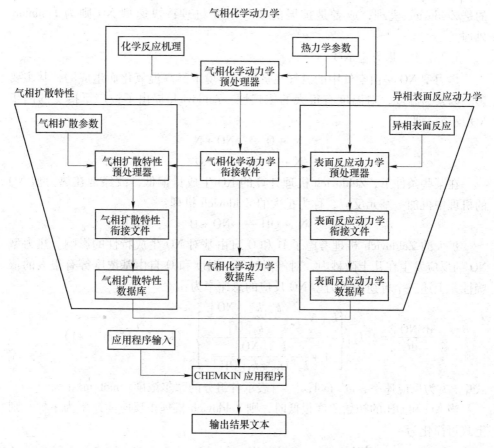

图 5-1　CHEMKIN 求解问题的过程

通常扩散火焰是指：它发生在一个薄层里，燃料和氧化剂气体先是互相分开的，经过扩散后混合到一起。这种情况下，可以设想到火焰可能会出现在两种气体层（燃料和氧化剂气体层）之间的分界面上。已燃烧的气体向燃烧区的两侧扩散，所以在引燃之后，氧化剂和燃料要接触就必须通过扩散作用穿透燃烧区域附近建立的已燃气体层。层流扩散火焰的扩散过程是以分子的状态进行的，但对于湍流扩散火焰来说，扩散过程是以大分子团的状态进行的。扩散火焰的显著特征为：燃烧速度（燃料的消耗率）取决于使氧化剂和燃料达到化学反应当量比需要的扩散速率。

预混气体火焰的反应区很窄，但扩散火焰却有一个较宽的气体成分变化区，由于实际的化学反应是发生在一个狭窄的区域之内，所以这些成分变化主要是由反应物及燃烧产物的相互扩散引起的。在燃烧过程中，NO$_x$ 的生成与分解过程非常复杂。燃烧产生的 NO 主要由三个途径生成：热力型 NO、快速型 NO 及燃料型 NO。对于不含氮的燃料燃烧只产生前两种 NO。热力型 NO 的反应机理最具权威的是 Zeldovieh 机理，或者是扩展的 Zeldovich 机理；快速型 NO 则为 Fenimore机理。

5.2.1.1 热力型 NO

热力型 NO 是由空气中的氮气在贫燃料环境下经高温氧化而生成的，其主要影响因素为温度，对温度有很大的依赖性。Zeldovich 提出了被广泛接受的两步NO 反应机理：

$$N_2 + O \longrightarrow NO + N$$
$$N + O_2 \longrightarrow NO + O$$

在某些条件下，Zeldovich 机理计算的 NO 生成量偏低，故经常在热力型 NO的机理中再加一基元反应，称为扩大的 Zeldovich 机理：

$$N_2 + OH \longrightarrow NO + H$$

扩大的 Zeldovich 机理考虑了 H 和 O 自由基对 NO 生成特性的影响。热力型NO 的反应发生在几十微秒内，对停留时间、温度和 O 自由基浓度等有很大的依赖性，上述三个可逆的热力型 NO 反应的总速率为：

$$\frac{d[NO]}{dt} = 2[O]\left\{ \frac{k_1[N_2] - \dfrac{k_{-1}k_{-2}[NO]^2}{k_2[O]^2}}{1 + \dfrac{k_{-1}[NO]}{k_2[O] + k_3[OH]}} \right\} \quad (kg \cdot mol/(m^3 \cdot s))$$

式中，k 为反应速率，m^3/mol；[ ]表示各组分的摩尔浓度，mol/m^3。

当 NO 和 OH 的初始浓度很低时，则 Zeldovich 机理正反应的速率为主导，则上式可简化为：

$$\frac{d[NO]}{dt} = 2k_1[O][N_2] \quad (kg \cdot mol/(m^3 \cdot s))$$

从式中可以得出：给出 O 自由基的浓度，则可以求出 NO 的浓度。当温度低于 1800K 时，Zeldovih 机理生成的热力型 NO 量显著减少，且在富燃料环境下，热力型 NO 生成量也很少，因此在低温（<1800K）及富燃料条件下（缺少 O），热力型 NO 并不是主要的 NO 生成途径。

5.2.1.2 快速型 NO

快速型 NO 是大气中的氮气和碳氢自由基在富燃料区域火焰中反应，然后被氧化成 NO。Fenimore 首先刊登了快速型 NO 的生成机理，后来被众多研究者进一步确认。碳氢化合物火焰中快速型 NO 的生成机理主要反应为：

$$N_2 + CH_x \longrightarrow HCN + N + \cdots$$
$$N_2 + C_2 \longrightarrow 2CN$$
$$N + OH \longrightarrow NO + H$$

在此反应过程中，第一个反应为主导反应，HCN 参与了约 90% 快速型 NO的生成。快速型 NO 生成主要集中在富燃料区，碳氢基通过下面的反应以增加

HCN 的生成浓度：

$$N_2 + CH \longrightarrow HCN + N$$

$$N_2 + CH_2 \longrightarrow HCN + N + H$$

因为快速型 NO 的反应增大了 N 化学机理的复杂性，而同时这些反应又与燃料的氧化反应密切耦合，故在许多 NO 模型中被忽略。另外，快速型 NO 仅仅在富燃料系统中才比较显著，在很多燃烧器中只占总 NO 生成量的一小部分，然而在实际中的燃烧多是在贫燃料或接近化学当量比的条件下，因此一般快速型 NO 的贡献很小。但在扩散燃烧火焰中，化学反应区的富燃料环境可促进快速型 NO 生成，且快速型 NO 与热力型 NO 不同，可以在温度比较低的、不含燃料氮的"清洁"燃料火焰中大量生成。

简化的快速型 NO 生成速率可表示为：

$$R_{\text{NO}\cdot\text{pt}} = k_{\text{pt}} M_{\text{NO}}$$

式中，反应动力学参数 k_{pt} 可表示为：

$$k_{\text{pt}} = kr\left[O_2\right]^b\left[N_2\right]\left[\text{Fuel1}\right]\exp\left(\frac{-E_a}{RT}\right)$$

式中，b 的取值与氧气的摩尔分数有关，参考相关文献；E_a 为反应活化能，J/mol；R 为通用气体常数，J/(mol·K)。通过采用 CHEMKIN 软件的 opposed-flow 对流模型和 GRI-Mech 3.0 详细化学反应机理来模拟计算在常温常压下的化学当量配比的 CH$_4$/CO-空气对冲扩散火焰。从而得到燃料的熄火极限、NO$_x$ 生成机理和抑制措施。

下面对各个因素（绝热平衡温度、拉伸率、化学反应和 Lewis number）分别就其在燃烧过程中的影响和作用进行分析说明：

（1）CO 的绝热平衡温度比 CH$_4$ 的绝热平衡温度高，在当量比为 1 的情况下，绝热平衡火焰温度随 α_{CO} 值的变化曲线如图 5-2 所示：绝热平衡火焰温度与 α_{CO} 值成正比，且 α_{CO} 值越大，绝热平衡温度的增幅也越大，即 α_{CO} 值的增大会大幅提

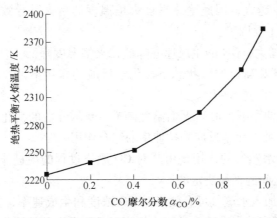

图 5-2　绝热平衡火焰温度随 α_{CO} 值的变化

高混合燃料的绝热平衡火焰温度，提高最高火焰温度。绝热平衡温度是导致最高火焰温度随 α_{CO} 增大而上升的主要原因。

（2）定义 Lewis 数为热扩散速率与质扩散率之比，那么当 Lewis 数大于 1 或者小于 1 时，扩散火焰的最高温度将会降低或者升高。纯甲烷的 Lewis 数略小于 1 而 CO 的 Lewis 数略大于 1，以 CO 为主的混合燃料的 Lewis 数应大于纯甲烷的 Lewis 数。当 α_{CO} 值较小时，此时混合燃料的 Lewis 数略大于纯甲烷的 Lewis 数。Lewis 数随 α_{CO} 的增大而增大，导致了最高火焰温度的降低。这也是在 CO 摩尔分数较小时，导致最高火焰温度降低的原因之一。

（3）化学反应机理：CO 主要的氧化反应有 $OH + CO = H + CO_2$（R99）和 $O + CO + (M) = CO_2 + (M)$（R12），而化学过程反应中主要的支链反应为 $H + O_2 = OH + O$（R37）。其中氧化反应 $OH + CO = H + CO_2$（R99）是整个机理中最为关键的反应。可以看出，CO 摩尔分数的增大强化了氧化反应（R99）和（R12），增大了氧化反应速率，同时也需要更多的 OH 和 O 自由基来完成氧化反应，因此，支链反应 $H + O_2 = OH + O$ 也得到了强化。而支链反应的反应速率又受到 H 自由基的限制，即会受到氧化反应（R99）的限制，故 α_{CO} 的增长对化学反应过程以及燃烧强度的净影响取决于氧化反应和支链反应之间的平衡。

（4）在低拉伸率下，停留时间足够长，燃料能够完全燃烧，燃烧产热量大，对流散热损失较小，因此相对于燃料的 Lewis 数和绝热温度，化学反应作用对最高火焰温度的影响较小，属于次要因素，尤其是当 α_{CO} 较小的时候，此时，在 Lewis 数对温度的抑制作用和绝热平衡温度的促进作用的综合影响下，最高火焰温度值的变化范围不大。总的来说，通过模拟计算扩散火焰，可得到以下结果：

1）火焰温度随拉伸率的增长而明显下降，这可以归因于停留时间的缩短造成的燃料不完全燃烧以及对流散热损失的增大。

2）含 CO 混合燃料的绝热平衡温度要比纯 CH_4 高，α_{CO} 越大，绝热平衡火焰温度的值和增幅也越大，因此绝热平衡火焰温度的增大是导致最高火焰温度随 α_{CO} 增大而上升的主要因素。

3）随 α_{CO} 的增大，OH 的生成速率降低，火焰温度降低，燃烧强度也随之减小。另外，在中等及高拉伸率状态下，化学反应的作用增强，成为影响火焰温度，导致温度降低的主要原因。

4）在不同拉伸率下，最高火焰温度随 CO 摩尔分数的变化规律是绝热平衡温度、燃料 Lewis 数，化学反应和拉伸率的综合作用。

5）在燃料中水蒸气的作用是由其对 CO 燃烧过程的促进作用和对 CH_4 燃烧过程的抑制作用之间的平衡决定的。

6）在燃料中加入水蒸气可有效降低 NO 浓度和生成速率，并且 H_2O 的摩尔分数越大，降低幅度越大。H_2O 的加入提高了 OH 自由基的浓度，促进了分支链的反应速率，减少了快速型 NO 的生成。

7）NO 摩尔分数及生成速率与火焰拉伸率的大小有关，在低拉伸率下应提高拉伸率以降低 NO 摩尔分数及 NO 的生成速率。

8）H_2O 不仅能促进以 CO 为主燃料的混合燃料的燃烧，提高火焰温度、增大化学反应速率，还能明显降低 NO 的排放浓度。

以预混火焰为模拟对象，可得出以下结果：

（1）对于某一固定组分的燃料，其层流火焰燃烧速度随当量比的增加而增加，达到最大值后随当量比的增大而减小。此外，还可以看出，加入水蒸气的量越多，层流燃烧速度则越小，速度减少的也相对缓慢。

（2）混合燃料的成分对层流燃烧速度的影响较大，层流燃烧速度随 CO 的摩尔分数的增大先减小而随后增大，并且 CO 的摩尔分数越大，曲线越平缓，燃烧区域越广，当量比的变化对其影响较小。

（3）H_2O 对混合燃料层流燃烧速度的影响主要是由化学作用引起的。H_2O 对层流火焰燃烧速度的影响主要是通过解离出的 H 离子所参与影响燃烧过程的化学反应，从而改变混合燃料预混火焰的燃烧特性。

（4）混合燃料中 H_2O 的加入可以减少 NO 的生成量，抑制 NO 的生成，并且 H_2O 的摩尔分数越大，这种抑制作用越明显，NO 的峰值摩尔分数降低幅度也越大。

（5）混合燃料中加入 H_2O 可以减少和抑制热力型 NO 和快速性 NO 的生成，导致总 NO 生成速率也随之降低。

5.2.2　NO 与 OH 自由基反应机理

由于 OH 自由基相当活泼，它在大气化学中起重要作用，因此研究 OH 与 NO 的反应机理对实验化学工作者及 NO_x 的治理都有重要的理论指导意义。本节采用量子化学方法，研究 NO + OH 反应体系的微观机理，力求从理论角度给出合理的解释。为保护大气环境，对 NO_x 的综合治理能力提供了理论依据。

研究者采用 MP2 方法，在考虑了极化函数和弥散函数的 6-311 $++$ G（d，p）基组水平上全参数优化了反应过程中各反应物、中间体、过渡态和产物的几何构型，在优化了的构型基础上用 QCISD（T）/6-311 $++$ G（d,p）方法计算了各物质的单点能。用振动分析的结果证实了中间体和过渡态的真实性，同时采用内禀反应坐标（IRC）计算证实过渡态的真实性。所有计算采用 Gaussian 98 程序完成。

对 NO 与 OH 自由基反应体系，优化了的反应物、中间体、过渡态及产物的分子构型见图 5-3，部分构型参数列于表 5-1。根据化学反应的随机性，对 NO 与 OH 自由基的反应，我们设计了两种可能的反应方式。

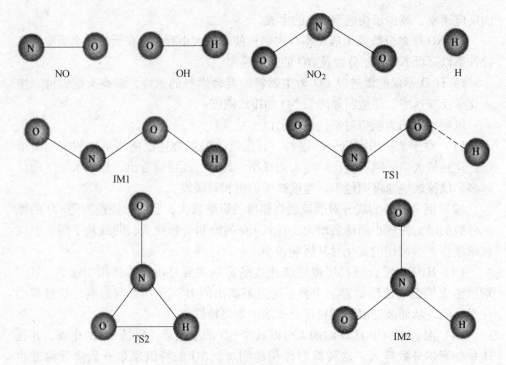

图 5-3　反应物、中间体、过渡态及产物的分子构型

表 5-1　反应各驻点的几何构型的构型参数

反应物	键长/nm			键长/(°)		
	R_{ON}	R_{NO}	R_{OH}	A_{ONO}	A_{HON}	D_{ONOH}
IM1	0.1179	0.1420	0.0968	3111.00	101.89	180.00
TS1	0.1212	0.1185	0.2007	132.43	115.07	180.00
TS2	0.1206	0.1314	0.1287	123.13	53.94	180.00
IM2	0.1226	0.1226	0.1922	128.10	129.04	180.00
NO_2	0.1202	0.1202	—	133.91	—	—
NO	$R = 0.11345$			$R = 0.09685$		

（1）NO + OH→IM1→TS1→NO_2 + H，即反应物之一 OH 自由基中的 O 原子进攻 NO 中的 N 原子，经过 NO 的 N 原子与 OH 的 O 原子间的距离逐渐缩短，生成一个稳定的中间体 IM1，该过程是一个无势垒的过程，而后 IM1 的 O—H 键逐渐被拉长，OH 的 O 原子与 NO 的 N 原子间的距离逐渐变短，形成了过渡态 TS1，随之 TS1 的 O—H 键断裂，而 OH 的 O 原子与 NO 的 N 原子间成键，生成了产物 H 原子和 NO_2。

（2）NO + OH→IM1→TS2→IM2（HNO_2），即生成 IM1 的过程同第一种反应

机理，而后 IM1 经过一个异构化过渡态 TS2 得到一个稳定的异构产物 HNO$_2$，该过程是一个 H 迁移的过程。反应各个驻点的能量（a. u.）和相对能量见表 5-2。

表 5-2　反应各个驻点的能量（a. u.）和相对能量　　　　（kJ/mol）

物　质	MP2	ZPE	QCISD(T)	E_{rel}
NO + OH	− 205. 190869	0. 014167	− 205. 209925	0. 00
IM1	− 205. 247685	0. 020042	− 205. 296871	− 228. 19
TS1	− 205. 076481	0. 010306	− 205. 171617	100. 54
NO$_2$ + H	− 205. 160697	0. 006937	− 205. 250253	− 105. 84
TS2	− 205. 169264	0. 014785	− 205. 192453	45. 86
IM2（HNO$_2$）	− 205. 236586	0. 022422	− 205. 279643	− 182. 97

（3）反应物之一 OH 自由基的 O 原子进攻 NO 中的 O 原子，但在两个 O 原子不断接近的过程中，整个体系的能量也在不短升高。

（4）反应物之一 OH 自由基的 H 原子进攻 NO 中的 O 原子，得到与第三种同样的结果。

（5）反应物之一 OH 自由基的 H 原子进攻 NO 中的 N 原子，得到与第三种同样的结果。优化的结果表明只有前面两条通道的预想的中间体和过渡态才能收敛，而后面 3 条通道的预想的中间体和过渡态均不能收敛。因此，认为相对于前面两条通道而言后面 3 条通道发生的可能性很小。

振动分析结果表明：各反应物、产物和中间体力常数矩阵本征值全为正，说明它们是势能面上的稳定点。过渡态 TS1 和 TS2 有且仅有唯一的虚频率，分别为：1447i/cm 和 2056i/cm，根据过渡态判据理论，它们是真实的过渡态。为了进一步确认它们的真实性，对过渡态 TS1 和 TS2 进行了内禀反应坐标（IRC）计算，分析 IRC 计算结果表明各个过渡态虚振动分别指向各自的反应物和产物，从而确定了它们在各自反应通道上的真实反应过渡态。

通过对 NO 与 OH 自由基反应机理的理论研究发现：NO 与 OH 自由基反应为双通道反应过程。得出如下结论：在 NO 与 OH 自由基反应的通道中，NO 与 OH 自由基相互碰撞生成 IM1 是一个放热过程，IM1 的稳定化能较高，而且通过它裂解的两条通道的活化能都较高，因此中间产物 IM1 能够稳定存在。由 IM1 经 H 迁移过渡态 TS2 生成产物 HNO$_2$ 的过程易于进行，而产物 NO$_2$ + H 的生成则较难。故该反应体系的主通道为 NO + OH→IM1→TS2→IM2（HNO$_2$）。

5.2.3　NO 与 NCS 自由基反应机理

考虑到体系的电子相关效应，在 DFT（B3LYP/6 − 31 + G ∗）水平上用能量梯度优化算法全自由度优化了标题反应势能面上各驻点的几何构型，并在同一水平下对其进行了振动频率分析，确认了中间体和过渡态，得到各驻点的零点能（ZPE）及热力学参数。为了得到更可靠的能量值，在 B3LYP 优化的几何构形基础上，再用高级电子相关的耦合簇法（CCSD(T)/6 - 311 + G * ）计算各驻点的单点能。内禀反应坐标（IRC）计算确认了反应物、中间体、过渡态和产物的相关性，并得到最小能量途径（MEP）。为了获得反应的最佳反应通道的可靠信息，研究者利用传统过渡态理论的速率常数计算公式，分别计算了 298K 时各反应通道的速率常数。全部的计算工作在 PⅣ1.5G 计算机上用 G98W 程序完成。

　　研究者通过对 NCS 自由基与 NO 反应势能面的分析，共得到 5 种反应中间体，8 种过渡态，4 种产物。所有驻点的几何构型及结构参数见图5-5。过渡态振动频率分析结果表明 8 种过渡态都有 12 种振动模式，其中均有且只有一个振动模式对应的频率为虚频率，说明过渡态是真实的。过渡态的虚频及所对应的振动模式见表 5-3 和图 5-6。中间体的振动频率均为正值，说明其确为反应势能面上的稳定点，从过渡态分别向左右两边进行的内禀反应坐标（IRC）计算确认了反应物、中间体、过渡态和产物的相关性，说明中间体和过渡态均位于正确的反应途径上，得到了极小能量途径（MEP）。

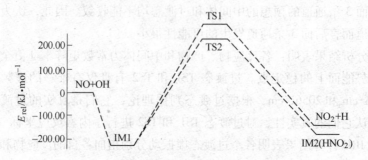

图 5-4　NO 与 OH 自由基的反应能级曲线

表 5-3　过渡态的虚频及所对应的振动模式　　　　　　　　　　（nm^{-1}）

TS11			TS12			TS21			TS31		
- 505.026			- 507.42			- 574.95			- 588.42		
X	Y	Z	X	Y	Z	X	Y	Z	X	Y	Z
- 0.31	- 0.03	0.65	- 0.02	0.02	0.00	- 0.09	0.08	0.00	0.76	0.03	0.00
- 0.21	0.01	- 0.57	0.24	- 0.39	0.00	0.35	0.57	0.00	0.08	- 0.03	0.00
0.18	0.01	- 0.14	0.12	0.23	0.00	- 0.22	- 0.65	0.00	- 0.06	- 0.23	0.00
0.18	0.01	0.05	- 0.13	0.64	0.00	0.09	0.17	0.00	- 0.18	0.04	0.00
0.06	0.00	0.08	- 0.13	- 0.52	0.00	0.04	- 0.17	0.00	- 0.35	0.44	0.00

TS41			TS42			TS43			TS44		
−437.92			−686.36			−478.40			−122.61		
X	Y	Z	X	Y	Z	X	Y	Z	X	Y	Z
0.28	0.68	0.00	0.00	0.69	0.00	0.07	−0.02	0.00	0.00	0.00	−0.01
−0.08	0.08	0.00	0.42	−0.02	0.00	0.01	0.08	0.00	0.00	0.00	0.34
−0.08	−0.17	0.00	−0.42	−0.02	0.00	0.18	0.04	0.00	0.00	0.00	−0.17
0.14	−0.61	0.00	0.00	−0.43	0.00	0.40	−0.43	0.00	0.00	0.00	0.72
−0.09	0.06	0.00		−0.03	0.00	−0.73	0.28	0.00	0.00	0.00	−0.58

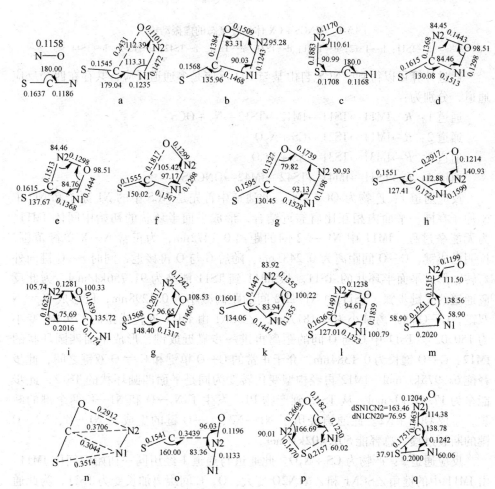

图 5-5 反应物、中间体、过渡态及产物的几何构型（单位：nm）

a—IM11；b—IM12；c—IM31；d—IM41；e—IM42；f—TS11；g—TS12；h—TS21；

i—TS31；g—TS41；k—TS42；l—TS43；m—TS44；n—P1；o—P2；p—P3；q—P4

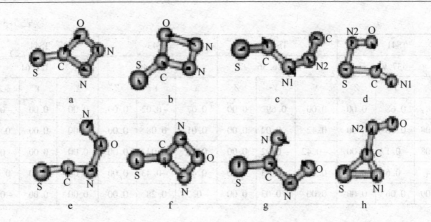

图 5-6   HNCS + CX 体系过渡态的虚振动模式

a—TS11；b—TS12；c—TS21；d—TS31；e—TS41；f—TS42；g—TS43；h—TS44

通过计算可以得到，NCS 自由基与 NO 反应是多通道反应，共存在四个反应通道，分别为：

通道 1：$R \rightarrow IM11 \rightarrow TS11 \rightarrow IM12 \rightarrow TS12 \rightarrow N_2 + OCS$

通道 2：$R \rightarrow IM11 \rightarrow TS21 \rightarrow CS + N_2O$

通道 3：$R \rightarrow IM31 \rightarrow TS31 \rightarrow NS + NCO$

通道 4：$R \rightarrow TS41 \rightarrow IM41 \rightarrow TS42 \rightarrow IM42 \rightarrow ONCNS$

反应通道 1：产物为 OCS + N_2。此通道中首先是 NCS 中的 N1 原子和 NO 中 N_2 原子在同一平面内相互比肩靠近结合，形成平面半环状的初始中间体 IM11，为无能垒过程。IM11 中 N1—N2 间的距离 0.1472nm，为正常 N—N 单键范围，说明已成键，C—O 间距离为 0.2431nm。随后 C 与 O 再接近，同时 S—C 键向外弯转，形成平面半环状的 TS11。从 IM11 到 TS11 能垒为 91.756kJ/mol，为此反应通道的关键步骤。TS11 中 N1—N2 间的距离减小为 0.1298nm，已形成 N＝N 双键，C—O 间距离减小为 0.1817nm，∠SCN1 由 IM11 近直线型的 179.04°变小为 150.02°。TS11 中 C 与 O 间的距离再进一步靠近成键，形成平面四圆环状的 IM12，C—O 键长为 0.1384nm，介于正常的 C—O 单键和 C＝O 双键之间，此步释能 61.975kJ/mol。IM12 再经构型变化转变为同是平面四圆环状的 TS12，此步能垒为 17.425kJ/mol。从 TS12 到产物 P1，发生了 N_2—O 和 N1—C 两个键的断裂，生成 OCS + N2。此通道经历了 N1—N2、C—O 键的生成和 N1—C、N2—O 键的断裂过程，总释能 501.402kJ/mol。

反应通道 2：产物为 CS + N_2O。此通道与通道 1 经历同一初始中间体 IM11。由 IM11 中的键角∠SCN1 和∠N1N2O 变大，O，C 间距离加长变为 TS21，为此通道的关键步骤，能垒为 158.942kJ/mol，比通道 1 的能垒高。TS21 也是平面半环状结构，其中 C，O 间距离为 0.2917nm，C—N 键长 0.1725nm，已超出正常 C—N 键长。随后 TS21 中的 C—N 键断开，生成产物 P2。此通道经历了 N1—N2 键的生成和 C—N1 键的断裂，总释能 16.239kJ/mol。

反应通道 3：产物为 NS + NCO。此通道首先是 NO 中的 N2 与 NCS 中 S 在同一平面内相互比肩靠近结合，形成平面半环状的初始中间体 IM31，释能 88.608kJ/mol，N2—S 间距离为 0.1883nm，接近成键，C、O 间距离为 0.2404nm。IM31 中 O 继续向 C 靠近并伴随键角变化，形成平面四元环状的 TS31，此步骤能垒为 218.662kJ/mol，为此反应通道的决速步骤。TS31 中 N—S 键长为 0.1623nm，已成键，O—C 间距离为 0.1639nm，亦接近成键。随后 N2—O 键和 C—S 键拉长断裂，形成产物 P3，总共经历了 N2—S、C—O 键的生成和 N2—O、N1—S 键的断裂，总释能 130.694kJ/mol。

反应通道 4：产物为 ONCNS，有互为空间异构体的 2 种产物 P41 和 P42。此通道首先是反应物 NO 中的 O 比肩接近 NCS 中的 N1 并结合，直接形成平面半环状的 TS41，此步骤能垒为 307.242kJ/mol，为此通道的决速步骤，其能垒在 4 个反应通道中为最高。TS41 中 N1—O 距离为 0.1466nm，比正常 N—O 键稍长，已接近成键。然后再经 N2 和 O 靠近，形成平面四圆环状的 IM41，释能 57.709kJ/mol，N2—O 距离为 0.1368nm，已成键。IM41 经构型相近的 TS42 转变为同样是平面四圆环状结构的空间异构体 IM42（与 IM41 能量相同）。TS42 为对称的平面四圆环状结构，能量仅比 IM41 和 IM42 高 10.0kJ/mol。再由 IM42 的 N1—O 键拉长断裂转变为 TS43，其中 N1—O 距离由 0.1444nm 变为 0.1839nm，能垒为 38.797kJ/mol。然后 S 与 N1 靠近成键，O 向平面外翻转，生成具有 CNS 三元环的产物 P41，其中 N2 在 CNS 三元环平面上，O 在平面外侧。P41 再经 TS44 转变为 O 在平面另一侧的异构体 P42。TS43 中 O 则与 CNSN 在同一平面上。此通道经历了 N1—O、N2—C 键的生成、N1—O 键的再断裂和 S—N1 键的生成过程，产物的总能量升高了 128.140kJ/mol。

表 5-4 列出了 NCS + NO 反应势能面上各驻点 B3LYP 的能量 E_0（HF + E_{zp}）、生成热 H、自由能 G 和 $E_{CCSD(T)}$ 及以反应物的 $E_{CCSD(T)}$ 为参比的各驻点相对能量 E_{rel} 和以反应物的 G 值为参比的各驻点相对 G_{rel} 值。为了获得沿反应路径的能量变化曲线，在 B3LYP/6-31 + G* 水平上进行了内禀反应坐标（IRC）计算。计算分别从各过渡态开始，采用 0.1amu$^{1/2}$·Bohr 步长，沿最小能量路径向前后各扫描 150 点。图 5-7 所示为 NCS + NO 体系各过渡态的 IRC 曲线。图 5-8 给出了反应势能面上各驻点沿反应路径的相对能量（$E_{relCCSD(T)}$）示意图，直观地反映了反应过程中的能量变化情况。由各驻点的相对能量可以计算出各反应通道的活化能。速率常数的计算是采用传统过渡态理论的计算公式：

$$k = \frac{k_B T}{h} \exp\left(-\frac{\Delta G}{RT}\right)$$

式中，ΔG 为考虑了零点能校正后的速控步骤活化自由能能垒。在温度为 298K 时，计算考虑了初始中间体，采用初始中间体得到 TSn1 步骤的 ΔG 值，分别计算了各反应通道的速率常数，列于表 5-5。由能量变化图及速率常数表中数据可看出，反应通道 1 的能垒最低，速度最快（$k = 6.2526 \times 10^{-5}\,cm^3/(molecular \cdot s)$），产物亦最稳定，应是此反应体系的主要反应通道。通道 2 和通道 3 能垒较高，反应速度较慢，反应分支比较低。从能量和反应速度来看，通道 4 的反应不易进行。

表 5-4　UB3LYP/6-31 + G * //UCCSD(T)/6-311 + G * * 水平下反应体系
势能面上各驻点的总能量（H）和相对能量　　　　　　（kJ/mol）

参数	E_{OB3LYP}	H	G	$E_{CCSD(T)}$	E_{rel}	G_{x1}
R	− 620.874511	− 620.866978	− 620.915600	− 619.917905	0.0	0.0
IM11	− 620.897029	− 620.890687	− 620.926878	− 619.933465	− 28.019	− 8.874
Ts11	− 620.854263	− 620.849195	− 620.882048	− 619.893615	63.734	88.091
IM12	− 620.871066	− 620.865840	− 620.898765	− 619.917220	1.759	44.20
Ts12	− 620.869909	− 620.864753	− 620.897686	− 619.911923	15.666	47.033
P1	− 621.047316	− 621.040335	− 621.078408	− 620.108864	− 501.40	− 427.45
Ts21	− 620.826001	− 620.819968	− 620.855567	− 619.868024	130.923	157.617
P2	− 620.870149	− 620.863494	− 620.903603	− 619.924075	− 16.239	31.498
IM31	− 620.905754	− 620.899367	− 620.935117	− 619.951639	− 88.608	− 51.242
Ts31	− 620.826241	− 620.820904	− 620.854115	− 619.868355	130.054	161.429
P3	− 620.909151	− 620.903015	− 620.938069	− 619.957385	− 130.69	− 58.992
Ts41	− 620.764280	− 620.759012	− 620.792194	− 619.687865	307.242	324.002
IM42	− 620.776660	− 620.771388	− 620.804406	− 619.822848	249.533	291.940
Ts42	− 620.776145	− 620.771056	− 620.803850	− 619.821136	259.028	301.40
IM43	− 620.776660	− 620.771388	− 620.804406	− 619.8822848	249.531	291.910
Ts43	− 620.769625	− 620.764427	− 620.797422	− 619.808071	288.330	310.276
P4	− 620.823227	− 620.816965	− 620.852584	− 619.869084	128.140	165.449

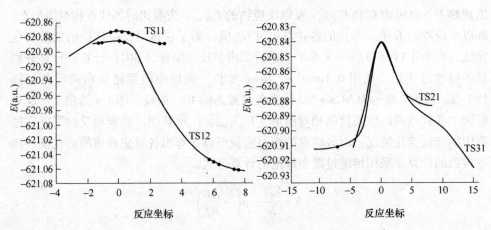

a　　　　　　　　　　　　　b

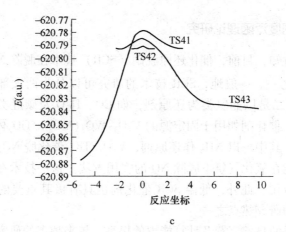

c

图 5-7 各过渡态的 IRC 曲线

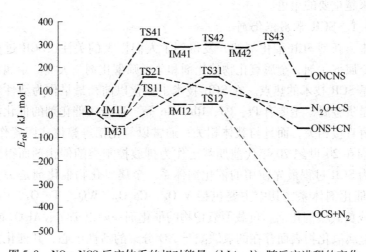

图 5-8 NO + NCS 反应体系的相对能量 (kJ/mol) 随反应进程的变化

表 5-5 298K 各反应通道反应速率 (k^{TST}, dm^3/(mol·s)) 及分支比

项 目	Path1	Path2	Path3	Path4
k	6.2526×10^{-5}	1.3784×10^{-28}	3.8699×10^{-35}	2.1481×10^{-81}
分支比	1.1	2.2×10^{-24}	6.2×10^{-31}	3.3×10^{-77}

通过对此反应体系的研究，可以得出如下结论：NCS + NO 反应机理较为复杂，是多步骤多通道的反应体系，共存在四条可能的反应通道，其中通道 1 反应能垒最低，反应速度最快，产物亦最稳定，是主反应通道，OCS + N$_2$ 是此反应体系的主产物；通道 2 和通道 3 反应能垒高，反应速度较慢，分支比低，产物的能量亦较高，故反应竞争力较低。通道 4 反应能垒过高，速度过慢，不易进行。

5.2.4　SCR 的密度泛函理论研究

从前面章节可知，目前，催化还原脱硝（SCR）技术在脱除 NO_x 领域中是应用最广泛的技术之一。一般地，SCR 技术的研究可以分为两大部分，其一是以 NH_3 为还原剂，其二是以非氨类为还原剂，如 CO、H_2O 及碳烃类。当前应用最多的 SCR – $DeNO_x$ 催化剂如用于固定源的 V_2O_5-WO_3(MO_3)/TiO_2 体系及用于移动源的三小催化剂。其中，以 NH_3 作还原剂，V_2O_5/TiO_2 催化脱 NO_x 的工艺比较成熟。是目前唯一能在氧化气氛下脱除 NO 的实用方法。这一技术在日本和欧洲得到了相当广泛的应用。此外，低温 SCR 催化剂也具有极其重要的经济和现实意义，是脱氮领域的研究热点之一。

随着理论化学的日益完善及计算能力的提高，越来越多的研究者运用了计算化学方法对 SCR 催化剂表面作用机理进行描述且在新型低温催化剂的开发方面扮演了越来越重要的角色。

5.2.4.1　SCR 常用催化剂

近年来，新型 SCR 催化剂的开发得到了人们极大的关注，SCR 过程催化剂主要分为金属催化剂、金属氧化物催化剂和分子筛催化剂三大类。金属催化剂的研究一直是 SCR 技术的热点。在 SCR 技术工业化以前，最早作为活性组分被研究的物质是贵金属，主要有 Pt、Pd、Rh、Ru 等。贵金属催化剂的催化活性不仅与金属本身直接相关，而且与载体相关；通常以氧化铝等整体式陶瓷作为载体，这类催化剂在 20 世纪 70 年代前期就已作为排放控制类的催化剂而得到大力发展，并成为 SCR 过程最先使用的催化剂体系。金属氧化物催化剂是一类非常重要的 SCR 催化剂体系，其中主要包括 V_2O_5、Co_3O_4、WO_3、Fe_2O_3、CuO、MgO 和 NiO 等或负载型催化剂。负载型氧化物的催化剂一般以 TiO_2、Al_2O_3 或 SiO_2 等为载体。金属氧化物表面存在的氧缺陷是 NO 分解的活性中心，其催化活性与金属–氧键的强弱密切相关。另外，分子筛因其具有多维的孔道结构而有吸附性和催化作用，吸引了很多研究人员的注意。如 Roberge 等利用 Ti、V、B- 硅石以及硅石和 HZSM-5 分子筛进行 NO 的低温选择性催化还原。RiChter 等研究了以 NH^{4+} 型 ZSM-5、Y 沸石为催化剂的 NO 低温催化转化，均取得了良好的效果。

5.2.4.2　密度泛函理论用于脱 NO_x 的研究

近年来，随着计算化学理论的快速发展及系列软件的开发与完善，计算化学在催化科学中得到了越来越广泛的应用。量子化学计算方法不但能够在电子尺度上研究体系中小分子的相互作用，还能对催化剂的结构、酸碱性、吸附力、吸附性能以及表面催化反应过程进行计算与模拟，这不仅是对实验科学的补充，而且能够在围观尺度上对催化过程机理进行深入的认识与阐述。SCR 脱 NO_x 过程中，NO_x 首先在催化剂表面吸附，根据理论计算，可以获得常见的 NO_x 吸附构型（见

图 5-9）。从图中可以看出，NO$_x$ 在催化剂表面可以形成多种构型；通过计算机模拟，可获得不同构型在不同催化剂表面的吸附能大小、键长及键角等参数，并与具体催化剂进行关联，从而得到 NO$_x$ 的最优吸附方式，为催化反应机理提供参考并解决现代仪器分析技术不能企及的问题。

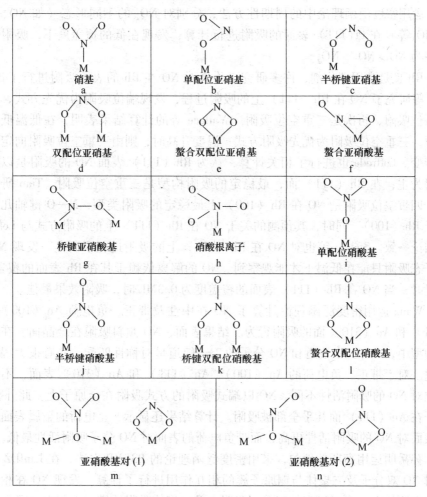

图 5-9 M-NO$_x$ 在催化剂表面可能存在的构型

A 金属催化剂

Pt、Pd、Rh、Ru 等是研究最多的贵金属催化剂。在贵金属催化剂上，NO 的吸附分解机理包括：NO 首先吸附在贵金属表面的活性位，然后解离 N 原子和 O 原子，最后分别形成 N$_2$ 和 O$_2$，脱附并释放活性位。催化剂活性的高低直接取决于 O$_2$ 在金属活性位上的脱附难易程度。在此催化反应中，NO 解离通常是整个反应的第一步。Matsumoto 等计算了 NO 在 Pt(111) 上的吸附，他们认为 NO 以分子形态吸附在金属的表面且不发生解离，同时吸附于空位的吸附态 NO 分子更稳定。通过优化得到 NO 分子键长数据为 0.1164nm，该值非常接近于实验值（0.1151nm）。在 Pt 金属表面，NO 在 Pt(111) 表面上主要是分子吸附且难于解离。在 Pt 表面发生解离的 NO，主要是以侧位吸附的形式生成过渡态物质。Getman 运用密度泛函理论中的周期性方法，分别对 NO_x 的不同形态（如 NO、NO_2 及 NO_3 等）在 Pt(111) 表面的吸附进行计算，发现在低的覆盖度下，吸附优先顺序为 NO > NO_3 > NO_2。

Rh 也是常用催化剂，许多研究工作者对 NO 在 Rh 的表面吸附进行了计算。Kim 等研究了 NO 在 Rh（111）上的吸附过程，发现端位吸附为优先方式，其次是桥位吸附，再次是三重空位吸附。Wallace 等的计算结果表明，在低温低覆盖度下，三重空位吸附为优先吸附方式；温度升高时，则由三重空位吸附向定位吸附转变。Loffreda 也进行了相关计算，认为 Rh（111）表面 NO 的吸附是以桥式吸附为主；在 Rh（111）面，最稳定的吸附构型是三重空位吸附。Tian 研究表明，四重空位吸附是 NO 在 Rh（100）上最稳定的吸附类型，N—O 键轴几乎平行于 Rh（100）。同时，其预测的关于 NO 在 Rh（111）上的吸附方式与 Loffreda 的结论一致。Siokou 等也对 NO 在 Rh（111）上的吸附进行了研究，发现 NO 的分子态吸附只能在低温下才能观察到。NO 的解离依赖于其在 Rh 表面的覆盖度；室温时，当 NO 在 Rh（111）表面的覆盖度为 0.3ML 时，吸附效果最佳。

Wang 运用密度泛函理论计算了 NO 在中性及带正、负电荷 Au（100）、Au（111）和 Au（310）面的吸附行为。结果表面，NO 倾斜吸附在金晶面。在此吸附构型中，Au 的 d_z^2 轨道和 NO 分子的 $2\pi^*$ 轨道呈对称性匹配，并有很大程度的重叠。对于带正、负电荷的 Au（100）、Au（111）和 Au（310）表面，不同吸附位对 NO 的吸附活性不同，NO 以端式吸附的方式吸附在金原子上。此外，NO 分子在 Au（111）面几乎全部被吸附。计算结果还显示，正电荷的金属表面较中性表面对 NO 的吸附活性更高，而带负电荷的表面对 NO 分子吸附活性最低。

孙岳明运用高斯软件包，采用密度泛函理论的 B3LYP 方法，在 LanlDZ 基组下对 NO 双分子及二聚体与铜原子簇的相互作用进行了计算。发现 NO 在相邻的两个铜原子上可形成稳定的双分子吸附态及二聚体吸附的模式；当以分子形式吸附的时候，NO 在 N 端（N-down）的吸附方式最稳定，此外，端位吸附稳定性较桥式吸附弱。在二聚体吸附构型下，N—N 键的键能增加，导致 N—O 键的削弱且其程度超过双分子吸附形式。由此说明，二聚体的形成有利于 NO 在 Cu 金属表面的直接分解。

B　金属氧化物的催化剂

Schneider 利用周期性密度泛函方法对 CO、SO_2、SO_3、NO、NO_2、NO_3 在 BaO 和 MgO 表面的吸附过程进行了计算。认为 BaO 吸附能力大于 MgO 的原因是因为 BaO 的晶格常数较 MgO 大；在 BaO 表面，上述气体的吸附顺序依次为 $NO \approx NO_2 < CO_2 \approx SO_2 \approx NO_3 \ll SO_3$，但 Schneider 在其计算过程中没有考虑表面覆盖度对气体吸附的影响。Tutuianu 也采用周期性密度泛函理论，并运用非自旋极化的方法，在不同覆盖度下，对上述气体小分子在 BaO（100）表面的吸附进行了计算，他认为分子的吸附顺序为 $NO_2 < H_2O < NO < CO_2$。此外，Broqvist 也对上述小分子在 BaO 表面的吸附过程进行了研究，他认为 NO 与氧化物催化剂表面存在电子转移，电子由表面晶格氧转移到所吸附的 NO_x 上，使得 NO_x 成为闭壳层 NO_x^-；由于电子的损失，BaO 表面形成开壳层体系，为进一步吸附 NO 提供了便利。

Prades 运用第一性原理，对 NO 及 SO 在 SNO（110）表面的吸附进行了研究，发现 NO、NO_2 在 SNO（110）表面最稳定的吸附态是 O 的桥式吸附和 O 的空位吸附；氧空位的改变，对 NO 和 NO_2 的吸附会造成一定的影响；同时，其发现氧空位也是 SO_2 的最佳吸附位。因此，NO_2 和 SO_3 对氧的空位存在竞争性吸附关系。NiO 也是催化还原脱硝常用的催化剂。关于 NO 在 NiO（001）表面吸附的研究较多，许多计算结果表明，NO 以 N 端弯曲吸附的形式吸附于 Ni 原子且 NO 分子与 NiO（001）之间存在弱的化学键合作用。Rohrbach 用 DFT 和 DFT + U 理论的各种泛函对 NO 在 NiO（100）面的吸附构型及能量进行了计算，也得到类似的结论。Liu 等运用密度泛函理论的 $Dmol^3$ 方法，研究了 NO、NO_2 在 Al_2O_3 及掺杂了 Ga 的 Al_2O_3 晶体表面的吸附过程。发现 Al_2O_3（110）表面的 Al_{III} 位，NO 在 $GaAl_{IV}$（110）表面也有弱的吸附；同时，程序升温脱附（TPD）试验结果表明，NO 在 Ga_2O_3 表面的吸附量很少。然而，对于 NO_2 而言，其在 Al_2O_3（110）表面的吸附存在多种构型；如用 Ga 原子取代 Al_{IV}，则可促进 NO_2 的吸附。对于掺杂了 Ga 的 Al_2O_3（110）表面，Al_{IV} 对 NO_2 的吸附较 Al_{III} 强。汪洋等采用 MOPAC 及 Gaussian 分子轨道理论，对 NO 在 TiO_2 表面的吸附构型、电荷分布和原子簇能级进行了计算，发现 NO 可以直接在 TiO_2（110）表面发生原子吸附及氧空位吸附，并且两种方式都以 N_2 的形式脱附。NO 在 TiO_2（110）原子簇上的吸附方式与其在 TiO_2（110）氧空位吸附方式不同。在原子簇上，以 Ti—NO 吸附态最稳定；当以氧空位吸附时，O（空位）—ON 吸附态最稳定。

C 分子筛催化剂

1wamoto 发现铜离子交换的 Cu-ZSM-5 催化剂对 NO 有良好的催化活性，且对其进行了量化计算。Yokom ichi 等运用密度泛函理论，以 $Al(OH)_4$ 为模型，对 NO 在 Cu-ZSM-5 催化剂上的吸附进行模拟，计算结果表明，Cu 与分子筛骨架的相互作用可产生较高的催化活性。Blint 也对 Cu-ZSM-5 进行了理论计算并模拟了 H_2O 在其表面的吸附。Al 原子替代骨架上的 Si 原子时，会产生酸性位，即与 Al 原子相邻的四个氧原子都显酸性。当 H_2O 吸附在催化剂表面时，Cu—O 键长为 0.2nm，比实验值（0.196nm）有稍微的增加，H_2O 分子与分子筛骨架上的部分

O 原子之间会形成氢键。当 Cu（Ⅰ）交换到 ZSM-5 时，Cu—O 键长为 0.21nm，该值与实验值相吻合。Sierraaha 运用密度泛函理论，以 Cu-T3 为模型，对 H_2O、SO_2、O_2、NO、NO_2 的吸附进行了模拟；计算结果表明，NO 和 NO_2 的吸附能大于 H_2O 和 O_2，所以该分子筛在吸附 NO 和 NO_2 时具有很好的效果；同时还发现 SO_2 在分子筛表面的吸附能较低，但其可以与 Cu 反应生成 $CuSO_4$，阻止 NO 和 NO_2 在分子筛表面的吸附，这也是该催化剂中毒的主要原因；此外还运用密度泛函理论和 MP2 方法，对 NO_2 在多种过渡金属（Cu、Ag、Au）交换的分子筛表面的吸附过程进行了计算，采用 T3 簇模型（—OAlO—）对 NO_2 在催化剂表面的吸附计算结果表面，簇模型对 NO 的吸附次序是 Cu—T3 > Au—T3 > Ag—T3。吕仁庆用密度泛函理论和簇模型方法，研究了 Cu（Ⅰ）与 ZSM—5 分子筛的相互作用，簇模型选择了 B3LYP 泛函，H 原子基组选择使用 3-21G，Si、Al、O 基组选择使用 6-31G（d）。计算结果表明，Cu（Ⅰ）以二配位的形式与分子筛骨架相互作用，并且这种结构是 NO 优先选择的吸附结构。Chen 运用了从头算分子轨道的方法，对 N_2、O_2 及 C_2H_2 在 Ag—ZSM 表明进行了计算。他选用了 HF/3-21 基组对模型。Zharpeisov 运用量子化学从头算的理论，使用 HF/Lanl2dz 和 MP2/Lanl2dz 基组，对 NO 和 N_2O 在 Ag（Ⅰ）或 Cu（Ⅰ）交换分子筛上的吸附进行了模拟计算，结果表明，NO 和 N_2O 更容易吸附在 Cu（Ⅰ）交换分子筛上。刘洁翔运用密度泛函理论的 $Dmol^3$ 程序对 NO_x 分子中氮原子上的孤对电子与 Ag 之间的静电作用，是 NO_x 分子与催化剂之间的主要作用力；此外，NO_x 与 η^1—N 的模式吸附时，是在［Ag］—AlMOR 分子筛上的最稳当吸附模式，以此模式吸附时，NO_x 分子的吸附强度次序为 NO > NO_2 > N_2O。

由于 SCR 催化脱硝机理的复杂性，越来越多的研究者运用量子化学的观点及密度泛函理论对其进行模拟计算，不仅能直接得到小分子在催化剂表面的吸附构型，还能对其吸附能进行评估。此外，许多研究利用分子轨道理论和能隙分析的方法，可更好地研究小分子与催化剂表面之间的电子转移等。利用计算机模拟的方法，进行多相催化表面过程机理的理论研究与实践探索，对脱 NO 催化过程机理的深入认识及新型催化材料的设计等具有积极意义。

5.3　量子化学计算在 NH_3 控制研究中的应用

5.3.1　活化氨气中的 N—H 键的理论研究

在过去的几十年里，带一个单位电荷镧系过渡金属阳离子和包含 N—H 模型键化合物的反应成为人们关注的焦点。大量的实验和理论研究工作主要集中调查了气相中裸露的过渡金属离子活化氨气的能力，为研究该类反应提供了热化学反应机理的建议。在实验上，采用离子光束诱导第一过渡金属和氨气的反应，得到了三种消除反应路径（5-1）~（5-3）：

$$
\begin{array}{l}
\quad\quad\quad\quad\quad\quad\longrightarrow MNH^+ + H_2 \quad\quad\quad\quad (5\text{-}1)\\
M^+ + NH_3 \longrightarrow MH^+ + NH_2 \quad\quad\quad (5\text{-}2)\\
\quad\quad\quad\quad\quad\quad\longrightarrow MNH_2^+ + H \quad\quad\quad\quad (5\text{-}3)
\end{array}
$$

研究表明，前过渡金属的氢气消除过程在热力学上是有利的，相反的，在高能垒时产生其他消除产物。在过去的几年里，气相中 d 区元素活化 N—H 键取得了快速的突破。然而，镧系阳离子介导活化 N—H 键的理论研究，被认为是长期以来的一个挑战，主要是因为 f 轨道上有未成对电子的存在，使计算起来比较复杂。针对镧系阳离子和各种有机和无机分子的气相理论研究已有报道，主要包括二氧化碳、二氧化硫、氟代烷和一氧化二氮。虽然这样的系统理论研究描述了结构和活化反应机理，并且证明了镧系阳离子的活化能力，但没有考虑 4f 电子对镧系阳离子的影响，在这个背景下，理论研究是非常重要的。

在化学反应过程中，人们感兴趣的是金属阳离子电子态会影响反应活性和反应路径。为了澄清化学反应路径，这样，针对一个涉及两个或更多的势能面上进行的反应，于是最近有人提出了两态反应，即不止一个势能面连接反应物和产物并且沿着反应坐标发生自旋交叉是允许的。

用感应耦合等离子体/选择离子流动反应管（ICP/SIFT）串联质谱仪深入研究了气相中 14 种镧系阳离子（除 Pm^+ 外）与 NH_3 的反应，实验结果表明 La^+，Ce^+，Gd^+ 和 Tb^+ 与 NH_3 的反应中消除了 H_2 分子，而没有观察到 H 原子的消除而形成 $LnNH_2^+$。然而，出乎意料的是，以前报道过的 Ce^+ 和 NH_3 的双分子反应，通过 H_2 和 H 原子的消除，相应的形成了 $CeNH^+$（80%）和 $CeNH_2^+$（20%）两种产物。因此，在此背景下，进行由 Ce^+ 催化氨气的 H_2 消除反应的理论研究具有一定的价值。

第一过渡金属离子和 NH_3 的反应机理已被人们普遍接受。第一步，形成一个稳定的分子离子复合物。第二步，通过一个从 N 原子到金属中心的氢转移过渡态，一个 H—N 键被活化，这个过程在热力学上是合理的，因为打开 H—N 键放出的能量可弥补形成 H—M^+ 和 M^+—NH_2 键所需的能量。接着，反应继续进行，通过一个四中心过渡态，消除 H_2 形成脱氢产物，或由于插入中间体 M—N 和 M—H 键的断裂形成 MH^+ 和 MNH_2 物种。同时，在研究中提出了另外一种机理，形成插入中间体后 α—H 迁移到金属 M^+ 生成共价性的中间体（H）2—M^+—NH_2，最后还原消除 H_2。从这些同类型的反应中得到的一些有用的信息，有助于我们细致深入研究 Ce^+ 和氨气的脱氢反应机理。

从图 5-10 和图 5-11 中可以看出，脱氢反应的第一步形成了中间体（$HCeNH_2$）$^+$（$^{2/4}IM2$）。形成中间体（$HCeNH_2$）$^+$（$^{2/4}IM2$）是合理的机理，从

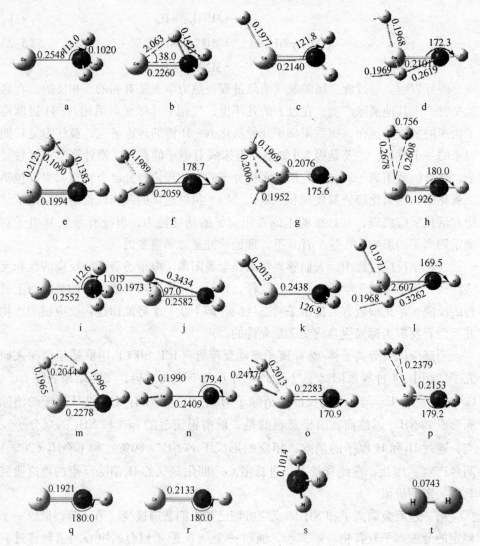

图 5-10 在 B3LYP/6-311 + +G（3df，3pd）∪Stuttgart 水平下得到的二/四重态势能面低能
路径上中各驻点的几何构型（键长 10^{-1}nm，键角（°））

a—^{2}IM1（^{2}A″，C_S）；b—^{2}TS12（^{2}A，C_1）1618.87i；c—^{2}IM2（^{2}A^1，C_S）；d—^{2}TS23（^{2}A，C_1）513.97i；
e—^{2}TS24（^{2}A，C_1）1549.66i；f—^{2}IM3（^{2}A″，C_S）；g—^{2}TS34（^{2}A，C_1）547.90i；h—^{2}IM4（2A′，C_S）；
i—^{4}IM1（^{4}A″，C_S）；j—^{4}TS12（^{4}A，C_1）236.80i；k—^{4}IM2（^{4}A，C_1）；l—^{4}TS23（^{4}A，C_1）283.61i；
m—^{4}TS24（^{4}A，C_1）444.57i；n—^{4}IM3（^{4}A″，C_S）；o—^{4}TS34（^{4}A，C_1）302.89i；p—^{4}IM4（^{4}A″，C_S）；
q—^{2}CeNH$^+$（C_{∞}）；r—^{2}CcNH$^+$（C_v）；s—NH$_3$（^{1}A$_1$，C_{3v}）；t—H$_2$（$^1\Sigma_g^+$，$D_{\infty h}$）

（A 路径：^{2}IM1→^{2}TS12→^{2}IM2→^{2}TS23→^{2}IM3→^{2}TS34→^{2}IM4
　　　　B 路径：^{2}IM1→^{2}TS12→^{2}IM2→^{2}TS24→^{2}IM4
　　　　C 路径：^{4}IM1→^{4}TS12→^{4}IM2→^{4}TS23→^{4}IM3→^{4}TS34→^{4}IM4
　　　　D 路径：^{4}IM1→^{4}TS12→^{4}IM2→^{4}TS24→^{4}IM4）

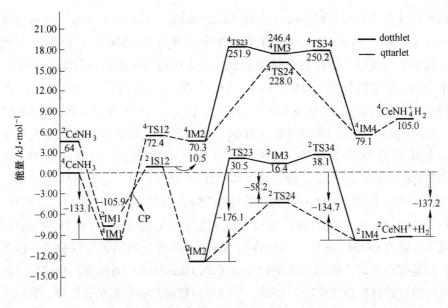

图 5-11　沿二重态及四重态势能面上 Ce$^+$ + NH$_3$ →^{2}CeNH$^+$ + H$_2$ 反应路径的
示意图（经零点能校正）［能量单位：kJ/mol］

中间体（HCeNH$_2$）$^+$（$^{2/4}$IM2）开始，沿着$^{2/4}$TS24 反应通道上的脱氢反应在热力学上是有利的。认为通过中间体$^{2/4}$IM3 是不可能的路径，其原因有三点：

（1）从 Ce +（X^{4}H）+ NH$_3$ 到产物$^{2/4}$IM3，经计算吸热 18.42kJ/mol（4.4kcal/mol）。因为 CeNH$^+$ 的形成是放热的，是一个无势垒过程，这一点说明中间体$^{2/4}$IM3 是不可行的路径，此原因不是主要因素。

（2）因为 Ce$^+$ 有三个价电子，它不可能形成含有四个共价键的$^{2/4}$IM3。

（3）通过中间体$^{2/4}$IM3 这条路径违背了热化学理论。相反的，用相同的角度评估过渡态$^{2/4}$TS24，过渡态$^{2/4}$TS24 是可行的脱氢路径。

1）形成$^{2/4}$TS24 不需要额外超过反应物能量。

2）跟钪体系相似，四中心的中间体的能量接近于$^{2/4}$TS24，因为仅有金属的三个电子参与成键。

3）此机理是热力学上最有利的。

此外，也计算了二重态和四重态上诸如$^{2/4}$IM3，$^{2/4}$TS23，$^{2/4}$TS34 复合物的几何构型。

沿着四重态势能面，Ce$^+$ 和氨气，反应的第一步放热形成了分子离子复合物^{4}IM1，该复合物的基态是四重态，并且具有 Cs 对称性，而不是 C$_{3V}$ 对称性，归因于姜泰勒效应的影响。在 B3LYP/Stuttgart 理论水平下，反应复合物^{4}IM1（^{4}A″）

的稳定化能是 -133.14kJ/mol（-31.8kcal/mol）。反应的下一步，经过过渡态 ^{4}TS12，Ce$^+$ 插入到氨气中，H—N 键产生中间体（HCeNH$_2$）$^+$（^{4}IM2），与此同时，氢原子从氮原子转移到金属中心上。反应从插入中间体（^{4}IM2）开始，生成了分子氢气复合物（H$_2$）Ce$^+$—NH（^{4}IM4），通过一个四中心过渡态（^{4}TS24），该过渡态的虚频为 444.57i cm^{-1}，证实了 ^{4}TS24 存在一个正确的鞍点。

反应的最后一步，从中间体（4IM4）直接形成脱氢产物，是一个无势垒过程。在 H$_2$ 还原消除步骤里，伴随 Ce—H 键（0.2379nm）的断裂和 H—H 键（0.0778nm）的形成，复合物（H$_2$）CeNH$^+$ 形成 CeNH$^+$ 几乎无活化能垒。在 4IM4 分子中，H$_2$ 单元中 H—H 键长为 0.0778nm，比气相中单独的 H$_2$ 分子 H—H 键长（0.0743nm）稍微长些，所以 ^{4}IM4 只需要 25.96kJ/mol（6.2kcal/mol）能量就能分解为 CeNH$^+$ 和 H$_2$。从反应物 NH$_3$ + Ce$^+$ 开始到消去氢气分子，这条反应路径是吸热反应，吸取 105.09kJ/mol（25.1kcal/mol）的能量。相应的，这条反应路径通过过渡态 ^{4}TS12 和 ^{4}TS24，分别存在很高的活化能垒，因此，脱氢反应是不容易发生的。

二重态势能面上进行反应的分析。NH$_3$ 分子与激发态的铈离子接触生成反应复合物 ^{2}IM1，此复合物在能量上比 ^{4}IM1 高出 64.06kJ/mol（15.3kcal/mol）。反应从复合物（HCeNH$_2$）$^+$（^{2}IM1）开始，经过过渡态 ^{2}TS12，生成复合物（HCeNH$_2$）$^+$（^{2}IM2），从过渡态 ^{2}TS12 两个振动矢量方向进行内禀反应坐标（IRC）计算，清楚地说明了该过渡态连接 ^{2}IM1 和 ^{2}IM2。第一个氢转移放出 70.34kJ/mol（16.8kcal/mol）的能量，并且克服 116.39kJ/mol（27.8kcal/mol）的能垒。然后，复合物 HCeNH$_2^+$（^{2}IM2）中第二个氢原子迁移越过四中心的过渡态 ^{2}TS24 后，产生分子氢气复合物（H2）CeNH$^+$（^{2}IM4），该过程吸收 41.45kJ/mol（9.9kcal/mol）的热量，存在 118.07kJ/mol（28.2kcal/mol）的活化能垒。我们执行了 ^{2}TS24（虚频为 1549.66i cm^{-1}）的 IRC 路径跟踪扫描计算，结果分别连接反应物和产物。最后，沿着这条路径，经计算从 ^{2}IM4 直接脱氢形成 2CeNH$^+$ + H$_2$ 的仅吸收 7.54kJ/mol（1.8kcal/mol）的能量，氢分子的消除是无势垒过程。在 ^{2}IM4 分子中，H$_2$ 单元中 H—H 键长为 0.0756nm，与气相中单独的 H$_2$ 分子 H—H 键长（0.0743nm）接近，比 Ce—（H2）键（0.2678nm）的键长长，说明 H$_2$ 是很好的离去基。结果 H$_2$ 从复合物（^{2}IM4）中离去，产生 2CeNH$^+$ 和 H$_2$ 两种产物。在二重态势能面上，此反应路径是强放热反应，放出 191.34kJ/mol（45.7kcal/mol）的能量。总之，针对二重态反应路径而言，第一个氢和第二个氢迁移步骤是整个反应的决速步骤，分别需要克服 116.39kJ/mol（27.8kcal/mol）和 118.07kJ/mol（28.2kcal/mol）的势垒，并且从 ^{2}IM1 到

（HCeNH$_2$）$^+$（^{2}IM2）第一个氢转移是放热过程，放出 70.34kJ/mol（16.8kcal/mol）的能量。

综上所述，Ce$^+$和 NH$_3$在不同势能面上的氢气消除反应，沿着最有利的路径上是强放热反应，放出 127.28kJ/mol（30.4kcal/mol）的能量。Ce$^+$和 NH$_3$势能面上脱氢反应的决速步骤是第一个 N—H 的活化，此过程经^{4}IM1，翻越^{2}TS12 克服 143.61kJ/mol（34.3kcal/mol）的能垒，形成^{2}IM2。然而，CeNH$_3^+$系列分子离子复合物的基态是^{4}IM1，已经确定了插入中间体 HCeNH$_2^+$和分子氢气复合物（H$_2$）CeNH$^+$，相应的，相对稳定性顺序分别是^{2}IM2＞^{4}IM2、^{2}IM4＞^{4}IM4。因为高自旋过渡态^{4}TS12 的能量比低自旋态的高，故四重态和二重态势能面上一定有交叉，很明显，基态^{4}Ce$^+$很容易活化氨气。

5.3.2　Pt$^+$催化 NH$_3$反应的理论研究

前人的实验和计算研究表明，Pt$^+$催化 CH$_4$主要生成 Pt（CH$_2$）$^+$和 H$_2$，产物 Pt（CH$_2$）$^+$还可以继续与其他一些小分子（如 H$_2$O，PH$_3$，H$_2$S，CH$_3$NH$_2$等）反应，生成所需要的化工产品。研究人员对 Pt$^+$催化 CH$_4$和 NH$_3$的反应提出了如下反应机理（见图 5-12）：

第一步，Pt$^+$催化甲烷生成 Pt（CH$_2$）$^+$和 H$_2$。第二步，Pt（CH$_2$）$^+$和 NH$_3$反应，连续脱去两分子 H$_2$，生成 Pt（HCN）$^+$，Pt（HCN）$^+$分解为 Pt$^+$和 HCN。反应的第二步有多条路径，而出现多条路径的原因主要是因为 H 原子的转移方向不同。该反应构成一个以 Pt$^+$为催化剂，CH$_4$和 NH$_3$为原料的催化循环反应。

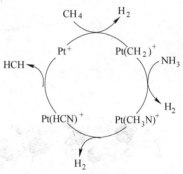

图 5-12　Pt$^+$催化 CH$_4$和
NH$_3$反应机理图

有过渡金属参加的反应，由于其有未充满电子的 d 轨道，在反应中过渡金属原子或离子的自旋-轨道耦合作用很可能导致体系在不同自旋态势能面相交处发生自旋翻转，整个催化反应有可能在不同自旋态势能面上完成。Pt 原子的电子组态为（^{3}D，5d^{9}6s^1），其 5d 能级低于 6s 能级，失电子时容易失去最外层 s 轨道上的电子，形成 Pt$^+$的电子组态为 5d^9，所以二重态的 Pt$^+$（2D，5d^9）为基态，Pt$^+$（^{4}F，5d^{8}6s^1）为激发态。图 5-13、图 5-14 和表 5-6 分别是两个自旋态势能面上的优化构型和能量数据，计算结果表明，四重态势能面的各个驻点都高于二重态势能面上对应的驻点，二、四重态势能面之间不存在交叉。

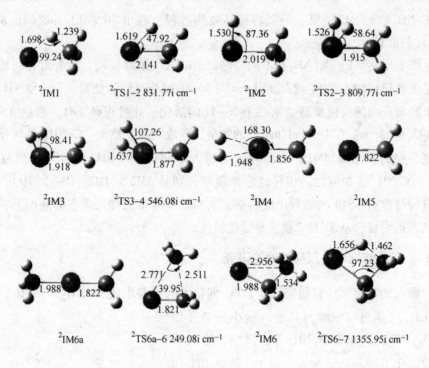

^{2}IM1 ^{2}TS1-2 831.77i cm^{-1} ^{2}IM2 ^{2}TS2-3 809.77i cm^{-1}

^{2}IM3 ^{2}TS3-4 546.08i cm^{-1} ^{2}IM4 ^{2}IM5

^{2}IM6a ^{2}TS6a-6 249.08i cm^{-1} ^{2}IM6 ^{2}TS6-7 1355.95i cm^{-1}

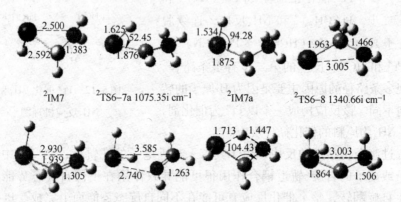

^{2}IM7 ^{2}TS6-7a 1075.35i cm^{-1} ^{2}IM7a ^{2}TS6-8 1340.66i cm^{-1}

^{2}TS7-8 815.75i cm^{-1} ^{2}TS7-8a 800.49i cm^{-1} ^{2}TS7a-8 1434.07i cm^{-1} ^{2}TS7a-8b 949.05i cm^{-1}

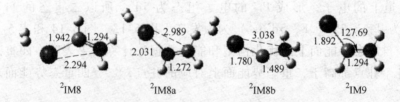

^{2}IM8 ^{2}IM8a ^{2}IM8b ^{2}IM9

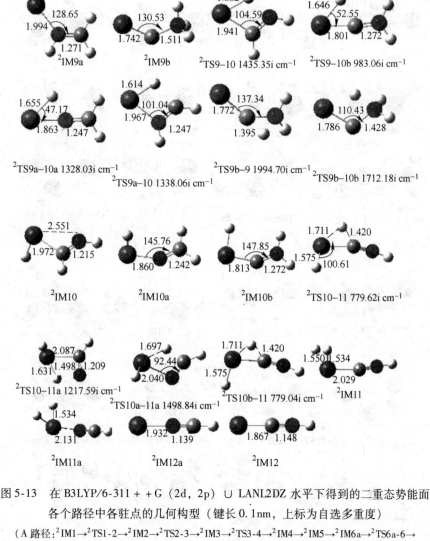

图 5-13　在 B3LYP/6-311 + + G（2d，2p）∪ LANL2DZ 水平下得到的二重态势能面
各个路径中各驻点的几何构型（键长 0.1nm，上标为自选多重度）

（A 路径：²IM1→²TS1-2→²IM2→²TS2-3→²IM3→²TS3-4→²IM4→²IM5→²IM6a→²TS6a-6→

²IM6→²TS6-7→²IM7→²TS7-8→²IM8→²IM9→²TS9-10→²IM10→²TS10-11→²IM11→²IM12

B 路径：²IM1→²TS1-2→²IM2→²TS2-3→²IM3→²TS3-4→²IM4→²IM5→²IM6a→²TS6a-6→²IM6→

²TS6-7→²IM7→²TS7-8a→²IM8a→²IM9a→²TS9a-10→²IM10→²TS10-11→²IM11→²IM12a

C 路径：²IM1→²TS1-2→²IM2→²TS2-3→²IM3→²TS3-4→²IM4→²IM5→²IM6a→²TS6a-6→

²IM6→²TS6-7a→²IM7a→²TS7a-8→²TM8→²IM9b→²TS9b-10b→²IM10b→²TS10b-11→²IM11→²IM12

D 路径：²IM1→²TS1-2→²IM2→²TS2-3→²IM3→²TS3-4→²IM4→²IM5→²TM6a→²TS6a-6→²IM6→

²TS6-7a→²IM7a→²TS7a-8b→²IM8b→²IM9a→²TS9a-10→²TM10a→²TS10a-11a→²IM11a→²IM12

E 路径：²IM1→²TS1-2→²IM2→²TS2-3→²IM3→²TS3-4→²IM4→²IM5→²IM6a→²TS6a-6→²IM6→

²TS6-8→²IM8→²IM9b→²TS9b-9→²TS9-10→²IM10→²TS10-11→²IM11→²IM12a）

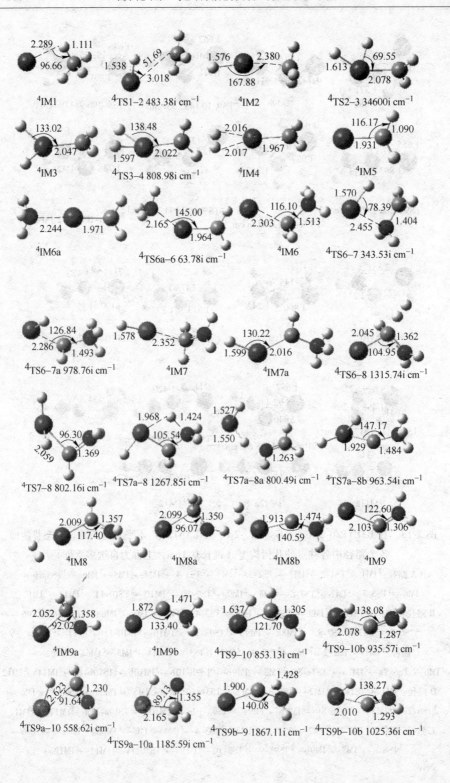

^{4}IM1

^{4}TS1–2 483.38i cm^{-1}

^{4}IM2

^{4}TS2–3 34600i cm^{-1}

^{4}IM3

^{4}TS3–4 808.98i cm^{-1}

^{4}IM4

^{4}IM5

^{4}IM6a

^{4}TS6a–6 63.78i cm^{-1}

^{4}IM6

^{4}TS6–7 343.53i cm^{-1}

^{4}TS6–7a 978.76i cm^{-1}

^{4}IM7

^{4}IM7a

^{4}TS6–8 1315.74i cm^{-1}

^{4}TS7–8 802.16i cm^{-1}

^{4}TS7a–8 1267.85i cm^{-1}

^{4}TS7a–8a 800.49i cm^{-1}

^{4}TS7a–8b 963.54i cm^{-1}

^{4}IM8

^{4}IM8a

^{4}IM8b

^{4}IM9

^{4}IM9a

^{4}IM9b

^{4}TS9–10 853.13i cm^{-1}

^{4}TS9–10b 935.57i cm^{-1}

^{4}TS9a–10 558.62i cm^{-1}

^{4}TS9a–10a 1185.59i cm^{-1}

^{4}TS9b–9 1867.11i cm^{-1}

^{4}TS9b–10b 1025.36i cm^{-1}

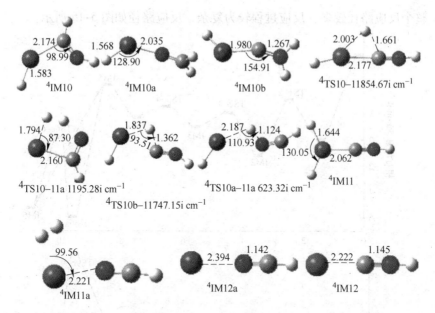

图 5-14   在 B3LYP/6-311 + + G(2d，2p) ∪ LANL2DZ 水平下得到的四重态势能面
各个路径中各驻点的几何构型（键长 0.1nm，上标为自选多重度）

（A 路径：^{4}IM1→^{4}TS1-2→^{4}IM2→^{4}TS2-3→^{4}IM3→^{4}TS3-4→^{4}IM4→^{4}IM5→^{4}IM6a→^{4}TS6a-6→
^{4}IM6→^{4}TS6-7→^{4}IM7→^{4}TS7-8→^{4}IM8→^{4}IM9→^{4}TS9-10→^{4}IM10→^{4}TS10-11→^{4}IM11→^{4}IM12

B 路径：^{4}IM1→^{4}TS1-2→^{4}IM2→^{4}TS2-3→^{4}IM3→^{4}TS3-4→^{4}IM4→^{4}IM5→^{4}IM6a→^{4}TS6a-6→^{4}IM6→
^{4}TS6-7→^{4}IM7→^{4}TS7-8a→^{4}IM8a→^{4}IM9a→^{4}TS9a-10→^{4}IM10→^{4}TS10-11→^{4}IM11→^{4}IM12a

C 路径：^{4}IM1→^{4}TS1-2→^{4}IM2→^{4}TS2-3→^{4}IM3→^{4}TS3-4→^{4}IM4→^{4}IM5→^{4}IM6a→^{4}TS6a-6→^{4}IM6→
^{4}TS6-7a→^{4}IM7a→^{4}TS7a-8→^{4}IM8→^{4}IM9b→^{4}TS9b-10b→^{4}IM10b→^{4}TS10b-11→^{4}IM11→^{4}IM12

D 路径：^{4}IM1→^{4}TS1-2→^{4}IM2→^{4}TS2-3→^{4}IM3→^{4}TS3-4→^{4}IM4→^{4}IM5→^{4}TM6a→^{4}TS6a-6→^{4}IM6→
^{4}TS6-7a→^{4}IM7a→^{4}TS7a-8b→^{4}IM8b→^{4}IM9a→^{4}TS9a-10a→^{4}TM10a→^{4}TS10a-11a→^{4}IM11a→^{4}IM12

E 路径：^{4}IM1→^{4}TS1-2→^{4}IM2→^{4}TS2-3→^{4}IM3→^{4}TS3-4→^{4}IM4→^{4}IM5→^{4}IM6a→^{4}TS6a-6→^{4}IM6→
^{4}TS6-8→^{4}IM8→^{4}IM9b→^{4}TS9b-9→^{4}TS9-10→^{4}IM10→^{4}TS10-11→^{4}IM11→^{4}IM12a)

表 5-6   过渡态和中间体 Gibbs 自由能   （kcal/mol）

参数	IM1	IM2	IM3	IM4	IM6	IM7	IM8	IM10b	IM11	IM13a
ΔG	0.00	-5.14	5.33	9.35	-22.90	-23.03	-17.88	0.06	-2.32	72.92
$X_{TDF,lj}$	0.00	6.144E-33	1.265E-40	1.425E-43	6.405E-20	7.978E-20	1.333E-23	9.275E-37	1.00	6.575E-56

参数	Pt$^+$ + CH$_4$	TS1-2	TS2-3	TS3-4	TS6-7	TS7-8	TS9-10b	TS10b-11	TS13-13a	
ΔG	26.17	15.49	10.98	13.18	1.95	-5.15	16.69	21.52	115.71	
$X_{TOF,Ti}$	3.305E-51	8.754E-62	4.310E-62	1.770E-60	1.027E-68	3.537E-74	6.155E-62	8.460E-70	1.00	

注：1cal = 4.1868J。

整个反应路径较多，反应过程较为复杂，反应路径如图 5-15 所示。

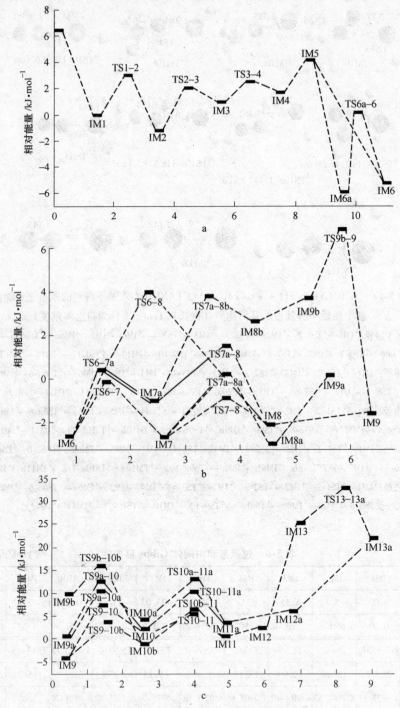

图 5-15   Pt$^+$ 催化 CH$_4$ 和 NH$_3$ 的反应路径图

Pt$^+$催化 CH$_4$ 和 NH$_3$ 的反应是从 Pt$^+$ 与 CH$_4$ 的耦合开始的。Pt$^+$ 与 CH$_4$ 首先形成第一个中间体 IM1，初步活化了 CH$_4$ 中的 C—H 键，之后 CH$_4$ 中的 H 逐步向 Pt$^+$上转移，经过多步反应，脱去一分子 H$_2$ 形成中间体 IM5［Pt(CH$_2$)$^+$］。到 IM5 为止，反应的第一步已经完成，在该部分反应中，Pt$^+$ 活化了甲烷中的 C—H 键，使其脱去一分子 H$_2$，形成重要的中间体 IM5。整个过程反应速率较快，从图 5-15a 中可以看出反应势能面较为平坦，活化能较低。IM5 是第二步反应的反应物，NH$_3$ 与 Pt(CH$_2$)$^+$ 形成新的中间体，NH$_3$ 对 Pt(CH$_2$)$^+$ 的进攻方式有两种，如图 5-16 所示，一种是从 Pt(CH$_2$)$^+$ 的端位进攻，形成中间 IM6a；另一种是从 Pt(CH$_2$)$^+$ 平面的上方进攻，形成中间体 IM6，通过计算发现虽然 IM6a 的能量 −121.63kJ/mol(−29.05kcal/mol)略低于 IM6 的能量 −109.28kJ/mol(−26.10kcal/mol)，但在后续反应中 IM6a 不能直接形成下一步的中间体，而是经过渡态 TS6a-6 转变为 IM6 进行后面的反应。

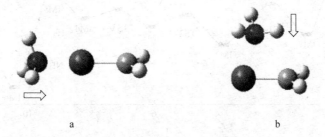

图 5-16　NH$_3$ 进攻 Pt(CH$_2$)$^+$ 的两种方式

a—从 Pt(CH$_2$)$^+$ 的端位进攻，形成中间 IM6a；

b—从 Pt(CH$_2$)$^+$ 平面的上方进攻，形成中间体 IM6

从 IM6 开始，反应经过多步 H 原子转移，脱去两分子 H$_2$，最终形成产物 HCN。在这部分反应中，由于每个 H 原子在转移时都存在两个或两个以上的转移方向，使得该部分反应路径较多，如图 5-15b、c 所示。从图 5-15 中可以看出 IM6 上共有 5 个 H 原子，分为两种，从 IM6 形成下一个中间体时，H 原子的转移方向有 3 个：N 原子上的一个 H 转移到 Pt$^+$ 上，形成 IM7，此过程经过过渡态 TS6-7，所需能量为 102.95kJ/mol (24.59kcal/mol)；C 原子上的一个 H 转移到 Pt$^+$ 形成 IM7a，该过程经过过渡态 TS6-7a，所需能量为 118.74kJ/mol (28.36kcal/mol)，略高于 N 原子上 H 转移时所需的能量；N 原子上的一个 H 原子和 C 原子上的一个 H 原子同时转移，脱去一分子 H$_2$，经过过渡态 TS6-8 形成 IM8，该过程所需能量较高 281.60kJ/mol (67.26kcal/mol)。综上所述，IM6 经过渡态 TS6-7 形成 IM7 为该步反应的主要路径。

在上述过程中，IM7 的形成为主要路径，IM7a 的形成是次要路径。结合图 5-15b 可知，IM7 和 IM7a 中一个 H 原子转移时各有两个转移方向，IM7 经过

TS7-8、TS7-8a 形成中间体 IM8、IM8a，虽然 IM8a 的能量低于 IM8，但由于 TS7-8a 的能量高于 TS7-8，形成 IM8a 所需活化能较高，因此 IM8 的形成为主要路径。用同样的方法对其余的中间体和过渡态进行分析，可以得到最低能量路径，

$Pt^+ + CH_4 \rightarrow IM1 \rightarrow TS1\text{-}2 \rightarrow IM2 \rightarrow TS2\text{-}3 \rightarrow IM3 \rightarrow TS3\text{-}4 \rightarrow IM4 \rightarrow IM5 \rightarrow IM6 \rightarrow TS6\text{-}7 \rightarrow IM7 \rightarrow TS7\text{-}8 \rightarrow IM8 \rightarrow IM9 \rightarrow TS9\text{-}10b \rightarrow IM10b \rightarrow TS10b\text{-}11 \rightarrow IM11 \rightarrow IM12 \rightarrow IM13 \rightarrow TS13\text{-}13a \rightarrow IM13a$，其势能面如图 5-17 所示，从图中我们可以清楚地看到，该路

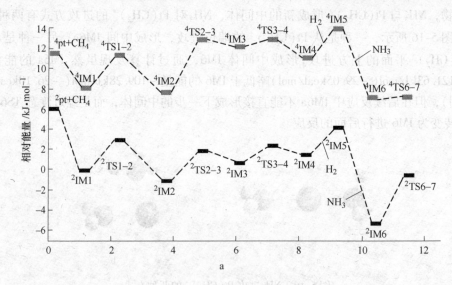

a

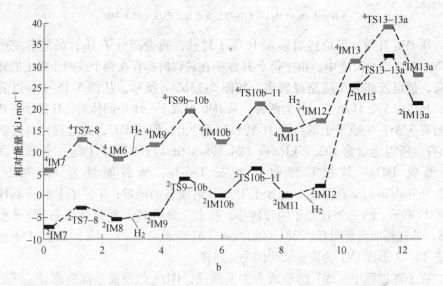

b

图 5-17　Pt^+ 催化 CH_4 和 NH_3 反应生成 HCN 和 H 的最低能量路径势能面图

径的反应始终在一个势能面上进行，并没有出现不同势能面的交叉现象。整个过程能量相差都不大，势能面较为平稳，然而在 IM12 到 IM13 处能量突然升高，这一步是 Pt^+ 和 CNH 分子分离的过程，该过程需要的能量很大，分离时吸收的能量为 321.59kJ/mol（76.81kcal/mol）。四重态的反应过程与二重态反应过程类似，此处不再重复讨论。

经典稳态法中认为催化循环速率大小取决于活化能最大的基元决速步骤，而能量跨度模型则认为在一个催化循环中，每个中间体和过渡态的 Gibbs 自由能可对总速率都产生影响，起决定作用的是催化循环过程中 Gibbs 自由能最高的 TDTS 和最低的 TDI，并且 TDTS 与 TDI 不一定相邻，其理论核心是催化循环速率大小由 TDTS 与 TDI 态间的自由能差值（能量跨度 δ_E）来决定，能量跨度 δ_E 可视为多步催化反应的表观活化能。

对于 Pt^+ 催化 CH_4 和 NH_3 的反应，上文已经讨论过该反应是发生在二重态单一势能面上的绝热反应，整个反应过程路径较多，本书选取其中能量最低路径讨论其 TOF，该路径共有 8 个过渡态，14 个中间体，在 IM5 与 NH3 形成复合物 IM6 时，整个体系能量降低，产生 H_2 时，体系能量略有升高，为了方便数据处理文中将初始反应物作为第一个过渡态处理，将 IM6 作为过渡态 TS3-4 之后的中间体，将 TS9-10b 和 TS13-13a 分别为 IM8 和 IM11 之后的过渡态。反应中各驻点的 Gibbs 自由能如图 5-18 所示。

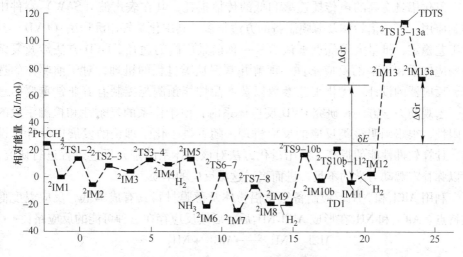

图 5-18　Pt^+ 催化 CH_4 和 NH_3 反应低能路径的 Gibbs 自由能图

通过图 5-18 可以清楚的看到 2TS13-13a 是能量最高的过渡态，2IM7 是能量最低的中间体，整个反应为吸热反应，$\Delta G_r = 195.73$kJ/mol（46.75kcal/mol），根据能量跨度模型能量最高的过渡态是 TDTS，能量最低的中间体是 TDI，计算各个中间体和过渡态的控制度 X_{TOF}（见表 5-6）发现 $X_{TOF,T13-13a} \approx 1$，$X_{TOF,I11} \approx 1$，其他过渡态和中间体的 X_{TOF} 接近 0，计算结果显示 ^{2}TS13-13a 和 ^{2}IM11 是决定催化速率大小的决速态，这与从图中看到能量最低的中间体并不相符，经过讨论，我们认为在 IM11 之前，反应势能面比较平坦，反应活化能较小，而 IM11 之后，连续 3 步都是吸热过程，且反应活化能较高（IM12 和 IM13 之间能差为 381.25kJ/mol（91.06kcal/mol）），因此虽然 IM7 的能量低于 IM11，但对于整个反应的影响较大，故 IM11 为决速中间体。反应是吸热反应，能量跨度（或表观活化能）值太大 298.44kJ/mol（$\delta_E = 71.28$kcal/mol），可以得到整个反应的 TOF 为 -3.4798×10^{-40} s^{-1}。由前分析可见，该催化反应中 IM12 [Pt(CNH)$^+$] 到 IM13 [CNH] 是 Pt$^+$ 和 CNH 分离的过程，该过程需要的能量很大 381.25kJ/mol（91.06kcal/mol），使得整个体系能量在 IM13 处能量升高，能量跨度 δ_E 增大，TOF 急剧减小。可以预测反应中的最后一步 Pt(CNH)$^+$ 中 Pt$^+$ 和 CNH 的分离是一个速率极慢的反应过程。

　　298K 时各过渡态和中间体 Gibbs 自由能（ΔG，单位：kcal/mol）的控制度（X_{TOF}），T_i 和 I_j 对应处的数值为 $\exp [(T_i - I_j - \Delta G_{ij})/RT]$ 的值，表中数据用科学计数法表示，如 6.144E-33 表示 6.144×10^{-33}。

5.3.3　NH$_3$ 与金属反应机理的研究

5.3.3.1　AlCl$_3$ + NH$_3$ 反应体系起始反应的量子化学计算

　　氮化铝具有高的声传播速率和低的传播损耗，其在表声波（SAW）器件中得到应用。氮化铝粉体及薄膜制备的方法很多，其中化学气相沉积法（CVD）具有工艺稳定，批量大等优点被认为是一种前景广阔的途径。CVD 方法涉及复杂的反应体系和极端的反应条件，理解并掌握这类过程的机理，对于前驱体的选择、反应器的设计、优化工艺参数以及产品性能预测与控制有着非常重要的意义。宏观动力学方法在研究 CVD 反应体系时，由于体系的复杂性和检测手段的有限性，很难阐明该类反应的反应机理。随着量子化学理论的发展以及计算设备、计算软件性能的提高，利用量化方法对该类体系的基元反应过程进行研究，可以弥补宏观动力学的不足，进而揭示这类反应的本质。

　　利用 AlCl$_3$ 和 NH$_3$ 反应制备氮化铝粉体及薄膜材料具有成本低、反应温度低等特点。AlCl$_3$ 和 NH$_3$ 在形成 AlCl$_3$NH$_3$ 后，后续反应存在三种可能的反应路径：

$$AlCl_3 + NH_3 \longrightarrow AlCl_2 + NH_2 \quad \cdots$$

$$AlCl_3 + NH_3 \longrightarrow AlCl_3NH_3 \longrightarrow AlCl_2NH_2 \quad \cdots$$

$$AlCl_3NH_3 : NH_3 \longrightarrow 1/n(AlCl_2NH_2)_n \quad \cdots$$

由以上反应路径可知：$AlCl_3$ 升华后和氨气混合，首先生成 $AlCl_3NH_3$，即发生反应（R1）：

$$AlCl_3 + NH_3 \longrightarrow AlCl_3NH_3 \qquad (R1)$$

$$AlCl_3NH_3 \longrightarrow AlCl_3 + NH_3 \qquad (R2)$$

$$AlCl_3NH_3 \longrightarrow AlCl_2NH_2 + HCl \qquad (R3)$$

$$AlCl_3NH_3 + NH_3 \longrightarrow AlCl_3NH_3 : NH_3 \qquad (R4)$$

$AlCl_3$ 与 NH_3 将按照三个方向（R2～R4）继续反应，并最终生成氮化铝材料及相关的副产物。采用密度泛函理论 B3LYP 理论方法，使用 6-311++G 基组，对 R1～R4 的各种反应物、产物进行几何结构优化和振动频率分析。

得到的结论是：在利用 $AlCl_3 + NH_3$ 反应体系制备氮化铝时，反应 R1 为最初的反应。随着反应的进行，将按照（R2～R4）三种机理进行。

机理 1： 反应 R2 是反应 R1 的逆反应。在温度较低的条件下，R1 占优势。温度渐高，$AlCl_3NH_3$ 的分解过程变得显著，$AlCl_3$ 和 NH_3 分别形成 $AlCl_2$ 和 NH_2，并进而生成 $AlCl_2NH_3$。

机理 2： R3 是 $AlCl_3NH_3$ 脱去 HCl 的过程。该反应为吸热反应，需要较高的能量（-391.8kJ/mol），因此在常温下速率常数很小（5.1×10^{-50} s^{-1}）。不同的计算结果差别较大，Timoshkin 等计算的结果为 200.9kJ/mol，而 Okamoto 等计算的结果为 -118.49kJ/mol，造成这种差别的原因还有待进一步分析。

机理 3： 反应 R4 为 $AlCl_3NH_3$ 和 NH_3 形成聚合物 $AlCl_3NH_3:NH_3$ 的过程，代表团簇形成的开端。这里的能量变化为 -59.33kJ/mol，为吸热过程。Okamoto 等考虑 $AlCl_3$ 和两个 NH_3 分子的反应，得到等 Al—N 键长的 $AlCl_3:(NH_3)_2$，反应中能量的变化值为 113kJ/mol。

5.3.3.2 NH_3 吸附于 Pt(111) 面的有限簇模型理论

各种实验手段都可用于对其研究，包括热脱附（TDS）、紫外光谱（uPs）、X 射线谱（XPS）以及电子能量损失谱（EELS）等。这些研究使我们知道 NH_3 以两种形式吸附在 Pt 上 α-NH_3 和 β-NH_3。在低覆盖度下，NH_3 分子吸附在 Pt 表面时 N 原子接近表面，其 C3 轴垂直于表面。虽然对 NH_3 吸附于 Pt 表面有一定的认识，可对吸附位的指认却仍然是一个有争议的问题，最早的电子能量损失谱分析表面 NH_3 吸附于 Pt 表面的光谱中 V（Pt-N）的信号较弱，并由此推测吸附 NH_3 位于一个深而平的势阱中，也就是说位于穴位（fcc 或 hcp），然而理论上指出 Pt 表面的穴位有较高的电子密度，对于 NH_3 这种电子给予体来说，吸附于该处就意味着较高的排斥能。采用有限簇模型的密度泛函方法对在低覆盖度下 NH_3 吸附于 Pt(111) 进行了构型优化和振动频率分析，计算结果表明，吸附位的稳定性顺序为 atop > bridge > fcc > hcp。对结构参数键长 R（H—N）、R（N—surf）和键角 A（HNH）的分析表明：键角 A（HNH）随能量的升高而逐渐变化，表明吸附能的变化与 sp³ 杂化的程度一致；键长 R（N—H）的变化是 N 与表面的排斥作用和 N 与 H 相互作用的共同结果，故它不与吸附能直接相关；氨与 Pt(111) 面的距离（N-surf）的变化与稳定性一致。

5.4   量子化学计算在胺类控制研究中的应用

5.4.1   N-乙基全氟磺酰胺与 OH 的氧化反应机理

N-乙基全氟磺酰胺（FSAs）的分子通式为 $F(CF_2)_nSO_2NR_1R_2$。由于具有疏水疏油性，被广泛用于含氟表面活性剂（布、皮革、家居装饰材料等）的合成、生活用品（如包装纸、假牙清洗剂和洗发剂等）和杀虫剂等的制造。2000 年，考虑到全氟辛基化合物（包括全氟辛磺酸盐 PFOS 和全氟辛磺酸胺）的持久性、分布广泛性、毒性以及生物累积性，3M 公司宣布停止生产这类化合物。现在一些国家开始使用全氟丁基和全氟己基来代替全氟辛基化合物合成生产含氟表面活性剂，但是具体的产量没有。另外，N-乙基全氟辛磺酸（NEtFOSA，$C_8F_{17}SO_2$ $NHCH_2CH_3$），通常被称为氟虫胺，主要用于杀灭蟑螂、白蚁和蚂蚁等，现今仍有生产并使用。由于 FSAs 与聚合物之间没有键合，很不稳定，因此在制造、使用和处理相关产品的过程中，这些没有化学键约束的残留物有可能脱离并进入到大气中。气态的 FSAs 在大气中的去除和转化过程包括干湿沉降和与 OH、NO_3 和 O_3 等自由基和分子发生反应。根据水溶性、蒸汽压和亨利系数的数据分析表明该类化合物在大气的干湿沉降也不是重要的去除过程，因此 FSAs 进入大气后主要与 OH 自由基发生反应并从大气中清除。但是可能生成全氟磺酰胺酸、全氟磺酰胺酮等二次污染物，并且最终转化成 PFCAs 和 PFSAs，造成偏远地区的污染。目前利用实验对 N-乙基全氟丁烷基磺酰胺的研究较少，且实验中仍然存在一些没有解决的难题。理论计算的方法可以提供准确的反应势能面与反应中间体和过渡态的结构，这不仅适合判断反应的可行性，也能得出实验中难以得到的结论。

5.4.1.1   反应机理

NEtFBSA、NEtFHxSA 和 NEtFOSA 属于饱和的仲胺，且含有磺酰基-SOO-。OH 自由基是强亲核试剂，关于 OH 自由基直接加成到 S=O 键生成全氟磺酸能否在大气中自主发生一直存在争议。图 5-19 描述了 OH 自由基引发的 N-乙基全氟磺酰胺在大气中的反应机理，包括氢抽提反应和 SN2 取代反应。SN2 取代反应，有两种进攻方式，如图 5-19 所示，但是计算结果显示两种加成途径高达 125.23kJ/mol（29.91kcal/mol）和 114.84kJ/mol（27.43kcal/mol）、在普通的大气环境中难以发生。因此，这种通过 OH 自由基取代直接生成全氟磺酸的猜想是不准确的。OH 自由基引发的气相反应机理是直接的氧抽提反应。

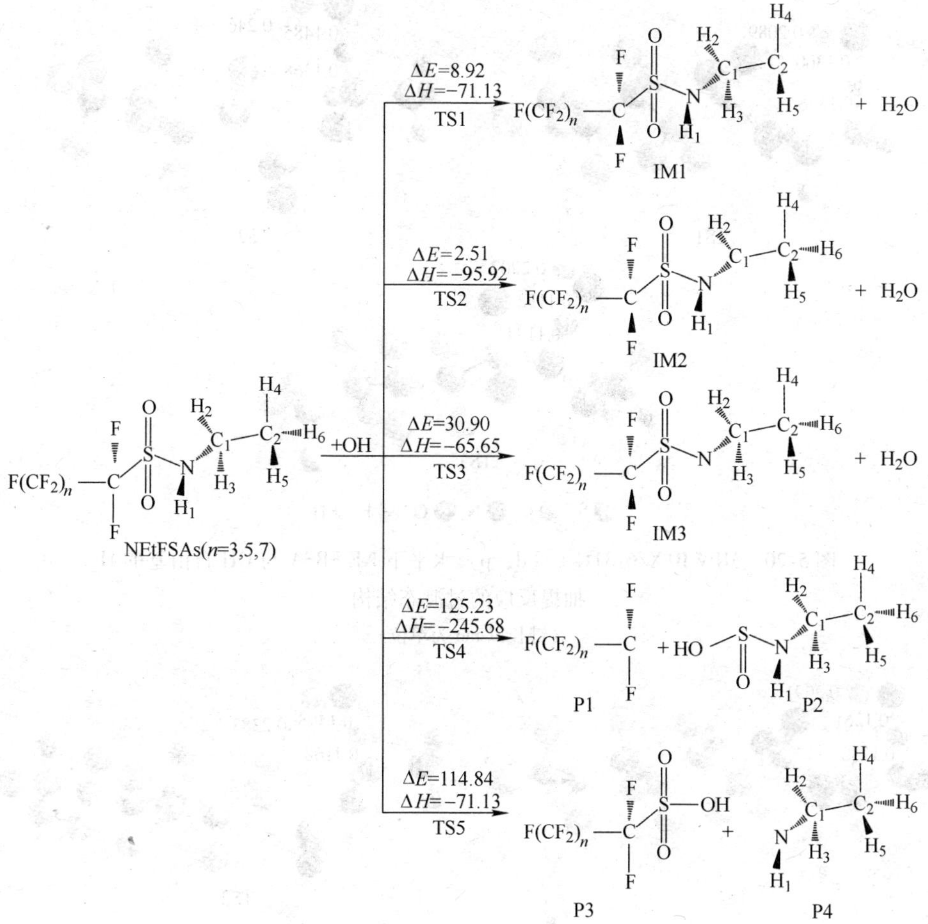

图 5-19　OH 自由基引发的 NEtFBSA、NEtFHxSA 和 NEtFOSA 在大气中的反应机理
（ΔE：势垒，kJ/mol；ΔH：反应热，0K，kJ/mol）

为了叙述方便，此处将分子中 C 原子进行了标记，—CH_2—中的 C 标记为
$C1$，—CH_3基团中的 C 标记为 $C2$。FSAs 中存在两种不同的 H 原子：—NH—基团
中的 H 原子、—CH_2—基团中的 H 原子和—CH_3 基团中的 H 原子，因此存在着
三种抽提通道。三种反应体系 H 抽提反应过渡态的结构如图 5-20 ~ 图 5-22 所示。
每一个过渡态结构中都存在一个分子内氧键，不同的是，TS1 和 TS3 中是 OH 自
由基中的 H 原子和邻近的 O 原子之间形成氢键，而在 TS2 中是和邻近的 F 原子
形成氢键。结果显示，抽提—CH_2—基团中的 H 能量最低，比抽提—NH—和
—CH_3基团中的氢能垒要低 28.39kJ/mol（6.78kcal/mol）和 6.41kJ/mol（1.53kcal/
mol），因此—CH_2—基团上的 H 抽提通道在大气中最容易发生。三种抽提过程均
是强放热过程。

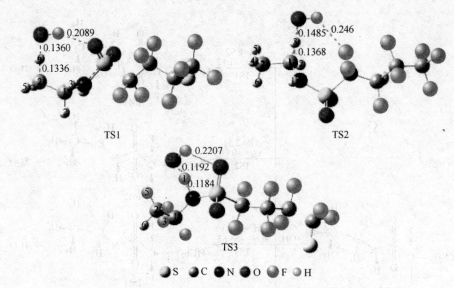

图 5-20   MPWB1X/6-31G + (d, p) 水平下 NEtFBSA 与 OH 自由基的 H
抽提反应的过渡态结构

（键长以 nm 为单位）

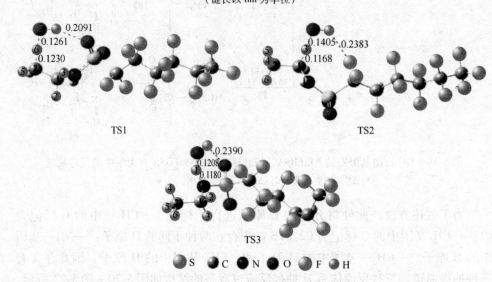

图 5-21   MPWB1K/6-31G + (d, p) 水平下 NBFHxSA 与 OH 自由基的 H
抽提反应的过渡态结构

（键长以 nm 为单位）

5.4.1.2   二级反应

IM1 和 IM2 是烷基自由基，可以进一步被 O_2/NO 氧化而从大气中清除。同样的，先是与 O_2 加成生成有机过氧自由基、有机过氧自由基与 NO 的反应、O—

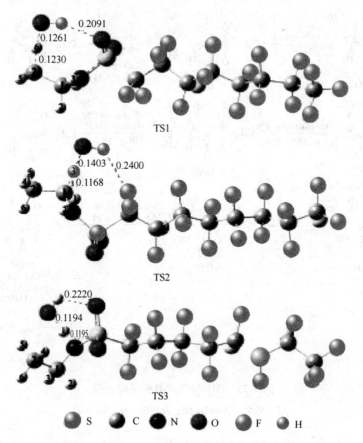

图 5-22 MPWB1Ky6-31G + (d, p) 水平下 NEtFOSA 与 OH 自由基的
H 抽提反应的过渡态结构

（键长以 nm 为单位）

ONO 键断裂生成烷氧自由基和 NO_2，如图 5-23 和图 5-24 所示。所有的 O_2 和 NO
加成过程都是强放热、无垒过程。IM1 经过与 O_2/NO 反应生成的烷氧自由基 IM6
可以与 O_2 反应，生成相应的全氟磺酰胺醛 P5 和 HO_2，能垒是 74.44kJ/mol
(17.78kcal/mol)、放热 184.93kJ/mol （44.17kcal/mol）。也可以进行键解离过
程，C1—C2 键断裂释放出甲醛产生自由基 IM7，能垒 69.58kJ/mol (16.62kcal/
mol)，这一过程与 O_2 抽提过程能垒相当，两步反应互相竞争。IM7 与 IM6 类似，
随后继续与大气中的 O_2/NO 反应，主要产物是醛 P2，分析能量数据显示上述过
程在大气中是可行的反应途径。

同样的，IM2 自由基经过与 O_2/NO 反应过程，形成的烷氧自由基 IM13 有三
条反应通道，一条反应通道是 O_2 的 H 抽提过程生成产物酮 P7 和 HO_2，能垒是
51.46kJ/mol (12.29kcal/mol)，放热 237.85kJ/mol (56.81kcal/mol)。第二条反应

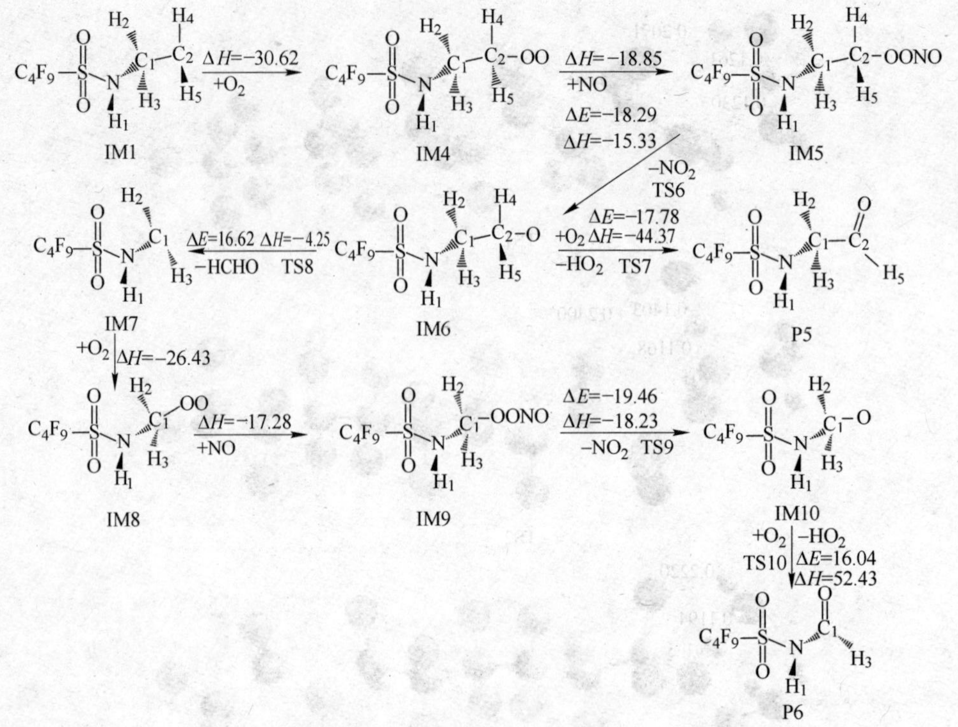

图 5-23　IM1 与 O₂/NO 的反应过程

（ΔE：势垒，kJ/mol；ΔH：反应热，0K，kJ/mol）

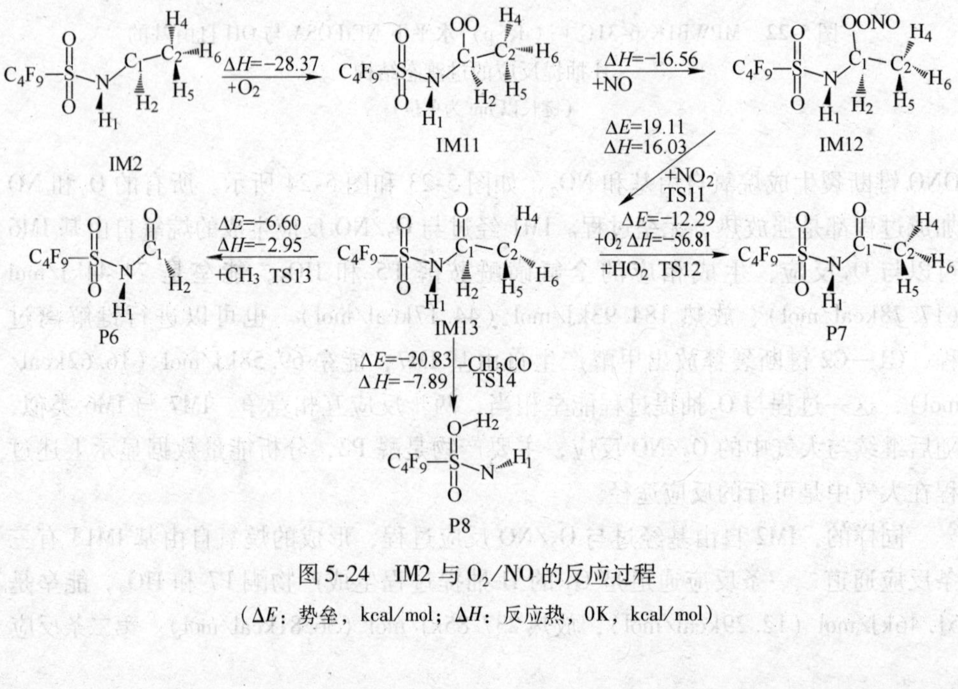

图 5-24　IM2 与 O₂/NO 的反应过程

（ΔE：势垒，kcal/mol；ΔH：反应热，0K，kcal/mol）

通道是 C1—C2 键的断裂生成酸 P6 和甲基自由基，能垒是 27.63kJ/mol（6.60kcal/mol），放热 12.35kJ/mol（2.95kcal/mol），这一过程同样可以生成产物醛 P6，势垒很低，典型的大气条件下反应可行，补充了实验数据。第三条是自由基 IM13 中的 N—C1 键断裂，与其他两条反应通道相比，需要跨越较高的能垒，大约是 87.21kJ/mol（20.83kcal/mol），在大气中不容易发生，因此这一过程可忽略不计。综上所述，中间体 IM1 和 IM2 经过与 O_2/NO 反应的主要产物是 P5（$C_4F_9SO_2NHCH_2CHO$）、P6（$C_4F_9SO_2NHCHO$）和 P7（$C_4F_9SO_2NHC(O)CH_3$）等全氟磺酰胺醛、全氟磺酰胺酮二次污染物，与实验结果相符。

5.4.2　二甲胺与亚硝酸反应生成 N，N-二甲基亚硝胺的理论研究

N，N-二甲基亚硝胺（NDMA）是亚硝基类化合物的一种，具有很强的动物致癌性和致突变性。通常 NDMA 是由广泛存在于环境中的二甲胺（DMA）和亚硝酸盐作用形成的。碱性条件下，对于 DMA 与 ONO 作用，一般认为需要催化剂，如甲醛、三氯乙醛、自由氯等。对亚硝酸与 DMA 反应生成 NDMA 的微观反应机理进行了研究，以从理论上提供参考。

利用量子化学计算方法在 CCSD/6-311 + G（d，P）//B3LYP/6-311 + G（d，p）水平上研究 DMA 与亚硝酸反应生成 NDMA 的反应机理。计算结果表明，DMA 与 HONO 直接反应时，其一步机理的活化能在气相中和水溶液中分别为 169～170 和132～143kJ/mol，分别比分步机理的低 80～95 和 76～82kJ/mol，所以一步机理是 DMA 与亚硝酸直接反应的主要途径，而 DMA 与亚硝酸的间接反应途径中，包括活性中间体 N_2O_3 的生成核 N_2O_3 亚硝化 DMA 两个过程。其中第一步的主要产物是以 $ONNO_2$ 构型存在的 N_2O_3，这一步的活化能约为 114～118kJ/mol，要比第二步 $ONNO_2$ 亚硝化 DMA 的势垒高 103～108kJ/mol，所以 DMA 与亚硝酸间接反应过程中两分子亚硝酸生成活性中间体 $ONNO_2$ 的过程是控速步骤。又由于间接反应的反应势垒（在气相和水中分别为 114～118kJ/mol 和 73～79kJ/mol）比直接反应的势垒（为 169～170kJ/mol 和 132～143kJ/mol）要低，所以在 DMA 与亚硝酸反应生成 $NDNO_2$ 后亚硝化 DMA 的途径为主要途径，这与试验中 NDMA 的生产速率与亚硝酸的浓度的平方成正比的结论是一致的。

5.4.3　N，N-二甲基乙酰胺与醇分子间相互作用的理论研究

在 B3LYP/6-311 + G∗ 水平上计算得到乙醇、丙醇、丁醇和戊醇分子单体中 O—H 键长分别是 0.0960nm/0.0964nm 和 0.0964nm，C—O—H 键角均为 109.5°；N，N-二甲基乙酰胺单体中 C＝O 键长是 0.1207nm，C—C—N 键角是 115.5°。优化所得的氢键复合物构型如图 5-25 所示。

如图 5-25 所示，O—H…O＝C 氢键的形成使 O—H 和 C＝O 中的 O 原子相

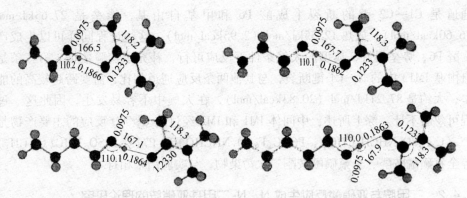

图 5-25　醇与 N，N-二甲基乙酰胺分子间的氢键结构

互靠近，形成分子间氢键，从而引起醇分子中 C—O—H 键角和 N，N-二甲基乙酰胺中 C—C—N 键角增大，但不明显。一般来说，氢键键长越短，所成的角度越接近于直线，氢键的强度越大。所有复合物的 H⋯O 键长均在 0.186nm 左右，键角均在 167° 左右，接近于直线，属于典型的 H⋯O 氢键。说明醇和 N，N-二甲基乙酰胺分子间能够形成较强的氢键，醇分子碳数的增加，对结果无影响。

　　表 5-7 给出在 B3YLP/6-311 + G ∗ 水平上计算所得 1:1 氢键复合的相互作用能、焓变、熵变和自由能变。经基组重叠误差（BSSE）和零点振动能（ZPE）矫正后，相互作用能为 – 96. 21 ~ 96. 48kJ/mol，说明醇和 N，N-二甲基乙酰胺形成的氢键复合物具有较高的稳定性。在标准状态下，由气相醇和 N，N-二甲基乙酰胺形成气相复合物的过程是一个放热、熵减的自发过程。醇中碳数的增加对结果几乎不产生影响。

　　表 5-7 复合物的相互作用能 ΔE，校正的相互作用能 $\Delta E'$ 和 $\Delta E''$，焓变 ΔH，熵变 ΔS，自由能变 ΔG 和偶极矩 μ。

表 5-7　复合物间相互作用能、焓变、熵变及自由能变

物质	$\Delta E/kJ \cdot mol^{-1}$	$\Delta E'/kJ \cdot mol^{-1}$	$\Delta E''/kJ \cdot mol^{-1}$	$\Delta H/kJ \cdot mol^{-1}$	$\Delta S/kJ \cdot mol^{-1}$	$\Delta G/kJ \cdot mol^{-1}$	μ
C_2H_5OH	– 105. 99	– 104. 08	– 96. 21	– 91. 57	– 15. 29	– 72. 50	4. 9267
C_3H_7OH	– 105. 76	– 103. 94	– 96. 48	– 91. 63	– 16. 07	– 71. 56	5. 0325
C_4H_9OH	– 105. 63	– 103. 81	– 96. 46	– 91. 51	– 15. 26	– 72. 48	5. 0201
$C_5H_{11}OH$	– 105. 59	– 103. 79	– 96. 35	– 91. 43	– 17. 02	– 70. 20	5. 0926

注：$\Delta S = (S_{in})_{dimer} - (S_m)_{skobol} - (S_m)_{selamide}$；

　　$\Delta H = (H_m + E + ZPE)_{dimer} - (H_m + E + ZPE)_{alcobol} - (H_m + E + ZPE)_{actamide}$；

　　$\Delta G = \Delta H - T\Delta S$；

　　E 为电子能。

表5-8 甲酰胺在和高岭石作用前后的几何参数在理论与实验中的比较

几何参数[①]	Free FA		Si-FA-1	Al-FA-1	D-FA(ads)	K-FA-1	D-FA (int)	
	Calc.[②]	Calc.[③]	Calc.[②]	Calc.[②]	Calc.[③]	Calc.[②]	Exp.[④]	Calc.[②]
d(H-C)	1.1089	1.104	1.1086	1.1072	1.000	1.0927	—	1.092
d(H_{06}-N)	1.0089	1.013	1.0165	1.0098	1.015	1.0122	—	1.021
d(H_{05}-N)	1.0112	1.015	1.0144	1.0397	1.065	1.0247	—	1.042
d(C-N)	1.3621	1.367	1.3550	1.3411	1.338	1.3376	1.36	1.340
d(C=O)	1.2159	1.234	1.2249	1.2338	1.263	1.2457	1.20	1.272
α(H-C-O)	123.06	123.7	122.05	120.50	120.4	121.04	—	120.4
α(H_{06}-N-C)	121.86	121.8	119.07	119.33	120.3	118.29	—	119.8
α(H_{05}-N-C)	119.13	119.3	117.46	121.41	118.2	120.37	—	118.0
α(N-C-O)	125.00	125.4	125.99	125.93	125.0	125.29	113.5	123.8
γ(H_{06}-N-C-O)	180.00	−179.9	−161.63	−178.44	179.5	−179.36	—	−179.2

①在 B3LYP/6-31G (d) 水平下计算所得结果;

②在 B3LYP/6-31G (d) 水平下计算所得结果;

③在 B3LYP/3/21G 水平下计算所得结果;

④由实验数据计算所得结果。

为了更好地了解醇和 N，N-二甲基乙酰胺氢键复合物，对它们的振动光谱进行了考察，选取 H—O 键伸缩振动频率和 C ═ O 双键伸缩振动频率来进行说明。在 B3LYP/6-311 + G* 水平计算得到单体和复合物分子的特征频率（强度）和频率变化列表5-9 中。

表5-9 石岭石与甲酰胺作用前后的振动频率 (cm[−1])

振动类型	FA	AI-0	Si-FA-1	AI-FA-1	高岭石	K-FA-1
v_1, NH_2 伸缩振动	1061	—	1111	1115	—	1127
v_2, NH_2 剪切振动	1639	—	1680	1679	—	1641
v_3, CO 伸缩振动	1840	—	1814	1789	—	1748
v_4, CH 非对称伸缩振动	2962	—	2959	2977	—	3165
v_5, NH_2 非对称伸缩振动	3585	—	3524	3151	—	3391
v_6, NH_2 非对称伸缩振动	3717	—	3637	3655	—	3645
v_7, OH-_1 对称振动	—	3835	—	3797	3828	3731-3768
v_8, OH-_2 对称振动	—	3878	—	3872	3859	3542
v_9, OH-_3 对称振动	—	3864	—	3629	3859	3869
v_{10}, OH-_4 对称振动	—	3866	—	3872	3883	3863
v_{11}, OH-_5 对称振动	—	3822	—	3851	3772	3731-3768
v_{12}, OH-_6 对称振动	—	3665	—	3600	3717	3743

如表 5-9 所示，单体形成复合物时 O—H 和 C＝O 的伸缩振动频率均减小，说明 H…O 属于红移氢键，与上述内容一致。复合物中 O—H 和 C＝O 键的振动强度明显增加，这是由于氢键 O—H…O＝C 的形成使 O—H 和 C＝O 键的极性发生很大变化，导致氢键复合物分子偶极矩（见表 5-8）增大。由此可知，醇和 N，N-二甲基乙酰胺分子间形成了较强的 O—H…O＝C 红移氢键。O—H 和 C＝O 的伸缩振动频率及其强度不随醇分子碳数的增加而发生改变。

在 X—H…Y 氢键中，Y 原子的孤对电子对 X—H 的反键轨道的稳定化能是非常重要的，此作用能使电子转移的 X—H 反键轨道，X—H 反键轨道电子密度增加，导致 X—H 键伸长和振动频率红移。$n(Y)\rightarrow\sigma^*(X—H)$ 的稳定能越大，$\sigma^*(X—H)$ 电子密度增加越大，X—H 键伸长越明显。通过对复合物进行 NBO 自然键轨道分析得出，醇中碳数的改变对分子间相互作用的稳定化能几乎无影响。醇与 N，N-二甲基乙酰胺形成的 1:1 复合物氢键是 N，N-二甲基乙酰的羟基 O 原子上两对孤对电子与醇中羟基 O—H 反键轨道的相互作用，两对孤对电子与 O—H 反键轨道相互作用的稳定化能分别为 39.5kJ/mol 和 17.2kJ/mol 左右，这是由于电子轨道的伸展方向不同造成的。O 原子的孤对电子与 O—H 反键轨道相互作用的稳定化能较大，表明醇与 N，N-二甲基乙酰胺气相分子间存在强的氢键。

氢键的形成说明有一定量的电荷由电子供体转移到电子受体，1:1 复合发生电荷由 N，N-二甲基乙酰胺分子向醇分子转移，乙、丙、丁和戊醇转移的净电荷分别是 0.02283、0.02333、0.02313 和 0.02310。同时 N，N-二甲基乙酰胺分子内发生电荷由 N 原子向羰基转移重排，醇分子内发生电荷由羟基氢和碳原子向羟基氧原子的转移重排。醇中碳数的变化对净电荷的转移量影响很小。

综上所述，在 B3LYP/6-311＋G＊水平上对醇与 N，N-二甲基乙酰胺分子间相互作用进行的理论研究表明，气相中，醇与 N，N-二甲基乙酰胺分子能自发形成较强的 O—H…O＝C 红移氢键，醇分子中碳数的变化对所有计算结果几乎不产生影响。

5.4.4　酰胺分子与高岭石相互作用的理论研究

在黏土矿物中，高岭石是一种资源丰富的典型 1:1 型铝硅酸盐混合物。高岭石晶体由两层不同的结构组成，其中一层是 Si—O 四面体层（硅氧层），另一层为 Al—O 八面体层（铝氧层）。氧层中心的硅原子由氧原子围绕而铝氧层中的铝原子周围则是表面羟基，两层之间通过硅氧层表面的氧原子和铝氧层表面羟基形成的氢键以及范德华力连接。因高岭石本身具有电中性和层间没有其他物质，使得高岭石层间容易插入极性高的小分子物质。当高岭石与这些小分子物质相互作用时，层间原有的氢键断裂，而新的氢键分别在小分子物质和高岭石硅氧层、铝氧层之间形成，形成复合物的稳定性取决于氢键形成的能力。并且由于分子的插入使得高岭石在形成复合物之后的层间距增大。近年来，关于高岭石与其他小分子物质的研究因其广阔的应用前景而受到广泛关注。其中，高岭石有机插层复合物的研究尤为突出。高岭石有机插层复合物同时具有有机物的反应活性、多变官能团和高岭石本身具有的可塑性、吸附性、电绝缘性、多孔性和抗酸碱性。从而在催化剂、吸附剂、环境污染修复材料、非线性光学材料和有机纳米陶瓷材料等方面都得到了广泛的应用。因此，研究高岭石与有机物的相互作用具有很大的现实意义。

甲酰胺（FA）、乙酰胺（AA）、N-甲基甲酰胺（NMFA）、N-甲基乙酰胺（NMA）等酰胺小分子是容易插入高岭石层间的小分子物质，而且它们还可以被高岭石表面吸附。一些实验对插层高岭石以及其他黏土的结构参数进行了研究。实验中传统粉末衍射技术被用来研究它们的结构参数，但是氢键形成的位置没有准确的给出。与实验相比，理论方法不仅可以给出相互作用后分子的具体结构，而且还能够展现体系氢键形成的机理。本节主要运用量子化学的理论方法对酰胺分子（甲酰胺、乙酰胺、顺式-N-甲基甲酰胺、反式-N-甲基甲酰胺、顺式-N-甲基乙酰胺和反式-N-甲基乙酰胺等）和高岭石相互作用（包括单层吸附和层间相互作用）过程中氢键的形成以及酰胺分子和高岭石之间的关系进行了阐述。

5.4.4.1　甲酰胺与高岭石的相互作用

研究者运用 B3LYP/6-31G（d）的方法优化得到了高岭石与甲酰胺相互作用的各种不同的几何构型，如图 5-26～图 5-28 所示，相应的结构参数和相互作用能分别列于表 5-9 和表 5-10 中。

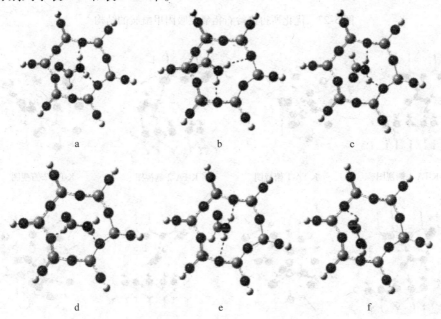

图 5-26　优化所得高岭石硅氧层表面吸附甲酰胺的结构
a—Si-FA-1；b—Si-FA-2；c—Si-FA-3；d—Si-FA-4；e—Si-FA-5；f—Si-FA-6

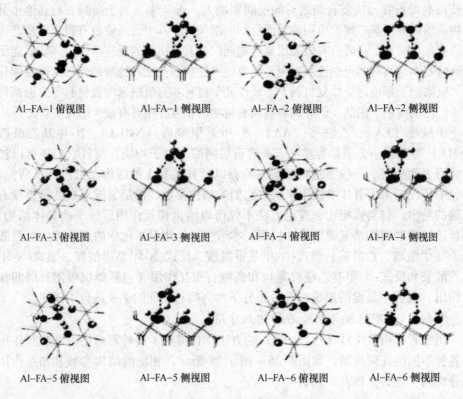

Al-FA-1 俯视图　　Al-FA-1 侧视图　　Al-FA-2 俯视图　　Al-FA-2 侧视图

Al-FA-3 俯视图　　Al-FA-3 侧视图　　Al-FA-4 俯视图　　Al-FA-4 侧视图

Al-FA-5 俯视图　　Al-FA-5 侧视图　　Al-FA-6 俯视图　　Al-FA-6 侧视图

图 5-27　优化所得高岭石铝氧层吸附甲酰胺的结构

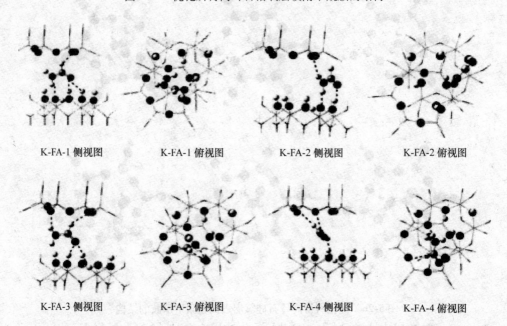

K-FA-1 侧视图　　K-FA-1 俯视图　　K-FA-2 侧视图　　K-FA-2 俯视图

K-FA-3 侧视图　　K-FA-3 俯视图　　K-FA-4 侧视图　　K-FA-4 俯视图

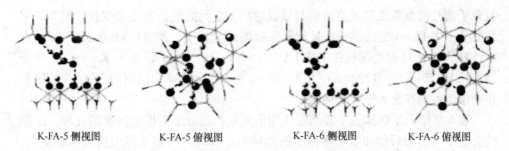

K-FA-5 侧视图　　　　K-FA-5 俯视图　　　　K-FA-6 侧视图　　　　K-FA-6 俯视图

图 5-28　优化所得高岭石/甲酰胺插层复合物结构

由图 5-26 可以看出，当高岭石硅氧表面层吸附甲酰胺时，甲酰胺分子中—NH$_2$ 或者—CH 基团上的氢原子会与硅氧层上的氧原子形成 N—H…O 或者 C—H…O 次级氢键，其中—NH$_2$ 和—CH 为质子给体。由结构 Si—FA—1 到 Si—FA—3 的相互作用能比 Si—FA—5（见表 5-9）可以看出，硅氧层上间位氧原子比对氧原子更易发生相互作用，而邻位氧原子则基本上不可能形成氢键。最低能量结构 Si—FA—1 形成两条 N—H…O 氢键，键长和键角分别为 0.21166nm、0.22857nm 和 167.21°/143.91°。

而与铝氧层相互作用时（见图 5-27），甲酰胺上羰基氧原子在确定甲酰胺和高岭石铝氧层的位置时起着非常重要的作用。羰基氧原子作为质子受体和铝氧层表面羟基（质子给体）形成一到两条 O—H…O 氢键。由于高岭石铝氧层表面羟基的灵活性，使得表面羟基既可以作为质子给体也可以作为质子受体。当它作为质子受体时，能够和甲酰胺氨基上的其中一个氢原子形成 N—H…O 氢键。最低能量结构 Al—FA—1 中形成的两条 O—H…O 交叉氢键的键长和键角分别为 0.19336nm，0.24363nm 和 162.45°，133.40°。另一条 N—H…O 氢键的键长和键角分别为 0.17671nm 和 173.12°。由键长和键角可知，该氢键较强。

优化所得高岭石/甲酰胺插层复合物体系的结构如图 5-28 所示，此时形成氢键的原子所起的作用和吸附体系相似。甲酰胺氨基上的两个氢原子和高岭石硅氧层形成两条 N—H…O 氢键，羰基氧原子则和高岭石铝氧层表面羟基上的氢原子形成一条 O—H…O 氢键。最低能量结构中的甲酰胺和高岭石层形成四条氢键。其中，羰基氧原子形成的两条 O—H…O 氢键的键长和键角分别为 0.18165nm，0.25173nm 和 163.53°，136.66°。另外两条氢键是甲酰胺中—NH$_2$ 和—CH 上的氢原子和高岭石铝氧层表面羟基上的氧原子形成的 N—H…O 氢键和 C—H…O 氢键，两条键的键长和键角分别为 0.18828nm，0.21877nm 和 164.16°，136.78°（见表 5-11）。

表 5-8 列出了甲酰胺单体和高岭石/甲酰胺相互作用体系中甲酰胺的几何参数。在 B3LYP/6-31G（d）水平下计算所得的甲酰胺中原子之间的键长比在 B3LYP/3/21G＊水平下计算所得的稍小。从表中数据可以看出，相互作用使甲酰

胺分子的几何参数尤其是直接参与成键的原子之间的键长发生了变化。例如，甲酰胺分子中 H—N 键的键长在被铝氧层吸附后变长了。用 B3LYP/6-31G（d）方法计算的 C＝O 键的键长在结构 FA、Si—FA—1、Al—FA—1 和 K—FA—1 中分别为 0.12159nm、0.12249nm、0.12338nm 和 0.12457nm。说明 C＝O 键的键长在插层体系的变化大于吸附体系。

　　表 5-9 给出了单体分子和相互作用形成复合物分子的振动频率的比较。甲酰胺分子中 NH_2 的对称和非对称伸缩振动频率在和高岭石相互作用后均明显减小，因为在相互作用的过程中，氨基中的氢原子和高岭石硅氧层表面氧原子及铝氧层表面羟基氧原子都能形成 N—H…O 氢键。FA、复合物 Si—FA—1、Al—FA—1 和 K—FA—1 中 CO 的振动频率分别为 $1840cm^{-1}$、$1814cm^{-1}$、$1789cm^{-1}$ 和 $1748cm^{-1}$。说明发生了红移，并且插层相互作用体系的变化值大于吸附体系的变化值。这是由甲酰胺中羰基氧原子和铝氧层表面羟基氢原子在相互作用过程中形成的 O—H…O 导致的。与此同时，在被高岭石铝氧层吸附时直接参与成键的 OH—1、OH—3 和 OH—6 的振动频率分别减少了 $38cm^{-1}$、$235cm^{-1}$ 和 $65cm^{-1}$。对于插层体系，和单体分子相比，复合物 K- FA-1 中 CH 的振动频率明显增大（$203cm^{-1}$）、OH—6 轻微增大（$26cm^{-1}$），而 OH—2 的振动频率明显减小（$317cm^{-1}$）、OH—5 轻微减小（$414cm^{-1}$）。结果表明形成的 C—H…O 氢键和其中一条 O—H…O 氢键使插层复合物体系能量增加，而 N—H…O 氢键和另一条 O—H…O 氢键使能量降低。但体系总体的能量是降低的。

　　运用密度泛函理论在 B3LYP/6-31G（d）水平上，对甲酰胺与高岭石的吸附和插层相互作用进行了研究，优化得到了一系列的几何构型。结果表明，不同类型的氢键在吸附和插层过程中形成以确定高岭石/甲酰胺体系中甲酰胺分子的位置和增强复合物的稳定性。甲酰胺中直接参与成键的原子之间的键长在和高岭石相互作用后变长。当高岭石硅氧层吸附甲酰胺时，甲酰胺氨基上的两个氢原子在和硅氧层中的氧原子作用时起最主要的作用。而当铝氧层吸附甲酰胺或者高岭石层间插入甲酰胺时，起关键作用的则是甲酰胺中的羰基氧原子。计算所得硅氧层吸附甲酰胺的相互作用能的绝对值小于铝氧层的吸附，单层吸附的相互作用能的绝对值小于插层相互作用能，说明高岭石铝氧层表面对甲酰胺的吸附作用强于硅氧层，且插层相互作用比单层吸附更稳定。此外，NBO 电荷和振动频率的变化也证明了甲酰胺分子和高岭石之间氢键的形成。例如，高岭石铝氧层中部分表面羟基振动频率在相互作用后的明显降低。

5.4.4.2　酰胺分子与高岭石的相互作用

　　研究者运用 B3LYP/6-31G（d）的方法优化得到了酰胺分子与高岭石相互作用各种不同的几何构型，其中相对最低能量结构的几何构型示于图 5-29 ~ 5-31 中，相应的结构参数和相互作用能分别列于表 5-10 和表 5-11 中。

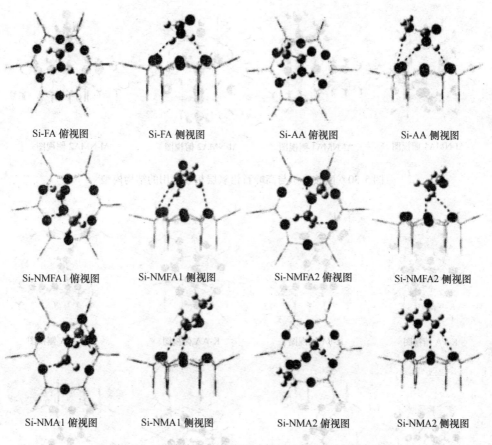

Si-FA 俯视图　　Si-FA 侧视图　　Si-AA 俯视图　　Si-AA 侧视图

Si-NMFA1 俯视图　Si-NMFA1 侧视图　Si-NMFA2 俯视图　Si-NMFA2 侧视图

Si-NMA1 俯视图　Si-NMA1 侧视图　Si-NMA2 俯视图　Si-NMA2 侧视图

图 5-29　酰胺分子与高岭石硅氧相互作用的结构模型

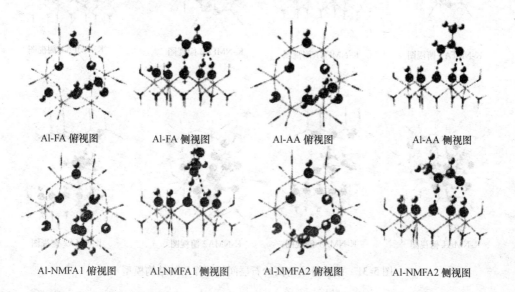

Al-FA 俯视图　　Al-FA 侧视图　　Al-AA 俯视图　　Al-AA 侧视图

Al-NMFA1 俯视图　Al-NMFA1 侧视图　Al-NMFA2 俯视图　Al-NMFA2 侧视图

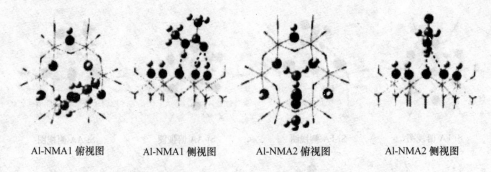

| Al-NMA1 俯视图 | Al-NMA1 侧视图 | Al-NMA2 俯视图 | Al-NMA2 侧视图 |

图 5-30　酰胺分子与高岭石铅氧层相互作用的结构模型

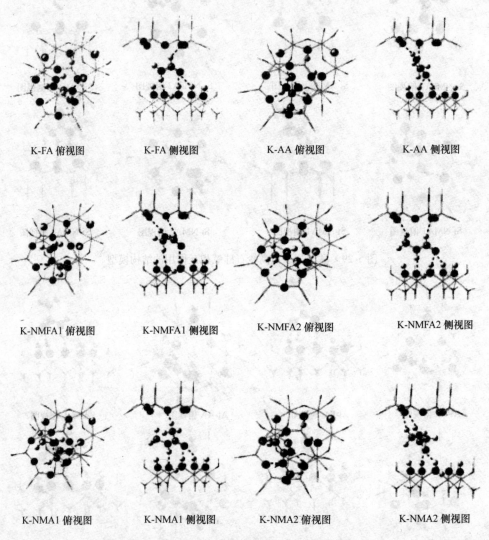

| K-FA 俯视图 | K-FA 侧视图 | K-AA 俯视图 | K-AA 侧视图 |

| K-NMFA1 俯视图 | K-NMFA1 侧视图 | K-NMFA2 俯视图 | K-NMFA2 侧视图 |

| K-NMA1 俯视图 | K-NMA1 侧视图 | K-NMA2 俯视图 | K-NMA2 侧视图 |

图 5-31　酰胺分子与高岭石层间相互作用的结构模型

表 5-10　高岭石表面吸附酰胺分子得到复合物中形成的氧键参数和相互作用能

结构	n	IE /kJ · mol^{-1} （kcal/mol）	IE_{ASES} /kJ · mol^{-1} （kcal/mol）	类型	$R(H \cdots Y)$/nm	$R(X \cdots Y)$ /nm	$\angle(XHY)$ /（°）
Si-FA	2	−58.7 （−14.02）	−40.61 （−9.70）	N—H⋯O N—H⋯O	0.21166 0.22857	0.31160 0.31624	167.21 143.91
Si-AA	3	−57.36 （−13.70）	−37.72 （−9.01）	C—H⋯O N—H⋯O N—H⋯O	0.25898 0.21951 0.22243	0.35374 0.31676 0.31498	144.24 159.84 151.08
Si-NMFA1	3	−51.04 （−12.19）	−38.06 （−9.09）	C—H⋯O N—H⋯O C—H⋯O	0.27063 0.21154 0.26546	0.36160 0.31171 0.35751	139.30 168.36 141.33
Si-NMFA2	2	−59.49 （−14.21）	−39.52 （−9.44）	N—H⋯O C—H⋯O	0.20402 0.28108	0.30117 0.37087	159.06 139.25
Si-NMA1	2	−54.18 （−12.94）	−35.63 （−8.51）	N—H⋯O C—H⋯O	0.20552 0.26993	0.30465 0.37340	164.92 168.21
Si-NMA2	3	−48.57 （−11.60）	−33.08 （−7.90）	C—H⋯O N—H⋯O C—H⋯O	0.26910 0.20269 0.27874	0.36227 0.30130 0.37991	142.65 163.26 153.39
Al-FA	3	−78.84 （−18.83）	−56.06 （−13.39）	N—H⋯O O—H⋯O O—H⋯O	0.17671 0.19336 0.24363	0.28021 0.28804 0.31803	173.12 162.45 133.40
Al-AA	3	−77.54 （−18.52）	−54.89 （−13.11）	N—H⋯O O—H⋯O O—H⋯O	0.17916 0.19101 0.24540	0.28270 0.28599 0.32041	176.44 163.14 134.10
Al-NMFA1	2	−50.0 （−11.94）	−35.25 （−8.42）	N—H⋯O C—H⋯O	0.18451 0.28914	0.28638 0.38151	170.26 140.70
Al-NMFA2	3	−81.98 （−19.58）	−59.16 （−14.13）	N—H⋯O O—H⋯O O—H⋯O	0.17844 0.19128 0.24688	0.28226 0.28630 0.32130	177.08 163.42 133.21
Al-NMA1	3	−77.92 （−18.61）	−52.88 （−12.63）	N—H⋯O O—H⋯O O—H⋯O	0.18124 0.19175 0.23352	0.28460 0.28633 0.31098	176.68 162.01 136.45
Al-NMA2	2	−53.3 （−12.73）	−33.83 （−8.08）	N—H⋯O C—H⋯O	0.18861 0.28673	0.29059 0.38357	175.63 147.55

表 5-11　高岭石与酰胺分子插层复合物中形成的氢键参数和相互作用能

结构	n	IE /kJ·mol^{-1} (kcal/mol)	IE_{ASES} /kJ·mol^{-1} (kcal/mol)	类型	R(H···Y)/nm	R(X···Y) /nm	∠(XHY) /(°)
K-FA	4	−102.24 (−24.42)	−62.97 (−15.04)	N—H···O	0.18838	0.28832	164.16
				O—H···O	0.18165	0.27715	163.53
				O—H···O	0.25173	0.32924	136.66
				C—H···O	0.21877	0.30764	136.78
K-AA	4	−101.95 (−24.35)	−62.26 (−14.87)	O—H···O	0.19058	0.28235	154.68
				O—H···O	0.20685	0.28937	141.38
				N—H···O	0.19954	0.29961	167.94
				N—H···O	0.23053	0.30936	133.76
K-NMFA1	4	−91.4 (−21.83)	−59.29 (−14.16)	C—H···O	0.24163	0.35021	171.82
				O—H···O	0.17965	0.27680	171.13
				N—H···O	0.22310	0.32396	171.36
				C—H···O	0.27086	0.34921	127.72
K-NMFA2	5	−111.91 (−26.73)	−75.03 (−17.92)	N—H···O	0.18875	0.29074	171.27
				O—H···O	0.19338	0.28559	156.48
				O—H···O	0.21637	0.30299	147.10
				C—H···O	0.25956	0.35832	150.13
				C—H···O	0.25443	0.35894	158.45
K-NMA1	4	−86.79 (−20.73)	−46.77 (−11.17)	N—H···O	0.19181	0.28591	151.53
				O—H···O	0.18411	0.27662	156.62
				O—H···O	0.22354	0.30703	143.00
				C—H···O	0.29833	0.39823	152.20
K-NMA2	4	−95.84 (−22.89)	−57.07 (−13.63)	O—H···O	0.21269	0.29612	142.82
				O—H···O	0.18072	0.27096	151.46
				N—H···O	0.21600	0.31734	175.98
				C—H···O	0.25764	0.35820	152.86

　　由图 5-29 可以看出，酰胺分子和高岭石硅氧层相互作用时，酰胺分子氨基上的氢原子会与硅氧层上的氧原子形成 N—H···O 氢键，与此同时甲基上的氢原子则和硅氧层中的氧原子形成 C—H···O 氢键，发生相互作用的氧原子多为间位或者邻位氧原子。形成的 N—H···O 和 C—H···O 氢键键长分别在 0.2~0.23nm 以及 0.25~0.29nm 之间，键角均在 139°~170° 之间（见表 5-10）。可见 C—H···O 相对较弱，为次级氢键。而与铝氧层相互作用时（见图 5-30），由于高岭石铝氧层表面羟基的灵活性，使得表面羟基上的氧原子能和酰胺分子氨基上的氢原子以及甲基上的氢原子形成 N—H···O 或者 C—H···O 氢键，羟基氢原子则易与酰胺分

子的羰基氧原子相互作用形成 O—H…O 氢键。并且当酰胺分子的氨基氢原子和羰基氧原子位于 C—N 键的同一侧时，能够同时形成一条 N—H…O 氢键和两条 O—H…O 氢键。此时的 N—H…O 氢键键长和键角分别在 0.17～0.19nm 和 170～180°之间，说明此氢键为强氢键。两条 O—H…O 氢键同时存在时，其中一条相对较强的键长、键角分别为 0.19nm 和 160°左右，另一条为 0.24nm 和 130°左右。而形成的 C—H…O 氢键的键长和键角则分别在 0.29nm 和 145°左右（见表 5-13），同样属于刺激氢键。

比较图 5-30 和图 5-29、图 5-28 得出，高岭石层间插入酰胺分子时，酰胺分子能同时和高岭石的硅氧层以及铝氧层相互作用，两者之间发生相互作用的位置和高岭石单层吸附酰胺分子类似，形成氢键类型相同、键长键角范围基本一致。

由上面图文所述可知，高岭石与酰胺分子相互作用形成的氢键中，N—H…O 和 O—H…O 氢键较强，而 C—H…O 氢键较弱，为次级氢键。当高岭石表面吸附酰胺分子时，除顺式—N—甲基甲酰胺外，其余酰胺分子与铝氧层相互作用能量的绝对值都大于硅氧层，说明铝氧层对于酰胺分子的吸附作用强于硅氧层。而酰胺分子与高岭石插层相互作用能量的绝对值则普遍高于单层吸附的值，即高岭石和酰胺分子的插层相互作用强于单层吸附作用。

高岭石硅氧层吸附酰胺分子形成复合物稳定性的顺序为 Si—FA > Si—NMFA$_2$ > Si—NMFAl > Si—AA > Si—NMAl > Si—NMA$_2$。铝氧层形成复合物的稳定性顺序为 Al—NMFA$_2$ > Al—FA > Al—AA > Al—NMAl > Al—NMFAl > Al—NMA$_2$。而高岭石插层复合物的稳定性顺序为 K—NMFA$_2$ > K—FA > K—AA > K—NMFAl > K—NMA$_2$ > K—NMAl。可以看出，铝氧层吸附和硅氧层吸附作用形成复合物的稳定性顺序有所不同，这是由于酰胺分子与硅氧层相互作用时，起主要作用的是形成的 N—H…O 氢键，而和铝氧层相互作用时，起主导作用的是 O—H…O 氢键，主要氢键的类型不同导致形成复合物稳定性的顺序也不再相同。而插层复合物的稳定性顺序和铝氧层吸附形成复合物的稳定性顺序基本一致，这是因为酰胺分子在高岭石层间更倾向于与铝氧层发生相互作用形成氢键，且形成的氢键作用强于硅氧层。而有不同的顺式—N—甲基甲酰胺和反式—N—甲基乙酰胺则是由于这两种分子在和铝氧层相互作用时羰基氧原子并未参与成键，而在层间时则参与形成 O—H…O 氢键，因此稳定性变强。

相互作用前后分子中官能团振动频率的比较列于表 5-12 和表 5-13 中。重点给出了酰胺分子上氨基（—NH$_2$）、羰基（—CO）、甲基（—CH$_3$）和高岭石铝氧层表面相互作用位点的六个羟基的平均振动频率。高岭石与酰胺分子的相互作用使得有关官能团的振动频率发生了相应的变化。甲酰胺分子中氨基的对称和非对称伸缩振动频率在和高岭石相互作用后均明显减小，因为在相互作用的过程中，氨基中的氢原子和高岭石硅氧层表面的氧原子及铝氧层表面羟基氧原子都能形成 N—H…O 氢键，使体系能量降低，形成的复合物更加稳定。酰胺分子上羰基的振动频率在作用后也减小，例如，在 AA→Si—AA→Al—AA→K—AA 中，乙酰胺中羰基的振动频率从 $1817cm^{-1} \to 1788cm^{-1} \to 1758cm^{-1} \to 1736cm^{-1}$。频率减小，波数减小，波长增加，说明发生了红移，使作用后复合物的能量降低，并且插层相互作用频率降低程度要大于单层吸附的程度。此外，高岭石铝氧层表面六个羟基的平均振动频率在形成复合物后均有不同程度的减小。值得注意的是，并不是所有参与形成氢键的官能团振动频率都降低，像表 5-13 中甲酰胺中 CH 的伸缩振动频率在和高岭石相互作用后由 $2962cm^{-1}$ 增加为 $3165cm^{-1}$，此振动频率的增加使得复合物体系的能量降低，但是由于其他氢键的形成促使体系能量增加，体系的总能量是增加的。振动频率的变化在另一个方面证明了酰胺分子与高岭石相互作用的过程中可形成氢键。

表 5-12　高岭石吸附酰胺分子前后的振动频率　　　　　　　（cm^{-1}）

振动	V_1, NH$_2$ 对称伸缩振动频率	V_2, NH$_2$ 非对称伸缩振动频率	V_3, CO 伸缩振动频率	V_4, CH 伸缩振动频率	V_5, CH$_3$ 对称伸缩振动频率	V_6, CH$_3$ 非对称伸缩振动频率	V_7, NH 对称伸缩振动频率	$\overline{V_8}$, OH 对称伸缩振动频率
Al-O 表面	—	—	—	—	—	—	—	3822
FA	3585	3717	1840	2962	—	—	—	—
Si-FA	3524	3621	1814	2959	—	—	—	—
Al-AA	3151	3655	1789	2977	—	—	—	3770
NMFA1	3596	3724	1817	—	3056	3114, 3179	—	—
Si-NMFA1	3540	3649	1788	—	3059	3125, 3163	—	—
Al-NMFA1	3196	3666	1758	—	3064	3138, 3141	—	3811
NMFA2	—	—	1817	2959	3061	3119, 3157	3632	—
Si-NMFA2	—	—	1790	3015	3043	3112, 3165	3557	—
Al-NMFA2	—	—	1803	2955	3029	3103, 3156	3330	3811
NMA2	—	—	1831	2945	3044	3103, 3158	3607	—
Si-NMFA2	—	—	1801	2929	3055	3096, 3152	3555	—
Al-NMFA2	—	—	1784	2969	3035	3119, 3143	3164	3769
NMA1	—	—	1800	—	3036, 3055	3083, 3180	3617	—
Si-NMA1	—	—	1768	—	3040, 3054	3091, 3172	3574	—
Al-NMA1	—	—	1743	—	3025, 3055	3085, 3179	3226	3766
NMA2	—	—	1794	—	3063, 3058	3112, 3177	3637	—
Si-NMA2	—	—	1774	—	3032, 3066	3097, 3162	3563	—
Al-NMA2	—	—	1777	—	3042, 3058	3089, 3147	3383	3815

表 5-13　高岭石和酰胺分子插层前后的振动频率　　　（cm^{-1}）

振动类型	V_1-NH_2 对称伸缩振动频率	V_2-NH_3 非称伸缩振动频率	V_3-CO 伸缩振动频率	V_4-CH 伸缩振动频率	V_5-CH_3 对称伸缩振动频率	V_6-CH_3 非对称伸缩振动频率	V_7-NH 对称伸缩振动频率	V_8-OH 对称伸缩振频率
FA	3585	3717	1840	2982	—	—	—	—
Kaolialitel	—	—	—	—	—	—	—	–3820
K-FA	3391	3645	1748	3165	—	—	—	3753
AA	3596	3724	1817	—	3056	3113，3179	—	—
Kaolialite2	—	—	—	—	—	—	—	3822
K-AA	3530	3653	1736	—	3073	3139，3176	—	3757
NMFA1	—	—	1817	2959	3061	3119，3157	3632	—
Kaolialite3	—	—	—	—	—	—	—	3820
K-NMFA1	—	—	1748	3057	3072	3144，3167	3550	3769
NMFA2	—	—	1831	2945	3044	3096，3152	3607	3750
K-NMFA2	—	—	1750	3059	3087	3118，3176	3355	3750
NMA1	—	—	1800	—	3036	3083，3180	3617	—
Kaolialite4	—	—	—	—	—	—	—	3821
K-NMA1	—	—	1716	—	3031	3104，3208	3436	3749
NMA2	—	—	1794	—	3051	3112，5177	3637	—
K-NMA2	—	—	1714	—	3058	3113，3191	3567	3752

　　总的来说，运用密度泛函理论在 B3LYP/6-31G（d）水平上，对酰胺分子与高岭石的吸附和插层相互作用进行了探讨。结果表明，不同类型的氢键在相互作用过程中形成，从而增强了高岭石/酰胺复合物的稳定性。和硅氧层相互作用时，起主要作用的是 N—H…O 氢键，和铝氧层相互作用时，则是 O—H…O 氢键起主导作用。在形成的氢键中，N—H…O 和 O—H…O 氢键较强，而 C—H…O 氢键较弱，为次级氢键。计算所得硅氧层吸附酰胺分子的相互作用能的绝对值小于铝氧层的吸附，插层相互作用能绝对值大于单层吸附的相互作用能，说明高岭石铝氧层表面对酰胺分子的吸附作用强于硅氧层，且插层相互作用比单层吸附更稳定。高岭石插层复合物的稳定性顺序为 K—NMFA$_2$ > K—FA > K—AA > K—NMFA1 > K—NMA$_2$ > K—NMA1。这个顺序和吸附体系的顺序有所不同，主要是由于硅氧层和铝氧层与酰胺分子作用形成氢键的类型不同，并且吸附和插层作用时参与成键的原子也有所不同。

参 考 文 献

[1] 中华人民共和国环境保护部. 污染物排放总量控制司 ［N］.2012 年中国环境统计年报，2013.

［2］姚立英，张东国，王伟，等. 燃煤工业锅炉氮氧化物污染防治技术路线［J］. 北方环境，2012，24（2）：79～82.

［3］李晓东，杨卓如. 国外氮氧化物气体治理的研究进展［J］. 环境工程，1996，14（6）：34～39.

［4］张向炎，杨晓平. 烟气脱硝技术的应用与进展［J］. 环境研究与监测，2010，4：63～65，69.

［5］Kim S G, Bae H S, Lee S T. A novel denitrifying bacterialisolate that degrades trimethylamine both aerobically andanaerobically via two different pathways［J］. Archives of Microbiology, 2001, 176: 271～277.

［6］Guest I, Varma D R. Teratogenic and macromolecularsynthesis inhibitory effects of trimethylamine on mouseembryos in culture［J］. Journal of Toxicology and Environment Health, 1992, 36: 27～41.

［7］Xue N T, Wang Q H, Wang J, et al. Odorous compostinggas abatement and microbial community diversity in abiotrickling filter［J］. International Biodeterioration and Biodegradation, 2013, 82: 73～80.

［8］洪波，黄立维，祝成凤，等. 脉冲电晕处理三乙胺的实验研究［J］. 浙江工业大学学报，2012，40（2）：168～171.

［9］张沛存. 等离子体技术在二甲胺异味治理中的应用［J］. 环境科学与技术，2010，33：341～343.

［10］Higashihara T, Gardiner Jr W C, Hwang S M. Shocktubeand modeling study of methylamine thermal decomposition［J］. Journal of Physical Chemistry, 1987, 91（7）：1900～1905.

［11］Kantak M V, Demanrique K S, Aglaver H, et al. Methylamine oxidation in a flow reactor: mechanism andmodeling［J］. Combustion Flame, 1997, 108: 235～265.

［12］乔光，孔祥和，刘存海，等. 355nm 激光作用下甲胺分子的多光子电离研究［J］. 原子与分子物理学报，2007，24（3）：509～512.

［13］Hill S C, Douglas Smoot L. Modeling of Nitrogen Oxides Formation and Destruction in Combustion Systems［J］. Progress in Energy and Combustion Science, 2000, 26（4）：417～458.

［14］Sawyer R F. The formation and destruction of pollutants in combustion processes: Clearing the air on the role of combustion research. Eighteenth Symposium（International）on Combustion［J］. The Combustion Institute Pittsburgh, PA, 1981, 18（1）：1～10.

［15］Bowman C T. Kinetics of Nitric Oxide Formation in Combustion Processes. Fourteenth Symposium（intentional）on Combustion［J］. The Combustion Institute, Pittsburgh, PA, 1973, 14（1）：729～738.

［16］Hayhurst A N, Vince I M. Nitric oxide formation from NR_2R in flames- The Importance of "Prompt" NO［J］. Progress in Energy and Combustion Science, 1980, 6（1）：35～51.

［17］Bowman C T. Kinetics of Pollutant Formation and Destruction in Combustion［J］. Progress in Energy and Combustion Science, 1975, 1（1）：33～45.

［18］Edelman R B, Harsha P T. Laminar and Turbulent Gas-dynamics in Combustors-current Status［J］. Progress in Energy and Combustion Science, 1978, 4: 1～62.

［19］Soete G D. Heterogeneous N_2O and NO Formation from Bound Nitrogen Atoms during Char Coal Combustion. 23rd Symposium（internal）on combustion［C］. The combustion Institute, 1990.

[20] Kramlich J C, Cole J A. McCarthy J M, et al. Mechanisms of Nitrous Oxide Formation in Coal Flames [J]. Combustion and Flames, 1989, 77: 375 ~ 384.

[21] 仇齐齐. 含 CO 混合燃料燃烧特性及 NO_x 生产特性研究 [D]. 北京：北京工业大学, 2012.

[22] 钱一鸣, 李来才. NO 与 OH 自由基反应机理的理论研究 [J]. 四川师范大学学报（自然科学版）, 2004, 4 (27): 399 ~ 401.

[23] 刘朋军. 若干气相含氮、硫、卤素的小分子自由基反应微观动力学的理论研究 [D]. 长春：东北师范大学, 2004.

[24] 张旭旭, 王芙蓉, 王乐夫, 等. 催化还原脱硝的密度泛函理论研究进展 [J]. 广州化工, 2012, 13 (40): 45 ~ 48.

[25] 马伟鹏. 气相中镧系过渡金属活化 NH_3 及循环催化 N_2O/CO 分子的自旋禁阻反应的密度泛函理论研究 [D]. 兰州：西北师范大学, 2012.

[26] 蔡君. 气象中 FeO^+ 催化甲烷氧化及 Pt^+ 催化 CH_4 和 NH_3 反应的理论研究 [D]. 兰州：西北师范大学, 2014.

[27] 王君, 陈长琦, 朱武, 等. $AlCl_3 + NH_3$ 反应体系起始反应的量子化学计算 [J]. 真空科学与技术学报, 2005 (25): 9 ~ 11.

[28] 吉智, 陈文凯, 等. 振动频率与吸附：NH_3 吸附于 Pt(111) 面的有限簇模型密度泛函理论研究 [J]. 石油化工, 2004 (33): 421 ~ 422.

[29] 孙晓艳. 典型含氧挥发性有机物和全氟磺酰胺的大气降解有机的理论研究 [D]. 济南：山东大学, 2013.

[30] 闫春林, 刘永东, 王云海, 等. 二甲胺与亚硝酸反应生成 N, N-二甲基亚硝胺的理论研究 [J]. 化学学报, 2007, 16 (65): 1568 ~ 1572.

[31] 陈俊蓉, 蔡静, 李权, 等. N, N-二甲基乙酰胺与醇分子间相互作用的理论研究 [J]. 化学学报, 2008, 5 (66): 536 ~ 540.

[32] 宋开慧. 酰胺分子与高岭石相互作用的理论研究 [D]. 泰安：山东农业大学, 2013.

[33] 牛亚男, 钟宏, 王帅, 等. 胺类化合物合成与应用研究进展 [J]. 应用化学, 2014, 11: 2076 ~ 2080.

[34] 房华毅, 凌镇, 付雪峰. 过渡金属及主族元素配合物活化 NH_3 中 N—H 键的研究进展 [J]. 有机化学, 2013, 33: 738 ~ 748.

[35] 李桂华. 离子液吸收氨气的应用基础研究 [D]. 北京：北京化工大学, 2011.

[36] 刘勇军, 王雪娇, 巩梦丹, 等. 氮氧化物控制技术现状与进展 [J]. 四川环境, 2014, 6 (33): 115 ~ 117.

6 计算化学在气态含碳化合物
控制研究中的应用

6.1 常见的气态含碳化合物简介及现状

6.1.1 CO 的来源及研究现状

随着工业化的不断发展，气态含碳化合物的产生量也在不断增加，其中常见的包括 CO、CO_2 等。由于这些常见的含碳化合物都具有一定的利用价值，因此如何合理利用是值得研究和解决的问题。

CO 是汽车尾气和工业生产中常见的有毒气体。产生的大量 CO 给城市、交通造成很大的环境污染，而且没有很好的治理办法。在甲醇等燃料电池中，CO 的生成会造成催化剂中毒而失去活性，所以寻找消除 CO 的反应也是解决这一难题的重要手段。消除 CO 主要有三种方法，单纯的分离，将它还原和将它氧化。而这三种方法中前两种难度太大，而且收益不高。因此将 CO 氧化成 CO_2 是消除 CO 最好的方式。CO 催化氧化在环境治理、CO 气体传感器、密闭空间的 CO 防护、内循环式 CO_2 激光器等领域有重要应用，另外 CO 催化氧化是一个非常简单的表面双分子反应，通常可作为研究催化氧化机理的典型反应，因此 CO 催化氧化具有重要的实际和理论意义，长期以来一直是学术界关注的热点。

针对 CO 含量较高的废气，采用催化氧化是对 CO 资源的浪费。电炉法生产黄磷过程中副产一氧化碳含量超过 85% 的气体——黄磷尾气，其中一氧化碳气体作为一碳化工的原料气体具有不可替代的作用。但是，黄磷尾气中还存在硫化氢、磷化氢等杂质气体，会导致一碳化工中的铜基催化剂中毒而失去活性，影响黄磷尾气中一氧化碳的资源化再利用，目前许多黄磷生产企业由于技术条件的限制，只能将黄磷尾气通过燃烧处理。不仅浪费一氧化碳宝贵资源，还会对环境造成二次污染。因此，深度去除黄磷尾气中的杂质，是实现黄磷尾气中一氧化碳资源化再利用的前提，也是黄磷尾气综合利用的必然趋势，具有十分广阔的前景。现有的一些如水洗法、水洗-碱洗法、碱洗-催化氧化法、变压变温吸附法、活性炭吸附处理法、液相催化氧化法等物理、化学的净化方法，均具有它们的特点；但利用微生物的生化作用净化含硫化氢废气、磷化氢的黄磷尾气具有工艺条件简单、成本低、无二次污染、性能稳定等特点，已成为国内外的研究热点。目前较为成熟的净化方法是滴滤床净化有氧环境中的硫化氢的废气。但未见将脱硫微生物应用于含有磷化氢、硫化氢的一氧化碳气氛的相关研究报道。

另外，还有一些是对 CO 的进一步利用，例如将 CO 作为原料进行羰基化反应、CO 与甲醇合成等。近年来，铂（Pt）、钯（Pd）、铑（Rh）、金（Au）、银（Ag）等贵金属由于其具有优良的催化活性、较高的选择性、较长的使用寿命和可回收再生等优点，成为研制新型、高效催化剂的热门材料。例如，在目前减少汽车排放污染方面，主要利用催化剂对汽车尾气进行处理，使用的催化剂是三效催化剂，它是以 Pt、Pd、Rh 为活性金属的催化剂，通过净化器中催化剂的催化作用使排气中的主要污染物 CO、HC 和 NO_x 转化为 CO_2、H_2O，然后再排出；又如针对质子交换膜燃料电池（PEMFC）电化学反应中的阳极 CO 中毒问题，研究CO 在电极上的吸附和氧化行为，已成为燃料电池工程和燃料电池基础研究领域的一个重要课题。而对于这些催化剂还存在抗中毒能力差、易失活等缺陷，对其催化反应机理研究的薄弱又限制了新型优良催化剂的研制开发。后来人们提议采用贵金属合金方法来弥补纯金属的催化缺陷，由此来提高金属表面的反应活性。正如人们所期望的那样，各种 Pt 基合金，如 PtRu、PtMo 和 PtSn，表现出了比纯铂更好的抗 CO 中毒能力和催化性能，特别是张辉等人在 $0.5mol/L$ H_2SO_4 的酸性溶液中研究了此合金的活性，以考察加入 Ru 表面的催化作用。他们发现在氧化CO 的催化活性方面，与纯铂相比即使加入微量的 Ru 也会导致催化活性增强。因此对铂、钯、铑等贵金属及其合金表面的吸附及催化反应机理研究是当前催化领域的主要方向之一。

Jiang 等人对一氧化碳与 O_2 的氧化反应进行了全面的研究，他们认为，虽然之前有过一些利用常规的 DFT 方法来进行研究，但是利用 DFT + U 的方法（U 为库仑校正）能够增加过渡金属的 d-电子的定域；而且 U 值的校正能够正确地描述 Co_3O_4 的能带宽度和局部磁矩。因此，使用 DFT + U 的方法来描述 Co_3O_4 的分子吸附和反应是非常有必要的，同时能带和局部磁矩也是影响催化剂化学活性的重要因素。其研究结果表明，表面二配位氧位点上的一氧化碳氧化反应的活化能非常小（$0.28eV$），而三配位氧的活化能要比二配位氧高出 $0.20eV$，因而二配位氧为一氧化碳氧化的主要活性。通过脱去 CO_2 而形成的二配位氧空穴具有高度的表面迁移性，并且能够被 O_2 分子通过与相邻的两个二配位氧空穴反应来填补，而且此反应没有能垒并大量放热。

Xu 等人对 $Co_3O_4(110)$ 表面上的 $CO + N_2O$ 和 $CO + O_2$ 反应的催化循环的机理进行了 DFT 研究。通过得到的低温下 $Co_3O_4(110)$-B 表面催化的机理，表明了一氧化碳氧化是一个逐步过程。表面首先被一氧化碳还原，生成了一个氧原子空穴，然后由气相的 N_2O 和 O_2 重新氧化带有氧空穴的表面。在反复进行的表面还原和氧化中，金属原子必须能够改变氧化态来促进反应过程。容易离去的低配位数二配位氧，和能够改变氧化态并且具有良好氧化还原活性的八面体钴位点，确保了 N_2O 和 O_2 的一氧化碳氧化反应的顺利进行。$Co_3O_4(110)$-B 表面催化的 N_2O 和 O_2 氧化一氧化碳的反应通过 Mars- van Krevelen 机理进行。一氧化碳单独和初始 Co_3O_4 反应生成 CO_2，然后反应速率迅速下降。速率的降低是由于表面活性位点（活性表面氧）耗尽，生成氧空穴。氧空穴被过剩的一氧化碳分子填补，并与其碳原子结合生成含碳的表面物种，从而导致催化剂完全失活。这与 Jansson 等人的实验结论一致，即低温下 Co_3O_4 催化剂会随着一氧化碳浓度的增加而活性降低。在 N_2O 和 O_2 存在的情况下，能够维持一氧化碳氧化的速率，这是由于氧空穴的及时补充和表面的及时恢复。在二配位氧空穴作为桥位的协助下，Co_3O_4 (110)-B表面的 $CO + N_2O$ 和 $CO + O_2$ 反应能够以催化氧化还原循环的形式进行下去。

Broqvist 等人对 Co_3O_4 催化的一氧化碳氧化反应的低温活性进行了 DFT 研究。其研究得出以下有关反应步骤的结论：

（1）一氧化碳吸附暴露在表面的 Co^{3+}；

（2）一氧化碳向氧原子靠近，形成表面一氧化碳配合物，表现出与表面晶格氧和 Co^{3+} 位点同时成键的构型；

（3）形成弯曲的平衡态的 O_{surf}-CO 物种。

Gomes 等人使用 DFT 和簇模型的方法对甲醇在铜催化剂表面催化的甲醇氧化进行了研究。其结果表明甲酸根（HCOO）为表面上物种的主要形态。吸附态的甲氧基自由基的 C—O 轴为准垂直于金属表面。吸附态的甲醇和甲醛的几何形态与气相中的分子相似，而且其吸附能较低。甲醇和甲醛没有一个特定的吸附位置，同时与金属表面的距离比较远。所以能够推断出这两种分子与 Cu (111) 表面的作用非常弱，可能为物理吸附。能量的计算结果表明吸附态的甲醛（CH_2O）物种的稳定性对最终氧化产物 H_2CO 或者 CO_2 具有重要的关系。甲醛生成甲酸根（HCOO）是一个放热过程，这也是二氧亚甲基中间体（H_2CO_2）具有高活性的主要原因。

Han 等人使用 DFT 的周期性模型对分子态和解离吸附的甲醇分子在理想/缺陷和有无 Pt 簇吸附的锐钛矿型 TiO_2 的（101）表面的相关反应进行了研究。在完美的锐钛矿型 TiO_2 的（101）表面，甲醇分子和解离吸附的能量几乎是平行的。在 C—O、C—H 和 O—H 键之中，O—H 键最容易发生断裂。O—H 键断裂的活化能为 0.51eV，然而 C—O 键的断开需要高达 2.56eV 的活化能。Pt 簇在完美的锐钛矿型表面的存在增强了通过 C—O 断裂的分子吸附和解离。分子吸附的甲醇能够与包括一个簇上的 Pt 原子的桥位和一个二配位的表面氧原子成键，生成一种与氢成键的配合物。动力学分析表明，在低温下，甲醇更容易分子吸附于 Pt 和 TiO_2 的交界面。当温度足够高的时候，甲醇开始分解，通过 C—O 键断裂过程的初步解离之后的产物要比通过 O—H 和 C—H 键断裂的产物更稳定。在缺陷的锐钛矿型 TiO_2 的表面，甲醇在氧空穴上发生解离，进而甲醇上的氧原子填补了氧空穴。通过 O—H 和 C—H 键断裂的解离可以促成相同的终态。Pt 簇对空穴的占据会导致分子吸附的甲醇和解离吸附的甲醇稳定性的降低。

Jiang 等人对 Pd (100) 催化的甲醇脱氢反应（生成物为一氧化碳和氢）进行了系统性的 DFT 研究，考查了表面取向在脱氢反应的活性和选择性方面的影响。由于空间位阻效应，Pd (100) 的穴位对于除了 CO、H 和 CHO 之外的绝大多数物种具有更好的吸附性能。在 250K 和 500K 的温度下，Pd (111) 面上的甲醇的脱氢都是按照从 $CH_3OH \rightarrow CH_2OH \rightarrow CH_2O \rightarrow CHO \rightarrow CO$ 的顺序进行的，然而 Pd（100）在低温下与 Pd（111）相同，高温下（500K）路径就变为 $CH_3OH \rightarrow CH_3O$（或 CH_2OH）$\rightarrow CH_2O \rightarrow CHO \rightarrow CO$ 的顺序。

Zafeiratos 等人通过带有在线质谱（on-line mass spectrometry）的原位光电子能谱和吸收光谱（in situ photoelectron and absorption spectroscopies）对钴催化的甲醇氧化反应进行了研究。结果表明甲醇在金属钴和钴氧化物的表面均能够发生反应。反应路径与钴的氧化态和甲醇与氧的混合比具有很强的联系。化学计量为 Co_3O_4 相仅在氧气氛围下能够稳定存在，在反应条件下能够部分还原成 $Co_3O_4/$ COO 的混合氧化物。根据氧化物的不同，优先的反应途径为：

（1）对于 Co_3O_4 能够催化完全氧化成 H_2O 和 CO_2；

（2）对于 CoO 能够部分氧化成 CH_2O。金属钴在含有大量甲醇的环境中也容易被氧化成 CoO，而在气相中无氧的情况下，反应倾向于生成甲醇分解的产物（CO 和 H_2）。说明最终产物的生成与 Co 的价态有关。气相氧的化学势不仅取决于表面的氧化态，而且也取决于反应中间体（CH_3O_{ads} 和 $HCOO_{ads}$）的相对数量。甲醛的生成不仅取决于大量的 CH_3O_{ads} 物种，也取决于表面氧离子的可用性。

Pd、Rh、Pt 等贵金属大多分布在元素周期表第二和三过渡周期，都含有 d 轨道，有的贵金属还有未满壳层的 f 轨道，复杂的能带结构以及表面结构使针对贵金属表面吸附方面的研究难度增大。目前国内外在这方面的研究工作主要集中于小分子表面的反应机理，研究了 CO、NO、O_2、CO_2 等小分子在 Cu、Fe、Pt、Pd 等过渡金属表面的吸附。通过比较吸附质和表面构型，计算吸附能和吸附键长以及偶极矩、极化率、势能面、光谱性质等来研究吸附反应机理。

研究工作者主要采用量子化学方法研究吸附质在 Pt、Pd、Rh 等贵金属表面吸附的微观反应机理。例如 Hernendez 和 Lopez 等人采用从头算方法（ab-initio）研究了 NH_3 分子。他们采用 10 个 Pt 原子的原子簇模型研究了多个吸附位，确定了在低覆盖率时 NH_3 吸附在 Pt 表面的构型与相互作用能，阐述了吸附 NH_3 分子的电子结构和绕 C_3 旋转时能垒的变化，通过分析不同键机制、Pauli 排斥、分子内和分子间极化以及电荷转移等现象研究了上述变化。

但是鉴于纯贵金属的价格及催化剂寿命等方面的问题，合金催化剂应运而生。经过多年的实验理论研究发现，贵金属合金催化剂的抗中毒性、催化活性、使用寿命都优于纯金属。Waszczuk 和 Lu 等运用[13]C-核磁共振（^{13}C-NMR）、温度程序脱附法（TPD）和循环伏安法（CV）研究了 Pt(110)/Ru、Pt(111)/Ru 和 PtRu 纳米颗粒上 CO 的氧化反应。结果显示，Ru 的加入可以使 CO 的吸附键能降低 16.74 ~ 25.12kJ/mol（4 ~ 6kcal/mol）（170 ~ 260meV）。这其中只有 4.1868kJ/mol（1kcal/mol）（40meV）是电子效应贡献的，其余 130 ~ 220meV 是协同效应的贡献。Iwasita 等也得到相似的结论。Lu 和 Masel 论述过，CO 键能每改变 8.37kJ/mol（2kcal/mol），会使反应 $Ru\text{—}OH + Pt\text{—}CO \longrightarrow CO_2 + H + Ru + Pt$ 的活化能减少约 4.1868kJ/mol（1kcal/mol）。Shubina 和 Koper 对 Pt—M（M = Ru、Sn、Mo）进行了 DFT 研究，计算表明，PtMo 和 PtSn 体系对 CO 氧化的催化能力比 PtRu 好；在 PtMo 上，CO 的吸附位没有倾向性，OH 倾向于吸附在 Mo 位；在 PtSn 上，CO 只与 Pt 作用，而 OH 倾向于与 Sn 作用。Pt—Pt 间距也影响 Pt—CO 键能，Pt—Pt 间距变小，Pt—CO 键能降低。所以 Pt 覆盖了另一种金属 M，如果 M 使 Pt 的晶格收缩，会增强 Pt 对 CO 的催化作用。尽管如此，该领域的理论研究工作相对较少，还不完整，尤其是对合金 Pt_3Sn（001）表面催化 CO 的反应至今还没有发现相关的理论研究报道。

金催化一氧化碳实验和理论上都有很多的研究。重点介绍理论方面，王等人对 Au 团簇催化 CO 氧化进行了详细的研究。不仅在不同电荷的金团簇上进行了比较，而且分别得到了不同的反应路径，还对碳酸盐的形成机理进行了研究。

前面已经提到，研究发现水对金催化一氧化碳有重要的影响，那么水是如何影响到金催化一氧化碳氧化的呢？很多人从实验和理论上进行了研究，近年来的研究表明，纳米金催化的 CO 氧化有良好的湿度增强效应，随湿度的增加，催化活性明显增强。Date 等人推测水的作用可能是一方面可以提高氧分子的活性，另一方面能够促进生成的碳酸盐分解，如图 6-1 所示。Su 和 Ojifinni 课题组分别通

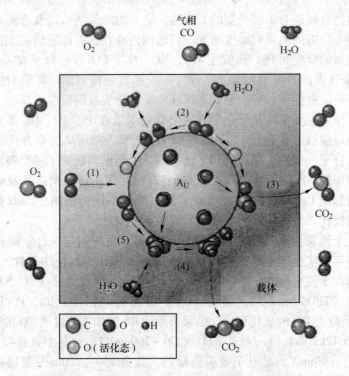

图 6-1 H_2O 存在下 CO 氧化的反应示意图

（1）—氧气扩散到表面；（2）—氧气活化；（3）—CO_2 生成；

（4）—碳酸盐分解；（5）—碳酸盐生成

过理论计算研究了水在金催化一氧化碳氧化中的作用，Su 等人认为水分子通过与分子氧形成分子间氢键可有效提高 O_2 分子活性。增强中间产物在金表面的吸附稳定性等途径提高 CO 催化氧化效率，如图 6-2 所示；而 Ojifinni 等人的结果表明，水分子参与反应的进行，通过形成 OOH 和 OH 活性自由基可加速 CO 氧化，促进反应的进行，如图 6-3 所示，其反应能量图如图 6-4 所示。这些结果表明人们对纳米金催化 CO 氧化的湿度增强效应还缺乏统一认识，有关反应机制还有待进一步研究。

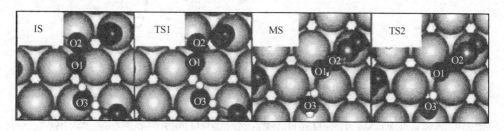

图 6-2　H_2O 存在下与氧气形成氢键，促进 CO 氧化反应的进行

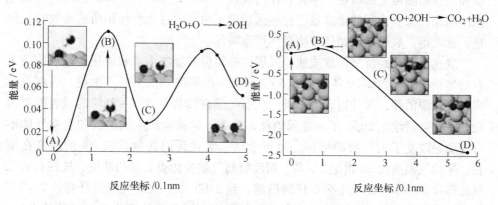

图 6-3　H_2O 参与 CO 氧化的反应机理

这些应用不仅解决了废气中 CO 的净化问题，还解决了 CO 的利用问题。

6.1.2　CO_2 的来源及研究现状

二氧化碳广泛存在于大气和水中，它是碳家族中非常廉价且含量十分丰富的资源，其含碳量是石油、煤炭、天然气含碳总量的 10 倍。由于二氧化碳的温室性质，它被认为是气候变暖的主要因素。从工业革命开始到现在，煤炭、石油、天然气等不可再生资源与可再生能源大量出现并融入到人类活动的各个领域，从而，带来了经济的飞速发展；与此同时，温室气体的排放量不断上升，大气中二氧化碳的浓度持续增长，导致出现了温室效应、生态失衡等一系列严重威胁生态

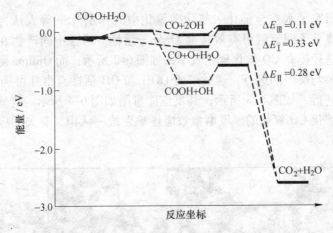

图 6-4 H_2O 参与 CO 氧化的反应能量图

环境的问题。根据气象学家的统计数据，每年化石能源燃烧会产生 370 亿吨二氧化碳，另外，再加上动植物的呼吸及尸体腐败等产生的二氧化碳，这个数字将继续加大，而陆地上的植物一年光合作用仅仅可以固定 200 亿~300 亿吨的二氧化碳。因此，二氧化碳的排放量已经远远超过了植物通过光合作用所能吸收转化的量，这使得二氧化碳的循环平衡受到严重破坏。

现在，新兴经济呈粗放式快速发展，使得世界能源需求和使用量呈现前所未有的增长，预计到 2030 年，会有 50%~100% 的膨胀。从某一点来说，这将进一步增大能源消耗，预计以碳为基础的化石能源继续提供 80%~85% 的世界能源消耗的现状会持续至 2030 年。能源消耗、工业、运输业产生的热气和温室气体不可避免地改变了大气层的结构。每年全球二氧化碳的排放量以 2% 的速度在增长，平均气温高出 20 世纪 1°F 多。据政府间气候变化委员会的结论，按现有的二氧化碳排放速率，如果不采取任何措施，到 2100 年，地球气温将升高约 2.4℃，全球海平面将上升约 0.48m，这意味着我们将不可避免地面临更加炎热的天气，更大的暴风雨和更严重的干旱，粮食产量将大幅降低，部分物种灭绝，岛国及沿海城市将出现气候灾难。

能源消耗增加、气候变暖都已成为一个不争的事实，它是一个涉及人类社会和经济发展各个领域的重大问题，越来越受到各国政府和人民的关注。《京都议定书》的通过，是全球各国人民开始致力于治理气候变暖问题的标志；2009 年 12 月哥本哈根世界气候大会的召开，是人类为温室气体减排、为生态平衡做出的又一次努力。

过多的二氧化碳威胁着地球生态，然而，二氧化碳并不是百害而无一益的，它是所有生物赖以生存的必要条件。自然界中，绿色植物的光合作用离不开二氧化碳，重要的化石燃料煤和石油是光合作用积累的产物；生命体的呼吸也需要二氧化碳，它是调节呼吸运动的重要生理化学因素；工业中，二氧化碳还可以用于一些工业原料的制备（比如合成纯碱，尿素和水杨酸等）。可以说，二氧化碳既是人类生存的基本碳资源，又严重威胁着生存环境。如果可以充分利用二氧化碳，变废为宝，不仅能有效解决气候问题，还能缓解能源危机问题。因此，减少温室气体，有效利用二氧化碳成为世界各国普遍关注的重要课题之一，是经济可持续增长的关键。

如图 6-5 所示，工业大量排放的 CO_2 首先面临的问题是捕获，然后进行转化利用或封存。世界是物质平衡的，碳的循环也是守恒的，二氧化碳除了对环境破坏之外还是重要的化工原料，因此将二氧化碳捕获后转化成可再次被人类利用的化合物，不仅可以提高碳的循环效率而且对人类也是有益的。从能源可持续角度讲，不管是作为碳资源还是碳氧资源合成的化学品都仍严重依赖化石燃料，而且在使用时都会伴随二氧化碳的排出，但光催化和生物转化利用的能量来源是自然界取之不尽，用之不竭的太阳能，虽然还处在探索阶段，但是研究利用光能将二氧化碳转化为可以用作液体燃料的甲醇是十分有意义的。将工业排放的二氧化碳高效捕获后，利用太阳能转化为液体燃料利用，这样不仅提供了能量来源而且还生产了能源，很大程度上可以缓解普遍存在的能源危机。因此，研究二氧化碳的捕集利用，即高效二氧化碳捕获体系和光催化有效转化两方面对环境保护和人类可持续发展都具有十分重要的意义。

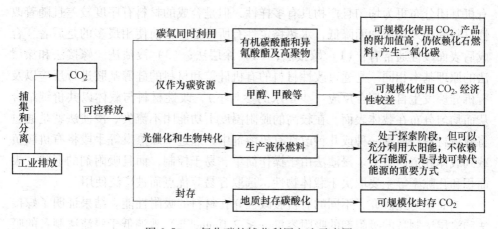

图 6-5　二氧化碳的捕获利用方法示意图

目前工业上使用比较广泛的 CO_2 捕集和分离技术有许多种，主要有吸收法、膜分离、微生物/藻类体系、低温冷凝以及固体吸附剂的吸附法等。吸收法中主要使用的是水溶性胺类溶剂吸收法，此种方法优点是 CO_2 回收率相当高；缺点是设备体积大、胺溶剂使用量大、投资费用高、能量消耗大，同时溶剂存在易氧化降解、腐蚀、环保等问题。CO_2低温冷凝过程的实现十分昂贵，微生物、藻类捕获速度太慢。膜技术应用于CO_2分离，当气流和CO_2浓度很低时，膜技术的效率很高；而当CO_2流量增加时，在气流的污染物作用下膜老化加速。吸附法分离二氧化碳是由于选用的吸附剂对它的选择性不同，其是通过吸附-脱附过程实现的。嫁接了有机胺的固体吸附剂，由于其具有吸附容量高（> $1500\mu mol/g$）、再生性能好；再生所耗能量低等优点成为目前研究较为广泛的吸附剂。

固体吸附剂所采用的嫁接胺类目前研究最多的主要有 MEA、DEA、PEI、TEPA、APTS、E-100AN 等。美国国家能源技术实验室（NETL）已经研究了用富胺的固体吸附剂从烟气中回收 CO_2，该吸附剂使用高比表面积的载体和胺嫁接而成。这种技术与 MEA 吸收相比，可节省大量的水，但同时存在的主要问题是吸附解吸频繁、自动化程度要求高、需要大量的吸附剂。

人们发现将有机胺嫁接到多孔硅或无机分子筛的表面可以有效解决上述问题且提高吸附剂的二氧化碳吸附容量，通常使用的多孔材料有碳纳米管、硅胶、聚酯类多孔材料以及分子筛，MCM 系列、SBA 系列和 KIT 系列。由于这些多孔材料的孔径大，有足够的胺分子修饰空间，易于修饰和表面吸附研究，都是适合二氧化碳吸附的材料。介孔分子筛因其优异的性能自一问世就受到广大科研工作者的广泛关注。首先是 MCM-41，相继又合成了具有三维体心立方笼状结构的 SBA 系列和 KIT 系列的有序介孔二氧化硅材料。

对介孔材料的改性方法包括直接合成法和合成后表面改性，前者制备的材料有机基团分布更为均匀且产物具有多样性，但是合成的材料有序度较差且随着改性材料的加入量增加而降低，水热稳定性有所降低。目前使用最多的是后者，合成后表面改性通常有：（1）嫁接法；（2）涂层法；（3）浸渍法。嫁接法和涂层法的原理基本相同，是通过改性材料的有机硅烷和材料的硅醇基胺进行反应以及有机硅烷发生自身聚合反应（少量水的参与下），改性材料与载体以共价键结合从而均匀分布在载体表面，在较高的脱附温度下功能团不流失。浸渍法就是通过将载体材料浸渍到一种或几种改性有机溶剂中，通过干燥蒸发等手段将有机胺负载到载体孔道内壁上。浸渍法由于操作简单、易于控制，而且吸附剂的形状、表面积和孔隙率等主要取决于载体物性，选取容易等优点而被广泛使用。

刘亚敏对比研究了不同的有机胺改性介孔材料的吸附性能。结果证明了嫁接法和涂层法制备的吸附剂的吸附容量（< $2.0mmol/g$）普遍低于浸渍法制备的吸附剂（> $2.0mmol/g$）。这是因为，虽然嫁接和涂层法可以使有机基团牢固与材料结合且高度分散，单位氨基吸附的二氧化碳含量高，但是由于这两种方法本身氨基量少，限制了整体吸附剂二氧化碳吸附量的增加，而浸渍法的操作虽不利于控制氨基在吸附剂载体上的分散程度，却可以在制备的过程中引入大量的氨基基团，从而得到高吸附容量的吸附材料。M. B. Xue 等通过实验证明多孔载体表面羟基的存在可以改变氨基与 CO_2 键合从而增强吸附能力，采用不去除模板剂 SBA-15（P）做支撑载体，在 CO_2 含量较低的情况下，寿命较长。针对浓度高、排放量大的燃煤电厂的烟气中 CO_2，设计开发一种新型、价廉、高效的捕获分离系统。普遍采用的吸附剂都是颗粒状的，使用时存在着压降高、抗蚀性差等缺点，采用涂覆或填充胺嫁接分子筛的堇青石陶瓷为支撑的整体式吸附剂，因此对于二氧化碳整体式吸附剂制备及反应性能研究正是基于这一目的。

科学家们致力于开发各种方法来控制二氧化碳的产生和排放，比如：二氧化碳的捕获和储藏技术、能源替代技术（即用电能、风能、核能等可再生能源代替化石能源）、二氧化碳的回收利用技术等。其中，二氧化碳的回收再利用被认为是目前比较有效且可持续缓解气候变暖问题的方法。但是，在标准条件下，二氧化碳有较大的 C＝O 结合能，它是一种热力学非常稳定的惰性三原子分子，是 C 的最终氧化态，它的活化和转化需要较大的能量，直接利用其进行化学反应比较困难。因此，只有将二氧化碳活化，才可大大扩大其应用范围，使二氧化碳的大规模利用成为现实。各国学者对充分利用二氧化碳进行了广泛的研究，并取得了巨大的成就。当前，二氧化碳的活化方式有很多种，在此以金属及金属配合物活化二氧化碳为主作简要介绍。

金属和二氧化碳反应的理论研究已经被报道过，且一些 $M-CO_2$ 化合物已经被分离出来，并用 X 射线衍射仪、红外及核磁共振仪表征，证明了多种 $M-CO_2$ 化合物的存在。这些成果表明：用金属活化二氧化碳已成为可能。

Freund 对自由的和吸附的二氧化碳用从头计算法进行了详细计算，综合分析金属与二氧化碳形成的化合物，提出了金属与二氧化碳 3 种不同的结合方式（见图 6-6）。许多研究结果表明：后过渡金属与二氧化碳的反应机理和前过渡金属与二氧化碳的反应机理

图 6-6　二氧化碳与金属表面的结合态示意图

是有所不同的，主要表现在：前者一般形成 M（CO_2）化合物，而后者则通过插入一个 C—O 键形成 OMCO 类型的化合物。2000 年，Alexander M. Mebel 等人用从头算计算方法研究了 Mg 和二氧化碳的反应机理。研究表明，Mg 和二氧化碳首先形成 MgOCO 四元环，接着 C—O 键、Mg—O 键断裂，生成 MgO 和 CO。但是，$MgO + CO \longrightarrow Mg + CO_2$ 反应放热多，势垒低使得生成的 MgO 和 CO 会迅速减少，生成 Mg 和 CO_2。所以，用 Mg 还原二氧化碳并不是理想的活化二氧化碳的方法。此外，科学家们也对一些重金属（Zr，Ta，Mo，Ru，Os，W，U，Th）和二氧化碳的反应进行了理论计算方面的研究。Shuguang Wang 等人在 2006 年报道了用密度泛函理论探究 Ru 和 CO_2 在气相中反应的机理，他们认为：最有利的反应机理是 Ru 进攻 CO_2 的 C 原子，再进行分子内的交叉偶联，使得 Ru—C 键断裂，Ru—

O 键形成，生成 ORuCO 化合物。

催化剂活化二氧化碳分子可以大大降低二氧化碳转化成有机物所需要的能量，在这些催化剂中，过渡金属配合物有比其他化合物更高的潜力。金属配合物催化活化及转化二氧化碳的基本反应有：插入反应、消去反应、配位反应、加成反应。作为配体的二氧化碳可以和同种或异种过渡金属配合物形成以二氧化碳为配位的各种配合物，也能插入到过渡金属配合物的某个键上，从而形成新的配合物。图 6-7 列出了二氧化碳与过渡金属配合物常见的几种配位方式。

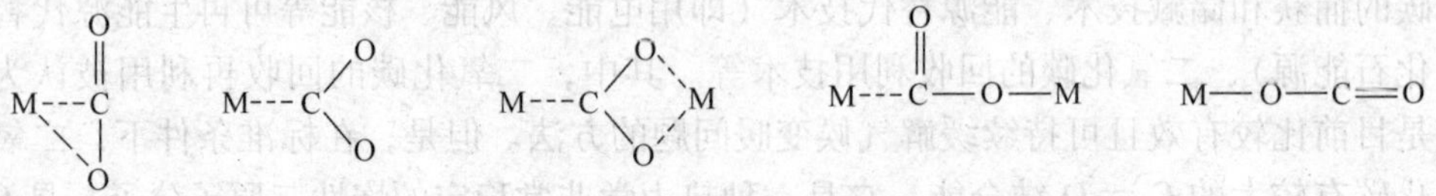

图 6-7　二氧化碳与过渡金属配合物常见的几种配位方式

二氧化碳容易形成如一氧化碳、酮类、碳酸盐、氨基甲酸盐等小型有机羰基化合物，它们在合成化学、制药和精细化工产业等领域有非常重要的应用，这是二氧化碳转化和利用的一个关键环节。旨在开发高效率低成本的重复利用二氧化碳的催化剂的研究，已经在金属配合物活化二氧化碳，形成甲酸和一氧化碳等方面取得了重要进展。

早在 1985 年，Claudio 等人就详细报道了室温下二氧化碳插入到铜硼氢化合物 $LCuBH_4$ 中 Cu—H 键的反应，选择不同的反应条件可得到不同的产物，主要有：甲酸盐、金属甲酸和比较少见的桥式甲酸配合物。2005 年，Joseph P. Sadighi 等人对新的碳烯 Cu（Ⅰ）氧硼基化合物（见图 6-8a）的合成以及它从二氧化碳夺取氧原子及随后的转化进行了报道。研究表明，在适当的反应条件下，这个催化还原二氧化碳产生一氧化碳的反应有较高的转化率。2011 年，James T. Muckerman 等人报道了二氧化碳插入 Re 羧酸盐二聚物（见图 6-8b）的反应机理，该反应通过二氧化碳插入长期存在的羧化物中间体进行，生成一氧化碳及桥式碳酸盐配合物。Mn 的类似配合物也有相似的反应被报道。2012 年，John D. Gilbertson 等人研究了以 Fe（Ⅱ）为中心的配合物（见图 6-8c）发明了一种新的 $CO_2 \rightarrow CO$ 转换的合成循环。与以往利用配体为活跃性还原反应的结合部位不同，它们在被动型还原反应中，将配位基作为提供二氧化碳转换需要的电子的源泉，利用过渡金属 Fe（Ⅱ）还原裂解二氧化碳。

新型大体积金属配合物因其具有强大的催化活性，在化学合成、催化、键的活化等领域都有重要的应用。PNN—、PNP—、PNS—等类型配体与过渡金属 Ru、Ir、Fe 等金属形成的配合物的催化作用引起了许多科学家的关注。David Milstein 等人报道了一系列关于（PNN）Ru（CO）（H）（见图 6-8d）的催化还原反应。报道指出：该种配合物可以在无助剂、温和的条件下，催化氢化未活化的脂类、酮类化合物为相应的醇，催化氢化酰胺为相应的醇和胺。Zhixiang Wang 等人则用量子力学的方法研究发现，该类化合物的催化作用可以促使碳酸盐氢化生成甲醇。

David Milstein 等人通过低温的 NMR 实验，探究（PNP）Ru（CO）（H）（见图 6-8e）催化一级醇脱氢的反应。反应在 −30℃ 下进行，溶液中并没有检测到产物酮，它通过与金属配体形成 Ru—O 配位及可逆 C—C 耦合而被捕获。它们还以 Fe（Ⅱ）为中心的配合物 [（ₜBu-PNP）Fe（H）₂（CO）]（见图 6-8f）的基础上，进行了其活化二氧化碳的研究，这种较便宜的金属展现了可以跟以往一些贵金属媲美的还原氢化二氧化碳的性能。Nilay Hazari 等人则用量子力学的方法为二氧化碳插入 Ir（Ⅲ）氢化物（见图 6-8g）的反应设计了热力学可行的模型，得出二氧化碳的插入后产物是二氧化碳氢化的水溶性的高活性催化剂的结论。

另外，Simon Kern 和 Rudi van Eldik 对 [Ru^{Ⅱ}（terpy）（bpy）H]$^+$（terpy = 2，2′，6′，2″-terpyridine；bpy = 2，2′-bipyridine）（见图 6-8h）和二氧化碳在不同溶剂中的反应进行了详细的动力学研究。活化能参数值显示，溶剂部分对活化体积和活化熵的影响很大，拥有氢键的水分子对反应活化参数及加速反应具有重要作用。所以，在研究反应机理时，反应的溶剂化效应不可忽视，在理论计算中应该引起我们足够的重视。

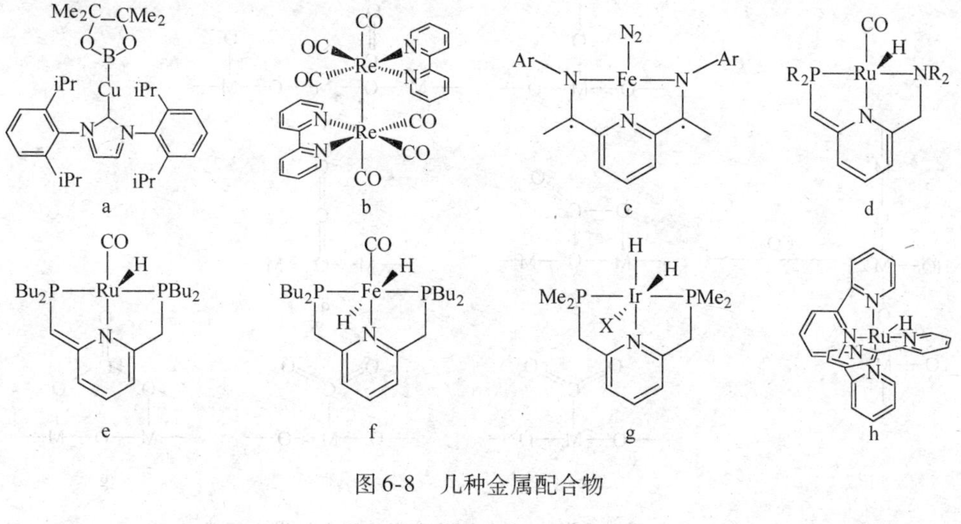

图 6-8　几种金属配合物

随着温室气体处理实验研究的风起云涌，关于二氧化碳与催化剂作用的理论研究亦日新月异。但到目前为止，理论研究尚未突破吸附阶段，对于二氧化碳的转化机理尚未明晰，有待于理论界和实验界的共同努力。

中国香港大学的 C. T. Au 和厦门大学的 M. D. Chen 采用密度泛函理论研究了 CO_2 在 Cu（9，4，1）簇的（100）面的吸附情况，确定了 10 个可能的吸附模式，其中 CO_2 线性吸附在短桥位的吸附键能最大。J. Ahd oud 等采用周期性 HF 研究了 CO_2 在 TiO_2 和 MgO 表面的吸附情况，所有在 TiO_2 上吸附的小分子必然在金属离子的暴露处，而且与气相的质子浓度密切相关。在最好的吸附模式中，CO_2 作为弱碱与 TiO_2 和 MgO 的金属中心作用，在 TiO_2(110) 面有垂直的模式，最好的吸附模式是轻微弯曲的，平行于表面的吸附模式次之。在 MgO 表面，当 θ 等于二分之一时，同样的吸附模式由 Girardet 等报道过，分子沿着 Mg 平行于表面。

　　金属氧化物表面 CO_2 化学吸附产生的几种物种取决于表面吸附位以及氧化物的表面碱性，如图 6-9 所示。根据研究，不同物种是 CO_2 吸附于氧化物表面产生的：分图 a 为表面碳酸氢根离子在碱性羟基位生成；分图 b 为在金属阳离子位上吸附离解产生；分图 c 为双齿碳酸盐在金属—氧离子对上生成；分图 d 为表面羧基在氧空位形成；分图 e 和分图 f 为单齿碳酸盐在金属离子表面的氧化位上生成。不同物种的反应活性不同，从而导致反应途径不同。当氧化物表面负载有金属时，还会大大丰富表面物种，二氧化碳既可与氧化物和金属同时键联，形成桥式吸附，又能够与金属单独形成配合物，此类配合物的生成与反应也是活化二氧化碳的重要途径之一。甲酸、甲酸甲酯、甲醇等都可由二氧化碳催化转化制备，其中二氧化碳配合物或其衍生物的生成是催化反应的关键步骤。

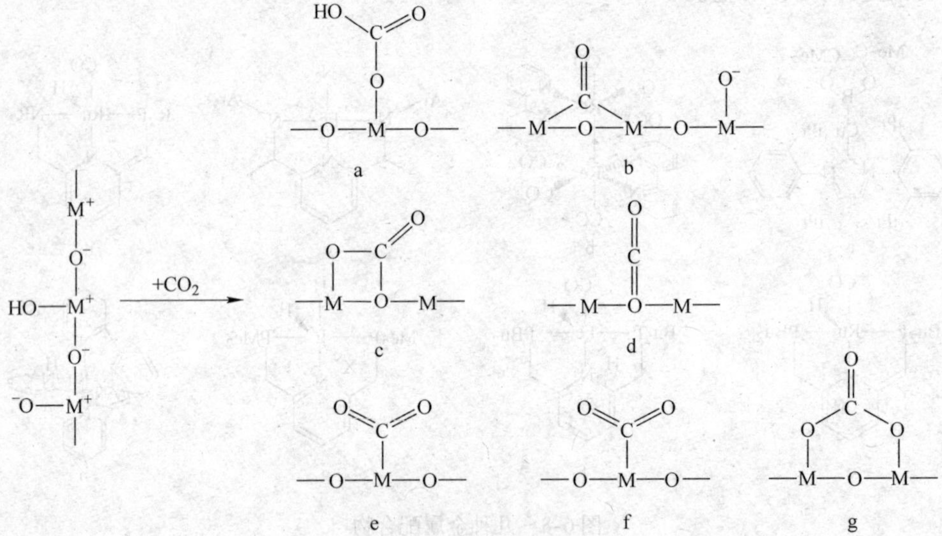

图 6-9　CO_2 在氧化物上发生化学吸附过程中的潜在物种

　　对于 CO_2 在半导体材料上的光催化还原来说，在表面发生的化学吸附活化是其必需的预活化，只有在光催化剂上发生化学吸附的物质方能与迁移至表面的光生载流子及其次生物种发生进一步的氧化还原反应。在各类 CO_2 催化反应研究中，CO_2 在催化剂表面上的吸附和活化显得尤其重要。对于半导体光催化剂来说，由于催化剂物种所限，主要涉及的是 CO_2 在氧化物及其所负载的金属上的化学吸附与活化。

Alexis Markovits 等对 CO_2 与金红石相 TiO_2 表面的相互作用进行了理论研究。理论计算使用 CRYSTAL 软件，用周期性的 HF 方法进行，对多种吸附模式进行了考查。在裸露的表面上覆盖度 $e = 1/2$ 时，得到一个 CO_2 分子垂直吸附在一个 Ti 原子上是最佳的吸附形式；饱和吸附时，CO_2 分子倾斜于固体表面；吸附由吸附质的相互作用控制，另外一个可以与第一个模型相比的是，CO_2 与两个 Ti 原子平行的吸附模式吸附在氧化物。原子上的吸附是弱吸附，在水合表面，羟基的存在有利于 CO_2 的吸附，容易生成碳酸氢根离子形式吸附。

陈文凯等采用电荷自洽方法，以嵌入原子簇 Zn_4O_4 为模型，使用量子化学的密度泛函理论，研究了 CO_2 在六方 ZnO 非极化的（1010）面的可能吸附态。计算表明，CO_2 以垂直的方式吸附在底物表面，氧原子只能与 Zn 原子配位，并且吸附能很弱（1.8kJ/mol）。吸附质分子平行于底物表面时，得到了 5 种平衡吸附构型，其中采用 C—Zn 配位和 η^2—O 二齿配位时，吸附很弱，经 BSSE 校正后的吸附能在 8.8 ~ 6.6kJ/mol。采用 η^2—O 方式分别与 O 和 Zn 配位时，吸附能为 31.1kJ/mol；C 原子与表面 O 配位时计算得到了唯一的一个化学吸附态，吸附能为 139.6kJ/mol，与实验结果一致。

C. T. Au 等采用 ADF 软件中 Slater DFT 程序对 CO_2 在 Cu（9，4，1）簇模型模拟的 Cu（100）表面的吸附进行了理论的研究，CO_2 接近线型的短桥位卧式吸附具有最高的结合能 26.31kJ/mol 在跨位、中空位和顶位吸附中，相近构型的 CO_2 吸附能从 19.66kJ/mol 变到 21.8kJ/mol。研究还表明：存在几个 CO_2 弯曲吸附模式，O—C—O 键角约为 150°，与表面的结合能在 9.66 ~ 23.56kJ/mol 间，研究表明有负电荷从铜簇传递到了 CO_2 分子上。

6.2 量子化学计算在 CO 控制研究中的应用

6.2.1 量子化学计算在 Au_4 催化 CO 氧化中的应用

计算基于量子化学中的密度泛函理论，使用 B3LYP 杂化泛函。对于 Au 原子，采用包含相对论修正的 LANL2DZ 赝势基组；对于 C 和 O 原子，使用 6-311 + G（d）标准基组。对反应势能面上的驻点进行了全参数优化和振动频率分析，对过渡态结构进行了内禀反应路径追踪，以确保获得势能刨面上真正的稳定结构、一级鞍点和最低反应途径，全部计算使用 Gaussian 03 程序。

首先对 Au_4 团簇正负电荷及不带电荷的各种稳定构型进行了计算。计算结果如表6-1所示。从表中我们可以看出：

（1）带不同电荷和不带电荷时 Au_4 团簇的稳定构型是不同的。带正电荷时菱形的结构比较稳定。带负电时直线型的结构比较稳定。而不带电荷时 Y 型的结构比较稳定。

（2）对于 Au₄ 团簇来说 2 重态的构型比 4 重态的构型要更加稳定。

（3）Au₄ 团簇电离能要比亲和能高。电离能为 773.97kJ/mol（184.86kcal/mol），亲和能为 284.33kJ/mol（67.91kcal/mol）。

3 种稳定构型如图 6-10 所示，其中依次为带一个负电，不带电和带一个正电荷的结构。另外反应中用到的小分子优化构型一并在图 6-10 中给出。

表 6-1　Au₄⁺、Au₄、Au₄⁻ 不同构型相对能量对比　　　（kJ/mol）

构　型		Au₄⁺	Au₄	Au₄⁻
Y 型	单重态	−52259.34	−52298.18	−52288.20
	三重态	−55250.86	−52250.77	−52283.48
菱形	单重态	−52259.77	−52297.23	−52287.94
	三重态	−52251.09	−52297.23	—
直线型	单重态	−52259.34	−52298.64	−52288.20
	三重态	−52250.17	−52293.59	—

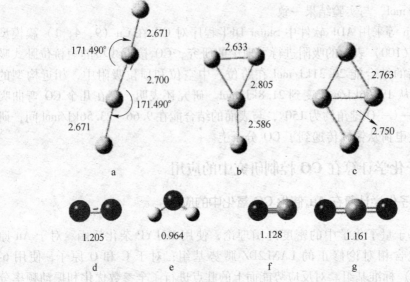

图 6-10　在 B3LYP/LANL2DZ/6-311+G（d）水平上优化得到的稳定构型
（距离：nm，角度：（°））
a—Au₄⁻；b—Au₄；c—Au₄⁺；d—O₂；e—H₂O；f—CO；g—CO₂

图 6-10 给出了优化的 Au₄ 团簇及其与 CO 催化氧化反应中涉及的 3 个小分子形成的复合物的稳定结构。与文献结果一致，Au₄ 团簇的基态呈 Y 型结构，其中包含一个配位数为 1 的 Au 原子、一个配位数为 3 的 Au 原子和两个配位数为 2 的

金原子。前线轨道分析表明，团簇的 HOMO 和 LUMO 轨道分别主要定域在配位数为 1 和 2 的金原子上，所以配位数为 1、2 的金原子被期望是反应的活性中心。Au_4团簇的另一稳定构型呈菱型结构，计算表明，该菱型结构比 Y 型结构能量高 7.09kJ/mol。所以本计算选择了 Au_4 团簇的 Y 型结构。

对 Au_4 团簇与 O_2、CO、H_2O 等形成的复合物，分别考察了 3 个小分子在团簇两个活性位点的相互作用（见表 6-2），结果表明配位数为 2 的 Au 原子与小分子的相互作用最强、形成的复合物最稳定，如图 6-11 所示。Au_4—O_2、Au_4—CO 和 Au_4—H_2O 三个复合物的稳定化能分别是 4.56kJ/mol、65.50kJ/mol 和 68.25kJ/mol。对于 Au_4—O_2，计算发现其三重态比单重态稳定 90.83kJ/mol。在这些复合物中，小分子的键长与自由分子中的键长相比均有所变长，如 O_2 的 O—O 键长从 0.1206nm 被拉长到 0.1211nm，表明 O_2 分子被显著活化。

表 6-2 Au_4 与 O_2、CO、H_2O 分子的相互作用的相对能量对比 （kJ/mol）

反 应 物	配 位	Au_4^+	Au_4	Au_4^-
Au_4-CO	1 配位	-63200.2	-63236.1	-63227.3
	2 配位	-63200.7	-63236.5	-63228.9
	氧端吸附	-63200.9	-63228.7	-63228.7
Au_4-O_2	1 配位	-66768.4	-66768.4	-66791.6
	2 配位	-66768.6	-66809.3	-66793.1
Au_4-H_2O	1 配位	-59638.6	-59675.3	-59665.2
	2 配位	-59639.1	-59675.3	-59666.4
Au_4-CO_2	1 配位	-70462.1	-70500.0	-70490.1
	2 配位	-70462.5	-70500.0	-70490.4

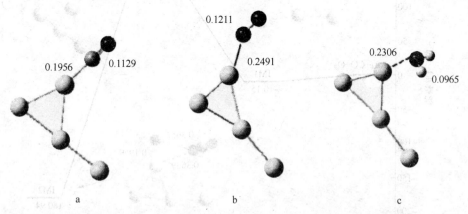

图 6-11 在 B3LYP/LANL2DZ/6-311+G（d）水平上优化得到的稳定构型

（距离：nm，角度：（°））

a—Au_4-CO；b—Au_4-O_2；c—Au_4-H_2O

对水分子吸附后对氧气的影响，我们做了一系列的计算。吸附水之后和之前的键长变化，如表6-3所示。从表中可以看出 Au₂ 到 Au₁₃ 在吸附了水分子之后，氧气分子的键长都有或多或少的加长，说明水分子的存在确实促进了氧气分子键长的拉长，从而使氧气分子活化。以此可以得到结论水分子在金团簇上吸附后对氧分子的活化具有普遍性。

表 6-3   Au₂ 到 Au₁₃ 上氧气分子键长加水前后对比 （nm）

电荷	O₂ 键长	Au₂	Au₃	Au₄	Au₅	Au₁₃
正电荷	加水前	0.120335	0.120314	0.120606	0.12164	—
	加水后	0.120348	0.120341	0.121150	0.122309	—
不带电荷	加水前	0.120348	0.126174	0.124280	0.121514	0.12209
	加水后	0.125179	0.127905	0.126277	0.122589	0.12248
负电荷	加水前	0.130873	0.127717	0.130069	0.124905	0.13241
	加水后	0.131089	0.128995	0.131830	0.126816	0.13472

作为参考，我们首先计算了没有水分子参与的 CO 催化氧化反应。根据早期的研究结果，通常认可的反应机理是氧分子首先稳定吸附在金团簇上，然后 CO 与吸附的 O₂ 反应，通过 O—O 断裂和 C—O 键形成产物 CO₂。图6-12 给出了我们计算的最优反应路径，其中 IM1 和 IM2 分别称为反应的前驱中间体和后续中间体，TS1 是连接它们的一级鞍点。从图6-12 中展示的结构参数，我们清晰地看到

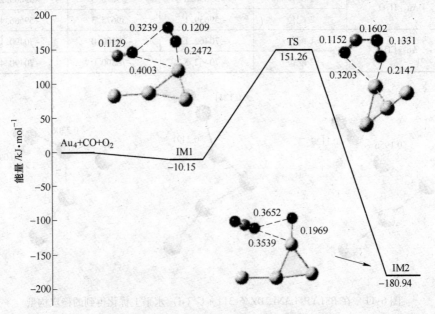

图 6-12   非水参与的 CO 氧化反应 （nm）

计算的反应机理与通常认可的机理是一致的，反应过程涉及一个关键的过渡态结构，其中正在破裂的 O—O 键拉长到 0.1331nm，而正在形成的 C—O 距离缩短到 0.1602nm，该过渡态的虚频为 785.32i/cm，其简正振动模式对应 O—O 键破裂和 C—O 键形成。计算的基元步骤势垒是 161.41kJ/mol。

为了尝试理解 CO 催化氧化的湿度增强效应，我们进一步考察了 H_2O 对上述氧化反应的影响。从上面的计算结果我们看到，CO 催化氧化的关键是 O_2 中 O—O 键的活化，所以从化学直觉，我们猜测反应的湿度增强效应可能是通过一个所谓的"氢键机理"，即 H_2O 与吸附的 O_2 形成分子间氢键，进一步活化 O—O 键，达到促使反应容易进行的目的。根据这样的思路，我们计算了反应的势能面轮廓，如图 6-13 所示。反应涉及的前驱物、过渡态、后续物分别表示为 IM3、TS2 和 IM4，我们看到，与期望的结果相同，在 IM3 中，H_2O 与 O_2 形成了 O—H···O 氢键，距离是 0.2006nm，由于该氢键的形成，O_2 的 O—O 距离拉长到 0.1358nm，显然比 IM1 中的 O—O 距离 0.1331nm 要长。不过计算的相对能量表明，反应的势垒达到 175.57kJ/mol，说明 O—H···H 氢键的形成并不利于反应的进行。这是因为根据图 6-13 给出的机理，反应过程中 O_2 分子需要挣脱氢键的束缚才能实现 O—O 键的解离，即氢键的形成反而阻止了反应的进行。这与实验观测的湿度增强效应明显不符，表明上面猜测的"氢键机理"是不合理的。

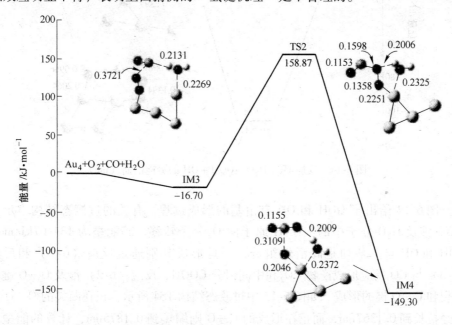

图 6-13　根据"氢键机理"计算的 CO 氧化反应（nm）

基于上面的结果，我们进一步猜测，H_2O 分子的参与可能改变了反应历程，O—H···O 氢键的形成有利于 O—O 键的断裂，反应中首先形成 OH 和 OOH 自由基，它们进一步与 CO 反应，完成 CO 氧化。整个反应过程可能涉及如下 4 个基元步骤：

$$O_2 + H_2O \longrightarrow OOH + OH \tag{6-1}$$

$$CO + OOH \longrightarrow CO_2 + OH \tag{6-2}$$

$$CO + OH \longrightarrow COOH \tag{6-3}$$

$$COOH + OH \longrightarrow CO_2 + H_2O \tag{6-4}$$

我们计算了每一个基元反应的能量变化和反应势垒，结果发现，全部四个反应均是对热力学和动力学有利的过程，其中反应（6-4）是一个无势垒的高放热过程，其余三个反应中涉及的中间体和过渡态的结构及相对能量分别概括于图 6-14 ~ 图 6-16 中。

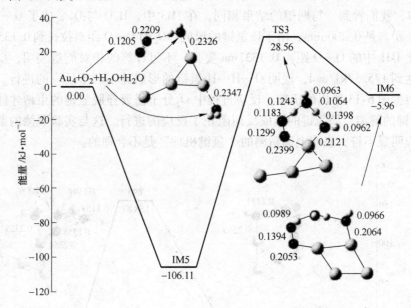

图 6-14   反应 $O_2 + H_2O \rightarrow OOH + OH$ 的势能剖面（nm）

图 6-14 给出了 OOH 和 OH 自由基的形成过程，有关的过渡态结构表示为 TS3，涉及 H_2O 分子中的一个 H 原子向 O_2 分子转移，其能垒为 134.67kJ/mol。OOH 和 OH 自由基均是高活性组分，一旦形成分别通过反应（6-2）和反应（6-3）与 CO 反应形成产物 CO_2 和中间组分 COOH，反应（6-2）涉及 O—O 键的断裂和 C—O 键的形成。如图 6-15 中过渡态结构 TS4 所示，正在断裂的 O—O 键已经拉长到 0.1367nm，而正在形成的 C—O 则缩短到 0.1875nm，计算的能垒为 45.15kJ/mol，反应放热 144.33kJ/mol。反应（6-3）的相对能量轮廓示于图 6-16 中，该过程中通过过渡态 TS5 形成一个新的 C—O 键，导致中间体组分 COOH 的生成。反应能垒仅为 14.91kJ/mol，反应放热高达 143.64kJ/mol。COOH 进一步

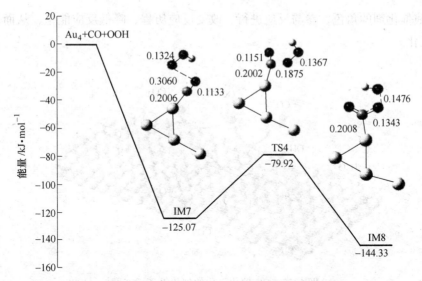

图 6-15　反应 CO + OOH→CO$_2$ + OH 的势能剖面（nm）

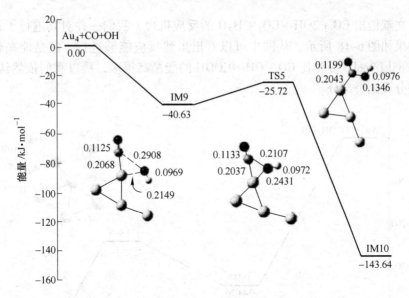

图 6-16　反应 CO + OH→COOH 的势能剖面（nm）

与 OH 反应生成 CO$_2$ 和 H$_2$O，我们也尝试寻找这一过程的过渡态结构，但多次计算证明该反应是一无势垒的过程，反应放热 102.35kJ/mol。

从上面的结果我们看到，反应（6-2）~ 反应（6-4），均是低势能、高放热的反应，反应（6-1）是 CO 催化氧化的速控步骤，该反应需要克服的能垒是 134.67kJ/mol，比图 6-12 和图 6-13 中的能垒分别低 26.74kJ/mol 和 40.90kJ/mol。整个催化循环过程形象地描述在图 6-17 中，我们看到 H$_2$O 与金团簇一样在反应中扮演催化剂的角色，参与反应进行、改变反应历程、降低反应能垒，从而促进 CO 氧化。

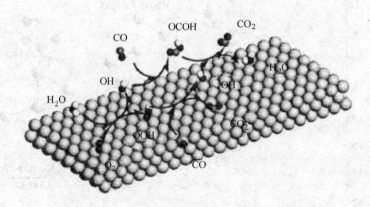

图 6-17 CO 催化氧化的催化循环示意图

有文献指出 $CO + 2OH \rightarrow CO_2 + H_2O$ 的反应机理，我们一并对其进行了计算。计算结果如图 6-18 所示。从图中可以看出虽然反应能够进行，但是能垒较高，为 104.68kJ/mol。显然比 $CO + OH \rightarrow COOH$ 的能垒高很多，所以我们依然认为反应机理分成四个部分。

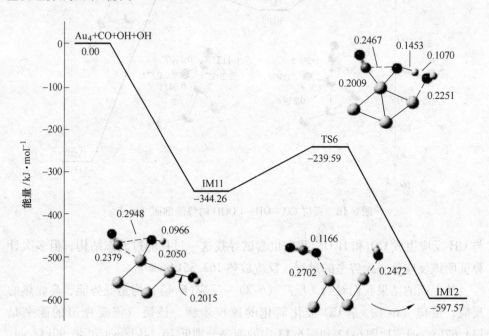

图 6-18 反应 $CO + 2OH \rightarrow CO_2 + H_2O$ 的势能剖面（nm）

6.2.2 量子化学在负载 Co（Cu）原子 TiO₂ 纳米管吸附 CO 中的应用

我们首先对（0，3）TiO₂NT 和（6，0）TiO₂NT 两种纳米管进行几何结构和晶格优化，得到了这两种纳米管的稳定结构，如图 6-19 所示。在（0，3）TiO₂NT 和（6，0）TiO₂NT 优化后结构中，O 原子存在两配位的 2cO 和三配位的 3cO 两种形态，而 Ti 原子都是五配位 5cTi 的结构，而且 2cO 和 5cTi 都是配位不饱和的结构。计算得到在（0，3）TiO₂N 中，O 原子和 Ti 原子间的键长分别为 0.181nm（2cO-5cTi），0.188nm（2cO-5cTi），0.191nm（3cO-5cTi）和 0.204nm（3cO-5cTi），这与文献中报道的（0，3）TiO₂纳米管的键长相一致。在（6，0）TiO₂NT 结构中 O 原子和 Ti 原子间的键长分别为 0.182nm（2cO-5cTi），0.184nm（2cO-5cTi），0.198nm（3cO-5cTi）和 0.203nm（3cO-5cTi）。

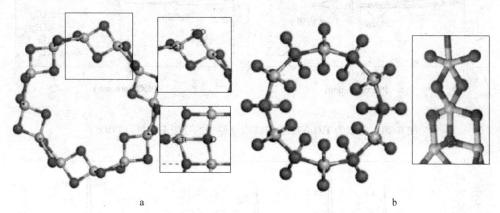

a   b

图 6-19　优化后的 TiO₂NTs 的结构

a—（0，3）TiO₂NT 结构；b—（6，0）TiO₂NT 结构

由图 6-20 中示出的能带结构图可以看出，空载的（0，3）TiO₂NT（见图 6-20a）是禁带宽度为 2.65eV 的间接带隙半导体，（6，0）TiO₂NT（见图 6-20b）则为禁带宽度 2.48eV 的直接带隙半导体。结合原子轨道的投影态密度（PDOS）图像分析可知，两种纳米管的导带底都主要由 Ti 原子的 3d 和 4s 轨道组成，而价带顶主要由 2cO-2p 和 3cO-2p 轨道组成。

如图 6-21 给出了计算中所得的自由 CO 分子的态密度和原子轨道投影态密度图像。由图可知，能量在 -16～2eV 之间有四个峰，说明 CO 分子在此能量范围中存在四个分子轨道，按能量由低到高依次是 4σ、1π、5σ 和 2π*。对应 C 原子和 O 原子的轨道投影态密度（PDOS）可知，CO 的最高占据态（HOMO）5σ 上的电子主要来源于 C 原子的 2p 和 2s 轨道，最低非占据态（LUMO）为 2π* 轨道由 C 和 O 的 2p 轨组成。在之后的研究中，将在不同纳米管上吸附后的 CO 分子的原子轨道 PDOS 图像与自由状态下的 PDOS 进行对比分析，能够帮助我们清

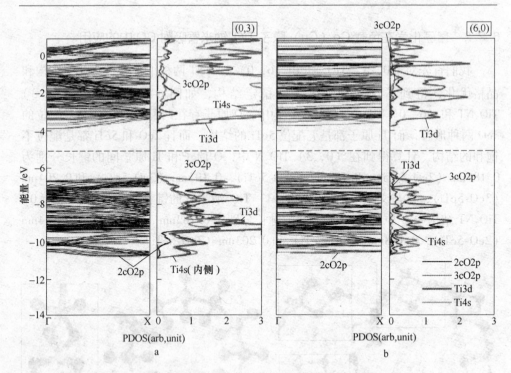

图 6-20　空载的 TiO_2 NTs 能带结构及原子的投影态密度（PDOS）

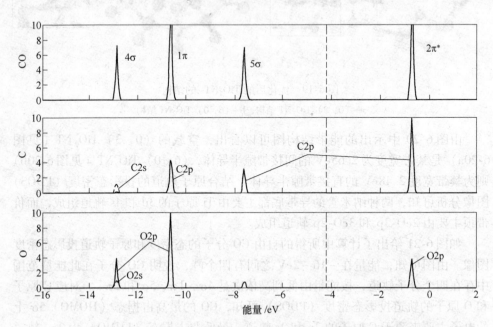

图 6-21　自由 CO 分子态密度及相应的原子轨道投影态密度图像

晰地了解 CO 分子和金属原子间的成键机理以及相应电子转移的情况。

为了解 Co（Cu）原子的修饰对 TiO_2 纳米管吸附 CO 分子能力的影响，我们研究了 CO 分子吸附在纯净 TiO_2 NTs 上的吸附情况，如图 6-22 所示。CO 分子以 C 原子与 2cO 和 5cTi 成键的方式吸附在（0，3）TiO_2 NT 上，吸附能为 $-0.482eV$。在（6，0）TiO_2 NT 的结构中，CO 分子以 C 原子和 5cTi 成键的方式吸附，吸附能为 $-0.805eV$。

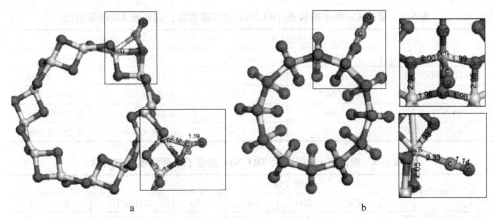

图 6-22　$CO-TiO_2$ NT 优化后的结构

a—（0，3）TiO_2 NT 结构；b—（6，0）TiO_2 NT 结构

在图 6-23 中给出了 $Co/(0，3) TiO_2 NT$ 和 $Co/(6，0) TiO_2 NT$ 优化后的结构，且相关的结构参数由表 6-4 列出。表 6-5 则给出了相应的 Mulliken 电荷和重叠布局数。如图 6-23a 所示，Co 原子吸附在（0，3）TiO_2 NT 管壁 2cO-5cTi-3cO 所围环的中间位置上，分别与 2cO，5cTi 和 3cO 成键，吸附能为 $-6.24eV$。从表 6-5 中的 Mulliken 电荷可以看出，Co 原子吸附在（0，3）TiO_2 NT 之后带有 0.629e 的正电荷，而与 Co 原子成键的 2cO 和 3cO 原子所带负电荷增加，5cTi 原

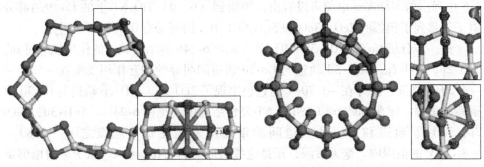

图 6-23　Co 原子在 TiO_2 NTs 上吸附后的结构

a—（0，3）TiO_2 NT 结构；b—（6，0）TiO_2 NT 结构

子带有的正电荷减少。这表明 Co 原子中的电子转移到了相邻的 2cO, 3cO 和 5cTi 原子中。根据表 6-4，Co 原子的负载给（0，3）TiO$_2$NT 的局部带来了一定的影响。与空载的纳米管相比，Co 原子的吸附增加了临近的 2cO-5cTi 键和 3cO-5cTi 键的键长，使得 2cO, 3cO 和 5cTi 之间的相互作用减弱。同样，表 6-5 中 2cO-5cTi 和 3cO-5cTi 的重叠布局数的降低也证实了这一结论。

表 6-4   吸附 Co 原子前后各 TiO$_2$NTs 的带隙宽度，键长及 Co 的吸附能

项　目	能量/eV		键长/nm	
	带隙基准	E_{ads}(Co)	2cO-5cTi	3cO-5cTi
(0,3)TiO$_2$NT	2.65	—	0.181/0.188	0.191/0.204
Co/(0,3)TiO$_2$NT	0.66	−6.24	0.194/0.196	0.196/0.226
(6,0)TiO$_2$NT	2.48	—	0.185/0.185	0.203/0.197
Co/(6,0)TiO$_2$NT	0.88	−4.40	0.201/0.190	0.232/0.208

表 6-5   吸附 Co 原子前后 TiO$_2$NTs 的原子电荷和重叠布局数

项　目	原子电荷/e				重叠布局数/e	
	TM	2cO	3cO	5cTi	2cO-5cTi	3cO-5cTi
(0,3)TiO$_2$NT	—	−0.277	−0.467	0.736	0.380/0.323	0.268/0.180
Co/(0,3)TiO$_2$NT	0.629	−0.404	−0.516	0.694	0.269/0.250	0.235/0.112
(6,0)TiO$_2$NT	—	−0.314	−0.483	0.759	0.350/0.350	0.210/0.253
Co/(6,0)TiO$_2$NT	0.494	−0.433	−0.537	0.719	0.180/0.331	0.082/0.207

在图 6-23b 示出的 Co/(6，0) TiO$_2$NT 结构中，Co 原子以与 2cO, 3cO 和 5cTi 成键的方式吸附在纳米管壁上，吸附能为 −4.40eV。与 Co 在（0，3）TiO$_2$NT上的吸附情形相同，Co/(6，0) TiO$_2$NT 中 2cO-5cTi 和 3cO-5cTi 的键长（单位：nm）分别由之前的 0.185/0.185 和 0.203/0.197 伸长到了 0.201/0.19 和 0.232/0.208，同样与表 6-5 中列出相应的重叠布局数的降低相符。此外分析表 6-5 中列出的 Mulliken 电荷可以看出，吸附到（6，0）TiO$_2$NT 上的 Co 中的部分电子转移到了相邻的 2cO, 3cO 和 5cTi 原子中，因而带有 0.494e 的正电荷。

进一步分析 Co 和（0，3）TiO$_2$NT，如图 6-24b 所示，其间的作用机理可知，2cO-2p, 3cO-2p, 5cTi-3d 轨道与 Co-3d 轨道间明显的相互作用发生在 −5.75 ～ −4.30eV 之间，此外在 −3.70eV 附近也出现了 2cO-2p, 3cO-2p 轨道与 Co-3d 轨道间的重叠。而在 Co/(6，0) TiO$_2$NT 复合结构中（见图 6-24f），5cTi-3d, 2cO-2p, 3cO-2p 轨道和 Co-3d 轨道间的重叠均发生在费米能级之下 −5.80 ～ −4.23eV 的范围内。毫无疑问，正是这些轨道间的杂化，将 Co 原子牢固地绑定在了 TiO$_2$NTs 的表面。此外，Co 原子的负载也影响了这两种 TiO$_2$纳米管的能带结构：由纳米管中 2cO-2p, 3cO-2p 轨道和 Co-3d 间轨道杂化复合形成新的价带顶，造成纳米管禁带宽度的明显减少，同时也证明了 Co 原子的吸附能够增强纳米管的光催化活性。

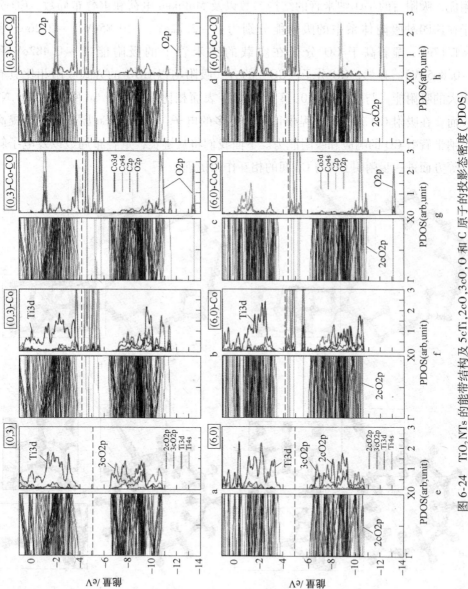

图 6-24　TiO₂ NTs 的能带结构及 5cTi, 2cO, 3cO, O 和 C 原子的投影态密度（PDOS）

　　CO 分子负载 Co 原子，在 TiO_2NTs 上吸附后的稳定结构展示在图 6-25 中。可以看出 CO 分子以 C 端与 Co 原子成键和以 O 端与 Co 原子成键这两种方式吸附在 Co/TiO_2NTs 上，分别标记为 C̲O— 和 CO̲—。另外表 6-6，表 6-7 分别列出了吸附能，吸附后的 TiO_2 纳米管的结构参数以及 Mulliken 电荷和重叠布局数。CO 分子在这四种吸附体系中的吸附能分别为：−2.72eV、−0.85eV、−3.26eV 和 −1.17eV，显著高于 CO 分子在空载的纳米管上的吸附能（−0.482eV 和 −0.805eV）。显然，CO 分子以 C̲O— 的方式吸附与以 CO̲— 的方式吸附相比具有更大的吸附能。与空载的（0，3）TiO_2NT 表面相比，负载了 Co 原子的 TiO_2NT 表面，在吸附 CO 分子的过程中得到了更多的电子，很明显 Co 原子的负载提高了纳米管对 CO 的响应和吸附能力。下面我们将从键长，重叠布局数以及电子转移等方面进一步阐明 CO 与 Co 间的相互作用机理。

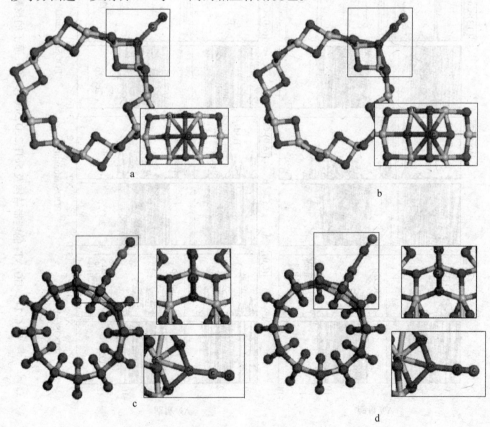

图 6-25　吸附 CO 后的 Co/TiO_2NTs 结构

a—C̲O—Co/(0，3) TiO_2NT；b—CO̲—Co/(0，3) TiO_2NT；

c—C̲O—Co/(6，0) TiO_2NT；d—CO̲—Co/(6，0) TiO_2NT

表 6-6 CO 分子吸附前后 TiO$_2$NTs 的带隙宽度，键长及 CO 的吸附能

项　目	能量/eV		键长/nm					
	带隙宽度	E_{ads}（CO）	Co—2cO	Co—3cO	Co—5cTi	Co—C	Co—O	C—O
(0,3)TiO$_2$NTs	0.6570	—	0.188	0.203	0.262	—	—	0.114
CO—Co/(0,3)TiO$_2$NTs	0.6347	-2.72	0.194	0.217	0.278	0.175	—	0.116
CO—Co/(0,3)TiO$_2$NTs	0.7605	-0.85	0.193	0.210	0.270	—	0.199	0.116
(6,0)TiO$_2$NTs	0.8841	—	0.187	0.188	0.214	—	—	—
CO—Co/(6,0)TiO$_2$NTs	1.0276	-3.26	0.192	0.197	0.239	0.177	—	0.116
CO—Co/(6,0)TiO$_2$NTs	0.9710	-1.17	0.190	0.194	0.229	—	0.189	0.117

表 6-7 吸附 CO 原子前后 TiO$_2$NTs 的原子电荷和重叠布局数

项　目	原子电荷/e			重叠布局数/e					
	Co	C	O	Co—2cO	Co—3cO	Co—5cTi	Co—C	Co—O	C—O
(0, 3) TiO$_2$NTs	0.629	-0.302	0.302	0.192	0.127	0.013	—	—	0.868
CO—Co/(0,3)TiO$_2$NTs	0.239	-0.089	0.294	0.162	0.111	0.016	0.436	—	0.851
CO—Co/(0,3)TiO$_2$NTs	0.535	-0.246	0.338	0.169	0.122	0.014	—	0.206	0.798
(6,0)TiO$_2$NTs	0.494	—	—	0.228	0.216	0.058	—	—	—
CO—Co/(6,0)TiO$_2$NTs	0.213	-0.141	0.285	0.200	0.192	0.046	0.473	—	0.840
CO—Co/(6,0)TiO$_2$NTs	0.438	-0.253	0.287	0.209	0.198	0.039	—	0.248	0.776

　　从键长上分析，CO 分子以任何一种方式吸附时，都使得 Co—2cO，Co—3cO 和 Co—5cTi 键的键长伸长，相应的重叠布局数减少。此外，吸附后的 CO 中 C—O 之间的键长也有少量的增长，例如 CO 在 Co/(0, 3) TiO$_2$NT 上的两种吸附结构中，C—O 的键长从 1.14 伸长到了 1.16，重叠布局数从 0.868 分别减小到了 0.851（CO—Co/(0, 3) TiO$_2$NT）和 0.798（CO—Co/(0, 3) TiO$_2$NT）。在 CO—Co/(6, 0) TiO$_2$NT 与 CO—Co/(6, 0) TiO$_2$NT 吸附体系中的 C—O 键长变化情况亦是如此。

　　在图 6-25 所示的能带结构图中，可以看出 CO 气体分子的吸附并没有造成纳米管能带结构的明显变化。相比之下，CO 以 C 端吸附在 Co/(6, 0) TiO$_2$NT 时，费米能的减小最为明显。CO 分子在这两种纳米管上的成键模型相似，下面我们将以 CO—Co/(0, 3) TiO$_2$NT 为例，结合 CO—Co/(0, 3) TiO$_2$NT 加以对比，从轨道态密度的角度对 Co 与 CO 成键的机理进行阐述。如图 6-25 所示，Co 和 CO 的相互作用主要发生在费米能级之下 C—2p 和 Co—3d 轨道间的杂化，而在 -1.2eV 附近也出现了 C—2p 和 Co—3d 轨道间的杂化，这些杂化导致电子重新分配，从而使 C 与 Co 成键。此外 CO 与 Co 间的相互作用符合 Blyholder 模型：吸附后的 CO 分子中 5σ 轨道劈裂，电子从 CO 分子的 5σ 轨道转移到了 Co 的 3d 轨

道，而 Co—3d 轨道又将部分电子反馈到 CO 的 $2\pi^*$ 轨道，这样就使得 Co 原子和 C 原子成键。同时反键轨道中电子的填充，使 C—O 键级弱化，拉伸了 C—O 键的键长。在前文 CO 分子轨道的分析中，我们已经阐明 CO 分子的 5σ 轨道主要是由 C 原子占据的，所以在 PDOS 图像中，在 CO—Co/(0，3) TiO_2NT 吸附结构中，Co 原子和 O 原子的相互作用没有造成 CO 分子的 5σ 轨道分裂，而只是使 CO 的分子轨道向低能方向偏移。这说明 Co 原子与 CO 分子中 C 原子间的相互作用更强，也就解释了 CO 分子以 C 端吸附时吸附能较强的原因。CO—Co/(6，0) TiO_2NT 和 CO—Co/(6，0) TiO_2NT 吸附体系中的情形亦是如此：从 PDOS 图像中，可以看出 CO 和 Co 原子间的成键是由于 C—2p 或 O—2p 轨道与 Co—3d 轨道间的杂化造成的。与 CO—Co/(0，3) TiO_2NT 和 CO—Co/(0，3) TiO_2NT 对应比较，可以发现，在负载 Co 后的 (6，0) TiO_2 纳米管中，Co—C 或 Co—O 间的重叠布局数更大，与之对应的 CO 的吸附能也就比 Co 后的 (0，3) TiO_2 纳米管的吸附结构中 CO 的吸附能大。

文献中已经对 Cu 原子在 (0，3) TiO_2 纳米管和 (6，0) TiO_2 上的吸附结构，以及 CO 在 Cu 原子负载后的 TiO_2 纳米管上的吸附情况进行了相关的报道。本书为了比较 Co 原子和 Cu 原子对 TiO_2 纳米管吸附 CO 中的影响，改变了 Cu 原子的吸附位置，再次进行计算研究。

图 6-26 给出了 Cu 原子在 (0，3) TiO_2NT 和 (6，0) TiO_2NT 两种纳米管上吸附的稳定结构。Cu 原子吸附在 (0，3) TiO_2NT 管壁 2cO-5cTi-3cO 所围环的中间位置上，且与处于圆环对角位置的两个 2cO 成键，吸附能为 -3.77eV。在 Cu/(6，0) TiO_2NT 的吸附体系中，Cu 原子分别与 2cO、3cO 以及 5cTi 成键，且吸附能为 -1.84eV。吸附体系的相关结构参数由表 6-8 列出。表 6-9 则给出了相应的 Mulliken 电荷和重叠布局数。

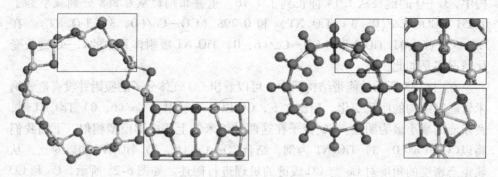

a   b

图 6-26 Cu 原子在 TiO_2NTs 上吸附后的结构
a—Cu/(0，3) TiO_2NT；b—Cu/(6，0) TiO_2NT

表 6-8 吸附 Cu 原子前后各 TiO₂NTs 的带隙宽度，键长及 Cu 的吸附能

项 目	能量/eV		键长/nm	
	带隙宽度	E_{ads}（Co）	2cO-5cTi	3cO-5cTi
(0,3)TiO₂NTs	2.6501	—	0.181/0.188	0.191/0.204
Cu/(0,3)TiO₂NTs	1.5312	−3.77	0.190/0.200	0.192/0.207
(6,0)TiO₂NTs	2.4757	—	0.185/0.185	0.203/0.197
Cu/(6,0)TiO₂NTs	2.3515	−1.84	0.193/0.194	0.224/0.208

表 6-9 吸附 Cu 原子前后 TiO₂NTs 的原子电荷和重叠布局数

项 目	原子电荷/e				重叠布局数/e	
	Cu	2cO	3cO	5cTi	2cO-5cTi	3cO-5cTi
(0,3)TiO₂NTs	—	−0.277	−0.467	0.736	0.380/0.323	0.268/0.180
Cu/(0,3)TiO₂NTs	0.315	−0.403	−0.484	0.728	0.302/0.228	0.255/0.158
(6,0)TiO₂NTs	—	−0.314	−0.483	0.759	0.350/0.350	0.210/0.253
Cu/(6,0)TiO₂NTs	0.443	−0.397	−0.511	0.644	0.250/0.300	0.118/0.207

从表 6-9 中的 Mulliken 电荷可以看出，Cu 原子吸附在（0，3）TiO₂NT 后带有 0.315e 的正电荷，与 Cu 原子成键的 2cO 原子的原子电荷数由 −0.277e 减小到 −0.403e，而圆环上的 3cO 和 5cTi 的原子电荷变化不大。说明 Cu 原子所失去的电子大部分转移到 2cO 原子中，Cu 原子与 3cO 和 5cTi 原子间的相互作用减弱。此外，Cu 原子的吸附对（0，3）TiO₂ 纳米管的结构造成了一定的影响：与空载的纳米管相比，Cu 原子的吸附同样可使邻近的 2cO—5cTi 键和 3cO—5cTi 键的键长增长，减弱了 2cO，3cO 和 5cTi 之间的相互作用。这一规律可以通过表 6-9 中 2cO—5cTi 和 3cO—5cTi 的重叠布局数降低的趋势证明。

在 Cu/（6，0）TiO₂NT 的负载体系中，吸附后的 Cu 原子带有 0.443e 的正电荷，其失去的电子转移到了邻近的 2cO，3cO 和 5cTi 原子中，造成 2cO，3cO 所带负电荷数增加，5cTi 原子的正电荷减少，其中以 5cTi 的原子电荷数变化最为明显。这说明 Cu 失去的电子更多的转移到了 5cTi 中，所以 Cu 在（6，0）TiO₂NT 上吸附时，它与 2cO 和 3cO 间的相互作用较弱。而正是由于 Cu 和 2cO 原子间的相互作用影响了 Cu 在纳米管上的吸附能大小：Cu 在（6，0）TiO₂NT 上吸附能小于 Cu 在（0，3）TiO₂NT 上的吸附能。

图 6-27 中 b 和 f 分别给出了 Cu 在（0，3）TiO₂NT 和（6，0）TiO₂NT 这两种纳米管上吸附后的能带结构和相关原子的 PDOS 图像。从能带上分析，Cu 原子掺杂在两种纳米管的带隙中引入了受主能级，造成价带顶的升高，禁带宽度的减小。但是由于 Cu 在（6，0）TiO₂ 纳米管的吸附中，Cu—4s 轨道与 5cTi—3d 轨道发生杂化，使得导带底上升，因此 Cu/（6，0）TiO₂ 纳米管的带隙与空载时相

比变化较小。进一步对比分析纳米管原子轨道 PDOS 图像可知，Cu/（0，3）TiO₂NT 的价带中，Cu—3d 和 2cO—2p 间有明显的特征峰值，而 Cu/（6，0）TiO₂NT 中不存在这种现象。这与上文中我们从电子得失角度分析所得的结论相同。

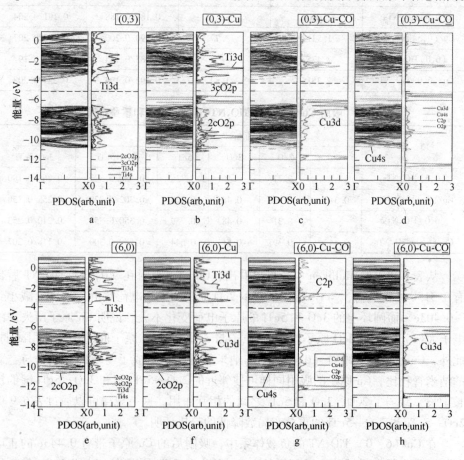

图 6-27   TiO₂NTs 的能带结构及 5cTi，2cO，3cO，O 和 C 原子的投影态密度（PDOS）

CO 分子负载 Cu 原子的 TiO₂NTs 上吸附后的稳定结构展示在图 6-28 中。与 Co 负载时相同，CO 分子能够以 C 端与 Cu 原子成键和以 O 端与 Cu 原子成键这两种方式吸附在 Cu/TiO₂NTs 上。另外表 6-10 和表 6-11 分别列出了吸附能，吸附后的 TiO₂ 纳米管的结构参数以及 Mulliken 电荷和重叠布局数。CO 分子在这四种吸附体系中的吸附能分别为：－1.98eV、－0.55eV、－2.52eV 和 －0.99eV，同样高于 CO 分子在空载的纳米管上的吸附能（－0.482eV 和 －0.805eV），但是低于 CO 在负载 Co 原子的 TiO₂ 纳米管上的吸附能。同时，CO 分子以 C̲O—吸附时具有更大的吸附能。与空载的（0，3）TiO₂NT 表面相比，负载了 Cu 原子的 TiO₂NT 表面在吸附 CO 分子的过程中同样能够得到更多的电子，所以与 Co 原子一样，Cu 原子的负载同样可以提高纳米管对 CO 的响应和吸附能力。下面我们将从键长，重叠布局数以及电子转移等方面进一步阐明 CO 与 Cu 间的相互作用机理。

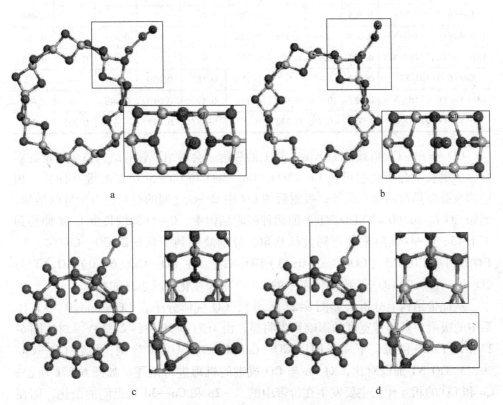

图 6-28 吸附 CO 后的 Cu/TiO₂NTs 结构

a—C̲O̲—Cu/(0,3) TiO₂NT; b—C̲O̲—Cu/(0,3) TiO₂NT;

c—C̲O̲—Cu/(6,0) TiO₂NT; d—C̲O̲—Cu/(6,0) TiO₂NT

表 6-10 CO 分子吸附前后 TiO₂NTs 的带隙宽度，键长及 CO 的吸附能

项 目	能量/eV		键长/nm					
	带隙宽度	E_{ads}(CO)	Cu—2cO	Cu—3cO	Cu—5cTi	Cu—C	Cu—O	C—O
Cu/(3)TiO₂NTs	1.71	—	0.191	—	—	—	—	0.114
C̲O̲—Cu/(0,3)TiO₂NTs	2.21	−1.98	0.201	—	—	0.182	—	0.115
C̲O̲—Cu/(0,3)TiO₂NTs	1.62	−0.55	0.194	—	—	—	0.210	0.115
Cu/(6,0)TiO₂NTs	2.35	—	0.201	2.00	0.239	—	—	—
C̲O̲—Cu/(6,0)TiO₂NTs	2.47	−2.52	0.208	2.05	0.257	0.182	—	0.115
C̲O̲—Cu/(6,0)TiO₂NTs	2.47	−0.99	0.206	2.02	0.247	—	0.198	0.116

表 6-11　吸附 CO 原子前后 TiO$_2$ NTs 的原子电荷和重叠布局数

项 目	电子电荷/e			重叠布局数/e					
	Cu	C	O	Cu—2cO	Cu—3cO	Cu—5cTi	Cu—C	Cu—O	C—O
Cu/(0,3)TiO$_2$NTs	0.305	—	—	0.199	—	—	—	—	0.868
CO—Co/(0,3)TiO$_2$NTs	0.049	−0.084	0.338	0.186	—	—	0.431	—	0.862
CO—Co/(0,3)TiO$_2$NTs	0.212	−0.231	0.365	0.187	—	—	—	0.164	0.815
Cu/(6,0)TiO$_2$NTs	0.443	—	—	0.176	0.187	0.020	—	—	—
CO—Co/(6,0)TiO$_2$NTs	0.087	−0.068	0.346	0.161	0.191	0.010	0.448	—	0.862
CO—Co/(6,0)TiO$_2$NTs	0.316	−0.205	0.332	0.163	0.187	0.013	—	0.207	0.797

CO 分子在 Cu 负载的 TiO$_2$ 纳米管上的吸附，会对纳米管的结构造成一定的影响。从键长上分析，它可使 Cu—2cO，Cu—3cO 和 Cu—5cTi 键的键长伸长，相应的重叠布局数减少。此外，吸附后的 CO 中 C—O 之间的键长也有少量的增加，例如 CO 在 Cu/(0,3)TiO$_2$NT 上的两种吸附结构中，C—O 的键长由 1.14 伸长到了 1.15，C—O 键的重叠布局数从 0.868 分别减小到了 0.862（CO—Cu/(0,3)TiO$_2$NT）和 0.815 （CO—Cu/(0,3)TiO$_2$NT）。在 CO—Cu/(6,0)TiO$_2$NT 与 CO—Cu/(6,0)TiO$_2$NT 吸附体系中的 C—O 键长变化情况也是如此。

从能带结构上分析（如图 6-27 所示），CO 气体分子在 CO—Cu/(0,3) 体系中的吸附对其禁带宽度的影响最为明显，由 1.71eV 增加到 2.21eV。对比图 6-27 中的 PDOS 图像，下面我们以 CO—Cu/(0,3)TiO$_2$NT 为例，结合 CO—Cu/(0,3)TiO$_2$NT 加以对比，对 Cu 与 CO 成键的机理进行阐述。如图 6-27c 所示，Cu 和 CO 的相互作用主要发生在价带中的 C—2p 和 Cu—3d 轨道间的杂化，而在 −2.32eV 附近也出现了 C—2p 和 Cu—3d 轨道间的杂化，形成 C—Cu 键。此外，吸附后的 CO 分子中 5σ 轨道分裂，5σ 轨道中的部分电子转移到了 Cu 的 3d 轨道中。而 Cu 的 3d 轨道又将电子反馈到 CO 的 2π* 轨道中。CO—Cu/(6,0) TiO$_2$NT 和 CO—Cu/(6,0) TiO$_2$NT 吸附体系中的情形也是如此：从图 6-27g 和 h 所示的 PDOS 图像中可以看出，CO 和 Cu 原子间的成键是由于 C—2p 或 O—2p 轨道与 Cu—3d 轨道间的杂化造成的。与 CO—Cu/(0,3) TiO$_2$NT 和 CO—Cu/(6,0) TiO$_2$NT 对应比较，可以发现，在负载 Cu 后的 (6,0) TiO$_2$ 纳米管中，Cu—C 或 Cu—O 间的重叠布局数更大，与之对应的 CO 的吸附能也就比负载 Cu 后的 (0,3) TiO$_2$ 纳米管的吸附结构中 CO 的吸附能大。

6.2.3　量子化学在铂及其合金表面上一氧化碳氧化反应中的应用

计算采用 Accelrys 公司 Material Studio 4.0 软件中的 DMol^3 模块程序包，在个人电脑上运行 DFT 计算。所采用的 DMol^3 模块中，借助双数值型极化函数基组

（DNP），这种类型基组的精确性可与 Gaussian 中的 6-31G＊＊相比拟，并比同样大小的高斯基组更精确。核的处理采用密度泛函半核赝势（DSPP），Delley 已经报道了 DSPP 的晶格常数计算误差在 1.78% 左右。结构和能量等数值采用了 Perdew、Burke 和 Ernzerhof（PBE）等人开发的广义梯度近似（GGA）函数。另外采用 0.002Ha 的 Fermi smearing 和 0.4nm 的实空间截止长度来提高计算效率，我们尝试将实空间截止长度增加到 0.55nm，未影响计算结果。对于数值积分，采用网格大小的品质是 Fine，这样可以基本满足计算的网格要求。自洽场（SCF）的收敛公差是 1×10^{-6}，k 点取样为 $5 \times 5 \times 1$。

在模型的选取方面，大量研究表明，模型越大，模拟结果越接近实验值，但相应的计算量就会越大。但贵金属 Pd、Rh、Pt 等元素位于第二、第三过渡周期，都含有 d 轨道，有的还含有未填满的 f 轨道，因此含贵金属体系相关效应明显，相对论效应和自旋耦合效应不可忽略，而对这些物理效应的精确描述目前还存在一定困难。选取模型必须对计算精度和效率做折中处理。金属 Pt 选用 2×2 超晶胞周期性模型，选用 4 层原子厚度（含有 16 个 Pt 原子），slab 之间真空层厚度为 1.2nm（见图 6-29）。这种表面模型可以满足 CO、O_a、CO_2 在 Pt(111) 表面吸附覆盖度为 1/4ML（即 $\theta = 0.25ML$）的要求；所有的结构优化中（没有进行对称性限定），底两层原子的 Fractional 坐标固定，而吸附质和最上面两层金属原子允许结构弛豫和重构，即不限定它们坐标的变化。

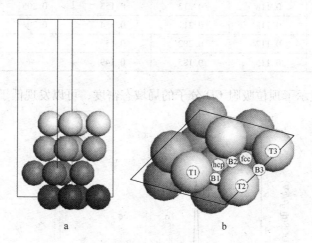

图 6-29　含四层金属原子的 Pt(111) 面晶格模型

a—Pt(111) 面晶格的侧视图；

b—俯视图观察的 Pt(111) 面的各吸附位

（T1 为顶位 1；T2 为顶位 2；T3 为顶位 3；B1 为桥位 1；B2 为桥位 2；

B3 为桥位 3；hcp 为六角密堆空位；fcc 为面心立方空位）

吸附能（和共吸附能）定义为吸附体系总能量减去金属 slab 能量和吸附质能量之和，表示为：

$$E_{ad} = E_{sys} - E_M - E_{ads}$$

式中，E_{ad}表示吸附质在金属面的吸附能；E_{sys}和E_M分别表示吸附体系和金属的总能量，E_{ads}表示在表面吸附质自由状态下的总能量。共吸附能E_{coad}也可通过上式计算出。根据定义，E_{ad}为负值，为了简洁，文中选其绝对值。自由状态下，CO分子C—O键长计算值为0.114nm，与实验值0.113nm吻合很好，说明采用方法的精确性。

关于 CO 在 Pt(111) 表面吸附已进行了比较深入的实验和理论研究。表6-12给出 CO 在 Pt(111) 表面吸附结构和吸附能的计算结果。可以看出，fcc 三重空位、hcp 三重空位和桥位的吸附能相差无几，分别为 0.155eV、0.154eV 和0.153eV；顶位吸附 C—O 键与 C—Pt 键长分别为 0.115nm 和 0.185nm，与 Lynch等人的计算结果较为符合。顶位的吸附能最小，为 1.49eV，与 Yeo 等人的实验值 1.2 ~ 1.9eV（$\theta = 0.05 \sim 0.5ML$）较为吻合。CO 在 Pt(111)表面四个吸附位的吸附能差别不大，说明 CO 分子较容易在金属表面扩散。

表6-12　CO 和 O_a 在 Pt(111) 面上的吸附能 E_{ad}(eV) 及
相应的结构参数　　　　　　　　　　　　（nm）

结　构	CO			O_a	
	$d_{C—O}$	$d_{Pt—C}$	E_{ad}	$d_{Pt—O}$	E_{ad}
Fcc	0.118	0.212	0.155	0.205	0.343
hcp	0.118	0.211	0.154	0.204	0.339
Bridge	0.117	0.202	0.153	—	—
top	0.115	0.185	0.149	—	—

图 6-30 显示了顶位吸附 CO 分子的局域态密度，可以发现低于 Fermi 能级的

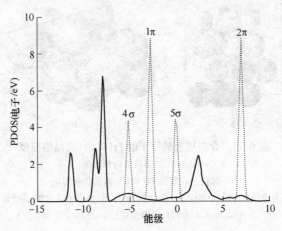

图 6-30　自由 CO 分子（点线）和顶位吸附 CO（实线）的局域态密度
（Fermi 能位于 0eV 处）

有三个峰: 4σ、1π 和 5σ, 2π 峰位于 Fermi 能级以上的 +7eV 附近。与自由 CO 分子的态密度相比,这四个轨道的峰均向低能级方向移动,且发生宽化,说明它们都参与了 CO 与金属的成键作用。4σ 和 1π 都位于 Fermi 能级以下,对化学吸附的贡献较小。而 5σ 和 2π 峰发生部分混合后,峰越过 Fermi 能级延伸到了高能级区,说明它们对 C—Pt 键的贡献较大,而且在 CO 与金属的成键作用中发生了电荷转移。

实验发现当温度达到 150K 以上时,吸附在 Pt(111) 表面上的氧分子就会发生分解,分解后的氧原子稳定地占据在三重空位上。CO 吸附在 Pt(111) 表面前,吸附态的氧原子 O_a 会在金属表面形成所谓的"岛",因其比较稳定的吸附不会像 CO 那样在金属表面发生明显的扩散现象。在计算中,优化得到两个三重空位吸附结构,fcc 和 hcp,其吸附能列在表 6-12 中。可以看出,O_a 在 fcc 位和 hcp 的吸附能分别为 3.43eV 和 3.39eV,符合实验值 3.18 ~ 3.84eV ($\theta = 0.02 \sim 0.5ML$)。

图 6-31 描绘了孤立 O 原子和 fcc、hcp 位 O_a 的局域态密度图。可以看出,O_a 的双峰都下移且发生宽化,fcc 位 O_a 的 2p 轨道峰在 $-7.5eV$ 附近,而 hcp 位 O_a 的 2p 轨道峰大约在 $-6.5eV$ 处,前者能级比后者低,这说明 fcc 位比 hcp 位的 O_a 吸附结构要稳定,与以上吸附能结论一致。

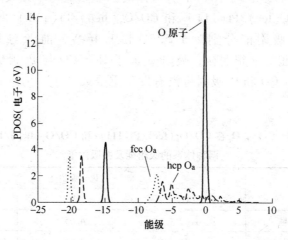

图 6-31 自由 O 原子、fcc 位 O_a 和 hcp 位 O_a 的局域态密度

(Fermi 能级位于 0eV 处)

由以上结果可知,在金属表面,氧原子的化学吸附作用要比 CO 分子强,并且氧原子在金属表面不同吸附位的吸附能差能比 CO 大。发生共吸附时,氧原子应该位于具有高配位数的空位: hcp 和 fcc,而 CO 则应该在低配位数的吸附位上,这样的结构才是稳定的。在 CO 分子沿金属表面朝着稳定吸附在 3 重空位的氧原子方向扩散的过程中,CO 吸附在顶位时,Lynch 和 Hu 认为这就构成了稳定

的共吸附结构。本书工作中 CO 和 O_a 在 $CO/O_a/Pt(111)$ 面的共吸附结构显示在图 6-32 中，包括两种结构：CO 顶位吸附以及 O_a 位于 fcc 空位以及顶位 CO 吸附而 O_a 位于 hcp 空位。

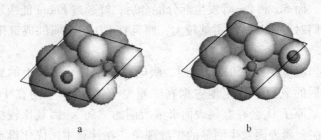

a　　　　　　　　　　　b

图 6-32　CO 与 O_a 在 Pt(111) 面上的共吸附结构

a—CO 顶位吸附而 O_a fcc 空位吸附；b—CO 顶位吸附而 O_a hcp 空位吸附

表 6-13 给出了 CO 和 O_a 在 $CO/O_a/Pt(111)$ 共吸附结构中的化学吸附能。从表 6-12 和表 6-13 可以看出，共吸附体系中 O_a 的化学吸附能均比单独吸附在金属表面时高，发生共吸附后，O_a 在 hcp 位的吸附能由 3.39eV 变为 3.87eV，fcc 位则由 3.43 变为 4.05eV。其中，fcc 位 O_a 共吸附时的吸附能与 Bleakley 等人的计算结果 4.39eV 接近。对于 CO，共吸附时的吸附能与单独吸附的吸附能差别不大。在 $CO/O_a(fcc)/Pt(111)$ 和 $CO/O_a(hcp)/Pt(111)$ 两种共吸附结构中，CO 顶位的吸附能分别为 1.52eV 和 1.46eV，前者与 Bleakley 等人的 1.51eV 符合得很好。很明显，吸附 O_a 原子对于 CO 与 Pt 顶位结合没有很显著的影响，由于 CO 和 O_a 吸附位没有发生重叠或竞争，为进一步反应提供了很好的构型。

表 6-13　CO 和 O_a 在 $CO/O_a(fcc)/Pt(111)$ 和 $CO/O_a(hcp)/Pt(111)$

两种体系的吸附能及共吸附能　　　　　　　（eV）

共吸附结构	化学吸附能		
	CO	O_a	$CO + O_a$
$CO/O_a(fcc)/Pt(111)$	1.52	4.05	5.21
$CO/O_a(hcp)/Pt(111)$	1.46	3.87	5.03

基于以上两种共吸附结构，本书研究 Pt(111) 面上 CO 氧化反应两种不同的路径：路径 I，由 CO 顶位吸附 O_a 吸附在 fcc 空位开始；路径 II，由 CO 顶位吸附而 O_a 位于 hcp 空位开始。

在以上确定的两种共吸附初始结构的基础上，计算了 CO 氧化反应两条路径中各结构的几何参数、反应活化能垒以及 CO_2 物理脱附能，图 6-33 描绘了两条路径的中间物结构。以下分别对两条路径进行分析。

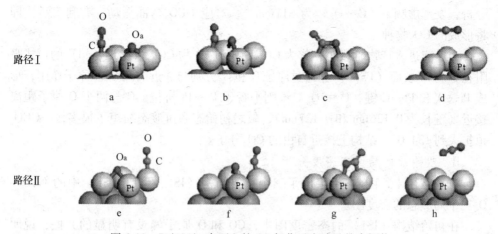

图 6-33 Pt(111) 表面上的 CO 氧化反应涉及的中间物

(包括 IS、TS、PS 和 PhS)

a—IS1；b—TS1；c—PS1；d—PhS1；e—IS2；f—TS2；g—PS2；h—PhS2

6.2.3.1 路径 I 氧化反应

A 中间物结构

对 CO 在 Pt(111) 面氧化反应的路径 I，因其初始结构具有良好的稳定性，曾被广泛研究。本书的路径 I 初始物（IS1）的结构参数 C—O、C—Pt 和 O_a—Pt 键长分别为 0.114nm、0.186nm、0.205nm，与先前研究者报道的实验值吻合很好。此时 C 原子与 O_a 之间的距离为 0.323nm，吸附态 O_a 原子与 CO 分子的排斥作用较小，几乎可以忽略（0.009eV）。

由图 6-33 描绘的初始态（IS1）到过渡态（TS1）再到产物 CO_2(ad)（PS1）的结构中，可以看出，CO 氧化经历如下的反应过程。由初始结构开始，CO 受到 O_a 原子作用开始偏离顶位 T1，Pt—CO 之间的键弯曲，此时 fcc 位 O_a 朝邻近的 B2（见图 6-29b）方向移动。由于 O_a 具有强电负性，CO 逐渐离开 T1。当 CO 移动到 B1 时，O_a 则坐落在 B2 位，此时就变成了过渡态结构（TS1）。而当 O_a 从 fcc 空位移出后，缩短了 O_a 与 C 原子之间的距离，使得 O_a 与 CO 分子之间存在一定的相互作用，有助于后续反应。处于过渡态的 CO 偏离了 T1，此时的 C—Pt 和 C—O 键被拉长：分别由 0.186nm 和 0.114nm 变为 0.195nm 和 0.115nm，说明这两个键在一定程度上被削弱。可以看出，过渡态结构类似一个中间物，它可使 CO 分子尽可能靠近氧原子 O_a（C 与 O_a 的距离为 0.198nm），而没有过多减弱与表面的结合。另外，过渡态也代表了一种以竖直键吸附在表面上的 CO 分子与直线型 CO_2 分子的折中构型，其中 $\angle OCO_a$ 为 110.5°。这样的弯曲结构使 CO 分子可以更加靠近 O_a，导致更短的 O_a—CO 距离和更大的 $\angle OCO_a$ 角度。所计算的过渡态结构与先前实验研究结果基本一致。此外，针对过渡态结构本书还进行了振动频率分析，发现虚频 ν（C···O_a）为 311icm^{-1}，对应 OCO$_a$ 弯曲振动，有利于活化即将形成的 CO_2 物种。

当反应进入产物阶段时，作为 CO 氧化反应产物 CO_2，以 CO_2(ad) 的形式吸附在金属 Pt 表面（PS1）。它通过原子 C 和 O_a 分别与邻近的两个 Pt 原子作用，形成 Pt—O_a 和 Pt—C 键，C＝O_a 双键则平行于 Pt—Pt 桥位。C 与两个 O 原子距离接近（键长为 0.126nm 和 0.127nm），较之初始态和过渡态缩短了很多，∠OCO$_a$ 也扩大到 134.0°，结构上接近自由的 CO_2 分子。

B　吸附质的局域态密度分析

对于路径 I，图 6-34 给出了三个重要结构（IS1、TS1、PS1）中的 C、O、O_a 三个局域态的密度图。

在初始结构（IS1）的态密度图中，CO 和 O_a 原子峰没有明显的共振，说明两者电子轨道相对独立，它们之间没有成键。CO 分子与 O_a 原子之间只存在微弱的相互作用力。在图 6-34 IS1 中的 –10eV 与 0eV 之间区域，原子 C 和 O 的态密度峰叠加后与图 6-30 中 CO 顶位吸附时的峰变化不大，而 O_a 峰也没有出现较大变化，说明此时 fcc 位 O_a 对 CO 吸附态影响不大，与前面的结论一致。

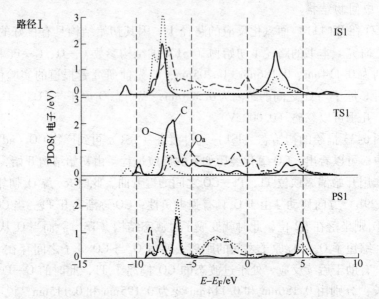

图 6-34　路径 I 中，各中间物 CO 中 C 和 O 原子以及 O_a 的局域态密度图

（Fermi 能级位于 0eV 处）

由初始结构变化成过渡态（TS1）时（见图 6-34 中 TS1），CO 和 O_a 的态密度峰发生了交叠。O_a 原子 –7.0eV 附近的峰明显降低，与此处原子 C 的峰发生微小共振，表明 O_a 与 CO 已产生了一定的共价作用，形成较弱的 C···O_a 键，此时它们之间的距离缩短至 0.198nm。同时发现原子 C 和 O 的峰不如 IS1 中的共振明

显，说明它们之间的相互作用受到 O_a 影响，C—O 键长也伸长为 0.115nm。

对于产物 PS1，如图 6-34 PS1，C、O 和 O_a 的态密度峰出现了明显的共振，在 Fermi 能以下的 $-8.5eV$ 附近，有个很清楚的双峰，这是属于吸附态 CO_2 的局域态密度峰。路径 I 中各吸附质的局域态密度与 Ji 等人的结果符合得很好。

6.2.3.2 路径 II 氧化反应

A 中间物结构

路径 II 中 CO 氧化反应的机理与路径 I 类似，中间物的结构如图 6-33 所示。初始结构中 CO 吸附在顶位 T3 处，O_a 吸附在 hcp 位（见图 6-33 中 IS2）。此时 C—O、C—Pt 和 O_a—Pt 键长分别为 0.114nm、0.186nm 和 0.205nm，原子 C 与 O_a 之间距离为 0.326nm（见表 6-14）。在过渡态（TS2）中，O_a 处在 B2 位，而此时 CO 移动到 B3 处。由于 CO 与 O_a 之间的作用，C—Pt 和 C—O 键伸长，分别为 0.190nm 和 0.115nm，C—O_a 之间距离缩短为 0.210nm。上面已经提到，过渡态代表了一种以竖直键吸附在表面上的 CO 分子与直线型自由 CO_2 分子的折中结构，TS2 的 $\angle OCO_a$ 为 112.8°，大于 TS1 的 110.5°，从而更有利于形成 CO_2 物种。相应地，$\nu(C \cdots O_a)$ 为 $298 icm^{-1}$，略低于 TS1 的 $311 icm^{-1}$。当反应进入产物阶段时，作为 CO 氧化反应产物的前驱物（PS2），$CO_2(ad)$，同样化学吸附在金属 Pt 表面，它通过 $C=O_a$ 双键两端的原子与两个邻近的 Pt 原子相互作用，形成 Pt—O_a 和 Pt—C 键，$C=O_a$ 双键则平行于 Pt—Pt 桥位，并且此时 C—O 键又一次伸长到 0.120nm，而 C 与 O_a 距离缩短了许多，为 0.127nm，同时 $\angle OCO_a$ 增大到 134.8°。较之 PS1 和 PS2 中吸附物更接近于自由 CO_2 分子构型。

表 6-14 路径 I 和路径 II 中各中间物的结构参数、反应能垒 $E_{barrier}$ 和 CO_2 物理脱附能 E_{de}

中间体	路径 I					路径 II				
	d_{C-Pt} /nm	d_{C-O} /nm	d_{O_a-Pt} /nm	d_{C-O_a} /nm	$\angle OCO_a$ /(°)	d_{C-Pt} /nm	d_{C-O} /nm	d_{O_a-Pt} /nm	d_{C-O_a} /nm	$\angle OCO_a$ /(°)
IS	0.186	0.114	0.323	0.205	—	0.186	0.114	0.326	0.205	—
TS	0.195	0.115	0.198	0.205	110.5	0.190	0.115	0.210	0.207	112.8
PS	0.210	0.127	0.126	0.214	134.0	0.211	0.120	0.127	0.214	134.8
E_{de}		0.21					0.16			
$E_{barrier}$		0.86					0.77			

B 吸附质的局域态密度分析

同样选择了路径 II 的三个重要结构（IS2、TS2、PS2）中的 C、O 和 O_a 原子进行局域态密度分析，如图 6-35 所示。

路径 II

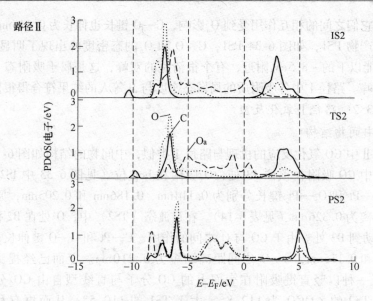

图 6-35 路径 II 中，各中间物 CO 中 C 和 O 原子以及 O_a 的局域态密度图

（Fermi 能级位于 0eV 处）

与路径 I 一样，路径 II 的初始结构中 CO 和 O_a 原子的峰均没有明显共振，它们之间没有形成较强的键。在 IS2 中，原子 C 和 O 峰交叠后，发现能级略高于 IS1，说明 IS2 中顶位吸附 CO 的稳定性不如 IS1，这与前面共吸附结构中 CO 吸附能结果一致。

TS2 中，原子 O 的峰降低幅度比路径 I 中的小，而原子 C 的峰变化不大，并且两原子峰依然存在共振，说明 TS2 中的 C—O 键受 O_a 的影响较小（此时 C 与 O_a 距离为 0.210nm，大于 TS1 中的距离），以致原子 O、C 和 O_a 各峰较早地出现共振，说明在路径 II 中可以更容易的经过过渡态变成 $CO_2(ad)$。在产物 PS2 中，原子 O、C 和 O_a 各峰均出现明显共振，在 Fermi 能以下的 $-8eV$ 附近，出现了很明显的双峰，这属于 $CO_2(ad)$ 的局域态密度峰。

6.2.3.3 路径 I 和路径 II 中能量的计算和分析

A 反应活性能垒的计算

由以上分析可知，两条氧化路径最大的不同点是吸附态 O_a 原子的初始位置，这可以决定后续反应的难易程度。为了更直观的认识 CO 在 Pt(111) 表面氧化反应的能量变化，图 6-36 给出反应过程中各主要结构的势能面图，其中以 IS1 能量为能量零点。

针对 CO 在单过渡金属表面上的氧化反应，Liu 和 Hu 等人已论述了初始结构中所有反应物的共吸附能 E_{coad} 与反应活性能垒 $E_{barrier}$ 之间存在的线性关系：初始态中共吸附能越大，反应能垒就越高，CO 的氧化反应越难进行。由表 6-13 可以看出，在路径 I 中 $E_{coad}(CO+O_a)$ 为 5.21eV，而在路径 II 中 $E_{coad}(CO+O_a)$ 是 5.03eV，前者比后者高 0.18eV。计算得到的路径 I 和路径 II 反应活性能垒分别是 0.86eV 和 0.77eV，所得路径 I 的结果与以前研究者的理论计算值 0.74～1.05eV 和实验值 0.76～0.80eV 接近。因此，路径 II 比路径 I 更有利于 CO 氧化反应的进行，也证明了 Liu 和 Hu 等人观点的正确性。

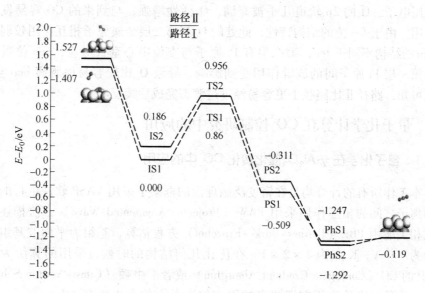

图 6-36 路径 I 和路径 II 中 CO 氧化反应势能面
（以路径 I 的初始态结构 IS1 能量作为能量零点，E_0）

在氧化反应的最后阶段，CO_2 物种经物理吸附态（图 6-33 中 PhS1、PhS2），以气态形式脱附出去。Han 等人实验研究表明，当温度低于 300K 时，CO_2 物种将作为前驱物，$CO_2(ad)$ 在金属表面发生化学吸附。

研究者优化了 $CO_2(ad)$ 的化学吸附结构，得到在路径 I 和路径 II 中的脱附能分别为 0.55eV 和 0.51eV，与实验值 0.477±0.031eV 较吻合。计算的 CO_2（ad）在金属表面发生微弱的化学吸附，其结构也倾向于 CO_2 分子，在路径 I 和路径 II 中 ∠OCO_a 分别为 134.0° 和 134.8°。当进入物理吸附态（PhS）时，CO_2 脱附生成 CO_2 气体所需的能量分别为 0.21eV 和 0.16eV，说明路径 II 也是有利于 CO_2 脱附的。由以上结果，可以得出脱附各吸附质物种的所需能量顺序：$CO(ad)$ > $CO_2(ad)$ > $CO_2(PhS)$。此结果揭示了 $CO_2(ad)$ 与 $CO_2(PhS)$ 是不同物种，说明 CO 与 O_a 反应后，化学吸附的 $CO_2(ad)$ 会滞留在金属表面，变成 $CO_2(PhS)$，随即脱附出去，并非 L-H 机制所描述的那样，CO_2 以分子形式脱附出去。本文结果与 Han 等人的实验结论一致。

B 反应活性能垒差异的原因分析

Ji 和 Li 指出 O_a 的吸附位对能垒的高低具有决定性的影响。因为在 Pt 表面，

当 O_a 原子发生明显的移动时才可以形成过渡态，需要额外的能量将 O_a 原子从 fcc 或 hcp 空位中"拉"出来。由于 CO 在表面上的各吸附能相差不大，易发生扩散，而 O_a 吸附在表面并不都是稳定的结构，在 fcc 和 hcp 位与金属的结合较强，不易发生扩散。因此 O_a 处于不同吸附位会影响体系能量，进而决定反应的难易程度。

Zhang 和 Hu 发现 IS1 中的 O_a 与周围三个 Pt 原子成键时，由于俘获了 Pt 原子的外层电子，O_a 的 2p 轨道几乎被充满，O_a 活性增强，与到来的 CO 容易发生相互作用。由于 fcc 位的结构特性，此处的 O_a 与第二层金属原子相互作用较弱。但 hcp 位的结构不同于 fcc，第二层有 Pt 原子与空位中心垂直对应，hcp 位吸附的 O_a 与第一层 Pt 原子间的成键作用受到影响，导致 O_a 比较容易地脱离 hcp 空位。由此可知，路径 Ⅱ 比路径 Ⅰ 更容易经过过渡态完成后续反应。

6.3　量子化学计算在 CO_2 控制研究中的应用

6.3.1　量子化学在 γ-Al_2O_3 催化转化 CO_2 中的应用

本工作所有的计算均是在密度泛函理论的框架下采用 VASP 软件进行的。电子和离子之间的相互作用采用 PAW（Projector Augmented Wave）方法描述，非定域相关能用 PBE（Perdew-Burke-Ernzehof）方程估算，基组为平面波基组，截断能为 400eV，K 点为 $2 \times 2 \times 1$。在优化几何结构的时候，采用的算法为植入 VASP 的 CG（Conjugate Gradient Algorithm）或者准牛顿（Quasi-Newton Scheme）算法，收敛标准是作用在那些未被固定的原子上的力小于 0.3eV/nm。γ-Al_2O_3（110）和（100）面采用周期性边界模型来模拟。模拟 γ-Al_2O_3（110）面的晶胞大小为 $0.84nm \times 0.807nm \times 1.918nm$，该晶胞包括六层，一共有 12 个 Al_2O_3 单元。为防止因周期性边界条件而产生晶面间的相互作用，表面上方真空层设定为 1.2nm。在计算的过程中，模型下半部的两层原子固定不动，只优化上面的四层原子、吸附的 CO_2 分子和表面羟基。模拟 γ-Al_2O_3（100）面的晶胞大小为 $1.116nm \times 0.84nm \times 2.044nm$，该晶胞包括十层，一共有 20 个 Al_2O_3 单元，表面上方真空层为 1.2nm。在计算过程中，模型下半部的四层原子固定不动，只优化上面的六层原子、吸附的 CO_2 分子和表面羟基。

γ-Al_2O_3 表面羟基化过程和吸附的 CO_2 物种质子化过程的过渡态通过以下方法确定：首先，用 NEB（Nudged Elastic Band）法找出可能的过渡态，然后，用准牛顿算法对这个可能的过渡态进行几何优化，最后，通过频率分析确认是否找到真正的过渡态，真正的过渡态有且仅有一个虚频。另外，我们对所有稳定的 CO_2 吸附构型进行了频率分析和 Bader 电荷分析。CO_2 的吸附能 ΔE_{ad} 可用下面的公式计算表示：

$$\Delta E_{ad} = -\left(E_{CO_2/\gamma-Al_2O_3} - E_{\gamma-Al_2O_3} - E_{CO_2} \right)$$

式中，$E_{CO_2/\gamma-Al_2O_3}$、$E_{\gamma-Al_2O_3}$ 和 E_{CO_2} 分别代表 CO_2 吸附后 γ-Al_2O_3 晶胞的能量、CO_2 吸

附前 γ-Al_2O_3 晶胞的能量和自由 CO_2 分子的能量。自由 CO_2 分子的能量是通过将一个 CO_2 分子放在 $1nm \times 1nm \times 1nm$ 立方晶胞中优化得到的。

先前，对干燥 γ-Al_2O_3 面的结构和羟基化过程的热力学性质的研究已十分广泛。我们将在后面简单介绍干燥 γ-Al_2O_3 面的结构。在后面部分，我们将讨论 CO_2 在干燥 γ-Al_2O_3 面上的吸附。干燥 γ-Al_2O_3 面的羟基化过程，特别是 H_2O 在干燥 γ-Al_2O_3 面上的分解路径和能垒，将在后面部分予以讨论。同时，我们将分别讨论 CO_2 在羟基化的 γ-Al_2O_3 面上的吸附以及 CO_2 的质子化过程。为了方便起见，CO_2 在干燥 γ-Al_2O_3 面上的吸附构型的名字以 D 开头，而 CO_2 在羟基化的 γ-Al_2O_3 面上的吸附构型的名字以 H 开头，CO_2 的两个氧原子分别被标记为 O_a 和 O_b，H_2O 的氧原子和氢原子分别用 O_w、H_a 和 H_b 代表。

图 6-37 给出了干燥 γ-Al_2O_3（110）和（100）面的结构。如图 6-37a 和图 6-37b

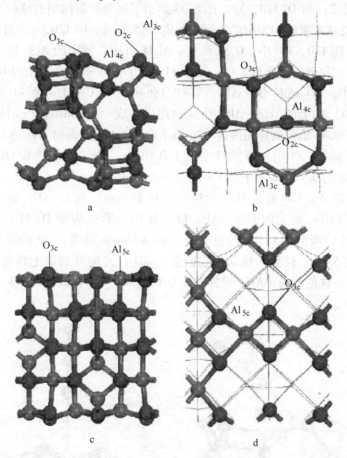

图 6-37 干燥 γ-Al_2O_3（110）（a，b）和（100）（c，d）面的结构

（深色代表 O 原子，浅色代表 Al 原子）

a，c—侧视图；b，d—俯视图

所示，在干燥 γ-Al$_2$O$_3$（110）面上有三配位的 Al（Al3c）、四配位的 Al（Al4c）、二配位的 O（O2c）和三配位的 O（O3c）。其中，Al3c 和 Al4c 分别来源于 γ-Al$_2$O$_3$ 晶体中的 Al4c 和六配位的 Al（Al6c），而 O2c 和 O3c 则都来源于 γ-Al$_2$O$_3$ 晶体中的 O3c。所以在干燥 γ-Al$_2$O$_3$（110）面上，Al3c、Al4c 和 O2c 是配位不饱和的，而 O3c 则是配位饱和的。如图 6-37c 和图 6-37d 所示，在干燥 γ-Al$_2$O$_3$（100）面上，只有 O3c 和五配位的 Al（Al5c），O3c 和 Al5c 分别来源于 γ-Al$_2$O$_3$ 晶体中的四配位的 O 和六配位的 Al。因此，在干燥 γ-Al$_2$O$_3$（100）面上，O3c 和 Al5c 都是配位不饱和的。

我们首先探索了 CO$_2$ 在干燥 γ-Al$_2$O$_3$（110）面上的吸附。我们检测了所有可能的吸附位置，这些位置包括 Al3c、O2c—Al3c、Al4c、O2c—Al4c、Al4c—Al4c、O3c 和 O3c—Al4c 等，最后共得到三个稳定的 CO$_2$ 吸附构型，即 D（110，1）、D（110，2）和 D（110，3）。图 6-38 给出了这些吸附构型的结构和一些结构参数，CO$_2$ 在这些吸附构型中的吸附能如表 6-15 所示。D（110，1）对应 CO$_2$ 的线性吸附。在 D（110，1）中，O$_a$ 原子与 γ-Al$_2$O$_3$（110）面上的 Al3c 原子形成一个长 0.208nm 的很弱的化学键。CO$_2$ 在 D（110，1）中的吸附能只有 0.08eV。在 D（110，2）中，CO$_2$ 通过 O$_a$—Al4c 键（0.186nm）和 C—O2c 键（0.151nm）与 γ-Al$_2$O$_3$（110）面上的 O2c—Al4c 桥位作用，形成一个 bidentate carbonate 构型。CO$_2$ 与 O2c—Al4c 桥位的作用使得 O2c 原子沿 ［001］方向向下移动了 0.006nm，而 Al4c 原子则沿 ［001］方向向上移动了 0.016nm。这些移动造成 O2c—Al4c 键从 CO$_2$ 吸附前的 0.169nm 伸长到 CO$_2$ 吸附后的 0.193nm。CO$_2$ 在 D（110，2）中的吸附能是 0.27eV。CO$_2$ 通过 O$_a$—Al3c 键（0.183nm）和 C—O2c 键（0.15nm）与 γ-Al$_2$O$_3$（110）面上的 O2c—Al3c 桥位作用，形成构型 D（110，3）。在 D（110，3）中，吸附的 CO$_2$ 仍然是 bidentate carbonate 构型。CO$_2$ 的吸附迫使 O2c 和 Al3c 原子发生了较大的移动，它们沿 ［001］方向分别向上移动了 0.02nm 和 0.043nm，这使 O2c—Al3c 键伸长了 0.017nm。CO$_2$ 在 D（110，3）中的吸附能是 0.43eV。

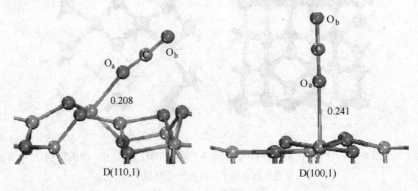

D(110,1)　　　　　　　　　　　D(100,1)

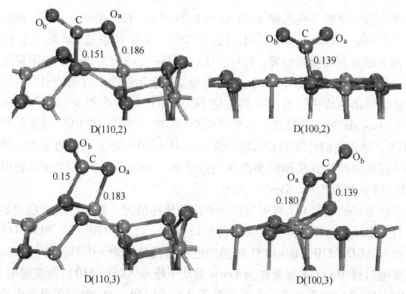

图 6-38　CO_2 在干燥 γ-Al_2O_3（110）和（100）面上的吸附构型

（键长以 nm 为单位）

（深色代表 O 原子，浅色代表 Al 原子，白色代表 C 原子）

表 6-15　CO_2 在不同吸附构型中的吸附能和部分结构参数

结　构	C—O_a键/nm	C—O_b键/nm	O_a—C—O_b键角/(°)	ΔE_{ad}/eV
D(110，1)	0.118	0.116	178	0.08
D(110，2)	0.130	0.120	136	0.27
D(110，3)	0.131	0.119	135	0.43
D(100，1)	0.118	0.117	180	0.06
D(100，2)	0.126	0.127	135	0.57
D(100，3)	0.133	0.121	128	0.80
H(110，2)	0.130	0.120	136	0.20
H(100，1)	0.130	0.120	132	0.32
H(100，2)	0.126	0.120	135	0.38
H(100，3)	0.133	0.121	128	0.77
P(110，2)	0.127	0.130	122	—
P(100，1)	0.128	0.133	119	—
P(100，2)	0.127	0.135	115	—
TS(110，2)	0.130	0.124	131	—
TS(100，1)$_1$	0.133	0.121	128	—
IM(100，1)	0.131	0.123	126	—
TS(100，1)$_2$	0.130	0.127	123	—
TS(100，2)	0.120	0.130	132	—
CO_2 分子	0.118	0.118	180	—
CO_3^{2-}	0.128	0.128	120	—

从以上结果来看，在干燥 γ-Al_2O_3（110）面上，CO_2 在 O2c—Al3c 桥位的吸附要强于在 O2c—Al4c 桥位的吸附，因此，O2c—Al3c 桥位是 CO_2 在干燥 γ-Al_2O_3（110）面上最有利的吸附位置。CO_2 在 O2c—Al3c 桥位具有较强的吸附可能与该位置的配位不饱和程度较高有关。较高的配位不饱和程度一方面使 O2c—Al3c 桥位更容易受到亲电攻击，另一方面也使 O2c—Al3c 桥位有更大的几何自由度和 CO_2 作用。Casarin 等人通过理论计算得到的 CO_2 在 α-Al_2O_3（0001）面上的吸附能是 0.64eV，这比我们计算的 CO_2 在干燥 γ-Al_2O_3（110）面上的吸附能大。吸附能的差异可能是由计算方法和模型的不同造成的，Casarin 等人采用的是簇模型和植入 ADF 程序中的 Becke-Perdew 方程。

为了能更好的理解 CO_2 吸附过程中电荷的传递情况，我们对所有稳定的吸附构型进行了 Bader 电荷分析，结果如表 6-16 所示。在 D（110，2）和 D（110，3）中，干燥 γ-Al_2O_3（110）面向 CO_2 传递的电子电荷分别为 -0.31e 和 -0.36e。这表明在吸附过程中 CO_2 主要是作为 Lewis 酸从干燥 γ-Al_2O_3（110）面获得电子的。CO_2 在 D（110，3）中所获得的电子要多于其在 D（110，2）中所获得的电子，因此，O2c—Al3c 桥位的碱性要强于 O2c—Al4c 桥位。在 D（110，1）中，线性吸附的 CO_2 几乎为中性。另外，我们也对所有的稳定吸附构型进行了态密度分析（PDOS）。需要指出的是，本书所有的态密度曲线都是经过 Fermi 能级校正的，这里的 Fermi 能级是指各个稳定吸附构型的价带的顶端。图 6-39a 给出了 D（110，2）和 D（110，3）中 C 和 O2c 原子的 PDOS 曲线。在 D（110，2）和 D（110，3）中，C 和 O2c 的 p 轨道有明显的重叠，这充分表明了 C—O2c 键的形成。而且，与 D（110，2）相比，D（110，3）中 C 和 O2c 重叠态的能量要低一些，这与 D（110，3）比 D（110，2）稳定的结论相吻合。图 6-39b 给出了 D（110，2）和 D（110，3）中 O_a 原子的 p 轨道和 Al 原子（Al3c 或 Al4c）的 s 轨道的 PDOS 曲线。在 D（110，2）和 D（110，3）中，Al 的 s 轨道和 O_a 的 p 轨道有明显的重叠，而且重叠态中 O_a 的 p 轨道占主导地位，所以，O_a—Al3c 和 O_a—Al4c 键具有离子键特性。

表 6-16   自由 CO_2 分子以及干燥 γ-Al_2O_3 面上不同 CO_2 吸附构型的 Bader 电荷（e）

分子	CO_2	D（110，1）	D（110，2）	D（110，3）	D（100，1）	D（100，2）	D（100，3）
C	+1.46	+1.61	+1.40	+1.40	+1.59	+1.40	+1.39
O_a	-0.73	-0.90	-0.91	-0.94	-0.85	-0.93	-0.98
O_b	-0.73	-0.71	-0.80	-0.82	-0.74	-0.91	-0.87

接下来，我们探索了 CO_2 在干燥 γ-Al_2O_3（100）面上的吸附。CO_2 在干燥 γ-Al_2O_3（100）面上的稳定吸附构型为：D（100，1）、D（100，2）和 D（100，3），如图 6-38 所示。CO_2 在这些吸附构型里的吸附能在表 6-15 中给出。CO_2 在

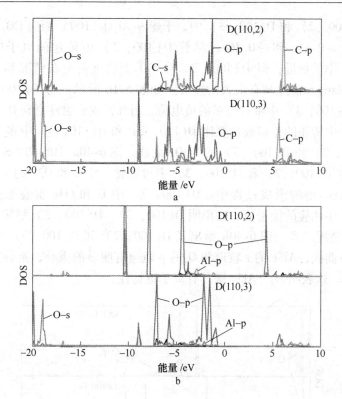

图6-39　D(110, 2) 和 D(110, 3) 的态密度曲线

a—C 和 O2c 原子的态密度曲线；b—O_a 和 Al(Al3c 或 Al4c) 原子的态密度曲线

D(100, 1)、D(100, 2) 和 D(100, 3) 中的吸附能分别为 0.06eV、0.57eV 和 0.80eV。在 D(100, 1) 中，CO_2 通过一个很弱的 O_a—Al5c 键 (0.241nm) 吸附在干燥的 γ-Al_2O_3(100) 面上。在 D(100, 2) 中，C 原子和干燥 γ-Al_2O_3(100) 面上的 O3c 原子作用，距离为 0.139nm，O_a 和 O_b 原子分别键合一个干燥 γ-Al_2O_3 (100) 面上的 Al5c 原子，距离均为 0.202nm。吸附的 CO_2 在 D(100, 2) 中形成的是一个单齿碳酸盐 (monodentate carbonate) 物种。CO_2 以构型 D(100, 2) 吸附在干燥 γ-Al_2O_3(100) 面上使得 O3c 原子沿 [001] 方向向下移动了 0.03nm。CO_2 通过 O_a—Al5c 键 (0.18nm) 和 C—O3c 键 (0.139nm) 和干燥 γ-Al_2O_3 (100) 面上的 O3c—Al5c 桥位作用，形成一个双齿碳酸盐 (bidentate carbonate)，即 D(100, 3)。CO_2 的吸附使 O3c 和 Al5c 沿 [001] 方向分别向上移动了 0.06nm 和 0.023nm，这些移动造成 O3c 与处于第二层的 Al6c 原子之间的键断裂，在 CO_2 吸附前，O3c 与 Al6c 的距离为 0.192nm，而 CO_2 吸附后，O3c 与 Al6c 的距离伸长至 0.309nm。根据 CO_2 吸附能我们可以看出干燥 γ-Al_2O_3(100) 面上 O3c—Al5c 桥位是 CO_2 最有利的吸附位置。

D(100, 1)、D(100, 2) 和 D(100, 3) 的 Bader 电荷分析结果如表 6-16 所

示。在 D(100，2) 和 D(100，3) 中，干燥 γ-Al₂O₃(100) 面向 CO_2 传递的电子
电荷分别为 - 0.44e 和 - 0.46e。尽管 D(100，2) 中传递的电子电荷数量与
D(100，3) 中的相近，但 D(100，2) 中 CO_2 上的电荷分布情况和 D(100，3)
中 CO_2 上电荷分布情况却有很大的差异。如表 6-16 所示，与 D(100，2) 相比，
O_a 原子在 D(100，3) 中带有更多的负电荷。另外，我们也注意到 D(100，2) 和
D(100，3) 中传递的电荷数量要比 D(110，2) 和 D(110，3) 中多。图 6-40 给
出了 D(100，2) 和 D(100，3) 的 PDOS 曲线。图 6-40a 中的 PDOS 曲线印证了
C—O3c 键在 D(100，2) 和 D(100，3) 中的形成，且 C 和 O3c 的 s 和 p 轨道均
参与到 C—O3c 键的形成过程中。D(100，3) 中 C 和 O3c 重叠态的能量低于
D(100，2) 中相应的能量值，这说明 D(100，3)、D(100，2) 稳定，这与吸附
能所反映的情况一致。图 6-40b 给出了 D(100，2) 和 D(100，3) 中 O_a 和 Al5c
原子的 DOS 曲线，Al5c 的 s 轨道和 O_a 的 p 轨道有明显的重叠，重叠态中 O_a 的 p
轨道占主导，这表明 O_a—Al5c 键具有离子键特性。

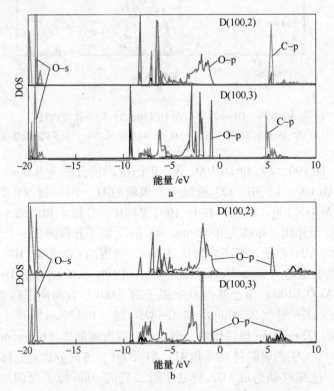

图 6-40　D(100，2) 和 D(100，3) 的态密度曲线

a—C 和 O3c 原子的态密度曲线；b—O_a 和 Al5c 原子的态密度曲线

　　羟基化的 γ-Al₂O₃ 面是通过将一个 H_2O 分子吸附在干燥 γ-Al₂O₃ 面上得到的。

Digne 等人已经研究过干燥 $\gamma\text{-}Al_2O_3$ 面羟基化过程的热力学性质。在这里，我们将研究重点放在 $\gamma\text{-}Al_2O_3$ 面羟基化过程的动力学性质上，即 H_2O 在干燥 $\gamma\text{-}Al_2O_3$ (110) 和（100）面上分解的路径和能垒。

我们首先研究的是干燥 $\gamma\text{-}Al_2O_3$(110) 面的羟基化过程。初始，H_2O 被放在两个可能的吸附位置上，即：O2c—Al3c 和 O2c—Al4c 桥位。在图 6-41 中，我们用实线描述 H_2O 在 O2c—Al3c 桥位分解的势能曲线。IM^1_{110} 是 H_2O 在 O2c—Al3c 桥位分解的前驱态。在 IM^1_{110} 中，H_2O 以分子形式吸附在干燥 $\gamma\text{-}Al_2O_3$(110) 面上的 Al3c 位，IM^1_{100} 的形成过程放热 0.08eV。然后，分子吸附的 H_2O 分解成为一个质子 H_b 和一个 O_wH_a 基团。H_b 和 O_wH_a 分别通过化学键连接到 $\gamma\text{-}Al_2O_3$(100) 面上的 O2c 和 Al3c 位。这个分解过程的过渡态是 TS^1_{110}。相对于 IM^1_{110}，此分解过程的活化能是 0.50eV。图 6-41 中的长划线描述的是 H_2O 在 O2c—Al4c 桥位的分解。IM^2_{110} 是 H_2O 在 O2c—Al4c 桥位分解的前驱态。在 IM^2_{110} 中，H_2O 以分子形式吸附在干燥的 $\gamma\text{-}Al_2O_3$(110) 面上的 Al4c 位，IM^2_{110} 的形成过程是微放热的，反应热为 $-0.02eV$。接下来，分子吸附的 H_2O 分解为一个质子 H_b 和一个 O_wH_a 基团。H_b 和 O_wH_a 分别键连到 O2c 和 Al4c 位。该分解过程的过渡态是 TS^2_{110}。相对于 IM^2_{110}，该分解过程的活化能是 0.72eV。IM^1_{110}、TS^1_{110}、IM^2_{110} 和 TS^2_{110} 的结构如图 6-41 所示。

如图 6-41 所示，就整个过程而言，H_2O 在 O2c—Al4c 桥位的分解需要吸热 0.45eV，而 H_2O 在 O2c—Al3c 桥位的分解则是放热 2.36eV。相对于一个自由的 H_2O 分子和干燥 $\gamma\text{-}Al_2O_3$(110) 面而言，H_2O 在 O2c—Al4c 和 O2c—Al3c 桥位的分解需要克服的能垒分别为 0.70eV 和 0.42eV。所以，H_2O 在 O2c—Al3c 桥位的分解在热力学和动力学两方面都要比 H_2O 在 O2c—Al4c 桥位的分解有利。Digne 等人报道的 H_2O 在 O2c—Al3c 桥位分解的反应热为 $-2.50eV$，这与我们的计算结果相近。

接下来，我们研究了 H_2O 在干燥 $\gamma\text{-}Al_2O_3$(100) 面上的 O3c—Al5c 桥位的分解。图 6-42 给出了该分解过程的势能曲线。与 H_2O 在干燥 $\gamma\text{-}Al_2O_3$(110) 面上的分解相似，H_2O 在干燥 $\gamma\text{-}Al_2O_3$(100) 面上的分解也包括一个前驱态，IM_{100}。IM_{100} 中，H_2O 分子吸附在干燥 $\gamma\text{-}Al_2O_3$(100) 面上。IM_{100} 的形成过程放热 0.62eV。以分子态吸附的 H_2O 可以分解成一个吸附在 O3c 位的质子 H_b 和一个吸附在 Al5c 位的 O_wH_a 基团。该分解过程的过渡态为 TS_{100}。相对于 IM_{100}，该分解过程的活化能为 0.49eV。IM_{100} 和 TS_{100} 的结构见图 6-42。如图 6-42 所示，干燥 $\gamma\text{-}Al_2O_3$(100) 面羟基化过程共放热 1.29eV。Digne 等人报道 $\gamma\text{-}Al_2O_3$(100) 面羟基化过程放热 1.09eV。反应热的不同可能与表面 OH 覆盖率有关。在我们的工作中，表面 OH 的覆盖率是 1/4ML（$2.13OH/nm^2$），而在 Digne 等人的工作中，表面 OH 覆盖率则是 1/2ML（$4.26OH/nm^2$）。Digne 等人发现随着表面 OH 覆盖率的减小，羟基化过程的反应热会增加。

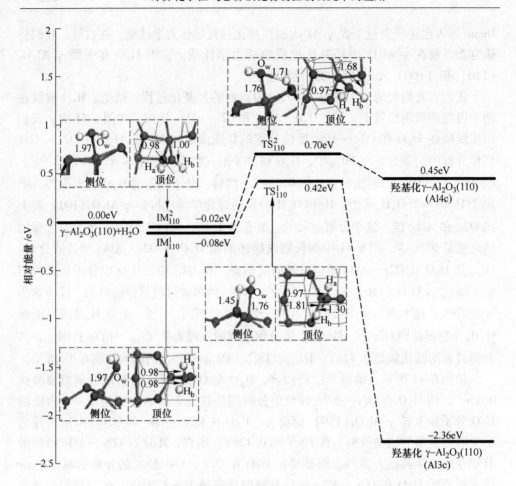

图 6-41　水分子在干燥 γ-Al$_2$O$_3$(110) 面的 O2c-Al3c（实线）和

O2c-Al4c（长划线）桥位分解的势能曲线

（给出了 IM$_{110}^1$、TS$_{110}^1$、IM$_{110}^2$ 和 TS$_{110}^2$ 的结构。键长单位为 0.1nm）

从计算的反应热来看，H$_2$O 在干燥 γ-Al$_2$O$_3$(110) 面的 O2c—Al3c 桥位的分解放热性强于 H$_2$O 在干燥 γ-Al$_2$O$_3$(100) 面的 O3c—Al5c 桥位的分解。因此，从热力学上来说，干燥 γ-Al$_2$O$_3$(110) 面的羟基化过程更为有利。这也与 Digne 等人的理论计算结果和一些实验研究的结果一致。不过，我们的计算结果表明干燥 γ-Al$_2$O$_3$(100) 面的羟基化过程在动力学上却更为有利。如图 6-42 所示，尽管 TS$_{100}$ 的能量比 IM$_{100}$ 高，但却低于干燥 γ-Al$_2$O$_3$(100) 面和一个自由 H$_2$O 分子的能量总和。因此，有一种可能性那就是 H$_2$O 在干燥 γ-Al$_2$O$_3$(100) 面上直接分解而不用经过前驱态 IM$_{100}$。我们猜测在干燥 γ-Al$_2$O$_3$(100) 面上可能存在一个 H$_2$O 的分子吸附态和分解吸附态之间的平衡。γ-Al$_2$O$_3$(110) 面的羟基化过程则需要克服 0.42eV 的能垒。

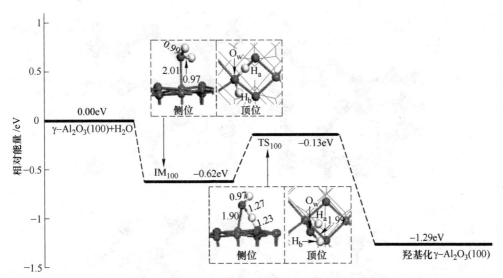

图 6-42 H_2O 在干燥 γ-Al_2O_3(100) 面上的

O3c—Al5c 桥位分解的势能曲线

（图中为 IM_{100} 和 TS_{100} 的结构，键长单位为 0.1nm）

研究 CO_2 在羟基化的 γ-Al_2O_3(110) 面上吸附的时候，我们选用了由 H_2O 在 O2c—Al3c 桥位分解得到的羟基化的 γ-Al_2O_3(110) 面，该面的结构如图 6-43a 和图 6-43b 所示。在羟基化的 γ-Al_2O_3(110) 面上，H_b 与面上的 O2c 原子键连，距离为 0.107nm，O_wH_a 基团通过长为 0.184nm 的 O_w—Al3c 键与面上的 Al3c 原子相连。羟基化的 γ-Al_2O_3(100) 面的结构如图 6-43c 和图 6-43d 所示。在这个羟基化的 γ-Al_2O_3(100) 面上，O_wH_a 基团通过长为 0.175nm 的 O_w—Al5c 键与 γ-Al_2O_3(100) 面作用，H_b 原子则与面上的 O3c 原子成键，键长为 0.1nm。另外，本书中表面 OH 覆盖率被定义为 OH 基团的数量和面上 Al 原子的数量之比。羟基化的 γ-Al_2O_3(110) 和（100）面上，OH 覆盖率均为 1/4ML。

在前面部分，我们论证 O—Al 桥位是干燥 γ-Al_2O_3(110) 和（100）面上 CO_2 吸附的最有利的位置。我们随后又论证 O—Al 桥位也是干燥面羟基化的位置。这样看来，干燥面上用于 CO_2 吸附的 O—Al 桥位将会因为羟基化过程而减少。在这部分，我们将探索 CO_2 在羟基化的 γ-Al_2O_3(110) 和（100）面上的吸附，我们将研究重点放在与 OH 基团邻近的位置。

在羟基化的 γ-Al_2O_3(110) 面上，OH 基团占据了 O2c—Al3c 桥位，因此仅剩下 O2c—Al4c 桥位可以用于 CO_2 吸附，如图 6-44 所示。CO_2 通过 C—O2c 键 (0.151nm) 和 O_a—Al4c 键 (0.186nm) 与 O2c—Al4c 桥位作用，形成了一个双齿碳酸盐构型。该吸附构型的结构与 D(110，2) 相似，所以我们将这个构型命名为 H(110，2)。CO_2 在 H(110，2) 中的吸附能为 0.20eV。C—O2c 和 O_a—

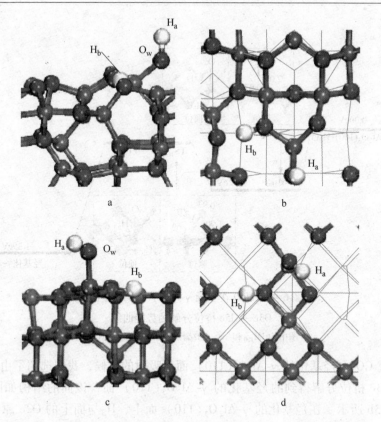

图 6-43　羟基化的 γ-Al_2O_3(110)（a, b）和（100）（c, d）面的结构

a, c—侧视图；b, d—俯视图

Al4c 键的形成使得 O2c 原子沿 [001] 方向向下移动了 0.008nm 而 Al4c 原子则沿 [001] 方向向上移动了 0.02nm。我们也研究了 H(110, 2) 中吸附的 CO_2 和面上 OH 基团之间的反应，这将在下一部分进行详细的讨论。

　　H(110, 2) 的 Bader 电荷分析结果中，以构型 H(110, 2) 吸附的 CO_2 所带的电荷为 $-0.39e$。与 D(110, 2) 和 D(110, 3) 相比，在 H(110, 2) 中 CO_2 上所带的电子电荷要多，这表明羟基化过程使得 O2c 位上有更多的电子可以传递给吸附的 CO_2，换句话说，羟基化过程增强了 γ-Al_2O_3(110) 面的 Lewis 碱性。不过，CO_2 在 H(110, 2) 中的吸附能要小于其在 D(110, 2) 和 D(110, 3) 的吸附能，这就是说电子捐赠能力的提高并没有使得 CO_2 与 γ-Al_2O_3(110) 面的结合能增强，因此，电荷传递的多少和 CO_2 与氧化物表面之间作用的强弱并没有直接的联系，这一点在研究 CO 与 Ni(110) 之间相互作用的时候已经被论证过。在 H(110, 2) 中，吸附的 CO_2 和羟基之间的距离是 0.251nm，来自于羟基的空间位阻效应是造成 H(110, 2) 中 CO_2 与 γ-Al_2O_3(110) 面的结合能较小的原因之一。在 H(110, 2) 中，吸附的 CO_2 和羟基上的电荷分别是 $-0.39e$ 和 $-0.69e$，这两

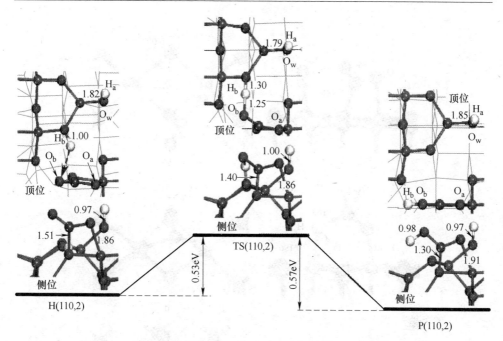

图 6-44 CO₂ 在羟基化的 γ-Al₂O₃(110) 面上质子化过程的势能曲线

（图中为 H(110, 2)、TS (110, 2) 和 P (110, 2) 的结构，键长单位为 0.1nm）

个带有负电荷的物种之间必然会存在静电排斥，这是使 H(110, 2) 中 CO₂ 与 γ-Al₂O₃(110) 面的结合能较小的另一个原因。

接下来，我们研究了 CO₂ 在羟基化的 γ-Al₂O₃(100) 面上的吸附。图 6-45 给出了 CO₂ 在羟基化的 γ-Al₂O₃(100) 面上的稳定吸附构型：H(100, 1)、H(100, 2) 和 H(100, 3)。在 H(100, 1) 中，CO₂ 通过 C—O3c 键（0.148nm）与 Oₐ—Al5c 键（0.184nm）与面上的一个 O3c—Al5c 桥位作用（该桥位与羟基邻近），形成一双齿碳酸盐构型。CO₂ 在 H(100, 1) 中的吸附能是 0.32eV。C—O3c 键的形成使 O3c 原子沿 [001] 方向向下移动了 0.002nm，Oₐ—Al5c 键的形成使 Al5c 原子沿 [001] 方向向上移动了 0.015nm。这些原子的移动使 O3c—Al5c 伸长了 0.023nm。在 H(100, 2) 中，Oₐ 原子和面上的一个 Al5c 原子作用，碳原子则和面上 OwHₐ 基团中的 Ow 原子作用。CO₂ 以构型 H(100, 2) 在 γ-Al₂O₃(100) 面上的吸附使 Al5c 原子沿 [001] 方向向上移动了 0.021nm，使得 Ow—Al5c 键伸长了 0.021nm。CO₂ 在 H(100, 2) 中的吸附能是 0.38eV。H(100, 3) 是一个双齿碳酸盐构型，它是由 CO₂ 与一个远离羟基的 O3c—Al5c 桥位作用得到的。H(100, 3) 的结构与 D(100, 3) 的结构类似。CO₂ 在 H(100, 3) 中的吸附能是 0.77eV，略小于 CO₂ 在 D(100, 3) 中的吸附能。另外，我们也发现了一个与 D(100, 1) 类似的线性吸附构型，但该线性吸附构型的稳定性比 H(100, 1) 还要差。

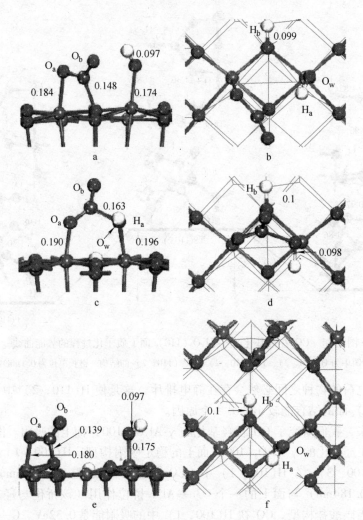

图6-45　H(100, 1)（a, b）、H(100, 2)（c, d）和 H(100, 3)（e, f）的结构
（键长单位为 nm）
a, c, e—侧视图；b, d, f—俯视图

　　H(100, 1)、H(100, 2) 和 H(100, 3) 的 Bader 电荷分析结果见表6-17。H(100, 1)、H(100, 2) 和 H(100, 3) 中，吸附的 CO_2 上的电子电荷分别为 $-0.44e$、$-0.37e$ 和 $-0.47e$。H(100, 1) 和 H(100, 3) 中电荷的传递以及电荷在各个组分之间的分布都很相似，但是，正如 CO_2 的吸附能所反应的那样，H(100, 1) 和 H(100, 3) 有不同的稳定性。与 H(100, 1) 和 H(100, 3) 相比，H(100, 2) 中吸附的 CO_2 所带的电子电荷要少很多。以上这些结果再次证明电荷传递多少和 CO_2 与 γ-Al_2O_3 面的结合能的强弱没有直接关系。空间位阻效应和静电排斥可能是造成 H(100, 1) 中 CO_2 与羟基化 γ-Al_2O_3(100) 面之间作用较弱

的原因：

（1）吸附的 CO_2 与面上 O_wH_a 基团之间的距离只有 0.21nm，来自 O_wH_a 基团的空间位阻效应应该很大；

（2）O_wH_a 基团和吸附的 CO_2 上带的电荷分别为 $-0.75e$ 和 $-0.44e$，静电排斥应该非常的大。我们对 H(100，1)、H(100，2) 和 H(100，3) 也进行了态密度分析。图6-46给出了碳原子和表面 O 原子（O3c 或 O_w）的 PDOS 曲线。在 H(100，1) 和 H(100，3) 中，C 和 O3c 原子之间的轨道有明显的重叠，这暗示着 C—O3c 键的形成。C—O_w 键在 H(100，2) 中的形成也可以通过 PDOS 曲线看出来。

表6-17　羟基化的 γ-Al_2O_3 面上 CO_2 在不同吸附构型中的 Bader 电荷（e）

物　质	H(110，2)	H(100，1)	H(100，2)	H(100，3)
C	+1.40	+1.38	+1.42	+1.35
O_a	-0.96	-0.97	-0.96	-0.96
O_b	-0.83	-0.85	-0.83	-0.86
O_w	-1.31	-1.26	-0.96	-1.25
H_a	+0.62	+0.55	+0.57	+0.54
H_b	+0.56	+0.57	+0.56	+0.55

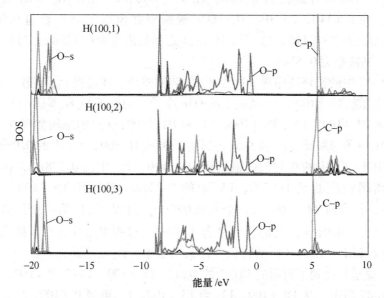

图6-46　H(100，1)、H(100，2) 和 H(100，3) 中 C 原子和
面上 O 原子（O3c 或 O_w）的 PDOS 曲线

表6-15给出了在前面部分讨论的所有 CO_2 吸附构型中 C—O_a 和 C—O_b 键以及

O_a—C—O_b 角的值。在线性吸附构型中吸附的 CO_2 相对于自由 CO_2 分子的变形非常小，而以构型 D（110，2）、D（110，3）、D（100，2）、D（100，3）、H（110，2）、H（100，1）、H（100，2）和 H（100，3）吸附的 CO_2 相对于自由 CO_2 分子的变形却非常大。在这些非线性吸附构型中，C—O_a 和 C—O_b 键都伸长了，其中与 γ-Al_2O_3 面直接作用的 C—O_a 键伸长最多，O_a—C—O_b 角减小到 130° 左右，非常接近 CO_3^{2-} 离子中的 120°。

吸附在羟基附近的 CO_2 可以被质子化。通过这些质子化过程，吸附的 CO_2 物种可以被转化成重碳酸盐（bicarbonate）物种。我们选用 H（110，2）、H（100，1）和 H（100，2）作为初始态来研究 CO_2 在羟基化的 γ-Al_2O_3（110）和（100）面上的质子化过程，这些过程分别命名为 P_{110}、P_{100}^1 和 P_{100}^2。过程 P_{110} 的过渡态和产物分别用 TS（110，2）和 P（110，2）代表。过程 P_{100}^1 中存在一个中间物 IM（100，1），IM（100，1）的存在将 P_{100}^1 分成两步，即：从 H（100，1）到 IM（100，1）的转化，该转化经历过渡态 TS（100，1）$_1$，从 IM（100，1）到 P（100，1）的转化，该转化经历过渡态 TS（100，1）$_2$。

过程 P_{110} 描述了从 H（110，2）到 P（110，2）的转化。H（110，2）、TS（110，2）和 P（110，2）的结构以及它们之间的相对能量如图 6-44 所示。在该转化中，H_b 原子从面上的 O2c 原子移动到了吸附的 CO_2 中的 O_b 上。在 H（110，2）中，H_b—O2c 的键长为 0.1nm，在 TS（110，2）中，H_b—O2c 键伸长到 0.13nm，在 P（110，2）中，H_b—O2c 键断裂并出现了一个长为 0.098nm 的 H_b—Ob 键。在 TS（110，2）中，H_b 和 O_b 之间的距离为 0.125nm。过程 P_{110} 放热 0.04eV，其能垒为 0.53eV。

图 6-47 中的长划线描述了过程 P_{100}^1 的势能曲线。在过程 P_{100}^1 的第一步，H_b 原子通过过渡态 TS（100，1）$_1$ 从面上的 O3c 原子移动到了 O_wH_a 基团的 O_w 原子上，从而形成 IM（100，1）。TS（100，1）$_1$ 和 IM（100，1）的结构如图 6-47 所示。伴随着 H_b 原子的移动，H_b 和 O3c 之间的距离从 H（100，1）中的 0.099nm 伸长到 TS（100，1）$_1$ 中的 0.143nm 最后到 IM（100，1）中的 0.298nm，H_b 和 O_w 之间的距离则相应的从 H（100，1）中的 0.328nm 缩短到 TS（100，1）$_1$ 中的 0.108nm，最后到 IM（100，1）中的 0.098nm。过程 P_{100}^1 的第一步是微放热的，反应热只有 -0.01eV，其活化能垒为 1.30eV。过程 P_{100}^1 的第二步描述了从 IM（100，1）到 P（100，1）的转化。在第二步中，H_a 原子通过过渡态 TS（100，1）$_2$ 从 O_w 原子传递到了吸附的 CO_2 上的 O_b 上。TS（100，1）$_2$ 和 P（100，1）的结构如图 6-47 所示。从 IM（100，1）到 TS（100，1）$_2$ 再到 P（100，1），H_a 和 O_w 之间的距离逐渐伸长，从 0.1nm 到 0.118nm 再到 0.327nm，同时 H_a 和 O_b 之间的距离则逐渐缩短，从 0.181nm 到 0.132nm 再到 0.098nm。过程 P_{100}^1 的第二步吸热 0.26eV 并要克服一个 0.46eV 的能垒。

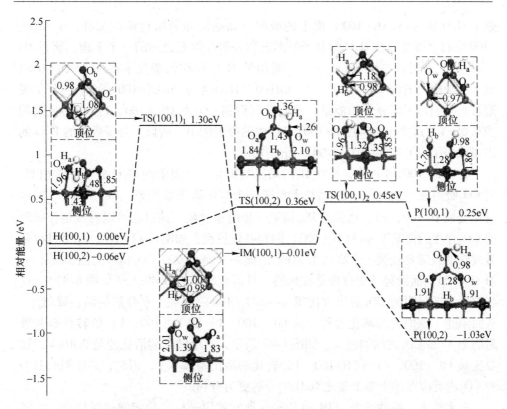

图 6-47　质子化过程 P_{100}^1（长划线）和 P_{100}^2（实线）的势能曲线

(TS (100, 1)₁、IM (100, 1)、TS (100, 1)₂、P (100, 1)、
TS (100, 2) 和 P (100, 2) 的结构也给出，键长单位为 Å)

　　在过程 P_{100}^2 中，H（100，2）通过过渡态 TS（100，2）转化成为 P（100，2），相应的势能曲线如图 6-47 所示（实线）。通过该质子化过程，质子 H_a 从 O_w 原子传递到了吸附的 CO_2 上的 O_b 原子。在 H（100，2）中，O_w—H_a 键的长为 0.098nm，在 TS（100，2）中，该键被伸长至 0.126nm，在 P（100，2）中，O_w—H_a 键完全断裂，取而代之的是一个长为 0.098nm 的 O_b—H_a 键。过程 P_{100}^2 的反应热和活化能分别为 −0.97eV 和 0.42eV。TS（100，2）和 P（100，2）的结构如图 6-47 所示。

　　如图 6-44 和图 6-47 所示，过程 P_{110} 和 P_{100}^2 是放热过程而且能垒较低，因此，这两个过程在实验条件下应该是热力学和动力学都十分有利的过程。对于过程 P_{100}^1，IM（100，1）可以看作是在吸附的 CO_2 存在的情况下 H_2O 在 γ-Al_2O_3（100）面上的吸附构型。利用 IM（100，1）、D（100，3）和一个自由 H_2O 分子的能量，我们计算得到 H_2O 在 IM（100，1）中的吸附能是 0.81eV。如图 6-42 所示，H_2O 在没有 CO_2 吸附的 γ-Al_2O_3（100）面上的吸附能是 0.62eV。这表明 CO_2 的出现增

强了 H_2O 在 γ-Al_2O_3(100) 面上的吸附。如前面部分所讨论的那样，γ-Al_2O_3(100) 面上可能存在 H_2O 的分子吸附态和分解吸附态之间的一个平衡，所以 IM(100, 1) 还可以看作是 CO_2 在分子吸附的 H_2O 存在的情况下在 γ-Al_2O_3(100) 面上的吸附。利用 IM(100, 1)、IM100（H_2O 在 γ-Al_2O_3(100) 面上的分子吸附态）和自由 CO_2 分子的能量，我们计算得到 CO_2 在 IM(100, 1) 中的吸附能为 0.65eV，这要比 CO_2 在 D(100, 3) 中的吸附能小，所以，分子吸附的 H_2O 的出现减弱了 CO_2 与 γ-Al_2O_3(100) 面的作用。

在 IM(100, 1) 中，$H_aO_wH_b$ 的局部结构与一个吸附的 H_2O 分子非常相似，而 CO_2 吸附在一个 O3c-Al5c 桥位上形成一个双齿碳酸盐构型。IM(100, 1) 可以转变成 H(100, 1)，也就是 P_{100}^l 的第一步的逆过程，该过程可以看成是在吸附的 CO_2 存在的情况下 γ-Al_2O_3(100) 的羟基化过程，如图 6-47 所示，这个过程是微放热的且需要克服一个高达 1.31eV 的能垒，而在没有 CO_2 预吸附的情况下 γ-Al_2O_3(100) 面的羟基化过程是放热的，且活化能只有 0.49eV（见图 6-42）。这些结果表明吸附的 CO_2 的出现使得 γ-Al_2O_3(100) 面对于水分解的活性降低了，从而阻止了该面的羟基化过程。从 IM(100, 1) 到 P(100, 1) 的转化是共吸附的 H_2O 和 CO_2 之间的反应，如图 6-47 所示，这个转化的活化能是 0.46eV，这要比从 IM(100, 1) 到 H(100, 1) 转化的活化能低不少，因此，共吸附的 H_2O 和 CO_2 的反应在动力学上要比 H_2O 的分解更为有利。

在实验上，振动光谱如 IR 和 Raman 通常被用来标定稳定的吸附物种。实际上，漫反射 FTIR 已经用来标定 γ-Al_2O_3 表面的 Lewis 酸性。通过将实验测得的振动频率和计算得到的频率作对比，可以确定实验中所检测到的吸附物种的真实结构，也可以帮助我们更好的理解物种之间的转化。Digne 等人已经通过一个类似的对比准确的确定了 γ-Al_2O_3 表面上 OH 的振动光谱以及 OH 基团所在的位置，并由此对传统的由 Knözinger 和 Ratnasamy 提出的模型进行了校正。我们计算得到的 OH 基团在 H(110, 2)、H(100, 1) 和 H(100, 3) 中的振动频率分别为 3858cm^{-1}、3824cm^{-1} 和 3794cm^{-1}。H(110, 2) 和 H(100, 3) 中振动模式 ν(OH) 的值接近于 Digne 等人报道的 γ-Al_2O_3(110) 面上 HO—μ_1—Al3c 的振动频率（3842cm^{-1}）和 γ-Al_2O_3(100) 面上 HO—μ_1—Al5c 的振动频率（3777cm^{-1}）。H(100, 1) 中振动模式 ν(OH) 的值出现了比较明显的蓝移，这很有可能是由于 CO_2 在邻近 OH 基团的 O3c—Al5c 桥位吸附造成的。我们也对构型 D(110, 2)、D(110, 3)、D(100, 2)、D(100, 3)、H(110, 2)、H(100, 1)、H(100, 2)、H(100, 3)、P(110, 2)、P(100, 1) 和 P(100, 2) 中的一些振动频率进行了计算，结果如表 6-18 所示。需要指出的是我们这里报道的均是谐振频率，而没有考虑振动的非谐性和振动频率因子。我们也计算了 CO_2 线性吸附构型的振动频率。对于那些线性吸附的 CO_2，我们计算得到振动模式

$\nu(OCO)_s$ 和 $\nu(OCO)_{as}$ 的值分别为 $2370cm^{-1}$ 和 $1320cm^{-1}$，其中 $\nu(OCO)_s$ 的值与 Manchado 等人和 Gregg 等人报道的 $\gamma\text{-}Al_2O_3$ 表面弱吸附的 CO_2 的振动频率非常接近。为了做对比，在表 6-18 中我们也列出了前人通过实验得到的一些振动频率。在实验上，通常把观察到的振动频率归属于表面的碳酸盐（carbonate）和重碳酸盐（bicarbonate）物种，不过，由于振动频率之间的重叠，很难作出一个完全清楚的归属。重碳酸盐的特征振动模式是 $\delta(COH)$，而该振动与蓝移的 $\gamma(OCO)$ 重叠，如表 6-18 所示。我们计算得到 $\nu(OCO)_s$ 和 $\nu(OCO)_{as}$ 值处于实验中所测得的振动频率的范围之内。

表 6-18　理论计算得到的不同 CO_2 吸附构型的振动频率　　　（cm^{-1}）

结　构	$\nu(OCO)_s$	$\nu(OCO)_{as}$	$\delta(COO)$	$\nu(OH)$	$\delta(COH)$
D(110, 2)	1730	1248	984	—	—
D(110, 3)	1721	1238	974	—	—
D(100, 2)（单配位体）	1293	1699	982	—	—
D(100, 3)	1717	1270	992	—	—
H(110, 2)	1725	1255	990	3858	—
H(100, 1)	1734	1274	974	3824	—
H(100, 2)	1719	1351	1055	—	1143
H(100, 3)	1767	1268	1007	3794	—
P (110, 2)	1629	1493	1106	—	1184
P (100, 1)	1629	1409	1044	—	1203
P (100, 2)	1570	1473	1034	—	1187
双齿碳酸盐	1600 ~ 1670	1280 ~ 1310	980 ~ 1050	—	—
	1660 ~ 1730	1230 ~ 1270	—	—	—
单齿碳酸盐	1330 ~ 1390	1420 ~ 1540	980 ~ 1050	—	—
	1370	1530	—	—	—
重碳酸盐	1615 ~ 1630	1400 ~ 1500	—	—	1225
	1639 ~ 1650	1440 ~ 1490	—	—	—

6.3.2　量子化学在（PNN）Ru（H）（CO）活化 CO_2 中的应用

本部分采用 B3LYP 的方法（对 Ru 使用 Def2-SVP 基组，对其他原子使用 6-311G（d, p）基组）对所有反应物、产物、中间体、过渡态进行几何结构优化及频率分析，确定极小值没有虚频，过渡态有且只有一个虚频。为保证过渡态两端所连极小值是所需的局域最小点，我们用内禀反应坐标（IRC）对反应中的过渡态进行验证。以上计算都是用 Gaussion 03 程序进行的。考虑到实验所用溶剂

C_6H_6 的影响，我们使用 Gaussion 09 程序中的积分方程形式极化统一模型（IEF-PCM），仍然采用 B3LYP 的方法计算各结构的单点能，半径和非静电关系用 Truhlar 课题组设计的溶剂化模型（SMD）。另外，由 B3LYP 方法得到的能量中增加了 Grimme 建议的经验色散校正。值得注意的是，本部分选取了 C_6H_6 溶液中的相对吉布斯自由能进行讨论，溶液中各物质的相对能量通过下式计算所得：

$$G_{sol} = \left[E_{SMD} + (G_{gas} - E) \right] \times 627.5095 + E_{dis}$$

$$\Delta G = (G_{sol})_X - (G_{sol})_0$$

式中，G_{sol} 表示各化合物在 C_6H_6 溶液中的吉布斯自由能；E_{SMD} 表示 C_6H_6 溶液中用 SMD 计算的各化合物的 IEF-PCM 能量；$G_{gas} - E$ 表示气相中各化合物吉布斯自由能和势能的差值；E_{dis} 表示色散力作用的校正能量；ΔG 表示 C_6H_6 溶液中各化合物的相对吉布斯自由能（以 C_6H_6 中化合物 1 和二氧化碳的吉布斯自由能的和 $(G_{sol})_0$ 为参考零点）。

　　首先，我们讨论化合物 1 和化合物 2 之间的互变异构的机理，其相对吉布斯自由能势能如图 6-48 所示。图 6-49 列出了气相中化合物 1 和化合物 2 之间的互变异构化过程中涉及到的所有反应物、产物、中间体和过渡态（$TS_{X/Y}$，X、Y 表示过渡态前后所连的中间体）的几何构型和重要的几何参数，它们在气相环境中的吉布斯自由能和势能的差值（$G_{gas} - E$）（hartree），C_6H_6 溶液中 SMD 计算的能量 E_{SMD}（hartree），色散力校正的能量 E_{dis}（kJ/mol）以及相对吉布斯自由能 ΔG（kJ/mol）如表 6-19 所示。

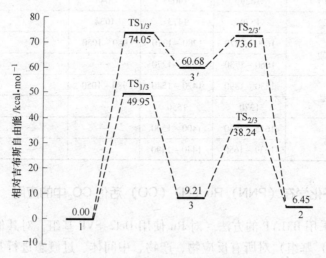

图 6-48　化合物 1 和 2 之间的互变异构化机理的
相对吉布斯自由能势能图

(1 cal = 4.1868J)

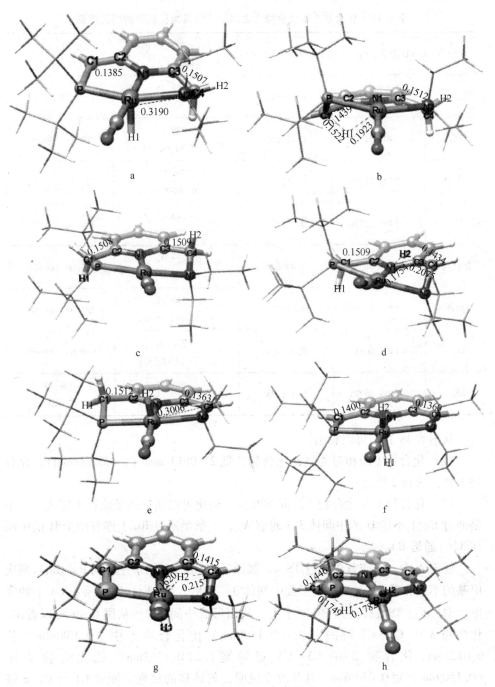

图 6-49 化合物 1 和化合物 2 之间的互变异构化过程中所有反应物、
产物、中间体和过渡态的结构及重要的几何参数
（键长单位为 nm）
a—化合物 1；b，g—TS₁/₃；c，f—中间体 3；d，h—TS₂/₃；e—化合物 2

表 6-19　化合物 1 和化合物 2 之间的互变异构化机理的相关能量

化合物	SMD 能量（hartree）	$G_{gas} - E$（hartree）	色散校正能/kJ·mol^{-1}（kcal/mol）	ΔG/kJ·mol^{-1}（kcal/mol）
化合物 1	-1404.59252	0.459923	-238.35（-56.92961260）	0（0.00）
TS$_{1/3}$	-1404.51119	0.457695	-237.04（-56.61662370）	209.13（49.95）
中间体 3	-1404.58108	0.462302	-236.09（-56.38985322）	38.56（9.21）
TS$_{2/3}$	-1404.52796	0.457012	-240.22（-57.37469147）	160.10（38.24）
化合物 2	-1404.58068	0.458620	-239.02（-57.08971150）	27.00（6.45）
中间体 3'	-1404.49070	0.451756	-230.33（-55.01244986）	254.06（60.68）
TS$_{1/3'}$	-1404.46858	0.451421	-231.60（-55.31605730）	310.03（74.05）
TS$_{2/3'}$	-1404.46975	0.451398	-230.29（-55.00451758）	308.19（73.61）

从图 6-48 我们可以看出：

（1）化合物 1 的相对能量比化合物 2 低 27.00kJ/mol（6.45kcal/mol），化合物 1 比化合物 2 稳定；

（2）化合物 1 和化合物 2 之间的互变异构化可以通过两条路径来完成，一条是通过 Ru 上不连 H 的中间体 3（通道 A），一条是通过 Ru 上连有两个 H 的中间体 3'（通道 B）。

通道 A 中，反应首先通过 TS$_{1/3}$，氢原子 H1 从 Ru 原子迁移到 P（tBu）$_2$ 侧次甲基的不饱和碳 C1 上，从而形成中间体 3。然后，N（Et）$_2$ 侧碳原子 C4 上的氢原子 H2 通过 TS$_{2/3}$ 移动到 Ru 原子上，从而形成中间体 2。从图 6-49 可以看出，化合物 3 中 C1—C2 键的键长（0.1508nm）比化合物 1 中（0.1385nm）长 0.0123nm，化合物 2 中 C3—C4 键的键长（0.1363nm）比化合物 3 中（0.1509nm）短 0.0146nm。这些改变说明，氢转移的过程伴随着 C1＝C2 π 键的断裂及 C3＝C4 键的形成。对于通道 A，两次氢转移的势垒分别是 209.13kJ/mol（49.95kcal/mol）和 121.54kJ/mol（29.03kcal/mol），中间体 3 的能量比化合物 1 和二氧化碳的能量之和高 38.56kJ（9.21kcal/mol）。

通道 B 也有两次氢转移：第一步是氢原子 H2 从 N（Et）₂ 侧次甲基的碳原子 C4 移动到 Ru 上，形成 Ru 上带两个氢的中间体 3'；第二步则是 Ru 上的 H2 转移到 P 侧次甲基的不饱和碳 C1 上。中间体 3'、TS$_{1/3'}$、TS$_{2/3'}$ 的相对能量分别为 254.06kJ/mol（60.68kcal/mol）、310.03kJ/mol（74.05kcal/mol）、308.19kJ/mol（73.61kcal/mol）。很显然，通道 B 的两次氢转移的所需能量远远高于通道 A，所以，通道 A 比通道 B 更有利。

根据以上计算结果，化合物 1 和化合物 2 之间的互变异构化主要是通过通道 A 进行的。然而，由于通道 A 中的势垒较高，所以，室温下化合物 1 和化合物 2 之间的互变异构化会非常慢。

图 6-50 是二氧化碳分别与化合物 1 和化合物 2 进行 [1, 3] 加成反应生成化合物 4 和化合物 5 的相对吉布斯自由能势能图。图 6-51 列出了化合物 4 和化合物 5 的形成过程所涉及的所有中间体、过渡态及反应 [1, 3] 加成产物 6 和产物 7 的优化结构及重要的几何参数，它们在气相环境中的吉布斯自由能和势能的差值（$G_{gas} - E$）（hartree），C_6H_6 溶液中 SMD 计算的能量 E_{SMD}（hartree），色散力校正的能量 E_{dis}（kJ/mol）以及相对吉布斯自由能 ΔG（kJ/mol）如表 6-20 所示。

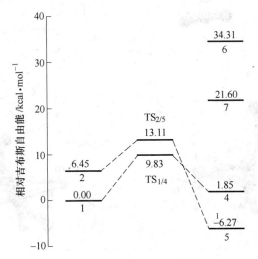

图 6-50 化合物 4 和化合物 5 的形成机理及反应 [1, 3] 加成产物 6 和产物 7 的相对吉布斯自由能势能图

首先，从图 6-50 我们可以看出：化合物 6、化合物 7 的能量（分别为 143.65kJ/mol（34.31kcal/mol）、90.43kJ/mol（21.59kcal/mol））远远高于化合物 4 和化合物 5，甚至高于 TS$_{1/4}$、TS$_{2/5}$。因此，化合物 1 和化合物 2 与二氧化碳的反式 [1, 3] 的加成机理、动力学两个方面都是不利的。因此，接下来我们仅对生成化合物 4 和化合物 5 的 [1, 3] 加成反应的机理进行详细的讨论。

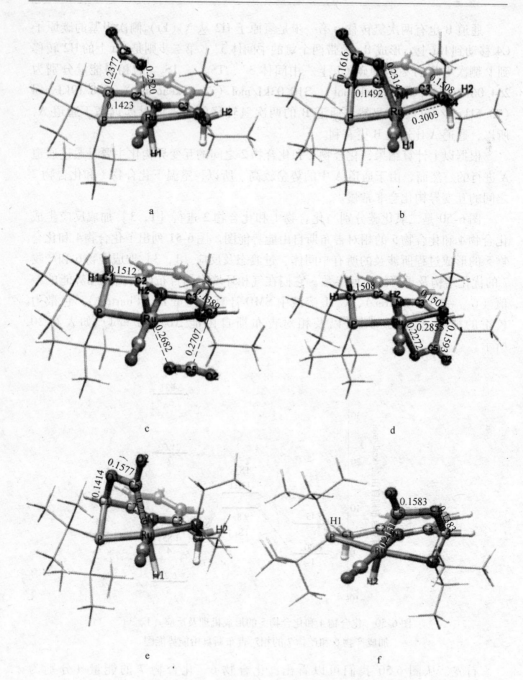

图 6-51　化合物 4 和化合物 5 的形成机理所有反应物、产物、
中间体和过渡态的结构及重要的几何参数
（键长单位为 nm）
a—TS$_{1/4}$；b—化合物 4；c—TS$_{2/5}$；d—化合物 5；e—产物 6；f—产物 7

表 6-20　化合物 4 和化合物 5 形成反应机理及反式的 [1，3]
加成产物 6 和产物 7 的相关能量

化合物	SMD 能量（hartree）	$G_{gas} - E$（hartree）	色散校正能/kJ·mol^{-1}（kcal/mol）	ΔG/kJ·mol^{-1}（kcal/mol）
TS$_{1/4}$	-1593.222425	0.470402	-278.41（-66.49707481）	41.16（9.83）
化合物 4	-1593.245430	0.476243	-266.72（-63.70510434）	7.75（1.85）
TS$_{2/5}$	-1593.217414	0.469066	-274.33（-65.52375532）	54.89（13.11）
化合物 5	-1593.257888	0.475038	-264.82（-63.25163987）	-26.25（-6.27）
产物 6	-1593.191813	0.474717	-267.69（-63.93623588）	143.65（34.31）
产物 7	-1593.212704	0.474940	-266.61（-63.67758098）	90.43（21.60）
CO_2	-188.6413617	-0.008973	0（0.00）	

　　二氧化碳分别与化合物 1 和化合物 2 反应生成化合物 4 和化合物 5 的 [1，3] 加成反应分别通过 TS$_{1/4}$、TS$_{2/5}$ 进行。在这个 [1，3] 加成的过程中，二氧化碳的亲电子的碳原子加到配体的 P（tBu）$_2$ 侧或者 N（Et）$_2$ 侧次甲基不饱和的碳原子上，从而形成新的 C—C 键（C1—C5 键和 C4—C5 键）并破坏了化合物 1 中的 C1＝C2 π 键（键长由化合物 1 中 0.1385nm 增长到化合物 4 中 0.1492nm）和化合物 2 中的 C3＝C4 π 键（键长由化合物 2 中 0.1363nm 增长到化合物 5 中 0.1502nm）。同时，二氧化碳的氧原子 O1 与 Ru 成键，形成 Ru—O1 键。新的 C—C 键的形成破坏了吡啶环和周围部分的 π 电子的相互作用，这使得化合物 4 中的 C1—C2 键的键长（0.1492nm）和化合物 5 中 C3—C4 键的键长（0.1502nm）比在它们所连的相应的中间体 1 和中间体 2 中有明显增长。我们还可以注意到，化合物 4 中 C1—C5 键和 Ru—O1 键的键长分别比化合物 5 中 C4—C5 键和 Ru—O1 键的键长长 0.0023nm 和 0.0042nm。这些结果表明：化合物 5 中二氧化碳和（PNN）Ru（H）（CO）部分的键的相互作用比在化合物 4 中强。在化合物 5 中，Ru—N1、Ru—N2 和 Ru—P 的键长分别是 0.2111nm、0.2262nm 和 0.2304nm 与实验值（0.2090nm、0.2233nm 和 0.2265nm）符合得很好。

　　化合物 1 和二氧化碳的 [1，3] 发生加成反应，需要通过过渡态 TS$_{1/4}$，克服势垒 41.16kJ/mol（9.83kcal/mol），吸热 7.75kJ/mol（1.85kcal/mol）。二氧化碳与化合物 2 的反应则是通过过渡态 TS$_{2/5}$，克服势垒 27.88kJ/mol（6.66kcal/

mol）进行的，该过程放热 53.26kJ/mol（12.72kcal/mol）。由此我们可以看出，化合物 1、化合物 2 和二氧化碳反应的活化能量都很小，所以，这两个加成反应的反应速率都应该很快。然而由化合物 1 和化合物 2 之间转换的势垒很高，因此，在室温下，只有化合物 1 和二氧化碳加成生成产物 4 的反应才是动力学方面主要的反应通道。同时，产物 4 和产物 5 的分解需克服的势垒分别为 33.41kJ/mol（7.98kcal/mol）和 81.14kJ/mol（19.38kcal/mol）。因此，在室温下，对于产物 4 来说，C—C 键的形成是可逆的，但对于产物 5 来说，则是不可逆的。另外，化合物 5 的相对能量比产物 4 低 34.0kJ/mol（8.12kcal/mol），所以，化合物 4 到化合物 5 的转换为化合物 4→化合物 1→化合物 2→化合物 5，在室温下可能进行得很慢或者会因升高温度而加速该反应。这些理论结果与实验结果非常一致。

计算得到的二氧化碳与 Ru—PNN 络合物 [1, 3] 加成反应的势垒为：产物 4 的形成需要克服 41.16kJ/mol（9.83kcal/mol）；产物 5 的形成需要克服 27.88kJ/mol（6.66kcal/mol）。二氧化碳与 Ru—PNP 络合物 [1, 3] 发生加成反应的势垒为：THF 中，势垒为 33.91kJ/mol（8.10kcal/mol）；C_6H_6 中为 31.4kJ/mol（7.5kcal/mol）。这些区别可能是由于 Gaussian 09 程序中 B3LYP 方法不能进行结构优化时的色散校正，所以本书仅在计算相对能量时进行了色散校正。

为了更加深入地理解（PNN）Ru（H）（CO）活化二氧化碳的反应机理，我们对化合物 1、化合物 2 和二氧化碳进行了前线分子轨道分析（FMO），它们的最高占据轨道（HOMO）和最低空轨道（LUMO）如图 6-52 所示。

二氧化碳的 HOMO 轨道与化合物 1 的 LUMO 轨道的能量相差较小，为 200.8032kcal/mol，而二氧化碳的 LUMO 轨道与化合物 1 的 HOMO 轨道的能量相差较大，为 282.3795kJ/mol。根据前线轨道理论，化合物 1 和二氧化碳的主要相互作用在化合物 1 的 LUMO 轨道和二氧化碳的 HOMO 轨道之间，其次才是二氧化碳的 LUMO 轨道与化合物 1 的 HOMO 轨道之间的相互作用对其的影响。二氧化碳的 HOMO 轨道是由两个 O 原子上的 p 轨道组成的，而化合物 1 的 LUMO 轨道是由 Ru 原子的 5pz 和 4dz2 轨道组成的，这很有利于 Ru—O 键的形成。二氧化碳的 LUMO 轨道有大的 p 轨道成分在 C 原子上，化合物 1 的 HOMO 轨道有大的 p 轨道成分在次甲基的 C 原子上，这有助于 C—C 键的形成。在反应的 [1, 3] 加成中，缩短二氧化碳上的一个 O 原子和化合物 1 的次甲基上的 C 原子之间的距离会导致化合物 1 的 HOMO 轨道和二氧化碳的 HOMO 轨道之间产生强的排斥作用。因此，生成化合物 6 的反应 [1, 3] 加成是不利于进行的。

前线分子轨道分析对化合物 2 和二氧化碳的反应得出了类似的结论。另外，化合物 4 和化合物 5 的相对稳定性也可以通过两个反应物轨道的重叠变形进行解释。化合物 1 中，Ru—C1 键的键长为 0.319nm，而化合物 2 中 Ru—C2 键的键长为 0.301nm。与化合物 1 中较长的 Ru—C1 键相比较，化合物 2 中较短的 Ru—C1

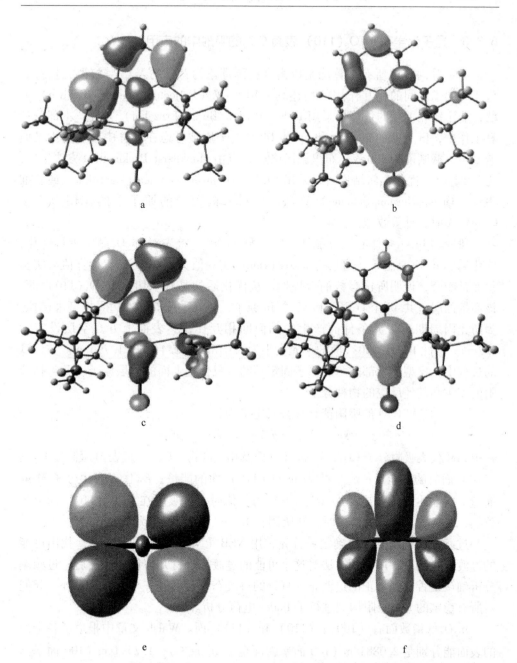

图 6-52 化合物 1、化合物 2 和二氧化碳的最高占据轨道（HOMO）和
最低空轨道（LUMO）（eV）

a—1-HOMO；b—1-LUMO；c—2-HOMO；d—2-LUMO；e—CO₂-HOMO；f—CO₂-LUMO

的键长更有利于与二氧化碳的 C＝O 键形成更强的相互作用。因此，二氧化碳
与化合物 2 反应形成的化合物 5 更加稳定。

6.3.3　量子化学在 In_2O_3（110）表面 CO_2 的吸附中的应用

本部分内容的所有计算均是以密度泛函理论为背景的 VASP 软件中进行的。电子和离子之间的相互作用的描述均采用 PAW（Projector Augmented Wave）方法，非定域相关能的估算均采用 PBE（Perdew-Burke-Ernzehof）方程。本部分计算工作中，In 元素的 4d，5s 和 5p 共 14 个电子均被考虑在计算中。基组为平面波基组，截断能为 400eV，布里渊区格点 K 点由 Monkhorst-Packmethod 方法生成，为 $2 \times 2 \times 1$。优化几何结构时，采用 CGA（Conjugate Gradient Algorithm）或者准牛顿（Quasi-Newton Scheme）算法，直到未被固定的原子上的作用力小于 $0.3eV/Å$ 时，计算收敛。

研究的 In_2O_3 是体心立方晶体，空间群为 206。首先对 In_2O_3 晶胞进行优化，优化后的 In_2O_3 晶胞单元边长为 1.01814nm，实验值为 1.0117nm。计算值与实验值非常吻合，说明所选参数的合理性。从优化后的晶胞中切下 In_2O_3（110）面，该面括四层，共 48 个 O 原子和 32 个 In 原子，单元采用周期性边界模型来模拟。为防止因周期性边界条件而产生的晶面间相互作用，表面上方真空层设定为 1.2nm。因此 In_2O_3（110）面的单元大小为 1.018nm×1.44nm×1.796nm。在计算的过程中，模型下半部的两层原子固定不动，只优化上面的两层原子以及包括吸附的 CO_2 和其他反应的物种分子。

CO_2，H_2 和 H_2O 的吸附能计算公式定义为：

$$\Delta E_{ads}(M) = E_{M/In_2O_3} - E_{In_2O_3} - E_M$$

式中，M 代表吸附分子 CO_2，H_2 和 H_2O 以及相关产物；E_{M/In_2O_3} 代表 M 吸附在 In_2O_3（110）面时的总能量；$E_{In_2O_3}$ 代表 In_2O_3（110）面的能量；E_M 代表自由分子 M 的能量。由上述定义可知，若 $\Delta E_{ads}(M)$ 为负值时，M 吸附在 In_2O_3（110）面上为放热，若 $\Delta E_{ads}(M)$ 为正值时，M 吸附在 In_2O_3（110）面上为吸热。

过渡态通过以下方法确定：首先，用 NEB（Nudged Elastic Band）找出可能的过渡态。然后，用牛顿算法对这个可能的过渡态进行几何优化。最后，过频率分析确认是否找到真正的过渡态，真正的过渡态有且仅有一个虚频。另外，我们对所有稳定的 CO_2 吸附构型进行了 Bader 电荷分析。

In_2O_3 低指数面有（100），（110）和（111）面。Walsh 文章中报道了各个面的表面能分别是 $2.088J/m^2$（100 面暴露面全为 In 原子），$1.759J/m^2$（100 面暴露面全为 O 原子），$1.070J/m^2$（110），$0.891J/m^2$（111）。各面的稳定性依次是（111）>（110）>（100）。（110）与（111）的表面能相差很小，相同层数的（110）面比（111）面所含原子数少，为了减少计算时间，本工作均采用（110）为研究对象。本书计算的（110）面的表面能为 $0.969J/m^2$ 与 Walsh 报道的 $1.070J/m^2$ 非常接近。

优化后的 $In_2O_3(110)$ 面结构如图 6-53 所示。图 6-53a 显示了 $In_2O_3(110)$ 的俯视和侧视图。侧视图由球棍模型表示，而俯视图只有第一层采用球棍模型，底部三层则用直线模型。优化后，第一层的所有 In 原子沿 Z 轴向下移动而所有 O 原子沿 Z 轴向上移动。由于切面造成了断键，所以第一层原子均是不饱和的。例如在第一层中，所有 5 配位的 In（In5c）和 4 配位的 In（In4c）都来自于 In_2O_3 晶胞中 6 配位的 In 原子；所有的 3 配位的 O（O3c）原子都来自于 In_2O_3 晶胞中 4 配位的 O 原子，因此它们都是不饱和的 In 原子和 O 原子。这些不饱和的 In 和 O 原子提供了 CO_2 吸附和反应活性位点。$In_2O_3(110)$ 面的另一个结构特点是它由 In 和 O 的链式结构单元周期性排列而成，如图 6-53a 中的中间框所示。图 6-53b 显示了其具体结构，每个周期单元链由 2 个 In—O 四元环与一个 O_3—In_3—O_4 短链连接而成，对称中心是 In_3。尽管每个周期单元链在结构上是对称的，但是单元链上的每个原子的化学环境不尽相同。因此单元链上的对称原子并不能完全的等价。例如 In_2 和 In_4 在结构上是对称的，但是 In_2 是 5 配位而 In_4 却是 4 配位。因此，虽然结构上是对称的，但是化学环境的不对称性导致了对称原子对吸附分子不同的活性。

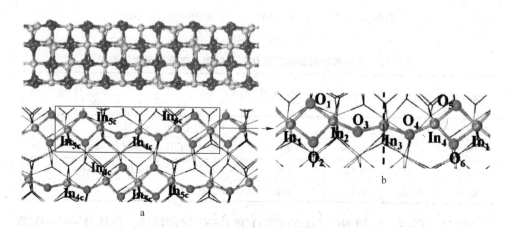

图 6-53　In_2O_2 结构图

a—$In_2O_3(110)$ 面的俯视和侧视图；b—In_2O_3 链式单元结构，深色球代表氧原子，浅色球代表铟原子

下面我们研究了 CO_2，H_2，H_2O 在 $In_2O_3(110)$ 面上的吸附。在下面的叙述中，C，H，W 分别用来代表 CO_2，H_2，H_2O 在 $In_2O_3(110)$ 面上的吸附构型。例如：C—1 代表 CO_2 在 $In_2O_3(110)$ 面上的第一种吸附构型；H—1 代表 H_2 在 In_2O_3 (110) 面上的第一种吸附构型。在 CO_2 的各种吸附构型中，O_a 和 O_b 分别代表 CO_2 分子中的两个氧原子。同理，H_a 和 H_b，分别代表 H_2 和 H_2O 分子中的两个氢原子，H_2O 分子中的氧原子用 O_w 代表。$In_2O_3(110)$ 表面的所有可能吸附 CO_2，H_2，H_2O 的活性位均被检测了，包括 In_1，In_1—O_1，In_2—O_2，In_2，In_2—O_1，

$In_2—O_2$，$In_2—O_3$，In_3，$In_3—O_3$，$In_3—O_4$，$In_4—O_4$，$In_4—O_5$，$In_4—O_6$，$In_1—O_5$，$In_1—O_6$，$O_1—O_2$，$In_1—In_2$，$O_3—O_4$。

经过结构优化，我们得到了三种稳定的 CO_2 吸附构型：C—1，C—2，C—3 如图 6-54 所示。在 C—1 中，CO_2 吸附在两条 In—O—In 链之间的桥位，形成碳酸盐构型。由于 C 原子插入 $O_2—In_2$ 键之间破坏了原来的环状结构而形成了新的 $C—O_2$ 键，同时 O_a 与 In_2 成键，O_b 与旁边一条链上的 In 原子成键。$C—O_2$，$O_a—In_2$，$O_b—In$ 的键长分别为 0.136nm，0.228nm，0.228nm。在 C—1 中，CO_2 的吸附能为 -1.14eV。在 C—2 中，CO_2 也形成了碳酸盐构型，其吸附能为 -1.25eV。$C—O_4$，$O_a—In_3$ 和 $O_b—In_4$ 的键长分别为 0.134nm，0.219nm，0.220nm。在 C—3 中，CO_2 吸附在 $In_4—O_5$ 桥键上形成双齿碳酸盐的构型，其吸附能为 -0.70eV。表 6-21 中给出了 CO_2 的吸附能 $\Delta E_{ad}(CO_2)$，电荷，振动频率和结构参数。

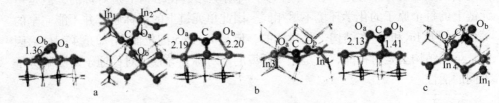

图 6-54　CO_2 在 In_2O_3(110) 面上的吸附构型 (0.1nm)

a—C—1；b—C—2；c—C—3

表 6-21　不同吸附构型的二氧化碳的结构，电荷和吸附能参数

结　构	C—O_a/nm	C—O_b/nm	O_a—C—O_b/(°)	电荷/e				ΔE_{ad}/eV
				O_a	O_b	C	CO_2	
CO_2	0.118	0.118	180	-1.06	-1.06	+2.12	0	—
C—1	0.127	0.129	125	-1.15	-1.16	+2.08	-0.23	-1.14
C—2	0.129	0.128	126	-1.11	-1.11	+2.08	-0.14	-1.25
C—3	0.132	0.123	127	-1.11	-1.12	+2.04	-0.19	-0.70

C—1，C—2，C—3 中，CO_2 的 $C—O_a$ 和 $C—O_b$ 键均伸长，并且 $O_a—C—O_b$ 角产生弯曲，说明三种构型中 CO_2 均被活化。C—2 中 CO_2 的吸附能最大，C—2 构型最稳定，$In_3—O_4—In_4$ 是 CO_2 吸附最稳定的位置。我们注意到链式结构单元的不同位置对 CO_2 的吸附能力是不同的。从原子所处的化学环境来分析，In_3 和 In_4 的配位不饱和度要大于其他 In 原子。In 原子的配位不饱和度越大，与 CO_2 成键强度越大，所以 CO_2 吸附在 $In_3—O_4—In_4$ 位越稳定。被吸附后的 CO_2 所带电荷分别是 -0.23e，-0.14e，-0.19e。此结果表明电子从 In_2O_3(110) 表面向 CO_2 转移，但是电子转移的能力比与 γ-Al_2O_3 和 β-Ga_2O_3 表面小。

H_2 在 In_2O_3(110) 面上的解离吸附均为放热。图 6-55a 显示的是 H_2 解离吸附于不同原子 In 和 O 上的构型。在 H—1 和 H—3 中，H_2 解离吸附后，In—O 键断

裂。在 H—2, In—O 键依然存在。在 H—1, H—2, H—3 中, O—H 键长为
0.098nm, 而 In—H 键长分别为 0.178nm, 0.172nm, 0.175nm, 氢气解离吸附能
分别为 -0.40eV, -1.11eV, -1.05eV。比较这三个吸附构型, O_3—In_3 位是对
H_2 解离吸附最活泼的位置。我们还检测了 H_2 同时解离吸附到相同原子 In 和 In 或
O 和 O 上的情况。结果如图 6-55b 所示 H_2 解离后最终都吸附在 O 和 O 上, 表明
H 原子吸附到 O 位上比 In 位上更稳定。在 H—4 和 H—5 中, H_2 解离吸附能分别
为 -2.06eV 和 -2.04eV, 并且 O—H_a 和 O—H_b 键长均分别为 0.098nm 和
0.10nm。在 H—6 中, H_2 解离吸附能为 -1.62eV, O—H_a 和 O—H_b 键长均分别为
0.098nm 和 0.099nm。三种构型中, H—4 和 H—5 比 H—6 更稳定。虽然 H_2 的均
相解离吸附放热量比非均相解离更多, 但是其解离是手动分解, 所以从能垒上来
看比非均相解离要高很多。

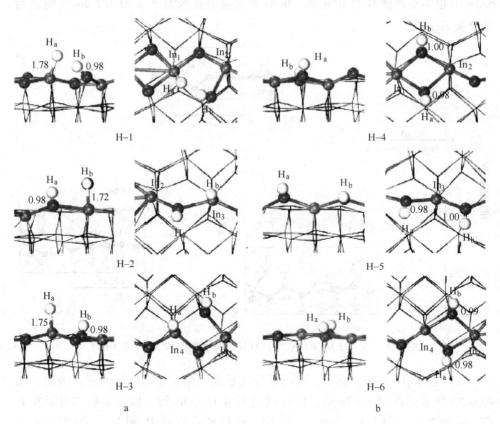

图 6-55 H_2 在 In_2O_3(110) 面上的解离吸附构型 (0.1nm)

a—代表 H_2 解离吸附在不同原子上; b—代表 H_2 解离吸附在相同原子上

我们发现虽然 H—6 是图 6-55b 中最不稳定的构型, 但是比图 6-55a 中的所
有构型都稳定。因此我们接下来对 H 原子从 In 位扩散到邻近 O 位的情况进行了

研究，图 6-56 显示了从 H—3 构型到 H—6 构型的势能曲线。在过渡态 TS 中，H_a—In 键伸长到 0.181nm，H_a 正向 O_6 靠近，H_a—O_6 的距离为 0.161nm，H_b—O_5 键长几乎保持不变为 0.097nm。从图 6-56 可知 H 原子从 In 位迁移到 O 位放出的热量为 0.57eV，需要越过 1.32eV 的能垒。此结果说明 H 原子从 In 位迁移到 O 位在热力学是有利的，但是在动力学上是不利的。从逆向迁移方向来看，一旦 H_2 解离吸附到两个 O 位上，H 原子再从 O 位上逆向迁移到 In 位上就很困难，因为需要越过更高的能垒（−1.89eV）。因此我们可以预测 H_2 在 In_2O_3(110) 上主要发生异相解离吸附，即生成氢化物（HIn）和羟基（H—O），而不是均相解离吸附。与 β-Ga_2O_3 的面比较，H_2 的解离吸附在 In_2O_3 表面更有利发生，这说明对于 H_2 的解离，In_2O_3 比 β-Ga_2O_3 更活泼。事实上，实验结果也表明 In_2O_3 在 $T \geqslant$ 673K 时很容易就被 H_2 体相还原。Bielz 等人报道在低温下（300K）In_2O_3 的表面就能被 H_2 还原。

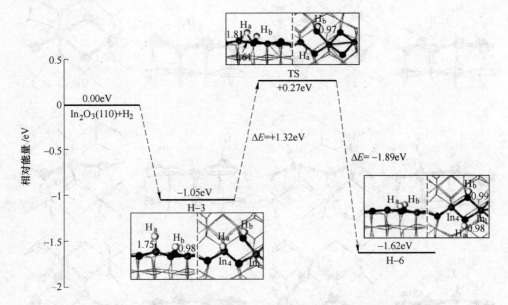

图 6-56　H 原子从 In 位扩散到 O 位的势能曲线和结构（0.1nm）

H_2O 在 In_2O_3(110) 面上，既可以分子形式吸附，也可以解离形式吸附，如图 6-57 所示。在图 6-57a 中，H_2O 通过形成 O_w—In_3 键，以分子形式吸附在表面，吸附能为 −0.83eV。在图 6-57b 中，H_2O 解离成 O_wH_b 和 H_a，分别与 In_3 和 O_3 成键，其解离吸附能为 −1.19eV。很明显，在 In_2O_3(110) 面上，H_2O 的解离吸附在热力学上比分子吸附更有利。在 β-Ga_2O_3 面上，H_2O 的只能以分子形式吸附且吸附能为 0.56eV。因此，In_2O_3(110) 面对于 H_2O 的吸附比 β-Ga_2O_3 更有利。

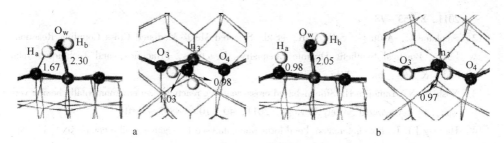

图 6-57　H₂O 在 In₂O₃（110）面的吸附构型（0.1nm）

a—分子吸附；b—解离吸附

参 考 文 献

[1] Haruta, M. Gold as a novel catalyst in the 21st century: Preparation, working mechanism and applications [J]. Gold Bulletin, 2004, 37 (1~2): 27~36.

[2] Chen M S, Goodman D W. The Structure of Catalytically Active Gold on Titania [J]. Science, 2005, 36 (1): 252~255.

[3] Lahr D L, Ceyer S T. Catalyzed CO oxidation at 70 K on an extended Au/Ni surface alloy [J]. Journal of the American Chemical Society, 2006, 128 (6): 1800~1801.

[4] Caixia X, Jixin S, Xiaohong X, et al. Low temperature CO oxidation over unsupported nanoporous gold [J]. Journal of the American Chemical Society, 2007, 129 (1): 42~43.

[5] Chris H, Vahideh H, Sebastian K, et al. Control and Manipulation of Gold Nanocatalysis: Effects of Metal Oxide Support Thickness and Composition [J]. J. am. chem. soc, 2008, 131 (2): 538~548.

[6] Diemant T, Bansmann J, Behm R J. CO oxidation on planar Au/TiO₂ model catalysts: Deactivation and the influence of water [J]. Vacuum, 2009, 84 (1): 193~196.

[7] Wittstock A, Zielasek V, Biener J, et al. Nanoporous Gold Catalysts for Selective Gas- Phase Oxidative Coupling of Methanol at Low Temperature [J]. Science, 2010, 327 (5963): 319~322.

[8] Wang F, Zhang D J, Xu X H, et al. Theoretical study of the CO oxidation mediated by Au_3^+, Au_3, and Au_3^-: mechanism and charge state effect of gold on its catalytic activity [J]. The Journal of Physical Chemistry C, 2009, 113 (42): 18032~18039.

[9] Idakiev V, Tabakova T, Naydenov, A, et al. Gold catalysts supported on mesoporous zirconia for low-temperature water-gas shift reaction [J]. Applied Catalysis B Environmental, 2006, 63 (3): 178~186.

[10] Wang Y Y, Zhang D J, Yu Z Y, et al. Mechanism of N₂O formation during NO reduction on the Au (111) surface [J]. Journal of Physical Chemistry C, 2010, 114 (6): 2711~2716.

[11] Senra J D, Aguiar L C S, Simas A B C. Recent Progress In Transition- Metal- Catalyzed C- N Cross-Couplings: Emerging Approaches Towards Sustainability [J]. Current Organic Synthesis,

2011, 8: 53~78.

[12] Stéphane C, Arun G, Sally G R, et al. Selected Metal-Mediated Cross Coupling Reactions [M]. Practical Synthetic Organic Chemistry: Reactions, Principles, and Techniques. John Wiley & Sons, Inc., 2011: 279~340.

[13] Yoshiaki N, Tamejiro H. Silicon-based cross-coupling reaction: an environmentally benign version [J]. Chemical Society Reviews, 2011, 40 (10): 4893~4901.

[14] Hartwig J F. Carbon-heteroatom bond formation catalysed by organometallic complexes [J]. Nature, 2008, 455 (7211): 314~322.

[15] Xu X L, Chen Z H, Li Y, et al. Bulk and surface properties of spinel Co_3O_4 by density functional calculations [J]. Surface Science, 2009, 603 (4): 653~658.

[16] Li Y, Tan B, Wu Y. Mesoporous Co_3O_4 nanowire arrays for lithium ion batteries with high capacity and rate capability [J]. Nano Lett, 2008, 8 (1): 265~270.

[17] Asano K, Ohnishi C, Iwamoto S, et al. Potassium-doped Co_3O_4 catalyst for direct decomposition of N_2O [J]. Applied Catalysis B Environmental, 2008, 78 (3): 242~249.

[18] Choi S D, Min B K. Co_3O_4-based isobutane sensor operating at low temperatures [J]. Sensors & Actuators B Chemical, 2001, 77 (1): 330~334.

[19] De-En J, Sheng D. The role of low-coordinate oxygen on Co_3O_4 (110) in catalytic CO oxidation. [J]. Physical Chemistry Chemical Physics Pccp, 2011, 13 (3): 978~984.

[20] Chiarello G L, Forni L, Selli E. Photocatalytic hydrogen production by liquid-and gas-phase reforming of CH_3OH over flame-made TiO_2 and Au/TiO_2 [J]. Catalysis Today, 2009, 144 (1): 69~74.

[21] Xu X, Yang E, Li J, et al. A DFT Study of CO Catalytic Oxidation by N_2O or O_2 on the Co_3O_4 (110) Surface [J]. Chemcatchem, 2009, 1 (3): 384~392.

[22] Zafeiratos S, Dintzer T, Teschner D, et al. Methanol oxidation over model cobalt catalysts: Influence of the cobalt oxidation state on the reactivity [J]. Journal of Catalysis, 2010, 269: 309~317.

[23] Chen J G, Menning C A, Zellner M B. Monolayer bimetallic surfaces: Experimental and theoretical studies of trends in electronic and chemical properties [J]. Surface Science Reports, 2008, 63 (5): 201~254.

[24] 苗慧. 纳米 TiO_2 的制备、表面修饰及光催化活性研究 [D]. 天津: 天津理工大学, 2011.

[25] Zhang Z, Yates J T. Unraveling the diffusion of bulk Ti interstitials in Rutile TiO_2 (110) by monitoring their reaction with O adatoms [J]. Journal of Physical Chemistry C, 2010, 114 (7): 3059~3062.

[26] Lippen E, Chadwick A V, Weibel A, et al. Structure and chemical bonding in Zr-doped anatase TiO_2 nanocrystals [J]. J Phys Chem C, 2008, 112 (1): 43~47.

[27] Tian F, Liu C. DFT description on electronic structure and optical absorption properties of anionic S-doped anatase TiO_2 [J]. J Phys Chem B, 2006, 110 (36): 17866~17871.

[28] Wang Y Q, Hu G Q, Duan X F, et al. Microstructure and formation mechanism of titanium dioxide nanotubes [J]. Chemical Physics Letters, 2002, 365 (02): 427~431.

[29] Casarin M, Vittadini A, Selloni A. First Principles Study of Hydrated/Hydroxylated TiO$_2$ Nanolayers: From Isolated Sheets to Stacks and Tubes [J]. Acs Nano, 2009, 3 (2): 317 ~ 324.

[30] 刘栋. 金催化 CO 氧化与甲醇直接合成甲酸甲酯反应的理论研究 [D]. 济南: 山东大学, 2011.

[31] Liu Z, Zhang Q, Qin L C. Reduction in the electronic band gap of titanium oxide nanotubes [J]. Solid State Communications, 2007, 141 (3): 168 ~ 171.

[32] Bandura A V, Evarestov R A. From anatase (101) surface to TiO$_2$ nanotubes: Rolling procedure and first principles LCAO calculations [J]. Surface Science, 2009, 603 (18): L117 ~ L120.

[33] Wang J, Lin Z Q. Free standing TiO$_2$ nanotube arrays with ultrahigh aspect ratio via electrochemical anodization [J]. Chem Mater, 2008, 20 (4): 1257 ~ 1261.

[34] 杜森昌. 铂及其合金表面上一氧化碳氧化反应的理论研究 [D]. 青岛: 中国石油大学 (华东), 2008.

[35] Añez R, Sierraalta A, Martorell G. Theoretical study of CO and H$_2$O interaction on (110) and (101) Zirconia surfaces [J]. Journal of Molecular Structure Theochem, 2009, 900 (1): 59 ~ 63.

[36] Zeng W, Liu T, Gou Z, et al. Carbon monoxide sensing mechanism of highly oriented TiO$_2$ from first principles [J]. Physica E: Low-dimensional Systems and Nanostructures, 2012, 44 (7~8): 1567 ~ 1571.

[37] Wanbayor R, Ruangpornvisuti V. A periodic DFT study on binding of Pd, Pt and Au on the anatase TiO$_2$ (001) surface and adsorption of CO on the TiO$_2$ surface-supported Pd, Pt and Au [J]. Applied Surface Science, 2012, 258 (7): 3298 ~ 3301.

[38] 江凌, 王贵昌, 关乃佳, 等. CO 在某些过渡金属表面吸附活化的 DFT 研究 [J]. 物理化学学报, 2003, 19 (5), 393 ~ 397.

[39] Ruiz A M, Cornet A, Shimanoe K. et al. Transition metals (Co, Cu) as additives on hydrothermally treated TiO$_2$ for gas sensing [J]. Sensors & Actuators B Chemical, 2005, 109 (1): 7 ~ 12.

[40] 夏少武. 量子化学基础 [M]. 北京: 科学出版社, 2010.

[41] 杨可松. 掺杂二氧化钛的稳定性、电子结构及相关性质的第一性原理研究 [D]. 济南: 山东大学, 2010.

[42] 刘云婷. 一氧化碳分子在功能化二氧化钛纳米管上吸附行为的密度泛函理论研究 [D]. 青岛: 中国海洋大学, 2014.

[43] Kondratenko E V, Mul G, Baltrusaitis J, et al. Status and perspectives of CO$_2$ conversion into fuels and chemicals by catalytic, photocatalytic and electrocatalytic processes [J]. Energy Environ, Sci 2013, 6 (11): 3112 ~ 3135.

[44] Wei W, Shengping W, Xinbin M, et al. Recent advances in catalytic hydrogenation of carbon dioxide [J]. Chem. soc. rev, 2011, 40 (7): 3703 ~ 3727.

[45] Centi G, Perathoner S. Opportunities and prospects in the chemical recycling of carbon dioxide to fuels [J]. Catalysis Today, 2009, 148 (3~4): 191 ~ 205.

[46] Ma J, Sun N, Zhang X, et al. A short review of catalysis for CO_2 conversion [J]. Catalysis Today, 2009, 148 (3): 221~231.

[47] Zhang L, Zhang Y, Chen S. Effect of promoter SiO_2, TiO_2 or SiO_2-TiO_2 on the performance of CuO-ZnO-Al_2O_3 catalyst for methanol synthesis from CO_2 hydrogenation [J]. Applied Catalysis A General, 2012, s 415~416 (6): 118~123.

[48] Peng G, Feng L, Zhan H, et al. Influence of Zr on the performance of Cu/Zn/Al/Zr catalysts via hydrotalcite-like precursors for CO_2 hydrogenation to methanol [J]. Journal of Catalysis, 2013, 298 (1), 51~60.

[49] 叶静云. 二氧化碳加氢 In_2O_3 系催化剂理论与实验研究 [D]. 天津: 天津大学, 2013.

[50] Miller M B, Luebke D R, Enick R M. CO_2-philic oligomers as novel solvents for CO_2 absorption [J]. Energy Fuels, 2010, 24 (11).

[51] Xian-Yang C, Yi-Xin Z, Shu-Guang W. Relativistic DFT study on the reaction mechanism of second-row transition metal Ru with CO_2 [J]. Journal of Physical Chemistry A, 2006, 110 (10): 3552~3558.

[52] Laitar D S, Peter M, Sadighi J P. Efficient Homogeneous Catalysis in the Reduction of CO_2 to CO [J]. J. am. chem. soc, 2005, 127 (49): 17196~17197.

[53] Agarwal J, Fujita E, Muckerman J T. Mechanisms for CO production from CO_2 using reduced rhenium tricarbonyl catalysts [J]. Journal of the American Chemical Society, 2012, 134 (11): 5180~5186.

[54] Smieja J M, Sampson M D, Grice K A, et al. Manganese as a Substitute for Rhenium in CO_2 Reduction Catalysts: The Importance of Acids [J]. Inorganic Chemistry, 2013, 52 (5): 2484~2491.

[55] Thammavongsy Z, Seda T, Zakharov L N, et al. Ligand-based reduction of CO_2 and release of CO on iron (II). [J]. Inorganic Chemistry, 2012, 51 (17): 9168~9170.

[56] Jing Z, Gandelman M, Shimon L J W, et al. Electron-rich, bulky PNN-type ruthenium complexes: synthesis, characterization and catalysis of alcohol dehydrogenation [J]. Dalton Transactions, 2007, 46 (1): 107~113.

[57] 刘霜霜. (PNN) Ru (H)(CO) 和 (NNS) Ru(H)(CO) 活化二氧化碳机理的理论研究 [D]. 太原: 山西师范大学, 2014.

[58] Zhang J, Gregory L, Yehoshoa B, et al. Efficient homogeneous catalytic hydrogenation of esters to alcohols [J]. Angewandte Chemie, 2006, 45 (7): 1113~1115.

[59] Ekambaram B, Boopathy G, Shimon L J W, et al. Direct Hydrogenation of Amids to Alcohols and Amines under Mild Conditions [J]. J. am. chem. soc, 2010, 132 (47): 16756~16758.

[60] Yue C. Wei-Hai F. Mechanism for the light-induced O_2 evolution from H_2O promoted by Ru (II) PNN complex: A DFT study [J]. Journal of Physical Chemistry A, 2010, 114 (37): 10334~10338.

[61] Eugene K, Iron M A, Shimon L J W, et al. N-H activation of amines and ammonia by Ru via metal-ligand cooperation [J]. Journal of the American Chemical Society, 2010, 132 (25).

[62] 潘云翔. CO_2 催化转化的理论与实验研究 [D]. 天津: 天津大学, 2009.

[63] Yu K P, Yu W Y, Kuo M C, et al. Pt/titania-nanotube: A potential catalyst for CO_2 adsorption and hydrogenation [J]. Applied Catalysis B Environmental, 2008, 84 (1): 112~118.

[64] Liu, C J, Zou J, Yu K, et al. Plasma application for more environmentally friendly catalyst preparation [J]. Pure & Applied Chemistry, 2006, 78 (6): 1227~1238.

[65] Zhu X, Xie Y, Liu C J, et al. Stability of Pt particles on ZrO_2 support during partial oxidation of methane: DRIFT studies of adsorbed CO [J]. Journal of Molecular Catalysis A Chemical, 2008, 282 (1): 67~73.

[66] Zou J J, Chen C, Liu C J, et al. Pt nanoparticles on TiO_2 with novel metal-semiconductor interface as highly efficient photocatalyst [J]. Materials Letters, 2005, 59 (27): 3437~3440.

[67] Wang Z J, Zhao Y, Cui L, et al. CO_2 reforming of methane over argon plasma reduced Rh/Al_2O_3 catalyst: a case study of alternative catalyst reduction via non-hydrogen plasmas [J]. Green Chemistry, 2007, 9 (6): 554~559.

[68] Monica T, Trasatti S P. γ-Alumina as a Support for Catalysts: A Review of Fundamental Aspects [J]. Berichte Der Deutschen Chemischen Gesellschaft, 2005 (17): 3393~3403.

[69] Cai S H, Sohlberg K, 蔡淑惠. Adsorption of alcohols on gamma-alumina (1 1 0 C) [J]. Journal of Molecular Catalysis A Chemical, 2003, 193 (1): 157~164 (8).

[70] MenÉ E, GutiÉ N P, rrez. Electronic properties of bulk γ-Al_2O_3 [J]. Physical Review B, 2005, (3): 5116.

[71] Paglia G, Bozin E, Billinge S. A fine-scale nanostructure in gamma-alumina [C]. 2006 APS March Meeting. American Physical Society, 2006.

[72] Zhan Z, Lin Z. Electrochemical reduction of CO_2 in solid oxide electrolysis cells [J]. Journal of Power Sources, 2010, 195 (21): 7250~7254.

[73] Anpo M, Yamashita H, Ichihashi Y, et al. Photocatalytic reduction of CO_2 with H_2O on various titanium oxide catalysts [J]. Journal of Electroanalytical Chemistry, 1995, 396 (1): 21~26.

[74] Chen L, Graham M E, Li G, et al. Photoreduction of CO_2 by TiO_2 nanocomposites synthesized through reactive direct current magnetron sputter deposition [J]. Thin Solid Films, 2009, 517 (19): 5641~5645.

[75] Brahimi R, Bessekhouad Y, Bouguelia A, et al. $CuAlO_2/TiO_2$ heterojunction applied to visible light H_2 production [J]. Journal of Photochemistry & Photobiology A Chemistry, 2007, 186 (2): 242~247.

[76] Bosquain S S, Antoine D, Dyson P J, et al. Aqueous phase carbon dioxide and bicarbonate hydrogenation catalyzed by cyclopentadienyl ruthenium complexes [J]. Applied Organometallic Chemistry, 2007, 21 (11): 947~951.

[77] Spataru N, Tokuhiro K, Terashima C, et al. Electrochemical reduction of carbon dioxide at ruthenium dioxide deposited on boron-doped diamond [J]. Journal of Applied Electrochemistry, 2003, 33 (12): 1205~1210.

7 计算化学在其他大气污染物控制中的应用

7.1 其他大气污染物简介及现状

近年来，由于大气环境污染的问题，科学工作者们把目光纷纷投向矿石燃料的一系列燃烧反应。因为在燃烧过程中会产生大量的高能基团，特别是活性小分子自由基的大量产生，诱发系列自由基反应的发生。其中包括碳氢自由基（CH_n，C_nH_n 等），含氮自由基（NH_n，NO，NO_2，N_2O，NCO，$HNCO$，ClO-NO_2，$BrONO_2$ 等），含硫自由基（NCS，CH_3S 等），含卤自由基（F，Cl，Br，$OClO$，$OBrO$，CF_n，CCl_n，CBr_n 等），这些自由基参与的许多反应会对大气环境产生严重破坏，有些物质还是臭氧层损耗的主要物种。对燃烧反应过程详细机理的研究可能实现有目的的控制和利用燃烧过程，在环境保护以及能源利用等领域均有重要意义。前面几个章节对含 N，含硫等化合物的理论计算研究做了详细的研究，本章将介绍量子化学在气态含卤素化合物方面的研究，具体从以下两个方面进行介绍和探索。第一：从势能面：确定反应体系中各物种的几何构型及其在反应过程中的能量变化，弄清可能存在的反应通道并预测最佳反应通道；第二：计算相应反应通道的速率常数，并对同类的系列反应进行比较研究，从分子层次上揭示此类反应的微观反应机理，得出反应体系详尽的动力学信息，对当前实验手段尚不能解决的问题，给予了有力的补充。该结果将为治理大气污染、保护大气环境和地球臭氧层的进一步研究提供理论依据，对研究燃烧过程、大气化学、环境保护进而改善地球生态环境都具有重要的理论和实际意义，也具有很大的创新性和开拓性。

为了更加清晰地展示量子化学在气态卤化物中的研究，本书将提供详细的案例，包括所采用的计算程序、计算方法、计算内容、分析步骤等。碳氢化合物是以碳元素（C）和氢元素（H）形成的化合物总称。碳氢化合物种类很多，包括烷烃、烯烃和芳烃等复杂多样的含碳和氢的化合物。大气中的碳氢化合物通常是指 C1～C10 可挥发的所有碳氢化合物，又称烃类。它是形成光化学烟雾的主要物质，光化学反应产生的衍生物对人们的眼睛有刺激作用；多环芳烃中有不少是致癌物质，已引起人们的密切关注。

碳氢化合物以 CH_4 为主在大气中约占 80%～85%。甲烷主要来源于厌氧细菌的发酵过程，自然界的淹水土体，如水稻田底有机质的分解、原油和天然气的泄漏都会释放出相当量的甲烷。这其中以水稻田的排放量为最大。碳氢化合物，特别是饱和的碳氢化合物，如石油；是天然气和化工原料的主要成分，但是当前饱和的碳氢化合物即烷烃的主要用途是作为燃料，而不是作为合成原料。如果能选择性活化烷烃的 C—H 键（即断开 C—H 键），特别是烷烃催化脱氢反应，将烷烃直接转变为更有价值的化工产品——烯烃，这仍然是一个挑战。

7.2　量子化学计算在气态含卤素化合物研究中的应用

7.2.1　氟化物的研究

胡正发等人用量子化学从头算和密度泛函理论（DFT）对 F 原子与自由基 CH_2SH 在势能面上的反应进行了研究。在 B3LYP/6-311G＊＊水平上计算出了各物种的优化构型、振动频率和零点振动能（ZPVE）。各物种的总能量由 B3LYP/6-311＋G（2df, pd）//B3LYP/6-311G＊＊计算，另外对反应物和产物还计算了其 G3 能量。结果表明：首先 F 通过与 C 或 S 结合的两种途径与 CH2SH 相配位，再通过 H（4）原子转移形成甲基，然后甲基再旋转，甲基中 H（4）原子最终与 F 结合，反应产物为 HF 和 CH_2S，且该反应为放热反应，分别为 $\Delta H = -370.7 kJ/mol$（DFT）和 $-396.94 kJ/mol$（G3）。此外依据计算出的反应热，可得自由基·CH_2SH 的生成热 $\Delta H_{298.15}^{\ominus} = 146.44 kJ/mol$（DFT），与以前的实验和理论值是一致的。$FNO_2$ 及其异构体同 FNO 一样，也是富电子物种，所以在理论计算中，它们对 ab inti 方法来说是一个挑战，对于相关能计算也是一个挑战，这引起了人们的兴趣。人们用多种量子化学方法对它们进行了计算，包括 HF 方法，MP2 方法，CISD 方法，LDF 方法，CCSD 方法等多种，Hareourt 等人用现代价键理论对 FNO_2 进行了分析。计算表明：FNO_2 具有 C_{2v} 对称性，FONO 具有顺式和反式两种结构且它们的 FN 键都比较长。在各种计算方法中 LDF 方法得出的结果和实验值最接近。徐建华采用密度泛函理论（DFT）B3LYP 方法在 6-311＋＋G（d, p）水平下研究了 CF_2ClBr 与 O（^1D）反应的机理，并在 QCISD(T)/6-311＋＋G(d,p)/B3LYP/6-311＋＋G(d,p) 水平上进行了单点能校正，并且在该水平下全参数优化了反应过程中各反应物、中间体、过渡态和产物的几何构型。用振动分析的结果证实了中间体和过渡态的真实性，对所有过渡态都用内禀反应坐标（IRC）加以进一步确认。结果表明，该反应存在 6 种可能的反应途径，是一个多步反应过程，研究中共找到了 6 个过渡态和 10 个中间体，并通过振动分析加以确认。从能量上看，反应物的能量最高，而反应中的其他各驻点的能量都有所降低，是一个放热过程，所以该反应容易进行，其中生成产物 CF_2O—BrCl（end-on）的通道放热最多，势垒也不高，故在反应过程中具有最大的优势。该过程中有非常稳定的物质 CF_2O、1M 2cis、1M 2tran、CF_2O(BrCl)(side on)、CF_2O—BrCl（end on）、CF_2O 和 BrCl 生成，这一点与实验结果相一致。对于这一类的反应：$O(^1D) + CF_3Br$，L. N. Zhang 等和 X. L. Cheng 等分别用量子化学理论方法在 B3LYP/6-31 + G(d)、B3LYP/6-311 + G(d)、B3LYP/6-311 + +G(d, p) 水平上研究了其反应。张金生等人使用 GAUSSIAN 03 程序和量子化学 B3LYP、MP2、G3、G3MP2 方法对 FC(O)O 自由基与 NO_2 的反应进行了计算。分别在 B3LYP/6-311 + +G(3df, 3pd)，MP2/6-311 + +G * *，G3 和 G3MP2 水平上对反应物（R）、中间体（M）、过渡态（T）和产物（P）的结构进行了全优化，获得了所有优化结构的振动频率（ν）和零点振动能（ZPE）。此外，由 B3LYP/6-311 + +G(df, pd) 计算获得的波函数，用 AIM2000 软件包计算了成键临界点电荷密度。所有过渡态都在 B3LYP/6-311 + G(3df, 3pd) 水平上用内禀反应坐标（IRC）计算加以确认。并用过渡态理论（TST）计算了相关基元反应的速率常数。结果表明：FC(O)O 与 NO_2 反应会生成 $FC(O)O_2NO$，$FC(O)ONO_2$ 或 $FC(O_2)ONO$，中间体 $FC(O)ONO_2$ 分解获得主要的产物 FNO_2 + CO_2 反应是放热的。并在 298.15K 下该反应的速率常数为 2.3×10^{-12} $cm^3/mols$。另外，T. S. Dibble 和 J. S. Francisco 首次利用 Hartree-Fock(HF) 和 second-order Merller-Plesset perturbation theory(MP2) 方法研究了 FC(O)ONO 及其异构体的相关反应，这也可以看作是对 FC(O)O 与 NO 的反应探究，相对能量用 MP4 和 QCISD(T) 方法确定。相关反应如式（7-1）~式（7-6）所示。

$$FC(O)O + NO \longrightarrow FC(O)ONO \tag{7-1}$$

$$FC(O)ONO \longrightarrow FCO + NO \tag{7-2}$$

$$FC(O)ONO \longrightarrow FC(O)NO_2 \tag{7-3}$$

$$tran\text{-}FC(O)ONO \longrightarrow anti\text{-}FC(O)ONO \tag{7-4}$$

$$FC(O)ONO \longrightarrow FNO + CO \tag{7-5}$$

$$FC(O)NO_2 \longrightarrow FNO + CO \tag{7-6}$$

此外，Theodore S. Dibble 和 Joseph S. Francisco 随后又在 G1 和 G2 水平上研究了 FC(O)O 的形成热。研究表明在 0K 时，G2 水平上计算得到的 FC(O)O 的形成热为 -88.0kJ/mol，在 G1 水平上得到的 FC(O)O 的形成热为 -87.2kJ/mol。1997 年，Francisco 用 MP2、CISD、QCISD 和 CCSD(T) 方法预测了 FC(O)O 阳离子的稳定构型、振动频率及绝热电离能。2003 年，Zdenek Zelinger 等利用微波和高精确红外光谱在以 ab initio 方法的计算为辅助的条件下探测了 FC(O)O。1994 年，Weihai Fang 和 Ruozhuang Liu 利用 Ab initio 方法研究了基态和激发态的 HFCO 的分解情况。同年 H. Tachikawa, S. Abe, T. Iyama 也致力于利用 Ab initio 方法研究 HFCO 的分解情况。2003 年，Jiayan Wu 等在 MP2/6-311 + G(d,p)//MP4SDQ/6-311G(d,p) 和 QCISD(T)/6-311 + G(3df,2p) 水平上进行 F 和 HFCO 反应的理论研究，并计算了其速率常数。2008 年，Wuhung Tsai, Jiajen H 对 HFCO 和水的反应进行了理论研究，首次讨论了 HFCO 与 FCOH 的转化。

　　另一方面，瞿翠屏利用量子化学计算方法找到并总结了 FC(O)O + NO 反应的四个反应通道，其中 FC(O)O + NO→COM2→TS3→FNO + CO_2 和 FC(O)O + NO→COM2→TS4-1→COM3→ TS4-2→FN(O)O + C 反应能垒不高，容易进行。且前者为主反应通道。在反应中出现了环状和 T 型两种结构过渡态。并用电子密度拓扑分析方法讨论了反应的微观过程，得到了各反应通道的能量过渡态和结构过渡态。并且还对 FC(O)ONO 的异构体和异构化反应进行了研究和讨论。共找到 12 种异构体和 5 个异构化反应。其中有 8 种异构体和 4 种异构化反应是新发现的。为实验上研究大气化学反应提供了理论依据。赵江等人同样研究了 FC(O)O 自由基与 NO 的反应机理，他们采用了密度泛函理论（DFT）的 B3LYP 方法，在 6-311G（d, p）基组水平上全参数优化了 FC(O)O 自由基与 NO 反应过程中各反应物、中间体、过渡态和产物的几何构型。用振动分析及 IRC 结果对中间体和过渡态的真实性进行了确认，在 CCSD(T)P6-311G(d,p) 水平上计算了它们的能量。获得了所有优化结构的振动频率（M）和零点振动能（ZPE）。研究发现：FC(O)O 和 NO 应为 4 条反应通道多步反应过程，反应通道如式（7-7）~式（7-10）所示：

$$FC(O)O + NO→M1→TS1→M4→TS2→FCO + NO_2 \qquad (7-7)$$

$$FC(O)O + NO→M2→TS5→M4→TS3→FNO_2 + CO \qquad (7-8)$$

$$FC(O)O + NO→M3→TS6→M5→TS7→FNO_2 + CO \qquad (7-9)$$

$$FC(O)O + NO→M3→TS6→M5→FNO + CO_2 \qquad (7-10)$$

　　通过对 4 条反应通道的控制步骤反应活化能的计算结果比较，经研究发现：FC(O)O 和 NO 反应。主要反应通道是 FC(O)O + NO→M3→TS6→M5→FNO + CO2，反应产物为 FCO、NO_2、FNO_2、CO、FNO、CO_2 这些产物和实验结果较符合，且该反应通道为放热反应。此外 Maricq 等和 Zhang 等也分别从实验和理论上对 FC（O）O 与 NO_2反应机理进行了讨论。

　　孙昊等人对大气中的氟利昂进行了理论计算的研究。他根据已有的实验首次运用量子化学计算手段在较大的温度区间 210 ~ 3500K 对 CH_3CH_2F + OH 反应的动力学以及各个通道的分支比进行了理论研究，为进一步探测 CH_3CH_2F 在大气中的行为及其对大气的影响提供了必要的理论依据。他利用 GAUSSIAN 03 程序计算了全部的电子结构，在 MP2/6-311G（d, p）水平上优化了各稳定点（反应物、产物、过渡态和络合物）的几何构型并作了频率分析。采用内禀反应坐标（Intrinsic Reaction Coordinate，IRC）确定了过渡态与反应物或产物的关系，获得了最小能量路径（Minimum Energy Path，MEP）。零点能（ZeroPoint Energy，ZPE）校正以及 MEP 上所选点的梯度和海森矩阵（Hessian）都在 MP2/6-311G（d,p）水平下获得。稳定点的性质通过对其构型进行了振动频率分析来确认，反应物和产物所有的频率全部为正值，而过渡态有且仅有一个虚频。为了验证该计算水平下构型与能量信息的可信度，同时在 MPW1K/6-311 + G(2df,2p) 水平上对反应中关键的物种，反应物、产物和过渡态，进行了优化，并比较了两种水平的计算结果。为了获取更为准确的能量信息，在上述两种水平优化的几何构型基础上，进行了 G3 水平的单点能计算。完整的能量曲线则通过内推单点能量的方法（ISPE）获得。另外，在 G3//MP2/6-311G(d,p) 从头算数据的基础上，他还利用 POLYRATE 8.4.1 程序，采用由 Truhlar 及其合作者提出的包含小曲率隧道效应校正（SCT）的正则变分过渡态理论（CVT）计算了 $CH_3CH_2F + OH$ 反应在 210～3500K 温度区间的反应速率常数。除了最低的振动频率，所有振动频率均采取量子力学简谐振动模式进行处理。而这个最低振动的配分函数是通过 Truhlar 和 Chuang 提出的内转子近似方法来计算获得的。在计算反应物 OH 自由基的配分函数时，考虑了由于旋轨耦合引起的能级劈裂。在动力学计算过程中，反应的 MEP 通过 Euler 单步积分法得到。该研究的结果表明：反应存在三种可能的通道，即 α-H 提取（R1）（$CH_3CH_2F + OH \rightarrow TS1 \rightarrow CH_3F + CH_3O$）以及平面和非平面的 β-H 提取反应（R2a 和 R2b），经历了三个不同的过渡态，TS1，TS2a 和 TS2b。基于 G3//MP2/6-311G(d,p) 水平的势能面信息，采用正则变分过渡态理论（CVT）结合小曲率隧道校正（SCT）计算了反应在 210～3500K 温度区间内的速率常数。理论计算得到的反应速率以及分支比与已有的实验值能够很好地吻合。从分支比情况来看，在 210～800K 之间总包反应的主要通道为 α-H 提取，而温度高于 800K 时，则 R2 为整个反应的主要通道。冯丽霞采用直接动力学方法，结合密度泛函理论和从头算分子轨道理论，分别对 CH_3CH_2F 与 O（^3P）、$CH_4 - nF_n$（$n = 1～3$）与 CH_3、CH_3F 与 C_2H_3 气相抽氢反应的微观机理和速率常数进行了理论研究。在 QCISD(T)/6-311G(d,p)//MP2(full)/6-311G(d,p) 水平上对 CH_3H_2F 与 O（^3P）抽氢反应的研究表明：3 个反应通道 R1、R2a 和 R2b 的能垒分别为 4.63kJ/mol、602kJ/mol 和 58.9kJ/mol。量子隧道效应在低温段显著，而变分效应在计算温度范围内对反应速率常数的影响可以忽略。计算结果显示，298K 时，α-抽氢与 β-抽氢的速率常数分别为 $5.10 \times 10^{-13} cm^3/(mol \cdot s)$、$1.30 \times 10^{-19} cm^3/(mol \cdot s)$，说明在低温情况下，α-抽氢方式为反应主通道。当温度升高到 1250K 时，α-抽氢与 β-抽氢的速率常数分别为 $5.10 \times 10^{-13} cm^3/(mol \cdot s)$、$5.22 \times 10^{-13} cm^3/(mol \cdot s)$，表明随着温度的升高，β-抽氢反应的竞争力增大。另外，QCISD(T)/6-311G(d,p)//BHnadHLYP/6-31IG(d,P) 水平上研究 $CH_{4-n}F_n$（$n = 1～3$）与 CH_3 抽氢反应得到，反应 R1a、R2a 和 R3 的反应能分别为 $-12.7kJ/mol$、$-9.5kJ/mol$ 和 11.8kJ/mol。相应的能垒依次为 67.0kJ/mol、62.2kJ/mol 和 67.5kJ/mol。说明高温下氟原子数目多少对反应速率常数无明显影响，较低温度时反应速率常数虽然与氟原子数目有关，但并不随氟原子数目的增多呈规律性的递变。在 437K 时，$k^{CVT/SCT}$ 分别为 $6.72 \times 10^{-19} cm^3/(mol \cdot s)$、$8.01 \times$

$10^{-18}\,cm^3/(mol \cdot s)$ 和 $8.82 \times 10^{-20}\,cm^3/(mol \cdot s)$，与该温度下的实验值 $3.31 \times 10^{-19}\,cm^3/(mol \cdot s)$、$1.05 \times 10^{-18}\,cm^3/(mol \cdot s)$ 和 $8.33 \times 10^{-20}\,cm^3/(mol \cdot s)$ 吻合。计算结果还显示，量子隧道效应在低温段显著，而变分效应在计算温度范围内对反应速率常数的影响可以忽略。采用 B3YLP 和 MP2 方法对 CH_3F 与 C_2H_3 抽氢反应进行构型优化结果表明：B3YLP 的结果与实验值以及高水平理论结果一致，当对基组 6-311G (d, p) 增加了极化函数 [6-311G(2df,2p)] 或弥散函数 [6-311 + G(d,p)] 后，对优化构型的影响并不显著。进一步，QCISD(T)6/-311 + +G(d,p)//B3YLP/6-311G(d,p) 水平上计算反应的反应热为 $-38.2\,kJ/mol$，各反应通道 R1CH_3CH_2F + OH → TS1 → CH_3F + CH_3O、R2（R2a + R2b）和 R3（CH_3CH_2F + OH → TS3 → CH_3CHF + H_2O）的能垒分别为 $43.2\,kJ/mol$，$43.9\,kJ/mol$ 和 $44.1\,kJ/mol$，与文献得到的 $43.1\,kJ/mol$ 很好的吻合。该研究计算结果完善了上述 3 类反应的微观动力学信息，为进一步精确的实验研究提供了理论参考。对于该类反应：HFCs 与 O (^{3}P) 的反应 Kreye 用 MP2/6-311G(d,p) 方法优化了 CHF_3 与 O (^{3}P) 反应的各驻点构型，并通过修正的 G2 法计算了该反应的活化焓活化熵等热力学数据，在此基础上最终确定了反应的穿透因子。其次，Liu 等采用密度泛函 B3LYP、B3PW91 方法对 CH_3CHFCH_3 与 O (^{3}P) 的反应机理进行了研究，并选用双水平 B3LYP/6-311 + +(3df,2p)//B3LYP/6-311G(d,p) 方法计算了该反应在 300 ~ 2000K 温度范围内的速率常数。另一方面，Liu 等在对比了各种理论方法计算的能量与相应实验数据的偏差后，采用双水平 G3//MP2(full)/6-311G(d,p) 方法研究了 CH_3CHF_2 与 O (^{3}P) 抽氢反应的微观动力学特性；几乎同时，zhang 等又用 QCISD(T)/6-311 + G(3df,2p)//MP2/6-311G(d,p) 方法计算了该反应在 200 ~ 3000K 的速率常数。

贾秀娟通过双水平直接动力学方法研究 $CF_3CHFOCF_3$ + OH 以及 CF_3CHFO-CF_3 + Cl 反应的反应机制，所有稳定点的几何构型，频率以及最小能量路径。利用同构反应，在理论上估算了 $CF_3CHFOCF_3$ 和 CF_3CFOCF_3 自由基的标准生成焓数据。计算的这两个反应的包含小曲率隧道效应校正的改进的正则变分过渡态速率常数 (ICVT/SCT) 与相应的可利用的实验值吻合得很好。速率常数计算结果表明：对于 $CF_3CHFOCF_3$ + Cl 反应，速率常数是正温度效应，并且对于 CF_3CHFO—CF_3 + OH，在低温区域 (220 ~ 250K) 表现为负温度效应。两个反应速率的三参数 Arrheniun 表达式分别为（单位：$cm^3/(mol \cdot s)$）：$k_1 = 2.87 \times 10^{-21}T^{2.80}\exp(-1328.60/T)$、$k_2 = 3.26 \times 10^{-16}T^{1.65}\exp(-4642.76/T)$。

7.2.2 氯化物的研究

刘朋军研究了异氰酸（HNCO）与碳卤自由基 CX (X = F, Cl, Br) 和卤取代单态卡宾自由基 CX_2 (X = F, Cl) 反应微观动力学的理论研究。结果表明：

HNCO 与 CX、CX$_2$ 两类自由基反应具有相似的反应机理，反应均包括四步，通过两个过渡态和一个中间体，经过分子间 H 原子转移，生成包括 CO 的产物。两类反应均为放热反应。此外他还对异硫氰酸（HNCS）与碳卤自由基（CX（X = H，F，Cl）），卤取代甲基自由基（CH$_2$X（X = F，Cl）），乙炔自由基（C$_2$H），亚氨基（NH）反应微观动力学的理论研究。结果表明：HNCS + CX，HNCS + NH 两个反应体系有相近的反应机理，均包括五步，通过两个过渡态和两个中间体，经过分子间 H 原子的转移生成包含 CS 基团的产物。HNCS + C$_2$H 反应机理也包括五步，通过两个过渡态和两个中间体，产物为 NCS 与 C$_2$H$_2$。HNCS + CH$_2$X 反应机理则较为简单，经过一个过渡态一步完成。各反应体系速率常数均随温度升高而增大，表现为正温度效应。以上反应均为放热反应。

1994 年 Catoire 等用半经验方法研究了 CH$_2$ClO 自由基单分子（HCl）消去反应。2002 年 Wu 和 Carr 用从头算方法对 CH$_2$ClO 单分子（HCl）消去反应进行了理论研究。谢鹏涛等人从量子化学的角度讨论了 CH$_2$ClO 和 NO 的微观机理，寻找其可能的反应通道。并从电子密度拓扑分析的角度，讨论化学反应过程中的结构过渡态和结构过渡区，以及化学键的生成和断裂情况。设计的可能反应路径如式（7-11）~ 式（7-13）所示。

$$\text{CH}_2\text{ClOH} + \text{NO} \longrightarrow \text{COM1} \left\{ \begin{array}{l} \longrightarrow \text{TS1} \longrightarrow \text{HC(O)Cl} + \text{HNO} \qquad (7\text{-}11) \\ \longrightarrow \text{TS2} \longrightarrow \text{CH}_2\text{ClNO}_2 \qquad\qquad (7\text{-}12) \end{array} \right.$$

$$\text{CH}_2\text{ClO} + \text{NO} \longrightarrow \text{TS3} \longrightarrow \text{CH}_2\text{Cl} + \text{NO}_2 \qquad\qquad (7\text{-}13)$$

通过该理论的研究找到了 CH$_2$ClO + NO 反应的上述 3 个反应通道，成功的解释了通过动力学实验提出的 4 个反应通道，认为式（7-11）是两个自由基结合成复合物的过程且是该反应的主要通道。在式（7-11）中 COM1→TS1→HC(O)Cl + HNO 过程吸热较小（1.8kJ/mol），结构过渡区范围较大（$S = -2.2 \rightarrow +2.5$）；式（7-12）的 COM1→TS2→CH$_2$—ClNO$_2$ 过程吸热相对较大（18.6kJ/mol），结构过渡区范围较小（$S = -0.6 \rightarrow +0.1$）。验证了该课题组提出的"对于比较显著的吸热或放热反应，其结构过渡区范围较小；对于吸热或放热不太显著的反应，结构过渡区范围较大"的结论。此外，式（7-11）的 COM1→TS1→HC(O)Cl + HNO 过程和式（7-12）的 COM1→TS2→CH$_2$ClNO$_2$ 过程均为吸热过程，结构过渡态（$S = -0.8$ 和 $S = -0.1$）均出现在能量过渡态（$S = 0.0$）之前。也验证了之前提出的"对吸热的基元反应，结构过渡态出现在能量过渡态之前"的结论。赵岷等人从理论上研究了 CH$_3$OCl + Cl（$^2P_{3/2}$）反应的微观机理。结果表明：标题反应主要涉及的是 Cl 原子对 CH$_3$OCl 分子中不同原子或基团的提取过程，其中包括 H-提取，α-提取和 CH$_3$-提取。此外他们还对 CH$_3$O 与 ClO 双自由基反应的机理进行了量子化学研究。结果表明：H_3O 与 ClO 双自由基反应共有三条通道，分别得到产物 $HOCl + CH_2O$、$CH_2O_2 + HCl$ 和 $CH_3Cl + O_2$ ($^1\Delta$)。不论从动力学角度，还是从热力学角度看，形成产物 $HOCl + CH_2O$ 的通道均是有利的，因此为主要反应通道，很好地验证了实验观察到的结果。他们同样用密度泛函的方法研究了 $OClO + NO \longrightarrow ClO + NO_2$ 的机理。他们在 B3LYP/6-31 + G * 水平上，用 BERNY 能量梯度解析法全参数优化了 OClO 与 NO 反应路径上的反应物、过渡态、中间体和产物的几何构型，并通过频率振动分析确认过渡态和中间体。从过渡态的唯一虚振动模式的正负方向出发，获得内禀反应坐标 IRC，以判断能量随坐标的变化情况，正确关联过渡态与相应的反应物和产物。结果表明：OClO 与 NO 反应是一个多通道的放热反应，在单重态和三重态势能面上共有 4 条通道，OClO 与 NO 通过加成-消除机理形成离解产物 $ClO + NO_2$。从能量上看，单重态通道比三重态通道更容易进行，整个反应放出的热量为 1491000kJ/mol。1995 年 Kambanis 等对 Cl 原子和 CH_3OCH_2Br 的反应进行了动力学研究，并在半经验 AMI 水平上分别计算了 Cl 进攻 CH_2Br 基团和 CH_3 基团上的 H 而形成 CH_3OCHBr 和 CH_2OCH_2Br 的反应的过渡态。瞿巧玲利用量子化学 MP2 和 QCISD（T）方法对 Cl 原子与 CH_3OCH_2Br 的反应进行了计算。所有计算都由 Gussian 03 程序完成，此外，还用 AIM 2000 软件包计算了成键临界点（BCP）电荷密度。计算结果表明：Cl 原子与 CH_3OCH_2Br 的反应是放热的。在四条反应通道中，第二条反应通道的势垒最小，反应的可能性较大，该通道生成与实验吻合的产物 HCl 和 CH_3OCHBr。

韦文姜研究了 CH_2ClO_2 和 HO_2 的反应机理。他们根据存在争议的两个反应，利用 G2MP2//B3YLP/6-311G(2d,2p) 水平上详细地研究了 CH_2ClO_2 和 HO_2 反应的势能面，探讨了它们在气相中的反应机理。基于计算结果，提出了该反应的可能机理。在他们探讨的 CH_2ClO_2 和 HO_2 反应的五个通道中，共产生 15 种主要的产物。这 15 种产物及它们的 G2MP2 相对能量为：$CH_2ClOOH + 3O_2$（ -185.89kJ/mol（ -44.4kcal/mol））、$HC(O)Cl + H_2O + 3O_2$（ -86.67kJ/mol（ -20.7kcal/mol））、$CH_2O + HOCl + 3O$（ -209.34kJ/mol（ -50.0kcal/mol））、$CHClO_2 + H_2O$（ -171.24kJ/mol（ -40.9kcal/mol））、$CH_2(O)_2 + HCl + 3O_2$（ -117.65kJ/mol（ -28.1kcal/mol））、$CH_2ClOH + 3O_3$（ 13.40kJ/mol（ 3.2kcal/mol））、$CH_2O + ClOOOH$（ -87.92kJ/mol（ -21.0kcal/mol））和 $CH_2O + 2Cl + 2HOOO$（ -20.52kJ/mol（ -4.9kcal/mol））。且根据势能面分析我们得到了生成 $CH_2ClOOH + 3O_2$ 的 6 条可能反应如式（7-14）~式（7-19）所示。

$$CH_2ClO_2 + HO_2 \rightarrow TS1 \rightarrow CH_2ClOOH + O_2 \qquad (7-14)$$

$$CH_2ClO_2 + HO_2 \rightarrow TS4 \rightarrow 1M1 \rightarrow TS8 \rightarrow 1M3 \rightarrow TS9 \rightarrow CH_2ClOOH + O_2 \qquad (7-15)$$

$$CH_2ClO_2 + HO_2 \rightarrow TS4 \rightarrow 1M1 \rightarrow TS8 \rightarrow 1M3 \rightarrow TS13 \rightarrow 1M4 \rightarrow TS14 \rightarrow CH_2ClOOH + O_2$$

$$(7-16)$$

$$CH_2ClO_2 + HO_2 \rightarrow TS4 \rightarrow 1M1 \rightarrow TS8 \rightarrow 1M3 \rightarrow TS13 \rightarrow 1M4 \rightarrow TS15 \rightarrow$$
$$1M5 \rightarrow TS16 \rightarrow 1M6 \rightarrow TS17 \rightarrow CH_2ClOOH + O_2 \qquad (7\text{-}17)$$

$$CH_2ClO_2 + HO_2 \rightarrow TS4 \rightarrow 1M1 \rightarrow TS19 \rightarrow 1M7 \rightarrow TS20 \rightarrow CH_2ClOOH + O_2 \qquad (7\text{-}18)$$

$$CH_2ClO_2 + HO_2 \rightarrow TS4 \rightarrow 1M1 \rightarrow TS19 \rightarrow 1M7 \rightarrow TS21 \rightarrow 1M8 \rightarrow TS23 \rightarrow$$
$$1M9 \rightarrow TS27 \rightarrow 1M11 \rightarrow TS28 \rightarrow t\text{-}CH_2ClOOH + O_2 \qquad (7\text{-}19)$$

其中的最低能量路径是式（7-14）。在式（7-14）中，反应物直接经过 TS1 生成产物，能垒是 7.12kJ/mol（1.70kcal/mol）。产物 $HC(O)Cl + H_2O + 3O_2$ 和 $CH_2O + HOCl + 3O_2$ 可以通过产物 CH_2ClOOH 分别经过下列的分解反应得到：$CH_2ClOOH \rightarrow TS2 \rightarrow CHClO + H_2O$，$CH_2ClOOH \rightarrow TS3 \rightarrow CH_3O + HOCl + O_2$，能垒分别是 192.17kJ/mol、45.9kcal/mol 和 293.08kJ/mol（70.0kcal/mol）。同样地，可以得到生成 $CHClO_2 + H_2O_2$ 的最低能量路径为：$CH_2ClO_2 + HO_2 \rightarrow TS4 \rightarrow 1M1 \rightarrow TS5 \rightarrow CHClO_2 + H_2O_2$，最高能垒在 94.62kJ/mol（22.6kcal/mol）（TS5）处。生成 $CH_2(O)_2 + HCl + {}^3O_2$ 的路径是：$CH_2ClO_2 + HO_2 \rightarrow TS4 \rightarrow 1M1 \rightarrow TS6 \rightarrow 1M2 \rightarrow TS7 \rightarrow CH_2(O)_2 + HCl + O_2$ 能垒为 281.77kJ/mol（67.3kcal/mol）（TS7）。生成 $CH_2ClOH + 3O_3$ 的最低能量路径：$CH_2ClO_2 + HO_2 \rightarrow TS4 \rightarrow 1M1 \rightarrow TS19 \rightarrow 1M7 \rightarrow TS21 \rightarrow 1M8 \rightarrow TS23 \rightarrow 1M9 \rightarrow TS25 \rightarrow 1M10 \rightarrow TS26 \rightarrow CH_2ClOH + O_3$ 能垒是 102.58kJ/mol（24.5kcal/mol）（TS19）。生成 $CH_2O + ClOOOH$ 的路径是：$CH_2ClO_2 + HO_2 \rightarrow TS8 \rightarrow 1M3 \rightarrow TS1 \rightarrow CH_2O + ClOOOH$，能垒为 167.89kJ/mol（40.1kcal/mol）（TS11）。生成 $CH_2O + 2Cl + 2HOOO$ 的最低能量路径为：$CH_2ClO_2 + HO_2 \rightarrow TS19 \rightarrow 1M7 \rightarrow TS21 \rightarrow 1M8 \rightarrow TS22 \rightarrow CH_2O + Cl + HOOO$，能垒是 102.58kJ/mol（24.5kcal/mol）（TS19）。从上面的讨论可以看出，因为具有较接近的能垒高度（分别是 94.62kJ/mol（22.6kcal/mol）、102.58kJ/mol（24.5kcal/mol）、102.58kJ/mol（24.5kcal/mol）），生成 $CHClO + H_2O_2$、$CH_2ClOH + 3O_3$ 和 $CH_2O + 2Cl + 2HOOO$ 是可以相互竞争的，它们也是相对来说能垒比较低的反应通道。而对于 CH_2ClO_2 和 HO_2 反应来说，最低能量的反应路径是生成 $CH_2ClOOH + 3O_2$，能垒是 71.18kJ/mol（17.0kcal/mol）。

胡海泉用量子化学从头算方法，研究了单重态 CCl 与 O_3 反应的机理。在 HF/6-31G（d）水平上用梯度解析技术全参数优化上述反应的反应物、中间体、过渡态和产物构型，MP2/6-31G（d）方法计算能量。给出了有关化合物的结构数据。结果表明：CCl_2 与 O_3 首先生成富能中间体 CCl_2O_3，然后中间体裂解生成 CCl_2O 和 O_2。该反应为强放热反应，放出的热量为 516.88kJ/mol 并通过内禀反应坐标（IRC）计算，获得了沿反应途径的势能剖面。李吉来等人研究 Cl + HONO 反应，理论探索反应中的抽提 H 和加成反应是直接还是间接的过程。该研究表明：由于 Cl 原子既可以进行直接提取反应，又可以进行加成反应，所以对 Cl + HONO 的反应来说，共有 4 个不同的位点供 Cl 原子进行初始的进攻。它们分别是 Cl 进攻 H 原子，即直接 H 提取反应；Cl 进攻羟基中的 O 原子，即加成-消去反应 II；Cl 进攻 N 原子，即加成-消去反应 II；Cl 进攻末端 O 原子，即加成-异构化-消去反应。杨剑钊利用从头算方法，利用 Gaussian 03 程序完成了反应体系涉及的所有电子结构的计算。采用二级微扰 MP2 理论，以 6-31 + G(d,p) 为基组，即 MP2/6-31 + G(d,p)，优化了以上各反应的反应物，产物、络合物和过渡态的几何构型，并在相同的水平下对其几何构型进行频率分析，以过渡态构型为出发点，利用 IRC 理论以 0.05(amu)1/2bohr 的步长来计算反应最小能量路径 MEP。并在 MC-QCISD//MP2/6-31 + g(d,p) 水平下进行了相应的单点能量校正，从而获得更为精准的势能面信息。最后应用 Polyrate 9.7 程序，得到反应通道的速率常数。结果表明：通过对所有可行的反应通道的能垒数据分析，确认氢提取反应通道为主反应通道，其余的为次要反应通道。在 200 ~ 1500K 的温度区间内，得到了两个反应体系的氢提取反应通道的 TST、CVT 和 CVT/SCT 速率常数，理论计算结果与实验值符合得非常好，其比值是 1.01，充分地验证了理论计算的可靠性，给出了速率常数与温度的变化关系，为实验尚未给出的温度区间的速率常数提供了理论预测。此外，当 NO 和 O_2 进攻卤代烷氧自由基时，NO 与卤代烷氧自由基的反应比 O_2 更容易发生。

贾秀娟对 CHBrCl + NO_2 反应体系的势能面进行了详细的研究以进一步了解卤代甲基化学。对于 CHBrCl + NO_2 反应，可得到三种主要产物 P1(CHClO + Br_2O)、P2(CHBrO + ClNO) 和 P3(CBrClO + HNO)。在这三种产物中，P1 是最主要的产物，P2 和 P3 分别是第二和第三种可行的产物。另外，P5(CHClO + Br + NO) 和 P6(CHBrO + Cl + NO) 作为二级产物，具有较小的产率。对于 CH_2Br + NO_2 反应，CH_2Br 中的 C 原子可无能垒的进攻 NO_2 中的 O 原子形成初始络合物 H_2BrCONO-trans 和 H_2BrCONO-cis。从 H_2BrCONO-trans 出发，可生成两个主要产物 CH_2O + BrNO 和 CHBrO + HNO。赵力维等人对氯原子与大气中的氯碘代甲烷、次氯酸甲酯和卤代丙酮反应体系的反应机理进行了理论研究。该研究的结果表明：对于 Cl 原子与 CH_2ICl 的反应，计算了存在的六条可行反应通道，找到了 2 个络合物和 6 个过渡态，通过计算确定了其中碘提取反应通道为主要反应通道，其他反应通道为次反应通道。对于 Cl 原子与 CH_3OCl 的反应，确定了存在的四条可行的反应通道，找到了 1 个络合物和 4 个过渡态，计算结果表明氢提取反应为主反应通道，其他反应通道为次反应通道。对 Cl 原子与卤代丙酮 CH_3COCl$_2$X（X = F、Cl 和 Br）3 个反应进行了对比，计算结果表明 Cl 与 CH_3COCl$_2$Br 的反应能垒是最低的，最容易发生的反应。通过理论计算得到的分子的几何结构、振动频率以及反应的速率常数值与实验值符合得非常好，进一步验证了理论结果的可靠性，并对实验尚未能测定的其他温度范围的速率常数给出了可靠的理论预测。梁俊玺等人采用 DFT-BHandHLYP 计算方法，在 aug-cc-pVTZ/RECP 基组下，对气相中卡宾自由基负离子（$CHCl^{\cdot-}/CCl_2^{\cdot-}$）与 CX_3H（$X = F$, Cl, Br 和 I）所发生的氢抽提反应进行了较为系统的理论研究。结果表明，此反应的反应活性随着底物从 CF_3H 到 CI_3H 依次升高，并且 $CHCl^{\cdot-}$ 的反应要比对应的 $CCl_2^{\cdot-}$ 的反应呈现更大的活性。此外，标态下的熵并不能改变各类反应的活化趋势。并且基于畸变能模型分析，进一步研究了标题反应的活化能本质。J. M. Nicovich 等人利用 LEP 和 RF 技术也对 $Cl + CH_3I$ 的反应进行了实验研究，并用量子化学理论方法对氢提取反应通道的速率常数进行了进一步的讨论和研究。

7.2.3 溴化物和碘化物的量子化学研究

张辉等人采用直接动力学的方法对多通道的反应体系 $Br + CH_3S(O)CH_3$ 进行了理论研究。利用含小曲率隧道效应校正的正则变分过渡态理论，计算得到了在 200~2000K 温度范围内的每一个分支反应的速率常数。结果表明：

（1）$Br + DMSO$ 反应体系可以通过生成 HBr 或 CH_3 两个可行的反应通道进行反应。

（2）在温度区间 200~2000K，MC-QCISD//BH&HLYP/6-311 + G(2d,2p) 水平下计算得到的反应速率常数 CVT/SCT 的值与实验值符合得比较好，因此可预测实验上没有考察的温度区间的速率常数值，同时给出了没有实验检测值温度区间的速率常数二参数表达式，为实验提供可靠的理论依据。

（3）在 200~2000K 温度区间内，从两个反应通道分支比的计算可以看出生成 HBr 的反应通道 R1 与生成 CH_3 的反应通道 R2 存在着竞争，反应通道 R1 是主要的反应通道，而生成 CH_3 的反应通道 R2 始终是次要反应。

（4）在整个温度范围内，两个反应通道的变分效应和小曲率隧道效应对反应速率常数计算的影响都很小。陈艳丽对 CH_3Cl 解离反应的机理进行了 DFT 研究。他采用密度泛函理论 DFT 中的 B3LYP 方法，在 6-311 + + G(3df,2p) 基组水平上研究了氯甲烷单分子解离的多通道反应机理，给出了包含零点能校正的各通道的反应势能剖面图。研究发现，CH_3Cl 解离的反应机理包括 C—Cl 键、C—H 键的断裂和分子氢（H_2）的消除反应三种过程，并且有意思的是，这三种过程还同时存在于解离所得自由基的二次分解过程中。其中，C—Cl 键、C—H 键断裂的过程中不存在过渡态，属于直接解离方式，而无论是 CH_3Cl 分子还是 CH_2Cl 自由基进行的脱除分子氢（H_2）的反应过程都要经过过渡态。我们优化了过渡态的构型，并通过内禀反应坐标（IRC）计算和重要原子的电荷密度分析，进一步证实了过渡态的正确性和反应通道的真实性。解离反应的三个过程如式（7-20）~式（7-25）所示：

$$CH_3Cl \rightarrow CH_3 + ClH \rightarrow CH_2 + Cl + H \tag{7-20}$$

$$CH_3Cl \rightarrow CH_2Cl + HH \rightarrow TS1 \rightarrow CCl + H_2 + H \qquad (7\text{-}21)$$

$$CH_3Cl \rightarrow CH_2Cl + HH \rightarrow CH_2 + Cl + H \qquad (7\text{-}22)$$

$$CH_3Cl \rightarrow CH_2Cl + HH \rightarrow CHCl + 2H \qquad (7\text{-}23)$$

$$CH_3Cl \rightarrow TS2 \rightarrow CHCl + H_2 \rightarrow CCl + H_2 + H \qquad (7\text{-}24)$$

$$CH_3Cl \rightarrow TS2 \rightarrow CHCl + H_2 \rightarrow CH + Cl + H_2 \qquad (7\text{-}25)$$

牟宏晶等人应用 MP2 方法，选择 3-21G（d，p）基组设置，优化了反应物、产物、络合物和过渡态的几何构型，并对得到的平衡构型进行频率分析以确认所得的构型是否为势能面上的极值点。然后，在该理论水平下以过渡态构型为出发点，利用内禀反应坐标理论，计算了反应的最小能量路径，并在 QCISD(T)/MIDIX 高水平下进行了单点能量校正，获得了更为精准的势能面信息。此过程中对多通道反应 Cl + CH$_2$ICl 的碘提取反应式（7-26）、氢提取反应式（7-27）、氯提取反应式（7-28）、碘取代反应式（7-29）、氯取代反应式（7-30）和氢取代反应式（7-31）的 6 条通道进行了微观动力学理论研究，得出以下结论：

（1）在 MP2/3-21G（d，p）水平下，计算得到的 6 条反应通道的反应物、产物的几何构型和频率值与相应的实验数据吻合得很好。这说明对于该体系的理论研究在 MP2/3-21G（d，p）水平下得到的势能面信息是准确可靠的。

（2）在 QCISD(T)/MIDIX//MP2/3-21G(d,p) 水平下，计算得到了 Cl + CH$_2$ICl 反应的 6 条可行的反应通道的反应能垒数据，以及 6 条反应通道的标准摩尔反应焓数据。为进一步实验测量提供了理论线索。

（3）在 Cl + CH$_2$ICl 反应中存在的 6 条可行的反应通道中，碘提取反应通道 R1 的势垒比其他 5 条反应通道分别低 1.30kJ/mol、80.01kJ/mol、143.44kJ/mol、155.87kJ/mol 和 245.97kJ/mol，因此，碘提取反应式（7-26）在该反应中是主反应通道，其他反应通道为次反应通道。6 条通道反应如式（7-26）~式（7-31）所示。

$$CH_2ICl + Cl \longrightarrow CH_2Cl + ICl \qquad (7\text{-}26)$$

$$CH_2ICl + Cl \longrightarrow CHICl + HCl \qquad (7\text{-}27)$$

$$CH_2ICl + Cl \longrightarrow CH_2I + Cl_2 \qquad (7\text{-}28)$$

$$CH_2ICl + Cl \longrightarrow CH_2Cl_2 + I \qquad (7\text{-}29)$$

$$CH_2ICl + Cl \longrightarrow CH_2ICl + Cl \qquad (7\text{-}30)$$

$$CH_2ICl + Cl \longrightarrow CHICl_2 + H \qquad (7\text{-}31)$$

在对 Cl + CH$_3$OCl 的研究中，S. A. Carl 等人利用 FTIR 技术对 Cl + CH$_3$OCl 反应进行了实验研究，认为存在 3 条可行的反应通道，氢提取反应通道、氯提取反应通道、甲基提取反应通道。2005 年，何宏庆等人利用从头算法，在 MP2/6-311G（d，p）水平下对 Cl + CH$_3$OCl 反应进行了研究，并确定了其中的 2 条反应通道，即氢提取反应通道和氯提取反应通道。张辉等人利用从头算方法，研究 Cl + CH₃OCl 反应的微观动力学机理，建立了以下 4 条可行的反应通道的过渡态模型，即氢提取反应式（7-32）、氯提取反应式（7-33）、甲基提取反应式（7-34）、氢取代反应式（7-35）的反应过渡态模型为：

$$CH_3OCl + Cl \longrightarrow CH_2OCl + HCl \tag{7-32}$$

$$CH_3OCl + Cl \longrightarrow CH_3OH + Cl_2 \tag{7-33}$$

$$CH_3OCl + Cl \longrightarrow ClO + CH_3Cl \tag{7-34}$$

$$CH_3OCl + Cl \longrightarrow ClCH_2OCl + H \tag{7-35}$$

该研究表明：

（1）在 MP2/6-31 + G(d,p) 水平下计算得到的 4 条反应通道的反应物、产物的几何构型和频率值与相应的实验数据吻合得很好。这说明对于该体系的理论研究在 MP2/6-31 + G(d,p) 水平下得到的势能面信息是相对准确可靠的。

（2）在 MC-QCISD(T)/6-31G(d)//MP2/6-31 + G(d,p) 水平下计算得到了 Cl + CH₃OCl 反应的 4 条可行的反应通道的反应能垒数据，以及 4 条反应通道的标准摩尔反应焓数据，可为进一步实验测量提供理论线索。

（3）在 Cl + CH₃OCl 反应中存在的 4 条可行的反应通道中，氢提取反应式（7-32）的势垒比其他 3 条反应通道分别低 9.51kJ/mol、146.50kJ/mol 和 160.99kJ/mol，因此，氢提取反应式（7-32）在该反应中是主反应通道，其他反应通道为次要反应通道。赵宇飞等人在 B3LYP/6-311G(d,p) 水平上研究了 CCl 自由基与 O₂ 的微观反应机理。发现 CCl 与 O₂ 反应首先是形成具有链状结构的过氧化物 ClCOO。随后 ClCOO 经过异构化和断键，形成一系列的过渡态、中间体和产物，该反应有 3 条反应通道，即 ClO + CO、ClCO + O、Cl + CO₂，并且在这三条通道中，Cl + CO₂ 是主要的反应通道也是放热最多的通道。对于该反应，中科院的苏红梅研究小组也在 B3LYP、6-311G (d) 的水平上对该产物的形成机理做了理论研究。

陈艳丽对 CH₃Br 解离反应机理进行了量子化学研究。她用密度泛函理论 DFT（B3LYP）方法，在 6-311 + + G(3df,2p) 水平上研究了溴甲烷单分子解离的多通道反应机理，给出了包含零点能校正的各通道的反应势能剖面图。研究表明，溴甲烷单分子解离的反应机理包括 C—Br 键、C—H 键的断裂和分子氢（H₂）的消除反应三种过程，并且这三种历程还同时存在于解离所得自由基的二次分解过程中。其中，C—Br 键、C—H 键断裂的过程中不存在过渡态，属于直接解离方式，而无论是 CH₃Br 分子还是 CH₂Br 自由基进行的脱除分子氢（H₂）的反应过程都要经过过渡态。其中，C—Br 键直接断裂生成 Br 原子这一反应通道在整个反应体系中所需能量最低，最容易进行。此外他们还优化了过渡态的构型，并通过内禀反应坐标（IRC）计算和重要原子的电荷密度分析，进一步证实了过渡态的正确性和反应通道的真实性。此外，她还对 CH_3I 解离反应的机理进行了研究。结果表明：CH_3I 的解离反应同样包括 C—I 键、C—H 键的断裂和分子氢（H_2）的消除反应三种过程，并且这三种过程还同时存在于解离所得自由基的二次分解过程中。采用的包含零点能校正的能量与实验值符合较好。研究的反应机制：式（7-36）~ 式（7-41）所示。

$$CH_3I \longrightarrow CH_3 + I \tag{7-36}$$

$$CH_3I \rightarrow CH_2I + H \rightarrow TS1 \rightarrow CI + H_2 + H \tag{7-37}$$

$$CH_3I \rightarrow CH_2I + H \rightarrow CH_2 + H + I \tag{7-38}$$

$$CH_3I \rightarrow CH_2I + H \rightarrow CHI + 2H \tag{7-39}$$

$$CH_3I \rightarrow TS2 \rightarrow IM \rightarrow CHI + H_2 \rightarrow CI + H_2 + H \tag{7-40}$$

$$CH_3I \rightarrow TS2 \rightarrow IM \rightarrow CHI + H_2 \rightarrow CH + H_2 + I \tag{7-41}$$

赵岷等人用密度泛函 B3IJYP/6-311 + G∗∗ 和高级电子相关偶合簇 CCSD (T)/6-311 + G∗∗ 方法研究了 OBrO 与 NO 反应的微观机理。结果表明该反应是多通道多步骤的放热反应，分别可以在单重态和三重态势能面上进行，OBrO 与 NO 通过加成及加成-消除机理分别形成产物 $BrONO_2$ 和 $BrO + NO_2$，从能量上看，形成离解产物的通道更容易进行。

7.2.3.1 范例一

碘甲烷是广泛存在于大气中的一类重要的含碘化合物，它进入大气层后，会在近紫外区及可见光区发生光分解反应，迅速转化为碘原子，并参与到对流层的臭氧消耗的循环中，对臭氧层产生极大的破坏作用。并且碘代烷烃还能与基态 O 原子和 OH、Cl 等自由基发生反应，形成多种不同的产物，也会影响 HO_2/OH 和 NO_2/NO 的浓度比，进而对大气对流层中臭氧消耗产生重大的影响。因此，长期以来，对于碘代烷的研究一直受到许多物理和化学家们的重视。研究 CH_3I 与 Cl 原子的气相反应动力学，剖析其反应机理，对于了解碘代甲烷的大气反应特性是非常必要的。因此，可以利用从头算方法，研究 $Cl + CH_3I$ 反应的微观动力学机理，该研究不仅可以建立起三条反应通道：氢提取反应式（7-42）、碘提取反应式（7-43）、碘取代反应式（7-44）的过渡态模型，还可以建立另外一条可行的反应通道，即氢取代反应式（7-45）的反应过渡态模型如式（7-42）~ 式（7-45）所示。

$$CH_3I + Cl \longrightarrow CH_2I + HCl \tag{7-42}$$

$$CH_3I + Cl \longrightarrow CH_3 + ICl \tag{7-43}$$

$$CH_3I + Cl \longrightarrow CH_3Cl + I \tag{7-44}$$

$$CH_3I + Cl \longrightarrow CH_2ICl + H \tag{7-45}$$

　　在 MP2/3-21G(d,p) 水平下获得了势能面信息，包括所有稳定点（反应物，络合物，产物和过渡态）以及反应最小能量路径（MEP）上逐点的几何结构和能量，并进行了单点能量的校正。

A　计算方法与步骤

　　研究者应用 MP2 的方法，在 3-21G（d，p）基组下，优化了反应物，络合物，产物和过渡态的几何构型，并对得到的平衡构型进行了频率分析以确认所得的构型是否为势能面上的极值点。并在该理论水平下，以过渡态构型为出发点，利用内禀反应坐标（IRC）理论，计算了该反应的最小能量路径。在 QCISD(T)/MIDIX 高水平下进行了单点能量校正，以获得更为精准的势能面信息。在相同水平下计算了反应分子的静电势，绘制了拓扑图。所有的电子结构计算都是应用 GAUSSIAN 03 程序编制的。

B　稳定点的构型和性质

　　在 MP2/3-21G(d,p) 水平下优化了反应物（CH$_3$I），络合物（IM），产物（CH$_2$I、HCl、CH$_3$、ICl、CH$_3$Cl 和 CH$_2$ICl）以及反应过渡态（TS1、TS2、TS3 和 TS4）平衡构型和几何参数，分别列于图 7-1 和图 7-2 中。

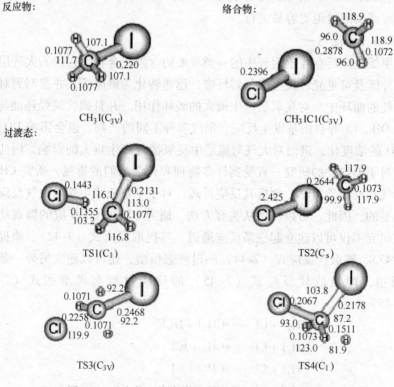

图 7-1　反应物、络合物和过渡态的平衡几何构型

产物：

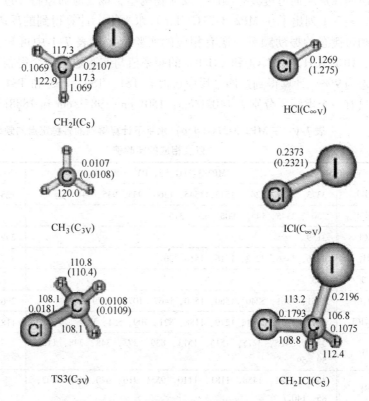

图 7-2 反应产物的几何平衡构型

从图 7-1 中可以看出，过渡态 TS2 的几何构型是 Cs 对称，过渡态 TS3 的几何构型的对称性是 C_{3v}。图 7-1 中的圆括号内的数值是相应的实验数据，（键长的单位是 nm，键角的单位是°）。从图 7-2 中可以看出，理论计算得到的 CH_3、HCl、ICl 和 CH_3Cl 电子结构的几何参数与相应的实验值都符合得非常好。

反应式（7-43）：在靠近生成物方向有一个络合物（IM）存在，在 MP2/3-21G（d,p）水平下，络合物 IM 分子中，C—I 键长为 0.2878nm。在过渡态 TS1，TS2，TS3 和 TS4 构型中，即将断裂的 C—H，C—I，C—I 和 C—H 键的键长比 CH3I 分子中平衡的 C—H，C—I，C—I 和 C—H 键的键长分别增大了 26%，20%，12% 和 40%，而即将形成的 H—Cl，I—Cl，C—Cl 和 C—Cl 键的键长比 HCl，ICl，CH_3Cl 和 CH_2ICl 分子中平衡键的键长增大了 13%，5%，25% 和 16%。也就是说，对于反应式（7-42）、式（7-43）和式（7-45），即将断裂键键长的增加比即将生成键键长的增加值要大，说明这三个反应的过渡态都倾向于产物构型，反应通道都将经过一个过渡态。

对于反应式（7-44），即将断裂键键长的增加比即将生成键键长的增加值要小，说明该反应通道过渡态倾向于反应物构型，该反应通道将经过一个早期的过渡态。表 7-1 列出了在 MP2/3-21G(d,p) 水平下，计算得到的反应物，络合物，产物和过渡态的振动频率，还有相应的实验值。从表 7-1 中可知，计算得到的 CH_3I，HCl，CH_3，CH_3Cl 和 CH_2ICl 的频率值与实验数据符合得很好，其最大相对误差为 9%。计算得到这四个反应过渡态 TS1，TS2，TS3 和 TS4 的振动频率都有且只有一个虚频，分别为 1402i/cm，150i/cm，985i/cm 和 1888i/cm。

表 7-1　在 MP2/3-21G(d,p) 水平下计算得到的各稳定点的频率
以及相应的实验值　　　　　　　　　（cm^{-1}）

物　种	MP2/3-21G (d, P)	实验值
CH_3I	3373, 3373, 3241, 1545, 1545, 1360, 935, 935, 547	1252[1], 533[2]
CH_2I	3507, 3345, 1452, 905, 627, 315	
HCl	3159	2991[2]
CH_3	3486, 3486, 3292, 1516, 1516, 401	3171[1], 3004[1]
ICl	385	
CH_3Cl	3361, 3361, 3240, 1560, 1560, 1467, 1079, 1079, 699	2968[1], 732[1]
CH_2ICl	3392, 3296, 1511, 1279, 1188, 821, 709, 551, 197	1185[1], 725[1]
IM	3465, 3465, 3275, 1513, 1513, 839, 393, 348, 348, 112, 59, 59	
TS1	3409, 3281, 1458, 1181, 1110, 955, 916, 640, 445, 402, 85, 1402i	
TS2	3458, 3446, 3268, 1516, 1508, 989, 506, 499, 357, 98, 20, 150i	
TS3	3468, 3468, 3286, 1488, 1488, 1054, 1054, 1015, 188, 130, 130, 985i	
TS4	3445, 3294, 1386, 1267, 1227, 827, 584, 567, 556, 517, 166, 1888i	

①实验值引自文献[20]；
②实验值引自文献[20]。

a　能量

在 QCISD(T)/MIDIX 水平下，计算得到的四条反应通道在 298K 时的反应焓（$\Delta H^{\ominus}_{298}$），加零点振动能校正的过渡态的相对能量（ΔTSE）列于表 7-2。表 7-2 在 QCISD(T)/MIDIX//MP2/3-21G(d,p) 水平下理论计算得到的反应焓（$\Delta H^{\ominus}_{298}$）和加零点振动能校正的过渡态的相对能量（ΔTSE）。

图 7-3 为 CH_3I + Cl →产物反应在 QCISD(T)/MIDIX + ZPE 水平下计算得到的反应势能面示意图。将反应物的能量定为零以供参照。对于碘提取反应式（7-49），Cl 原子进攻 CH_3I 的 C—I 键将通过一个靠近产物方向的络合物（IM），

络合物 IM 的能量比产物，即 $CH_3 + ICl$ 的能量低 7.67kJ/mol。在 QCISD
(T)//MP2 水平下，四个可行的反应通道的反应势垒分别为 23.55kJ/mol，
34.89kJ/mol，128.69kJ/mol 和 218.01kJ/mol，其中氢提取反应式（7-50）的反应
势垒最低的，比其他三个反应通道分别低 11.34kJ/mol，105.14kJ/mol 和
194.46kJ/mol，因而氢提取反应式（7-50）是反应 $CH_3I + Cl$ 可行的四条反应通
道中的主反应通道，其他反应通道是次要反应通道。

表 7-2　　四条反应通道在 298K 时的反应焓　　　　　　（$\Delta H_{298}^{\ominus}$）

反 应	反应通道		QCISD(T)//MP2
$\Delta H_{298}^{\ominus}$	$CH_3I + Cl \longrightarrow CH_2I + HCl$	(7-46)	12.01
	$CH_3I + Cl \longrightarrow CH_3 + ICl$	(7-47)	43.84
	$CH_3I + Cl \longrightarrow CH_3ICl + I$	(7-48)	−80.54
	$CH_3I + Cl \longrightarrow CH_2ICl + HCl$	(7-49)	77.97
$\Delta E^{TS} + ZPE$	$CH_3I + Cl \longrightarrow CH_2I + HCl$	(7-50)	23.55
	$CH_3I + Cl \longrightarrow CH_3 + ICl$	(7-51)	34.89
	$CH_3I + Cl \longrightarrow CH_3ICl + I$	(7-52)	128.69
	$CH_3I + Cl \longrightarrow CH_2ICl + HCl$	(7-53)	218.01

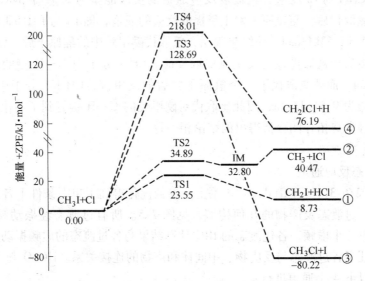

图 7-3　在 QCISD(T)/MIDIX + ZPE 水平下计算得到的相对能量示意图（kJ/mol）

b　取代效应

分子静电势拓扑图是一种分析分子反应的重要工具，它可以很直观的给出分
子的静电分布信息，课题组也对 Cl 与 CH_2ICl 反应机理进行了理论研究，对于这
两个反应体系的反应物 CH_2ICl，CH_3I 和 Cl 分别计算了反应分子的静电势，绘制

了拓扑图，计算结果如图 7-4 所示。从图 7-4 中可以看出，最强的正电势和最强的负电势分别标在最左侧和最右侧。静电势越正的区域（即左侧）就更有利于亲核试剂的进攻。从图 7-4 中还可以看出氯原子是一个亲核试剂（中心），碘甲烷上的氢原子被氯取代后，另外两个氢原子的颜色明显比未被氯取代时碘甲烷中的氢原子颜色更红，即电势变得更正，因此氯原子就更易于与氯取代后的碘甲烷上的氢原子发生氢取代反应。

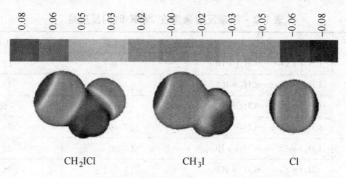

图 7-4　分子 CH_3ICl、CH_3I 及 Cl 原子的静电势拓扑图

对于 CH_3I 与 Cl 反应，氢提取反应通道的反应能垒为 3.55kJ/mol，而 CH_3I 中的氢被氯取代后，与氯原子发生氢提取反应的通道，即 Cl 与 CH_2ICl 的反应通道，能垒为 14.53kJ/mol。该结果表明，氯取代碘甲烷中的氢原子后，C—H 键上的氢原子更易于被氯进攻，发生氢提取反应。CH_3I 分子中 C—H 键的解离能为 10.30kJ/mol，而被氯取代了一个氢原子之后的碘甲烷，CH_2ICl 分子中的 C—H 键的解离能为 9.51kJ/mol，因此氯取代对碘甲烷的 C—H 键起到了活化作用。这与前面由静电势拓扑图分析得出的结论相一致。

C　反应通道

a　单态反应通道

在 MP2/6-311 + +G(d,p) 水平上全参数优化得到了单态条件下各反应通道的反应物，过渡态及产物的几何构型，见图 7-5。所有过渡态经振动频率分析，均有且只有一个虚频，各过渡态的 IRC 计算结果与各过渡态的虚频振动模式分析一致，验证了各过渡态与反应物、中间体和产物的连接关系。HOSO 与 X 间的反应可通过以下 4 个通道进行：

$$HOSO + X \rightarrow 1TS1\text{-}X \rightarrow 1P1\text{-}X \ (HX + SO_2) \tag{7-54}$$

$$HOSO + X \rightarrow 1IM1\text{-}X \rightarrow 1TS2\text{-}X \rightarrow 1P2\text{-}X \ (HX + SO_2) \tag{7-55}$$

$$HOSO + X \rightarrow 1TS3\text{-}X \rightarrow 1P3\text{-}X \ (HOX + SO) \tag{7-56}$$

$$HOSO + X \rightarrow 1IM2\text{-}X \rightarrow 1TS4\text{-}X \rightarrow 1P4\text{-}X \ (XO + HSO) \tag{7-57}$$

反应通道（7-54）中，卤原子从侧面靠近 HOSO 中的 H 原子，当达到一定距离时形成1TS1-X。随着反应的不断进行，X 原子继续靠近 H 原子，同时 H 与O(2) 键逐渐拉长直至断裂，最后形成 HX 与 SO₂。反应通道（7-55）中，卤原子从靠近 S—O(2) 键的方向进攻 H 原子，先形成一个稳定的中间体 1IM1-X，随后卤原子继续向 H 原子靠近，经过渡态 1TS2-X 后形成同样的产物 HX与 SO₂。

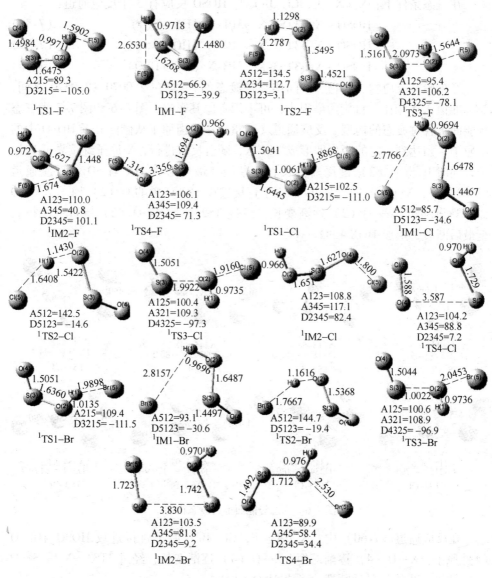

图 7-5　单态势能面上过渡态及中间体构型

在反应通道（7-56）中，X（X = F, Cl, Br）原子直接进攻 HOSO 中的

O（2）原子，X—O（2）逐渐缩短，S—O（2）逐渐变长，经过 1TS3-X 后 S—O（2）键进一步拉长最后断裂，形成 HOX + SO。在反应通道（7-57）中，X（X = F，Cl，Br）原子从侧面靠近 HOSO 中的 O（4）原子，形成 1IM2-X，随后卤原子继续向 O（4）原子靠近，经过渡态 1TS4-X 后形成产物 XO 和 HSO。

　　b　三态反应通道

　　在三态条件下，X（X = F，Cl，Br）与 HOSO 反应有 3 个反应通道：

$$HOSO + X \rightarrow 3TS1\text{-}X \rightarrow 3P1\text{-}X \ (HX + SO_2) \tag{7-58}$$

$$HOSO + X \rightarrow 3TS2\text{-}X \rightarrow 3P2\text{-}X \ (HOX + SO) \tag{7-59}$$

$$HOSO + X \rightarrow 3TS3\text{-}X \rightarrow 3P3\text{-}X \ (XO + HSO) \tag{7-60}$$

　　经检验，反应物、产物、中间体和过渡态的 S2 均在 2.0070 ~ 2.0370 之间，与标准值 2.0 相比，自旋污染很小，可不用考虑其影响。图 7-6 和图 7-7 为三态势能面上各过渡态的构型。反应通道（7-58）中，卤原子从侧面靠近 HOSO 中的 H 原子，当达到一定的距离即形成 ^{3}TS1-X，随着反应进行，X 原子继续靠近 H 原子，同时 H 与 O（2）键逐渐拉长直至断裂，最后形成 HX 与 SO_2。反应通道（7-69）中，X（X = F，Cl，Br）原子直接进攻 HOSO 中的 O（2）原子，X—O（2）逐渐缩短，S—O（2）逐渐变长，经过 ^{3}TS2-X 后 S—O（2）键进一步拉长至最后断裂，形成 HOX + SO。

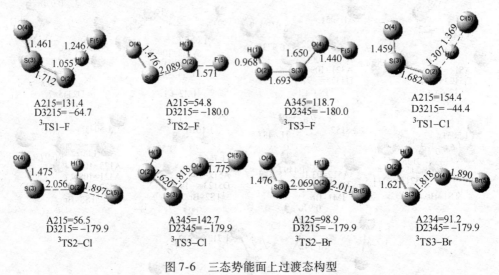

图 7-6　三态势能面上过渡态构型

　　在反应通道（7-60）中，X（X = F，Cl，Br）原子直接进攻 HOSO 中的 O（4）原子，X—O（4）逐渐缩短，S—O（4）逐渐变长，经过 3TS3—X 后 S—O（4）键进一步拉长最后断裂，形成 HSO + XO。

　　D　反应势能曲线与反应能垒

　　对上述反应通道中的各驻点构型，在 CCSD(T)/6-311 + +G(d,p) 水平进行

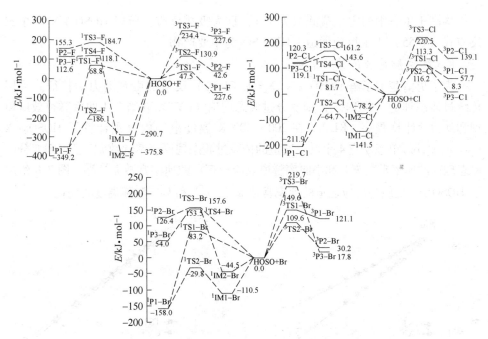

图 7-7　HOSO 与 X(X＝F、Cl、Br) 反应单态和三态的势能曲线图

了能量校正，得到的势能曲线见图 7-7，图中上边为 HOSO 与 X（X＝F，Cl，Br) 反应的单态势能曲线，下边为三态势能曲线，图中标注了各驻点的相对能量。HOSO 与 X（X＝F，Cl，Br) 的单态势能曲线共有 4 个通道。以 F 为例，式 (7-54) 的能垒为 68.8kJ/mol，生成的产物为 HF＋SO$_2$，与反应物相比，能量降低了 349.2 kJ/mol，为明显的放热反应。式 (7-55) 先形成中间体 1IM1-F，放热 290.7kJ/mol；然后经 104.6kJ/mol 的能垒，生成产物 HF＋SO$_2$。因形成中间体 1IM1-F 过程中放出的热大于反应能垒，因此足以使反应通过过渡态 1TS2-F，所以可以认为该通道是无能垒通道，且放热明显，所以从热力学上分析该通道反应很容易进行。式 (7-56) 为明显的吸热反应，式 (7-57) 先形成稳定的中间体 1IM2-F，放出的热量为 375.8kJ/mol，但随后的反应能垒很高，为 496.9kJ/mol，且产物的能量高于反应物的能量，为明显的吸热反应，所以式 (7-56)、式 (7-57) 均不易进行，对比以上 4 个通道，通道 (7-55) 的能垒最低，放热最明显，为热力学上的主反应通道，HF 和 SO$_2$ 为主反应产物。HOSO 与 Cl，Br 反应的机理与 HOSO＋F 的反应机理类似，反应式 (7-55) 中过渡态的能量均低于反应物的能量，所以总体上来说均为无能垒反应，反应均易进行，反应式 (7-55) 为主反应通道，HX 与 SO$_2$ 为主反应产物，HOSO 与卤素间的反应，按 X＝F、Cl、Br 的顺序，反应放热依次降低。

　　总的来说，HOSO＋X（X＝F、Cl、Br) 的三态势能面共有 3 个反应通道，反应能垒均高于单态中的主反应式（7-55），且为吸热反应，所以 HOSO + X 的单态反应式（7-55）为主反应通道，HX + SO₂ 为主要产物。

　　E　各反应通道的速率常数

　　为了更清楚地了解 HOSO + X(X = F、Cl、Br) 反应的微观动力学特征。采用传统过渡态理论（TST）、正则变分过渡态理论（CVT）并结合小曲率隧道效应模型和动力学计算程序 VKLab，在 200 ~ 3000K 温度范围内分别计算了 HOSO + X (X = F,Cl,Br)单态反应 4 个反应通道的传统过渡态理论速率常数 k^{TST}、正则变分过渡态理论的速率常数 k^{CVT} 和小曲率隧道效应校正后的速率常数 $k_1^{CVT/SCT}$。图 7-8 给出了 HOSO + F 反应各反应通道的速率常数 k^{TST}，k^{CVT} 和 $k^{CVT/SCT}$ 随温度的变化。

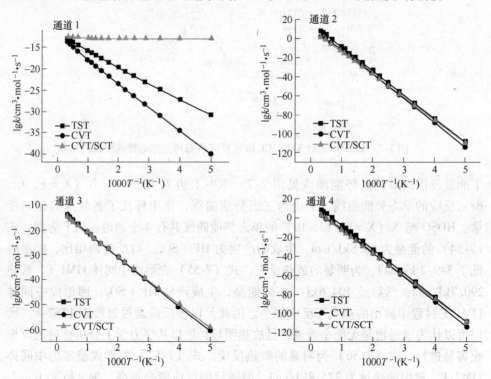

图 7-8　200 ~ 3000K 各反应通道反应速率随温度的变化情况

　　表 7-3 给出了小曲率隧道效应校正后的速率常数 $k^{CVT/SCT}$。从图 7-8 和表 7-3 可以看出，在计算的温度范围内，4 个通道速率常数均随温度的升高而增大。对式（7-54）：298K 时 k^{TST}/k^{CVT}，$k^{CVT/SCT}/k^{CVT}$ 分别为 1.397 × 10⁶，7.973 × 10¹⁷；2000K 时 k^{TST}/k^{CVT}，$k^{CVT/SCT}/k^{CVT}$ 分别为 1.669 × 10，2.577 × 10²；整个温度范围内 k^{TST}，k^{CVT} 和 $k^{CVT/SCT}$ 存在明显差异，说明变分效应和量子隧道效应对式（7-54）的速率常数存在显著影响。对式（7-55）：k^{TST} 与 k^{CVT} 的曲线基本重合，298K 和 2000K 时 k^{TST}/k^{CVT} 分别为 1.168，1.256，说明变分效应对式（7-55）的影响可考

虑；在高温段，$k^{CVT/SCT}$ 与 k^{CVT} 曲线基本重合，随温度的降低，两线开始分离，在 298K 和 2000K 时 $k^{CVT/SCT}/k^{CVT}$ 分别为 5.578×10^{-10}，1.262，说明在低温区量子隧道效应对式(7-55) 的速率常数影响较大。对式(7-56) 和式(7-57)：在计算的温度范围内，k^{TST}，k^{CVT} 和 $k^{CVT/SCT}$ 三条曲线都非常接近，速率常数受变分效应与隧道效应的影响可忽略。在 $200 \sim 3000K$ 温度范围内，拟合得到的各通道的 $k^{CVT/SCT}$ 速率表达式为：

$$k_1^{CVT/SCT} = 2.35 \times 10^{11} T^{-0.22} \exp\ (4.07 \times 10^4/T)$$

$$k_2^{CVT/SCT} = 1.68 \times 10^{12} T^{-0.77} \exp\ (1.55 \times 10^4/T)$$

$$k_3^{CVT/SCT} = 4.43 \times 10^{18} T^{-1.86} \exp\ (5.67 \times 10^3/T)$$

$$k_4^{CVT/SCT} = 1.27 \times 10^{26} T^{-4.34} \exp\ (2.52 \times 10^3/T)$$

表 7-3　HOSO + F 主反应通道中鞍点处的拓扑性质

S	ρ			
	H(1)—O(2)	H(1)—F(5)	O(2)—F(5)	Ring critical points
$S = -1.4$	0.3357			
$S = -1.39$	0.3355		0.0452	0.0425
$S = -1.0$ (STS1)	0.3250	0.0497		0.0467
$S = -0.5$	0.2962	0.0677		0.0523
$S = -0.1$	0.2315	0.1015		0.0576
$S = -0.00$ (ETS)	0.2041	0.1176		0.0586
$S = +1.0$	0.0662	0.3202		0.0499
$S = +1.5$ (STS2)	0.0486	0.3385	0.0375	0.0423
$S = +2.0$		0.3485	0.0301	0.0358
$S = +2.55$		0.3544		0.0301
$S = +2.56$		0.3545		

注：S—反应坐标；ρ—电荷密度。

图 7-9 给出了各反应通道速率常数 $k_i^{CVT/SCT}$ 与总速率常数 $k_t^{CVT/SCT}$ 的比值随温度变化的情况。可以看出，在整个温度范围内，式 (7-55) 的分支比明显高于其他通道的分支比，所以从动力学上分析式 (7-55) 为主反应通道，$HX + SO_2$ 为主反应产物，该计算结果与热力学结果相一致。HOSO 与 Cl，Br 反应的动力学过程也进行了计算，结果与 HOSO + F 反应的动力学过程相似，在此未列出。

F　主反应通道的电子密度拓扑分析

为了更好地阐明反应过程中的化学键的变化，采用电子密度拓扑分析方法对主反应通道中的化学键性质进行了研究，本书以 HOSO + F 反应为例进行讨论。如图 7-10 所示，F 原子先向 S(3)—O(2) 靠近，在 $S = 1.39$ 时，O(2)—F(5) 键形成，同时形成 O(2)—F(5)—S(3) 三元环，此时环鞍点与 O(2)—F(5) 键的键鞍点几乎重合，随着反应进行，O(2)—F(5) 键的键径沿 O(2)—H(1) 键移动，在 $S = 1.00$ 时形成 T 型结构过渡态，即 F (5)。

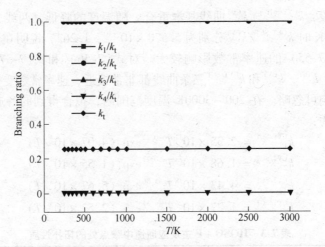

图 7-9　200~300K 各反应通道数率常数分支比随温度的变化

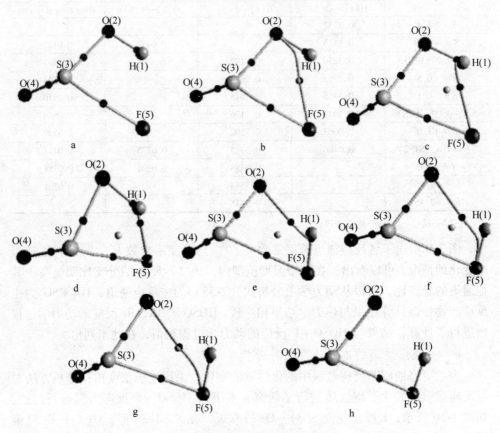

图 7-10　主反应通道的分子图

a—$S = -1.40$; b—$S = -1.39$; c—$S = -1.00$; d—ETS ($S = 0.00$);

e—$S = +1.50$; f—$S = +2.00$; g—$S = +2.55$; h—$S = +2.56$

原子与 O(2)—H(1) 键的键鞍点相连。当 $S = 0.00$ 时，F(5)—H(1) 键形成，同时形成 O(2)—S(3)—F(5)—H(1) 四元环，然后 O(2)—H(1)键的键径沿 F(5)—H(1)键移动，在 $S = +1.50$ 时，第二次出现 T 型结构过渡态，O(2) 原子与 F(5)—H(1) 键的键鞍点相连。当 $S = +2.55$ 时，键径滑移至 F(5) 原子，随后 O(2)—F(5) 键逐渐减弱至断裂，生成产物 $SO_2 + HF$。

用量子化学 DFT，MP2，G3 和 G3MP2 法对 FC(O)O 自由基与 NO_2 的反应机理进行了理论研究。优化了反应势能面上各驻点的几何结构，通过内禀反应坐标（IRC）计算和振动分析，确认了反应中的过渡态，并用过渡态理论（TST）计算了相关反应的速率常数。

7.2.3.2　范例二

臭氧层的破坏问题已引起人们的广泛关注，碳氟氯烃类物质（CFCs、HFCs 和 HCFCs）对大气臭氧层的破坏作用已是不争的事实。CFCs、HFCs 和 HCFCs 在大气中降解能产生氟代甲羧酸自由基 FC(O)O。它在同温层中对臭氧的损耗反应具有催化作用。前文概括性的讲述了量子化学计算对气态含氟物质的研究，为了更好的描述该研究的具体细节的研究。为此提供了如下范例：FC(O)O 与 NO 反应机理的量子化学及电子密度拓扑研究。该范例将从量子化学的角度讨论 FC(O)O 和 NO 的微观机理，寻找其可能的反应通道。并从电子密度拓扑分析的角度，讨论化学反应过程中的结构过渡态和结构过渡区，以及化学键的生成和断裂情况。

A　计算方法

研究者采用 MP2（full）和密度泛函理论的 B3LYP 方法在 6-311 + +G (2d) 基组水平上对该反应的反应物、中间体、过渡态、产物的几何构型进行全优化，并通过振动频率分析，确认了过渡态及各稳定点的正确性。为得到更可靠的相对能量值，在 B3LYP/6-311 + +G(2d) 优化得到的几何构型基础上，采用耦合簇方法 CCSD(T)/6-311 + +G(2d) 对各驻点进行了单点能量校正。选用质量坐标，从过渡态出发，取步长为 0.01（amu）1/2 bohr，进行内禀反应坐标（IRC）计算，验证了反应势能面上的各过渡态、反应物、产物和中间体之间的相互连接关系，并对该反应进行电子密度拓扑分析。计算采用 Guassian 98 程序包完成。电子密度拓扑分析使用 AIM 2000 程序完成。

B　稳定构型及反应通道

计算找到了四个可能的反应通道：

$$FC(O)O + NO \rightarrow TS1 \rightarrow FC(O)_2NO \tag{7-61}$$

$$FC(O)O + NO \rightarrow COM1 \rightarrow TS2 \rightarrow FC(O)_2NO \tag{7-62}$$

$$FC(O)O + NO \rightarrow COM2 \rightarrow TS3 \rightarrow FNO + CO_2 \tag{7-63}$$

$$FC(O)O + NO \rightarrow COM2 \rightarrow TS4\text{-}1 \rightarrow COM3 \rightarrow TS4\text{-}2 \rightarrow FN(O)O + CO \quad (7\text{-}64)$$

上述反应通道中各反应物、中间体、过渡态、产物的优化构型见图7-11。对优化后的过渡态进行频率分析，结果表明每个过渡态有且只有一个虚频，在 B3LYP/6-311++G(d,p) 水平下计算所得结果为：TS1（$-665cm^{-1}$），TS2（$-711cm^{-1}$），TS3（$-389cm^{-1}$），TS4-1（$-566cm^{-1}$），TS4-2（$-654cm^{-1}$）。计算结果表明，在通道（7-61）中，NO 中的 O 原子进攻 FC(O)O 中的 O 原子，经过过渡态 TS1，然后 O—O 键断裂，C—N 键形成，最终得到产物 $FC(O)_2NO$。在通道（7-62）中，NO 中的 N 原子进攻 FC(O)O 中的一个 O 原子形成复合物 COM1，从复合物 COM1 出发经过过渡态 TS2，N 原子向 C 原子迁移，O—N 键断裂，C—N 键形成，得到同一产物 $FC(O)_2NO$。在通道（7-23）和（7-24）中，N 原子进攻 FC(O)O 中的一个 O 原子形成复合物 COM2，从复合物 COM2 出发，经过两个反应通道分别发生解离和异构化反应。在通道（7-63）中，COM2 经过过渡态 TS3 后，C 原子上的 F 原子向 N 原子上迁移，F—N 键形成，同时 F—C 键断裂，形成产物 FNO 和 CO_2。在通道（7-64）中，COM2 经过过渡态 TS4-1 进行异构化反应，形成新复合体 COM3，COM3 经过过渡态 TS4-2 之后，C 原子上的 F 原子向 N 原子上迁移，F—N 键形成，同时 F—C 键断裂，形成产物 FN(O) 和 CO。

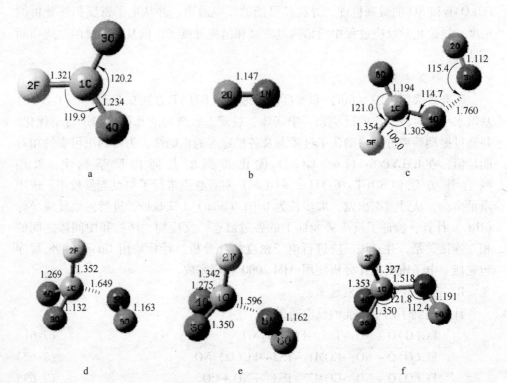

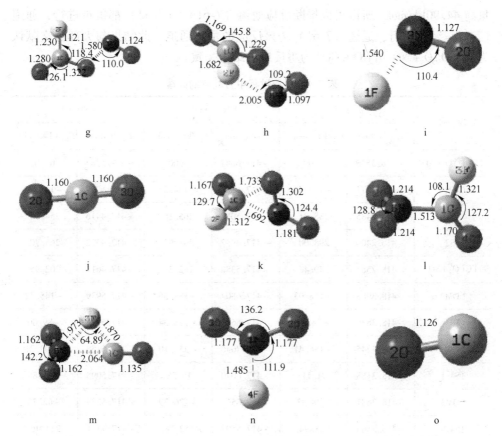

图 7-11 在 B3LYP、6-311 + + G (2d) 水平上优化得到的反应各驻点的构型

a—FC(O)O；b—NO；c—COM1；d—TS1；e—TS2；f—FC(O$_2$)NO；g—COM2；h—TS3；
i—FNO；j—CO$_2$；k—TS4-1；l—COM3；m—TS4-2；n—FN(O)O；o—CO

采用 MP2 (full) 和 B3LYP、CCSD (T) 方法在 6-311 + + G(2d) 水平上计算各驻点的相对能量 (见表 7-4)，图 7-12 为反应能垒图。由计算结果可以看出，对于相同的基组采用 B3LYP 方法、MP2 (full) 方法和 CCSD (T) 方法计算得到的能量相对顺序一致。在后面的讨论中，采用 CCSD (T) 方法计算得到的能量。FC(O)O 与 NO 反应的四个通道，通道 (7-61) 中 COM1 → TS1 → FC(O)$_2$NO 的过程要克服 254.14kJ/mol 的能垒，且形成的产物比反应物能量高 202.95kJ/mol。通道 (7-62) 中 COM1 → TS2 → FC(O)$_2$NO 的过程要克服 408.79kJ/mol 的能垒，且形成的产物比反应物能量高 202.95kJ/mol。对于反应通道 (7-63) 中 COM2→TS3→FNO + CO$_2$的过程要克服 56.72kJ/mol 的能垒，且形成的产物稳定，比反应物能量低 203.21kJ/mol。对于反应通道 (7-64) COM2→TS4-1→COM3 的过程需要克服 221.60kJ/mol 的能垒，而 COM3 → TS4-2 → FN(O)O + CO 的过程又要克服 297.21kJ/mol 的能垒，且形成的产物比反应物能量高 44.90kJ/mol。所以可以推断反应通道（7-61）、（7-62）都很难进行，通道（7-64）较难进行，通道（7-61）为该反应的主要通道。此结果与大部分文献认为 FC(O)O + NO→FNO + CO$_2$ 为主反应的结论一致。

表 7-4 反应过程中各驻点的能量

物　种	B3LYP		MP2（Full）		CCSD（T）	
	E_T/hartree	E_R/kJ·mol^{-1}	E_T/hartree	E_R/kJ·mol^{-1}	E_T/hartree	E_R/kJ·mol^{-1}
FC(O)O + NO	-418.3535	0.00	-417.6082	0.00	-417.5384	0.00
COM1	-418.3971	-114.47	-417.6823	-194.55	-417.5929	-143.09
TS1	-418.2435	288.81	-417.5072	265.18	-417.4416	254.14
TS2	-418.2400	298.00	-417.4932	301.93	-417.4372	265.70
FC(O$_2$)NO	-418.2585	249.42	-417.5388	182.21	-417.4611	202.95
COM2	-418.3988	-118.93	-417.6804	-189.56	-417.5939	-145.72
TS3	-418.3836	-78.93	-417.6647	-148.34	-417.5723	-89.00
FNO + CO$_2$	-418.4245	-186.41	-417.7046	-253.10	-417.6158	-203.21
TS4-1	-418.3188	91.11	-417.6020	16.28	-417.5095	75.88
COM3	-418.3681	-38.33	-417.6563	-126.29	-417.5623	-62.75
TS4-2	-418.2663	228.94	-417.5502	152.28	-417.4491	234.46
FN(O)O + CO	-418.3284	65.90	-417.6094	-3.15	-417.5213	44.90

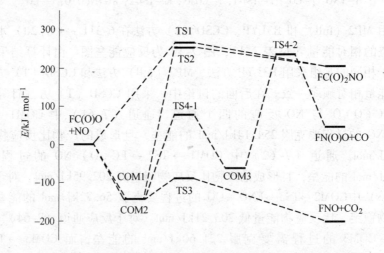

图 7-12　FC(O)O 与 NO 反应途径中各驻点的相对能量示意图

反应途径的电子密度拓扑分析：根据 Bader 提出的电子密度拓扑分析理论，电子密度 $\rho(r)$ 和 Laplacian 量$\nabla^2\rho(r)$ 是决定分子性质的重要物理量。Laplacian 量$\nabla^2\rho(r)$ 是电子密度的二阶导数。$\nabla^2\rho(r) < 0$，表示该处的电子浓集；$\nabla^2\rho(r) > 0$，表示该处电子发散。并且有$\nabla^2\rho(rc) = \lambda_1 + \lambda_2 + \lambda_3$，此处 λ_i 为键鞍点处电荷密度的 Hessian 矩阵本征值。如果 Hessian 矩阵的三个本征值为一正两负，记作（3，−1）关键点，称为键鞍点（BCP），表明两原子间成键。如果相邻的两个原子之间存在着成键作用，那么一定有一条从键鞍点出发连接两原子核的键径存在。如果 Hessian 矩阵的三个本征值为一负两正，记作（3，+1）关键点，称为环鞍点（RCP），表明有环结构存在。对于环鞍点 RCP，唯一的一个负的曲率（文中 λ_1）终止于 RCP，所以是负的。在环表面 RCP 处的电子密度是最小值，所以环平面内的两个曲率（文中 λ_2 和 λ_3）是正的，终止于关键点（Critical Point，CP）。对 BCP，一个负的曲率（文中 λ_1）垂直于环平面，另一个负的曲率（文中 λ_2）和正的曲率（文中 λ_3）位于环平面内。键的椭圆度为 $\varepsilon = \lambda_1/\lambda_2 - 1$。该值越大，化学键的 π 键属性越明显，ε 越小，化学键的 σ 键属性越明显。当 $\varepsilon = 0$ 时，化学键则为明显的 σ 键。在旧键断裂和新键生成的过程中会出现"结构过渡区"，分以下两种情况：第一种情况，在 IRC 途径上出现一条由键鞍点连接到一个原子核的梯度径的结构时，"结构过渡区"为 IRC 途径上的一点，该点称为"第一类结构过渡态"。第二种情况，在 IRC 途径上出现一个由原子间的键径形成的环形结构，在 IRC 途径上该环形结构出现在消失的区域称为"结构过渡区"。在该区域内，从环的形成到消失，环鞍点的 Hessian 矩阵的一个本征值（文中为 λ_2）具有从小到极大再变小的变化趋势。定义该本征值极大值点对应的结构为"第二类结构过渡态"。为了便于讨论，我们把传统意义上的过渡态，即 IRC 途径上的能量极大值处称为"能量过渡态（ETS）"。以下，我们对反应式（7-61）~式（7-64）进行电子密度拓扑分析，研究反应过程中化学键的变化规律。

对反应式（7-61）中各关键点进行电子密度拓扑分析，绘制了各关键点的分子图，见图 7-13。在式（7-61）中，N5 原子进攻 O3 原子形成中间体 COM1，然后 O3—N5 键慢慢拉长，O4 原子和 O6 原子距离拉近，成键。在反应进行到 $S = -5.16$ 时 N5—C1 键生成，同时形成四元环。然后环鞍点向 O4—O6 原子键方向移动，在 $S = -1.82$ 时键鞍点和环鞍点几乎重合，在 $S = -1.83$ 时，O4—O6 原子键断裂，经过过渡态 TS1 之后，N5—C1 键继续缩短，最后生成产物 $FC(O)_2NO$。$S = -5.16 \rightarrow S = -1.82$ 的过程为在 IRC 途径上出现的由原子间的键径形成的环形结构，IRC 途径上环形结构出现。

在消失区域，称为反应式（7-61）的"结构过渡区"。对该结构过渡区内的环鞍点处的 Hessian 矩阵本征值进行分析，结果列于表 7-5。环鞍点处的 Henssian 矩阵本征值 λ_2 呈现从小到极大再到小的变化趋势，极大值出现在能量过渡态 TS1 之前 $S = -3.10$ 处（见图 7-13），称 λ_2 的极大值点为反应过程 COM1→TS1→FC(O)$_2$NO 的"结构过渡态"（STS），属于"第二类结构过渡态"。此外还绘制了式（7-61）中的反应过程能量曲线，见图 7-14。

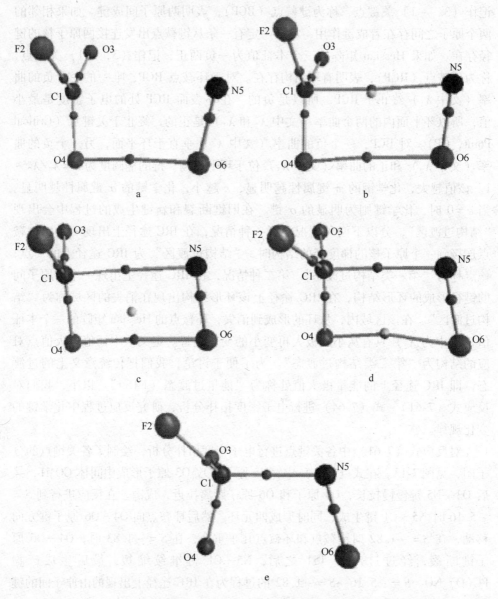

图 7-13　反应式（7-61）的分子图

a—S = -5.54；b—S = -5.16；c—S = -3.10（STS）；d—S = -1.82；e—S = 0.00（TS1）

表7-5 反应式（7-61）中结构过渡区内环鞍点处的拓扑性质

S	ρ	λ_1	λ_2	λ_3
−5.16	0.0211	−0.0144	0.0024	0.1277
−5.15	0.0212	−0.0146	0.0031	0.1282
−5.10	0.0214	−0.0154	0.0049	0.1294
−4.50	0.0238	−0.0216	0.0147	0.1445
−3.99	0.0258	−0.0253	0.0193	0.1568
−3.50	0.0284	−0.0293	0.0234	0.1742
−3.10（SYS）	0.0302	−0.0318	0.0247	0.1883
−3.00	0.0306	−0.0324	0.0246	0.1916
−2.90	0.0309	−0.0328	0.0244	0.1948
−2.50	0.0320	−0.0343	0.0212	0.2070
−2.10	0.0324	−0.0351	0.0133	0.2162
−2.00	0.0324	−0.0352	0.0102	0.2177
−1.90	0.0324	−0.0353	0.0059	0.2193
−1.85	0.0324	−0.0354	0.0043	0.2197
−1.82	0.0324	−0.0356	0.0009	0.2203

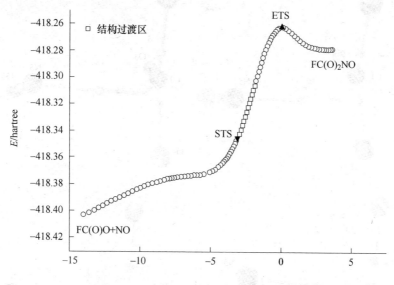

图7-14 反应式（7-61）过程能量曲线

对反应式（7-62）中各关键点进行电子密度拓扑分析，绘制了各关键点的键径图，见图7-15。在式（7-62）中，N5 原子进攻 O4 原子形成中间体 COM1，然后 N5 原子由 O4 原子迁移到 C1 原子上，具体过程为：O4—N5 键慢慢向 C1 原子弯曲，在反应进行到 $S = -3.75$ 时，C1 原子直接连到 C1—O4 键的键鞍点处，过了这一点，然后成为 C1—N5 键，继续向 C1 原子弯曲，最后形成产物 $FC(O)_2NO$。在此过程中在 IRC 途径上出现一条由键鞍点连接到一个原子核的梯度径的结构时，"结构过渡区" 为 IRC 途径上的一点 $S = -3.75$，故该点属于"第一类结构过渡态"。对该反应途径中各关键点处的 Hessian 矩阵本征值进行分析，结果列于表7-6。此外，还绘制了反应式（7-62）中反应过程中的能量曲线，见图7-16，此反应为吸热反应。

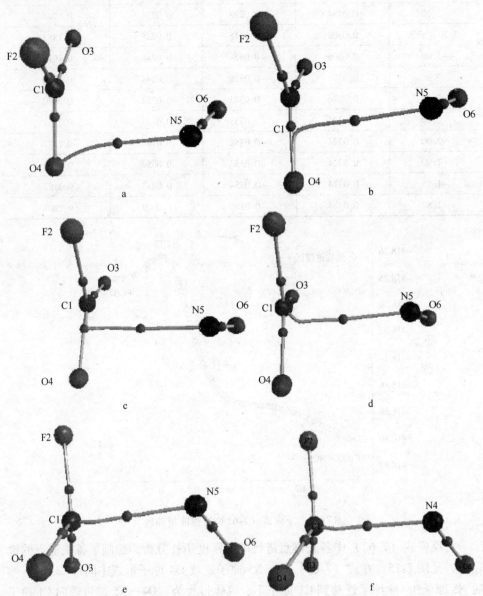

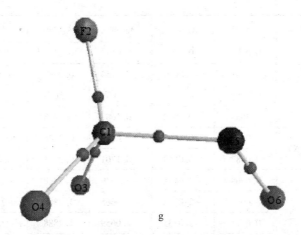

g

图 7-15 反应公式（7-62）中键径变化图

a—S = −4.35；b—S = −3.80；c—S = −3.75（T 型过渡态结构 STS）；

d—S = −3.50；e—S = −2.00；f—S = −1.80；g—S = 0.00

表 7-6 反应式（7-62）中各关键点处的拓扑性质

S	键	ρ	λ_1/nm	λ_2/nm	λ_3/nm	$\nabla2\rho$	ε
−4.35		0.2319	−0.4805	−0.4734	0.5522	−0.4017	0.0154
−3.80		0.2333	−0.4859	−0.4807	0.5524	−0.4157	0.0108
−3.75	C1—F2	0.2337	−0.4873	−0.4822	0.5531	−0.4164	0.0137
−3.50		0.2364	−0.4964	−0.4919	0.5589	−0.4294	0.0091
0.00		0.2814	−0.6651	−0.6393	0.8637	−0.4407	0.0404
+1.20		0.2900	−0.7025	−0.6671	1.0006	−0.3690	0.0531
−4.35		0.4360	−1.2193	−1.0386	1.6129	−0.6450	0.1740
−3.80		0.4353	−1.2206	−1.0412	1.5995	−0.6623	0.1723
−3.75	C1—O3	0.4353	−1.2210	−1.0416	1.5986	−0.6663	0.1722
−3.50		0.4351	−1.2232	−1.0439	1.5951	−0.6720	0.1718
0.00		0.3731	−0.9747	−0.8822	1.0171	−0.8398	0.1049
+1.20		0.3240	−0.7609	−0.6582	0.5625	−0.8566	0.1560
−4.35		0.3835	−1.0002	−0.9077	0.9345	−0.9732	0.1019
−3.80		0.3871	−1.0148	−0.9184	0.9694	−0.9638	0.1050
−3.75	C1—O4	0.3874	−1.0161	−0.9194	0.9425	−0.9630	0.1052
−3.50		0.3888	−1.0222	−0.9234	0.9851	−0.9605	0.1070
0.00		0.3165	−0.7134	−0.6780	0.4544	−0.9370	0.0522
+1.20		0.3101	−0.7066	−0.6163	0.4824	−0.8405	0.1465

S	键	ρ	λ_1/nm	λ_2/nm	λ_3/nm	$\nabla 2\rho$	ε
-3.75		0.0491	-0.0624	-0.0143	0.2421	0.1654	3.3636
-3.50	C1—N5	0.0521	-0.0660	-0.0254	0.2595	0.1681	1.5984
0.00		0.2088	-0.4311	-0.4093	0.5639	-0.2765	0.0533
+1.20		0.2637	-0.5902	-0.5667	0.6488	-0.5081	0.0415
-4.35	O4—N5	0.0470	-0.0608	-0.0248	0.2428	0.1572	1.4516
-3.80		0.0487	-0.0619	-0.1201	0.2391	0.0571	-0.4846
-4.35		0.6964	-2.0695	-2.0629	1.2878	-2.8446	0.0032
-3.80		0.6972	-2.0738	-2.0665	1.2888	-2.8515	0.0035
-3.75	N5—O6	0.6971	-2.0735	-2.0659	1.2888	-2.8506	0.0037
-3.50		0.6961	-2.0699	-2.0604	1.2886	-2.8417	0.0046
0.00		0.5734	-1.5869	-1.5231	1.4613	-1.6487	0.0419
+1.20		0.5342	-1.4648	-1.3723	1.5155	-1.3216	0.0674

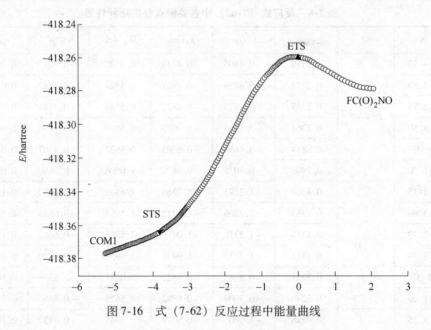

图 7-16 式（7-62）反应过程中能量曲线

从表 7-6 可以看出，在反应过程中，从反应物到产物，C1—F2 键键鞍点处的电子密度 ρ 值的变化趋势是由小到大，说明 C1—F2 键的强度在逐渐增强。而 C1—O3 键和 C1—O4 键键鞍点处的电子密度 ρ 值都在逐渐减小，也说明 C1—O3 键和 C1—O4 键的强度越来越弱。C1—N5 键键鞍点处的电子密度 ρ 值由小到大，且变化幅度很大，正好也说明了 C1—N5 键的形成。

从表7-6中各化学键键鞍点处的 Laplacian 量的变化趋势来看，反应中的 C1—N5 键键鞍点处的变为负值，且绝对值逐渐增加，表明在反应过程中 C1—N5 键的共价性逐渐增强。C1—F2 键、C1—O4 键和 N5—O6 键键鞍点处的 Laplacian 量都为负，且绝对值都在减小，说明其键的共价性都在减弱。C1—O3 键键鞍点处的 Laplacian 量也为负，但绝对值在增大，说明 C1—O3 键共价性在增加。且键鞍点处的 Laplacian 量的绝对值：N5—O6 键 > C1—O3 键、C1—O4 键 > C1—F2 键，说明 N5—O6 键的共价性最强，C1—F2 键的共价性最弱。

对反应式（7-63）中各关键点进行电子密度拓扑分析，绘制了各关键点的分子图，见图7-17。式（7-63）中，NO 中的 N 原子进攻 O3 原子，形成复合物 COM2（CS 构型），然后 O3—N5 键慢慢地旋转，同时 N5 原子与 F2 原子的距离缩短，当反应进行到 $S = -3.09$ 时，F2—N5 键形成，同时形成四元环。当反应进行到 $S = -0.14$ 时，环鞍点处的 Henssian 矩阵本征值 λ_2 达到最大值，然后继续反应，F2—N5 键逐渐缩短，F2—C1 键逐渐拉长，经过过渡态 TS3，反应进行到 $S = +8.41$ 时，O3—N5 键的键鞍点和环鞍点几乎重合，然后 O3—N5 键断裂，最终生成 CO_2 和 FNO。$S = -3.09 \rightarrow S = +8.41$ 的过程为在 IRC 途径上出现的由原子间的键径形成的环形结构，是 IRC 途径上环形结构从出现到消失的区域，称为反应式（7-63）的"结构过渡区"。对该反应通道中各关键点处的 Hessian 矩阵本征值进行分析，结果列于表7-7。环鞍点处的 Henssian 矩阵本征值 λ_2 呈现从小

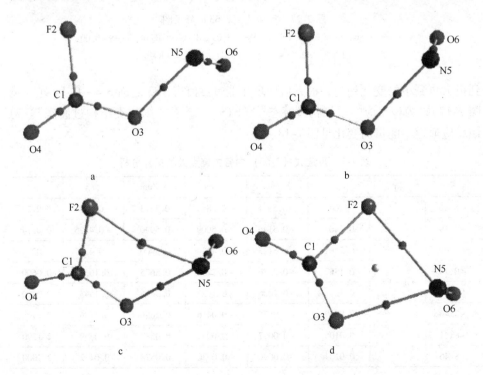

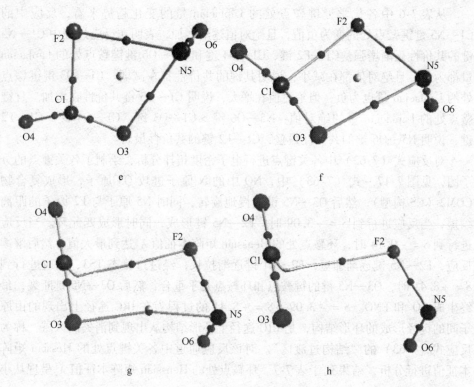

图 7-17   反应式 (7-63) 分子图

a—$S = -8.86$；b—$S = -3.19$；c—$S = -3.09$；d—$S = -0.14$；e—$S = 0.00$；

f—$S = +2.46$；g—$S = +8.41$；h—$S = +8.46$

到极大再到小的变化趋势，极大值出现在能量过渡态 TS3 之前 $S = -0.14$ 处（见图 7-17），为该反应的"结构过渡态"（STS），属于"第二类结构过渡态"。对该反应通道中能量的变化见图 7-18。

表 7-7   反应式 (7-63) 中各关键点处的拓扑分析

S	键	ρ	λ_1/nm	λ_2/nm	λ_3/nm	$\nabla^2\rho$	ε
-8.86		0.2640	-0.5931	-0.5859	0.7313	-0.4477	0.0123
-3.19		0.2408	-0.5146	-0.5009	0.5930	-0.4225	0.0274
-3.09		0.2401	-0.5123	-0.4984	0.5900	-0.4207	0.0279
-0.14		0.1367	-0.2386	-0.2251	0.5675	0.1038	0.0600
0.00	C1—F2	0.1231	-0.2006	-0.1927	0.5476	0.1543	0.0410
+2.46		0.0469	-0.0574	-0.0416	0.2696	0.1706	0.3798
+8.41		0.0105	-0.0097	-0.0031	0.0587	0.0459	2.1290
+8.46		0.0104	-0.0096	-0.0030	0.0578	0.0452	2.2000

S	键	ρ	λ_1/nm	λ_2/nm	λ_3/nm	$\nabla^2\rho$	ε
-8.86		0.3399	-0.8682	-0.7678	0.6797	-0.9563	0.1308
-3.19		0.3554	-0.9242	-0.8047	0.7693	-0.9596	0.1485
-3.09		0.3564	-0.9287	-0.8083	0.7789	-0.9581	0.1490
-0.14		0.4029	-1.0806	-0.9611	1.2382	-0.8035	0.1243
0.00	C1—O3	0.4072	-1.0868	-0.9745	1.2765	-0.7848	0.1153
$+2.46$		0.4488	-1.1727	-1.1363	1.8805	-0.4285	0.0320
$+8.41$		0.4518	-1.1396	-1.1376	1.8788	-0.3984	0.0018
$+8.46$		0.4589	-1.1735	-1.1715	2.0313	-0.3137	0.0017
-8.86		0.4540	-1.2836	-1.0844	1.8346	-0.5334	0.1837
-3.19		0.4548	-1.2825	-1.0985	1.8782	-0.5028	0.1675
-3.09		0.4538	-1.2774	-1.0943	1.8594	-0.5123	0.1673
-0.14		0.4554	-1.2318	-1.1189	1.9754	-0.3753	0.1009
0.00	C1—O4	0.4605	-1.2449	-1.1437	2.0795	-0.3091	0.0885
$+2.46$		0.4702	-1.2326	-1.2116	2.2902	-0.1540	0.0173
$+8.41$		0.4775	-1.2477	-1.2471	2.4156	-0.0792	0.0005
$+8.46$		0.4716	-1.2193	-1.2187	2.2791	-0.1589	0.0005
-8.86		0.1527	-0.2933	-0.2776	0.8207	0.2498	0.0566
-3.19		0.1173	-0.2103	-0.1998	0.6543	0.2442	0.0526
-3.09		0.1160	-0.2072	0.1968	0.6470	0.2430	0.0528
-0.14	O3—N5	0.0675	-0.1013	-0.0972	0.4113	0.2128	0.0421
0.00		0.0640	-0.0942	-0.0906	0.3951	0.2103	0.0397
$+2.46$		0.0379	-0.0448	-0.0439	0.2618	0.1731	0.0205
$+8.41$		0.0083	-0.0062	-0.0006	0.0428	0.0360	9.3333
-8.86		0.6430	-1.8888	-1.8122	1.4040	-2.2970	0.0423
-3.19		0.6744	-2.0086	-1.9512	1.3245	-2.6353	0.0294
-3.09		0.6680	-1.9798	-1.9237	1.3360	-2.5675	0.0292
-0.14		0.6836	-2.0275	-2.0122	1.3192	-2.7205	0.0076
0.00	N5—O6	0.6863	-2.0404	-2.0254	1.3164	-2.7494	0.0074
$+2.46$		0.6763	-2.0113	-1.9686	1.3408	-2.6391	0.0217
$+8.41$		0.6429	-1.9058	-1.8097	1.4328	-2.2827	0.0531
$+8.46$		0.6460	-1.9192	-1.8227	1.4256	-2.3163	0.0529

S	键	ρ	λ_1/nm	λ_2/nm	λ_3/nm	$\nabla^2\rho$	ε
-3.09		0.0280	-0.0302	-0.0039	0.1800	0.1459	6.744
-0.14		0.0580	-0.0826	-0.0806	0.4034	0.2402	0.0248
0.00	F2—N5	0.0617	-0.0905	-0.0876	0.4256	0.2475	0.0331
+2.46		0.1054	-0.1823	-0.1796	0.6928	0.3309	0.0150
+8.41		0.1887	-0.3906	-0.3871	1.1474	0.3697	0.0090
+8.46		0.1887	-0.3909	-0.3873	1.1483	0.3701	0.0093
-3.09		0.0280	-0.0301	0.0042	0.1733	0.1474	
-0.14	RCP	0.0330	-0.0353	0.0959	0.1145	0.1751	
0.00		0.0326	-0.0346	0.0951	0.1112	0.1717	
+8.41		0.0083	-0.0062	0.0006	0.0420	0.0364	

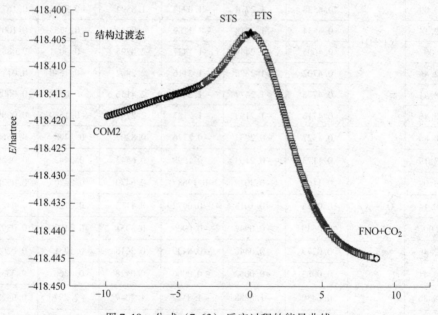

图 7-18　公式 (7-63) 反应过程的能量曲线

　　由表 7-7 可以看出，C1—F2 键和 O3—N5 键键鞍点处的电子密度 ρ 值的变化趋势是由大到小，直至接近于 0，说明了 C1—F2 键和 O3—N5 键的断裂。F2—N5 键键鞍点处的电子密度 ρ 值是从接近于 0 逐渐增大的，正好说明了 F2—N5 键的生成。从表 7-7 中各化学键键鞍点处的 Laplacian 量的变化趋势来看，C1—O3 键和 C1—O4 键键鞍点处的 Laplacian 量均为负值，且绝对值都在减小，说明 CO_2 中的 C1—O3 键和 C1—O4 键的共价性比 COM2 中的 C1—O3 键和 C1—O4 键的共价性弱。

　　因反应通道 (7-64) 涉及两步反应，特分为通道 FC(O)O + NO→COM2→

TS4-1→FN(O)O+CO 和通道 FC(O)O+NO→COM3→TS4-2→FN(O)O+CO 展开讨论。对反应通道 FC(O)O+NO→COM2→TS4-1→FN(O)O+CO 中各关键点进行电子密度拓扑分析，绘制了各关键点的分子图。通道 FC(O)O+NO→COM2→TS4-1→FN(O)O+CO 中，NO 中的 N 原子进攻 O3 原子，形成复合物 COM2（CS 构型），然后 O3—N5 键慢慢地旋转，同时 N5 原子与 C1 原子的距离缩短，当反应进行到 $S=-0.95$ 时，C1—N5 键形成，同时形成三元环。当反应进行到 $S=-0.23$ 时，环鞍点处的 Henssian 矩阵本征值 λ_2 达到最大值，经过过渡态 TS4-1 后继续反应。当反应进行到 $S=+0.25$ 时，C1—O3 键的键鞍点和环鞍点几乎重合，然后 C1—O3 键断裂，生成中间体 COM3。$S=-0.95 \to S=+0.25$ 的过程为在 IRC 途径上出现的由原子间的键径形成的环形结构，是 IRC 途径上环形结构从出现到消失的区域，称为反应通道 FC(O)O+NO→COM2→TS4-1→FN(O)O+CO 的"结构过渡区"。对该反应通道中各关键点处的 Hessian 矩阵本征值进行分析，结果列于表7-8。环鞍点处的 Henssian 矩阵本征值 λ_2 呈现出从小到极大再到小的变化趋势，极大值出现在能量过渡态 TS4-1 之前 $S=-0.23$ 处（见图7-19），为该反应的"结构过渡态"（STS），属于"第二类结构过渡态"，该反应通道中能量的变化见图7-20。

表7-8 反应式（7-64）中各关键点处的拓扑性质

S	键	ρ	λ_1/nm	λ_2/nm	λ_3/nm	$\nabla^2\rho$	ε
−15.08		0.2703	−0.6154	−0.6109	0.7847	−0.4416	0.0074
−5.00		0.2744	−0.6274	−0.6232	0.8357	−0.4149	0.0067
−0.95		0.3008	−0.7480	−0.7338	1.0747	−0.4071	0.0194
−0.23		0.3019	−0.7538	−0.7352	1.0863	−0.4027	0.0253
0.00	C1—F2	0.3020	−0.7542	−0.7342	1.0874	−0.401	0.0272
+0.25		0.3013	−0.7509	−0.7296	1.0789	−0.4016	0.0292
+0.60		0.3013	−0.7508	−0.7281	1.0839	−0.3950	0.0312
+6.93		0.2939	−0.7035	−0.6960	1.0514	−0.3481	0.0108
−15.08		0.3346	−0.8450	−0.7582	0.6339	−0.9693	0.1145
−5.00		0.3333	−0.8197	−0.7784	0.5500	−1.0481	0.0531
−0.95	C1—O3	0.1716	−0.3237	−0.3087	0.5289	−0.1035	0.0486
−0.23		0.1398	−0.2417	−0.1927	0.5035	0.0691	0.2543
0.00		0.1297	−0.2166	−0.1464	0.4912	0.1282	0.4795
+0.25		0.1157	−0.1825	−0.0108	0.4563	0.2630	15.8982
−15.08		0.4538	−1.2880	−1.0802	1.8413	−0.5269	0.1924
−5.00		0.4553	−1.3069	−1.0839	1.9279	−0.4629	0.2057
−0.95	C1—O4	0.4679	−1.2771	−1.1323	2.1070	−0.3024	0.1279
−0.23		0.4675	−1.2622	−1.1335	2.1039	−0.2918	0.1135

S	键	ρ	λ_1/nm	λ_2/nm	λ_3/nm	$\nabla^2\rho$	ε
0.00		0.4674	-1.2601	-1.1321	2.1034	-0.2888	0.1131
+0.25		0.4687	-1.2684	-1.1352	2.1387	-0.2649	0.1173
+0.60	C1—O4	0.4670	-1.2649	-1.1237	2.1094	-0.2792	0.1257
+6.93		0.4642	-1.3176	-1.1077	2.1263	-0.2990	0.1895
-15.08		0.1652	-0.3228	-0.3039	0.8776	0.2509	0.0622
-5.00		0.1639	0.3087	-0.2905	0.8714	0.2722	0.0627
-0.95		0.3646	-0.9242	-0.8309	1.4394	-0.3157	0.1123
-0.23		0.3976	-1.0441	-0.9230	1.5126	-0.4545	0.1312
0.00	O3—N5	0.4089	-1.0843	-0.9544	1.5378	-0.5009	0.1361
+0.25		0.4252	-1.1409	-0.9992	1.5740	-0.5661	0.1418
+0.60		0.4387	-1.1860	-1.0370	1.6022	-0.6208	0.1437
+6.93		0.5018	-1.3549	-1.2214	1.7030	-0.8733	0.1093
-15.08		0.6296	-1.8347	-1.7555	1.4435	-2.1467	0.0451
-5.00		0.6487	-1.9128	-1.8339	1.4013	-2.3454	0.0430
-0.95		0.5653	-1.5826	-1.4675	1.5921	-1.458	0.0784
-0.23		0.5499	-1.5163	-1.4034	1.6170	-1.3027	0.0804
0.00	N5—O6	0.5444	-1.4926	-1.3808	1.6259	-1.2475	0.0810
+0.25		0.5359	-1.4571	-1.3469	1.6393	-1.1647	0.0818
+0.60		0.5291	-1.4293	-1.3202	1.6500	-1.0995	0.0826
+6.93		0.5051	-1.3630	-1.2308	1.7074	-0.8864	0.1074
-0.95		0.1164	-0.1838	-0.0190	0.4401	0.2373	8.6737
-0.23		0.1363	-0.2283	-0.1687	0.4537	0.0567	0.3533
0.00	C1—N5	0.1443	-0.2476	-0.2003	0.4572	0.0093	0.2361
+0.25		0.1566	-0.2782	-0.2450	0.4633	-0.0599	0.1355
+0.60		0.1671	-0.3052	-0.2803	0.4699	-0.1156	0.0888
+6.93		0.2576	-0.5698	-0.5607	0.5496	-0.5809	0.01623
-0.95		0.1164	-0.1838	0.0200	0.4334	0.2696	
-0.23		0.1224	-0.1951	0.1996	0.3566	0.3611	
0.00	RCP	0.1215	-0.1932	0.1725	0.3766	0.3559	
+0.25		0.1157	-0.1821	0.0110	0.4503	0.2792	

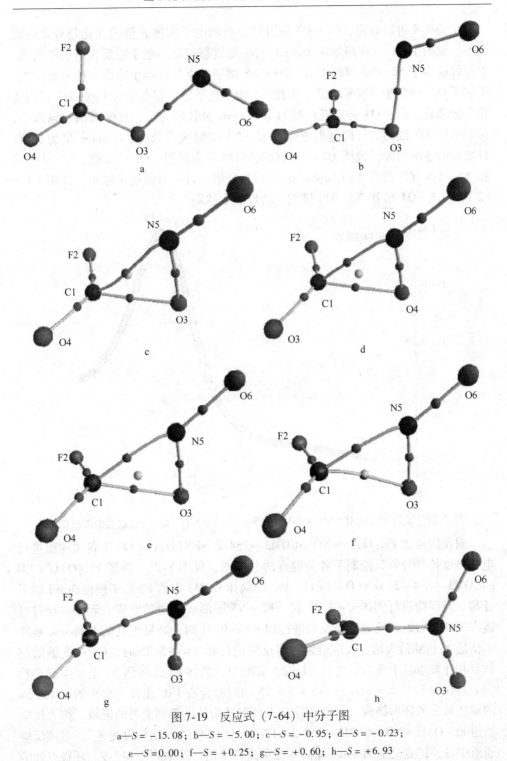

图 7-19　反应式 (7-64) 中分子图

a—$S = -15.08$；b—$S = -5.00$；c—$S = -0.95$；d—$S = -0.23$；

e—$S = 0.00$；f—$S = +0.25$；g—$S = +0.60$；h—$S = +6.93$

从表 7-8 可以看出，C1—O3 键键鞍点处的电子密度 ρ 值的变化趋势是由大到小，说明了 C1—O3 键的断裂。C1—N5 键键鞍点处的电子密度 ρ 值逐渐增大，也正好说明了 F2—N5 键的生成。O3—N5 键键鞍点处的电子密度 ρ 值明显增大，说明了 O3—N5 键的强度加强。从表 7-8 中各化学键键鞍点处的 Laplacian 量的变化趋势来看，C1—O3 键键鞍点处的 Laplacian 量开始为负，且绝对值逐渐减小，说明 C1—O3 键的共价性越来越弱。O3—N5 键键鞍点处的 Laplacian 量为负值，且绝对值逐渐增大，说明 O3—N5 键的共价性越来越强。C1—F2 键、C1—O4 键和 N5—O6 键键鞍点处的 Laplacian 量均为负值，且绝对值逐渐减小，说明 C1—F2 键、C1—O4 键和 N5—O6 键的共价性越来越弱。

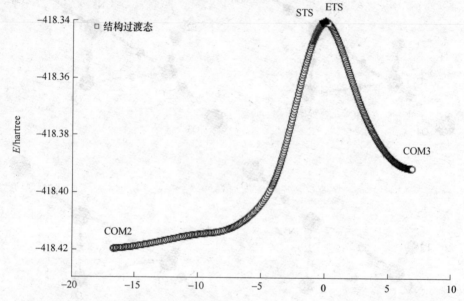

图 7-20　通道 FC(O)O + NO→COM2→TS4-1→FN(O)O + CO 反应过程的能量曲线

对反应通道 FC(O)O + NO→COM3→TS4-2→FN(O)O + CO 中各关键点进行电子密度拓扑分析，绘制了各关键点的分子图，见图 7-21。通道 FC(O)O + NO→COM3→TS4-2→FN(O)O + CO 中，中间体 COM3 中的 F2 原子慢慢向 N5 原子迁移，当反应进行到 $S = -1.32$ 时，F2—N5 键形成，同时形成三元环。经过渡态 TS4-2 后继续反应，当反应进行到 $S = +0.31$ 时，环鞍点处的 Henssian 矩阵本征值 λ_2 达到最大值，反应继续，当反应进行到 $S = +5.25$ 时，C1—N5 键的键鞍点和环鞍点几乎重合，然后 C1—N5 键断裂，最终 F2 迁移到 N5 上，生成产物 FN(O)O 和 CO。$S = -1.32 \to S = +5.25$ 的过程为在 IRC 途径上出现的由原子间的键径形成的环形结构，是 IRC 途径上环形结构从出现到消失的区域，称为反应通道 FC(O)O + NO→COM3→TS4-2→FN(O)O + CO 的"结构过渡区"。对该反应通道中各关键点处的 Hessian 矩阵本征值进行分析，结果列于表 7-9。环鞍点处的

Henssian 矩阵本征值 λ_2 呈现出从小到极大再到小的变化趋势，极大值出现在能量过渡态 TS4-2 之后 S = +0.31 处（见图 7-21），为该反应的"结构过渡态"（STS），属于"第二类结构过渡态"。对该反应通道中能量的变化见图 7-22。

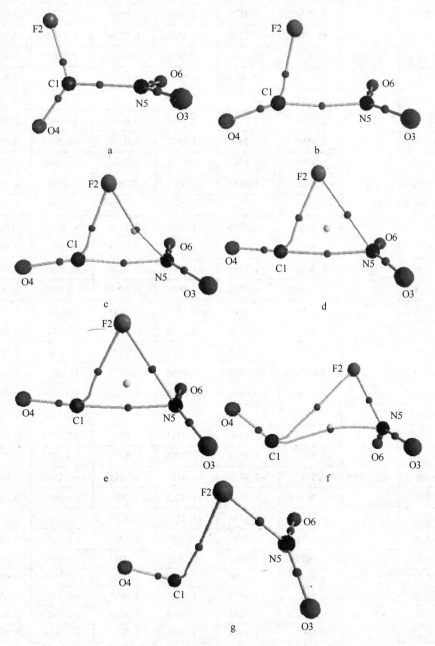

图 7-21　反应通道 FC(O)O + NO→COM3→TS4-2→FN(O)O + CO 分子图

a—S = -9.00; b—S = -2.50; c—S = -1.32; d—S = 0.00; e—S = +0.31; f—S = +5.25; g—S = +5.98

表 7-9　反应途径 FC(O)O + NO→COM3→TS4-2→FN(O)O + CO 中各关键点处的拓扑性质

S	键	ρ	λ_1/nm	λ_2/nm	λ_3/nm	$\nabla^2\rho$	ε
-9.00		0.2944	-0.7056	-0.6983	1.0617	-0.3422	0.0105
-2.50		0.1934	-0.3827	-0.3688	0.6119	-0.1396	0.0377
-1.32		0.1314	-0.2248	-0.2156	0.5926	0.1522	0.0427
0.00	C1—F2	0.0825	-0.1190	-0.1074	0.4549	0.2285	0.1080
+0.31		0.0730	-0.1011	-0.0886	0.4188	0.2291	0.1411
+5.25		0.0205	-0.0205	-0.0125	0.1122	0.0792	0.6400
+5.98		0.0159	-0.0151	-0.0085	0.0846	0.0610	0.7765
-9.00		0.4594	-1.2930	-1.0851	2.0312	-0.3469	0.1916
-2.50		0.4568	-1.2663	-1.1751	2.3966	-0.0448	0.0776
-1.32		0.4709	-1.3641	-1.3015	2.7561	0.0905	0.0481
0.00	C1—O4	0.4909	-1.5247	-1.4849	3.2229	0.2133	0.0268
+0.31		0.4960	-1.5706	-1.5359	3.3403	0.2338	0.0226
+5.25		0.5110	-1.7166	-1.7154	3.6935	0.2615	0.0007
+5.98		0.5099	-1.7109	-1.7105	3.6770	0.2556	0.0002
-9.00		0.2581	-0.5695	-0.5637	0.5496	-0.5836	0.0103
-2.50		0.1156	-0.1913	-0.1819	0.3934	0.0202	0.0517
-1.32		0.0973	-0.1515	-0.1439	0.3578	0.0624	0.0528
0.00	C1—N5	0.0744	-0.1053	-0.0983	0.3120	0.1084	0.0712
+0.31		0.0679	-0.0928	-0.0856	0.2985	0.1201	0.0841
+5.25		0.0186	-0.0159	-0.0015	0.1006	0.0832	9.6000
-9.00		0.5016	-1.3515	-1.2189	1.7062	-0.8642	0.1088
-2.50		0.5341	-1.4200	-1.3214	1.6963	-1.0451	0.0746
-1.32		0.5502	-1.4522	-1.3704	1.6953	-1.1273	0.0597
0.00	O3—N5	0.5648	-1.4788	-1.4184	1.7041	-1.1931	0.0426
+0.31		0.5669	-1.4831	-1.4245	1.7059	-1.2017	0.0411
+5.25		0.5544	-1.4785	-1.3707	1.7329	-1.1163	0.0786
+5.98		0.5524	-1.4743	-1.3639	1.7361	-1.1021	0.0809
-9.00		0.5059	-1.3691	-1.2351	1.7044	-0.8998	0.1085
-2.50		0.5341	-1.4199	-1.3214	1.6963	-1.045	0.0745
-1.32		0.5502	-1.4521	-1.3704	1.6953	-1.1272	0.0596
0.00	N5—O6	0.5648	-1.4786	-1.4183	1.7042	-1.1927	0.0425
+0.31		0.5672	-1.4844	-1.4258	1.7056	-1.2046	0.0411
+5.25		0.5544	-1.4786	-1.3708	1.7329	-1.1165	0.0786
+5.98		0.5525	-1.4744	-1.3640	1.7361	-1.1023	0.0809

续表7-9

S	键	ρ	λ_1/nm	λ_2/nm	λ_3/nm	$\nabla^2\rho$	ε
-1.32		0.0509	-0.0639	-0.0082	0.3564	0.2843	6.7927
0.00		0.0683	-0.0999	-0.0935	0.4540	0.2606	0.0684
+0.31	F2—N5	0.0747	-0.1144	-0.1101	0.4832	0.2587	0.0391
+5.25		0.2174	-0.4935	-0.4654	1.2272	0.2683	0.0604
+5.98		0.2291	-0.5298	-0.4983	1.2734	0.2453	0.0632
-1.32		0.0509	-0.0639	0.0086	0.3399	0.2846	
0.00	RCP	0.0498	-0.0627	0.1113	0.1686	0.2172	
+0.31		0.0480	-0.0600	0.1195	0.1418	0.2013	
+5.25		0.0186	-0.0163	0.0015	0.0973	0.0825	

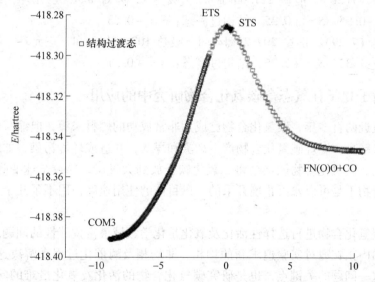

图 7-22 反应通道 FC(O)O + NO→COM3→TS4-2→FN(O)O + CO 反应过程的能量曲线

从表7-9 可以看出，C1—F2 键和 C1—N5 键键鞍点处的电子密度 ρ 值的变化趋势是由大到小，直至接近 0，说明了 C1—F2 键和 C1—N5 键的断裂。F2—N5 键键鞍点处的电子密度 ρ 值从接近于 0 逐渐增大，正好说明了在此反应进程中，F2—N5 键的生成。从表 7-9 中各化学键键鞍点处的 Laplacian 量的变化趋势来看，O3—N5 键和 N5—O6 键键鞍点处的 Laplacian 量均为负值，且绝对值逐渐增大，说明 O3—N5 键和 N5—O6 键的共价性增强。

结论

研究者采用 B3LYP 和 MP2（full）方法在6-311 ++G （2d） 水平上对FC(O)O

与 NO 的反应通道进行了全面的研究，得到了以下结论：通过计算，找到了 FC(O)O 与 NO 反应可能进行的四条通道，其中 FC(O)O + NO→COM2→TS3→FNO + CO 和 FC(O)O + NO→COM2→TS4-1→COM3→TS4-2→FN(O)O + CO 反应能垒不高，容易进行。且 FC(O)O + NO→COM2→TS3→FNO + CO₂ 主反应通道，为放热反应。

通道（7-25），能垒 254.14kJ/mol，吸热 202.95kJ/mol，四元环，结构过渡区：$S = -5.16 \rightarrow S = -1.82$，结构过渡态：$S = -3.10$。

通道（7-26），能垒 408.79kJ/mol，吸热 346.04kJ/mol，T 型过渡态，结构过渡态：$S = -3.75$。

通道（7-27），能垒 56.72kJ/mol，放热 57.49kJ/mol，四元环，结构过渡区：$S = -3.09 \rightarrow S = +8.41$，结构过渡态：$S = -0.14$。

通道（7-28），能垒 221.60kJ/mol，吸热 82.97kJ/mol，三元环，结构过渡区：$S = -0.95 \rightarrow S = +0.25$，结构过渡态：$S = -0.23$。

通道（7-29），能垒 297.21kJ/mol，吸热 107.65kJ/mol，三元环，结构过渡区：$S = -1.32 \rightarrow S = +5.25$，结构过渡态：$S = +0.31$。

7.3　量子化学在气态含碳氢化合物研究中的应用

在最近两百多年，碳氢化合物已成为非常成功的燃料来源，但缩减使用的呼声也越来越高。燃烧碳氢化合物产生烟雾和煤灰，并造成环境污染，如酸雨。更严重的是，碳氢化合物燃烧会将二氧化碳释放到大气层，导致全球变暖。此外，碳氢化合物不是可以永无止境开采的，以目前的使用速度，用不了几个世纪就会枯竭。

对碳氢化合物进行选择性活化及氧化是化学领域最富挑战性的问题之一，全世界范围内正在通过实验追求新的均相、非均相及酶催化过程来解决这个问题。而研究这一问题的关键点，也是研究碳氢化合物的活化及氧化最难的问题之一，是针对反应机理的研究。

目前研究人员已经提出了许多方法来研究碳氢化合物的活化及氧化机理，如氧化反应动力学方法、动力学同位素效应方法、光谱方法、电子自旋共振方法、核磁共振方法、分子动力学模拟方法及量子化学计算方法等。

随着现代计算机技术的飞速发展，量子化学计算已经成为研究反应机理最重要的方法之一。尽管目前已经有一些采用量子化学计算来研究碳氢化合物活化及氧化的综述，但这些综述均是按照催化剂来组织的，如 Shaik 等和 Yoshizawa 等的综述专门针对细胞色素 P450 催化的反应，Lippard 等和陈建波等的综述专门针对甲烷单加氧酶催化的反应，Lersch 等专门针对含铂催化剂催化的反应进行了叙述。

本书将在如下几个方面与已有综述性文献不同：

（1）早期的理论综述主要涉及金属有机催化剂催化的过程，但对工业上广泛采用的催化剂还有无机催化剂较少涉及，本书将在每一类底物的活化及氧化中加入无机催化剂的催化过程；

（2）最新的较全面的理论综述发表于 2005 年，在过去的 3 年中，在碳氢化合物的活化及氧化理论研究方面又有很多新进展，本书将重点介绍这些内容；

（3）与以往专门针对碳氢化合物活化及氧化催化剂进行综述不同的是，本书将按不同的反应底物进行分类组织，在每一类底物中将涉及各种不同的催化剂。

7.3.1 饱和碳氢化合物

饱和碳氢化合物是碳原子间以单键相连接的链状碳氢化合物。由于组成烃的碳和氢的原子数目不同，结果就使石油中含有大大小小差别悬殊的烃分子。烷烃是根据分子里所含的碳原子的数目来命名的，碳原子数在 10 个以下的，从 1 到 10 依次用甲、乙、丙、丁、戊、己、庚、辛、壬、癸烷来表示，碳原子数在 11 个以上的，就用数字来表示。石油中的烷烃包括正构烷烃和异构烷烃。正构烷烃在石蜡基石油中含量高；异构烷烃在沥青基石油中含量高。烷烃又称烷族碳氢化合物。烷烃的分子式的通式为 C_nH_{2n+2}，其中"n"表示分子中碳原子的个数"$2n+2$"表示氢原子的个数。在常温常压下，$C_1 \sim C_4$ 的烷烃呈气态，存在于天然气中；$C_5 \sim C_{15}$ 的烷烃是液态，是石油的主要成分；C_{16} 以上的烷烃为固态。本节主要介绍量子化学在气态甲烷中的应用。

在过去的几十年，CH_4 在过渡金属表面的吸附和解离一直是人们广泛研究的对象，但是，不同种类的金属，不同的表面结构，都与 CH_4 的吸附、解离密切相关。因此，进行 CH_4 与金属表面的相互作用机理研究能为涉及 CH_4 的相关反应提供有益的信息。目前有关 CH_4 与金属表面的相互作用机理研究，已进行了大量的实验和理论研究。

实验研究方面，Beebe 等人通过实验得到了 CH_4 在不同 Ni 晶面上解离的表观活化能，Ni（111）晶面为 12.6kJ/mol，Ni（100）晶面为 6.4 ± 1.1kJ/mol，Ni（110）晶面为 13.3 ±1.5kJ/mol。Burghgraef 指出 Ni（111）晶面上 CH_4 解离的活化能为 74 ±10kJ/mol。Alstrup 等人考察了 CH_4 的活化解离过程，发现它的解离是分步进行的，生成的 CH_x 存在时间较短，最终以碳的形式存在，然而当大量的碳沉积在催化剂的表面并覆盖了活性位时，解离受到抑制，同时人们发现不同的 CH_x 物种，其反应活性各不相同。

Ceyer 等人研究了反应温度对 CH_4 在 Ni(111) 面活化解离的影响，表明表面物种 CH_x 在金属表面的存在形式在某一温度范围内具有稳定性。Egeberg 等人通过实验研究了 CH_4 在 Ni 和 Ru 表面的解离过程，结果表明，CH_4 在 Ni

（111）面的表观解离活化能为（74 ± 10）kJ/mol，在 Ru（0001）面的表观解离活化能为（51 ± 6）kJ/mol。

Solymosi 等人研究了 CH_4 在 Pd/SiO_2 催化剂上的解离，他们发现当温度高于 473K 时，CH_4 在 Pd 上会产生氧、少量的乙炔和表面物种 CH_x。Wang 等人利用程序升温脱附等技术研究了 CH_4 在 Pd（679）面的解离，发现压力为 133.3Pa，表面温度约为 400K 时，CH_4 解离生成表面碳和氢物种，活化能约为 0.5eV。Valden 等人利用分子束表面分散技术研究了 CH_4 在清洁及氧改性的 Pd（110）面的吸附，结果表明 CH_4 解离是直接解离，并且 O 原子的存在导致活化能升高。

王锐等人采用脉冲反应技术、原位 CO 吸附和吡啶吸附红外光谱，研究了 Al_2O_3 和 SiO_2 负载的 Rh 基催化剂中添加 CeO_2 时的 $Rh-CeO_2$ 相互作用以及其对 CH_4 解离活性的影响，结果表明载体酸性对 $Rh—CeO_2$ 相互作用有显著影响；Rh/Al_2O_3 催化剂中添加 CeO_2 增加了载体 Al_2O_3 的 Lewis 酸位，使 Al_2O_3 接受电子的能力增强，从而降低 Rh 的电子密度，有利于 CH_4 解离活化；相反，Rh/SiO_2 催化剂中添加 CeO_2 减少了载体 SiO_2 的 Lewis 酸位数量和酸强度，使 SiO_2 难于接受电子，导致 Rh 的电子密度增加，不利于 CH_4 解离活化。Abbott 等人采用微正则系统单分子反应速率常数理论方法研究了 CH_4 在 Ru（0001）面的吸附解离机理，结果表明 CH_x 在 Ru（0001）面解离吸附的临界能量为 $E_0 = 59$kJ/mol；同时使用单分子反应速率常数理论分析了 CH_4 的超声波束实验，发现的降低顺序为：Ni（100）→ Ru（0001）→ Pt（111）→Ir（111）。

Stewart 等人在 Rh 发射器上用场发射和分子束技术对 Rh 表面的 CH_4 解离进行了研究，发现若分子束温度从 600K 升至 700K，且表面温度保持在 245K 时，CH_4 可发生解离化学吸附。Luntz 和 Bethune 利用分子束测量方法研究了 CH_4 在 Pt（111）面吸附解离的概率，研究发现随化学物质能量的转化，附带的甲烷的振动能量 E_v 和表面热能 T 的增加，吸附解离的可能性也大大增加。Ukranitsev 和 Harrisont 利用微正则单分子速率理论研究了统计模型的解离吸附，解离被看作是通过能量随机碰撞发生在偶遇的分子和金属簇的表面原子之间。Tsipouriari 等人在研究载体选择对 Rh 催化剂分散度影响时指出，CH_4 和 CO_2 转化对金属催化剂的结构具有敏感性，Rh 催化剂的特殊活性受其粒子平均大小的影响，同时结构敏感性也受载体的影响，即载体与金属之间的相互作用直接或间接地参与反应。

以上实验研究工作表明，通过实验可以获得丰富的表面信息，但是目前的实验手段还无法做到真正从原子尺度分析固体的表面性质和吸附现象。首先，实验手段的分辨率还没有高到能直接看到足够多原子的信息；其次，实验手段的介入将破坏固体表面的现有性质，导致表面吸附结构已不再是真实的吸附结构。在

CH₄解离过程中实验只能给出解离反应的表观活化能，且侧重于表征反应物和产物中表面金属碳化物 $CH_x M/N$ 的存在类型。因此，利用量子化学理论方法对表面吸附和解离进行研究，不仅避免了上述由于实验本身对实验结果带来的影响，而且还能增加对表面现象的认识深度和广度，为改进和寻找有效的催化剂提供理论依据。目前有关量子化学计算 CH₄ 在金属表面的解离已有大量的研究。

CioMca 等人采用密度泛函理论方法研究了 CH₄ 在 Ru(0001) 面的解离机理，结果表明，CH 解离为 C 和 H 是强吸热过程，所有表面的解离中间产物 CH，都比气相态的 CH₄ 稳定；在所有表面物种 CH_x 中，CH 是最稳定的，CH₃、C 和 H 优先吸附在三重位，CH₃/C 和 H 在一定距离内的相互作用被证明是排斥的，$x = 1 \sim 4$ 在 Ru(0001) 面解离为 CH₃ 和 H 的活化能为 85kJ/mol，CH₃ 解离为 CH₂ 和 H 的活化能 49kJ/mol，CH₂ 解离为 CH 和 H 的活化能为 16kJ/mol，CH 解离为 C 和 H 的活化能最高为 109kJ/mol。同时，Ciobica 等人采用周期性条件下的从头算方法研究了 CH₄ 在 Ru(11~20) 面的解离机理，结果表明，CH 解离为 C 和 H 是强吸热过程，所有表面的解离中间产物都比气相态的 CH₄ 稳定；在所有表面 CH，物种中，CH₂ 是最稳定的，$CH_x(x = 1 \sim 3)$ 和 H 优先吸附在 bridge-up 位，而 C 优先吸附在 top-down 位；CH₂ 在 Ru(11~20) 面解离为 CH₃ 和 H 的活化能为 56kJ/mol，CH₃ 解离为 CH₂ 和 H 的活化能为 11kJ/mol，CH₂ 解离为 CH 和 H 的活化能为 52kJ/mol，CH 解离为 C 和 H 的活化能最高为 95kJ/mol。

目前已发现几乎所有的第Ⅷ族元素都具有 CH₄ 解离活性。Au 等人研究了 CH₄ 在第Ⅷ族元素上的解离，反应活性顺序为：Rh > Ru、Ir > Os、Pd、Pt。同时，Liao 和 Zhang 采用密度泛函方法研究了 CH₄ 在金属 Ru、Ir、Rh、Ni、Pd、Pt、Cu、Ag 和 Au 上的解离，反应活性顺序为：Rh、Ni > Ru > Ir > Pd > Pt > Cu > Ag > Au，并且不同的金属对 CH₄ 的键合位和解离程度是不同的，在 Ru、Rh 和 Cu 上键合位主要在孔穴，而在其他金属上主要在表面。

Choi 和 Liu 研究表明，合成气制备合成乙醇反应中，Rh 催化剂表现出很好的转化率和选择性，而 Rh(111) 面对 CH₄ 的选择性很高而不是乙醇。Horn 等人研究了 Rh 和 Pt 催化剂下 CH₄ 部分氧化制取合成气，结果表明，Rh 催化剂在氧化区对 H₂ 和 CO 的选择性和产率比 Pt 催化剂高。Bunnik 和 Kramer 采用密度泛函理论方法研究了 CH₄ 在 Rh(111) 面的解离机理，计算获得了 CH，在 Rh(111) 面的稳定吸附位，且 CH 解离为 C 和 H 活化能最高，即决速步骤，同时，CH₄ 在 Rh(111) 面第一步解离的活化能比 Ru(0001) 和 Ni(111) 面的低。Liao 和 Zhang 研究表明，CH₄ 在 Rh 催化剂表面脱去第一个和第二个 H 原子均为中度放热过程，脱去其余两个 H 原子为中度吸热过程，这意味着，在合适条件下 Rh 表面上 CH₄ 的裂解主产物为 CH₂ 物种。

Moussounda 等人采用密度泛函理论方法研究了 CH₄ 在 Pt(100) 面的吸附、解离，结果表明，H 主要吸附在顶位和桥位，CH_3 仅吸附在顶位 CH_3 和 H 在稳定的共吸附构型中，稳定位分别是顶位和桥位；两种不同取向的 CH_4 解离为 CH_3 和 H 的活化能均为 51.1kJ/mol，说明 CH_4 的取向对其解离没有实质的影响。Petersen 等人采用密度泛函理论方法研究了 C_x $(x = 0 \sim 3)$ 在 Pt（110）面的吸附、解离，结果表明，CH_3 优先吸附在顶位，CH_2 优先吸附在桥位，CH 吸附在短桥位的 2 个 Pt 原子和第二层的 1 个 Pt 原子形成的 fcc 位，C 优先吸附在四重顶位 CH_3 和 CH_2 解离的活化能分别为 33kJ/mol 和 54kJ/mol，CH 解离的活化能最高为 116kJ/mol，与实验测定值 (121 ± 3) kJ/mol 相接近。

通过以上实验和理论的研究可知，理论计算近年来在催化领域的应用越来越受到重视，以 CH_4 解离过程为例，实验研究只能给出整个解离过程的表观活化能，而理论计算却可以给出不同表面的各个基元反应的解离活化能，还可以给出解离产物 CH 的详细的存在类型和分布位置。理论计算具有以下的优势：可以从原子水平上给出催化体系的微观信息，其计算结果不仅能重复实验数据，而且可以揭示实验手段无法揭示的现象，其特点是通过模型构建和量子化学计算从微观角度探讨催化过程的机理，可以细致准确地对反应过程的细节给出准确、全面的描述；可以考察催化剂表面的活性位、吸附物的吸附性质、类型；可以考察反应过程中的中间体，分析可能的反应路径；可以分析产物的选择性，与有限的实验结果相比较，可以更深刻地理解催化体系的反应机理。

7.3.1.1　CH_4 在金属表面的解离机理

为了详细了解 CH_4 解离的反应机理，本章节将进行 CH_4 在金属 Rh、Pt 和 Co 表面顺序解离过程的热力学和动力学研究。CH_4 在过渡金属表面的解离过程分为四步：第一步是 CH_4 解离为共吸附的 CH_3 和 H，第二步是 CH_3 解离为共吸附的 CH_2 和 H，第三步是 CH_2 解离为共吸附的 CH 和 H，第四步是 CH 解离为共吸附的 C 和 H。以 Rh（Ⅲ）面 CH_4 解离为共吸附的 CH_3 和 H 为例，把 CH_4 吸附在 Rh（Ⅲ）面顶位的最稳定构型作为反应始态，把 CH_3 和 H 在 Rh（Ⅲ）面的最稳定共吸附构型作为反应终态，进行 CH_4 解离为 CH_3 和 H 的反应机理研究。

7.3.1.2　CH_4 在 Rh（hkl）面的解离机理

A　过渡态结构

为了确认反应的过渡态，对 CH_4 在 Rh（111）、Rh（110）和 Rh（100）面顺序解离反应的过渡态进行了频率分析，以及过渡态确认，过渡态对应的唯一频率列于表 7-10，对应的过渡态结构如图 7-23 所示。需要说明的是，表7-10中，TS1 是 CH_4 解离为 CH_3 和 H 的过渡态，TS2 是 CH_3 解离为 CH_2 和 H 的过渡态，TS3 是 CH_2 解离为 CH 和 H 的过渡态，TS4 是 CH 解离为 C 和 H 的过渡态。从表 7-10 可以看出每一个过渡态有且仅有唯一的虚频。同时过渡态确认表明每一个过渡态都能很好地连接反应物和产物。

表 7-10　CH₄在 Rh（111）、Rh（110）和 Rh（100）面解离反应的过渡态的虚频

界　面	虚频/cm⁻¹			
	TS1	TS2	TS3	TS4
Rh（111）	−908.2	−897.1	−764.9	−892.8
Rh（110）	−891.8	−480.6	−849.9	−969.4
Rh（100）	−507.3	−706.9	−421.6	−832.5

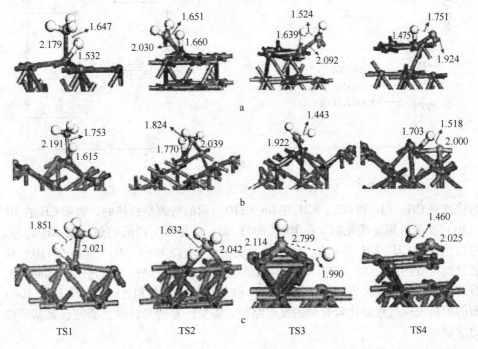

图 7-23　CH₄在 Rh（111）、Rh（110）和 Rh（100）面解离的过渡态结构
a—Rh（111）；b—Rh（110）；c—Rh（100）

B　热力学研究

CH₄在 Rh（hkl）面解离的热力学研究结果如图 7-24 所示，CH₄ 在 Rh（111）、Rh（110）和 Rh（100）面完全解离的反应热为 4.7kJ/mol、−53.7kJ/mol 和 −104.4kJ/mol。在气相中，CH₄ 顺序解离是吸热的，每一步的反应热为 457.3kJ/mol、479.5kJ/mol、479.5kJ/mol 和 350.2kJ/mol，完全解离的总反应热为 1766.5kJ/mol。从热力学角度分析，CH₄在金属 Rh 催化剂表面上的解离反应是有利的。

由图 7-24 可知，在 Rh（111）面，CH 是 CH₄解离的最主要 CHₓ 物种，然后依次是 CH₂、C 和 CH₃。在 Rh（110）面，C 是 CH₄解离的最主要 CHₓ 产物，然

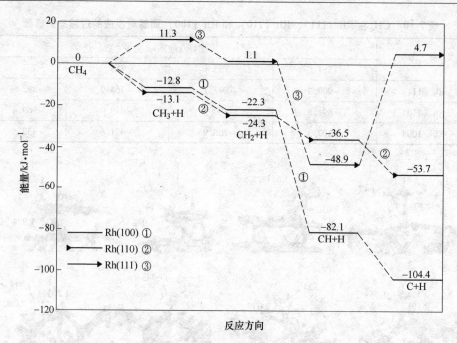

图 7-24 CH₄在 Rh（hkl）面逐步解离的热力学能量变化

后依次是 CH、CH₂和 CH₃，CH₄在 Rh（110）面的解离是放热的，表明 CH₄在 Rh（110）面的解离是优先的。在 Rh（100）面，C 是 CH₄解离的最主要 CH 物种，然后依次是 CH、CH₂和 CH₃。以上研究表明，CH₄在 Rh（100）和 Rh（110）面的解离是放热的，CH₄在 Rh（111）面的解离是略微吸热的。通过三个表面 CH₄解离的反应热比较可知，与 Rh（110）和 Rh（111）面相比，CH₄在 Rh（100）面的解离反应过程是比较有利的反应路径。需要注意的是，以上研究仅是基于热力学研究。

　　C 动力学研究

　　如图 7-25 所示，在 Rh（111）面，CH₄解离为 CH₃和 H，需要克服 79.4kJ/mol 的活化能，逆反应的活化能为 68.1kJ/mol。CH₃解离为 CH₂和 H，所需活化能为 52.7kJ/mol，逆反应的活化能为 62.9kJ/mol。CH₂解离为 CH 和 H，所需活化能为 6.3kJ/mol，逆反应的活化能为 56.3kJ/mol，这表明 CH₂极易解离为 CH 和 H，而 CH 和 H 不易生成 CH₂。CH 解离为 C 和 H，需要克服较大的活化能 108.1/kJ/mol，逆反应的活化能为 54.5kJ/mol，这表明 CH 解离为 C 和 H 是决速步骤，也是非常强的吸热过程。通过较大的活化能和较强的吸热性可知，CH 在 Rh（111）面的解离过程从热力学和动力学来说都是不易的。因此，CH 是 Rh（111）面最主要的解离物种。

　　在 Rh（110）面，CH₄解离为 CH₃和 H，需要克服 67.3kJ/mol 的活化能，逆反应的活化能为 80.4kJ/mol。随后，CH₃解离为 CH₂和 H，所需活化能为 30.4kJ/mol，

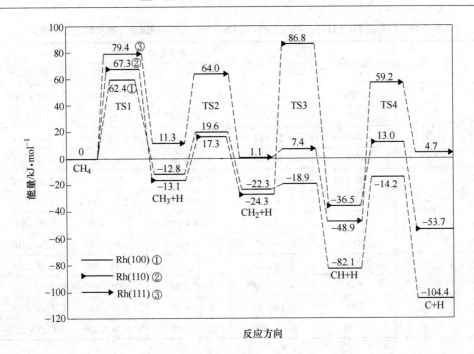

图 7-25　CH_4在 Rh（111）、Rh（110）和 Rh（100）面解离的势能剖面图

逆反应的活化能为 41.6kJ/mol，与 CH_4解离相比，CH_3解离为 CH_2和 H 是比较容易的。接着 CH_2解离为 CH 和 H，所需克服的活化能为 111.1kJ/mol，逆反应的活化能为 123.3kJ/mol。最后，CH 解离为 C 和 H 需要克服的活化能为 49.5kJ/mol，逆反应的活化能为 66.7kJ/mol。以上结果表明，CH_2解离为 CH 和 H 所需的活化能最高，是决速步骤，而 CH_3解离为 CH_2和 H 则是动力学最优步骤。因此，CH_2是 Rh（110）面最主要的 CH_4解离物种。

　　在 Rh（100）面，CH_4解离为 CH_3和 H，需要克服 62.4kJ/mol 的活化能，逆反应的活化能为 75.2kJ/mol。随后，CH_3解离为 CH_2和 H，所需活化能为 32.4kJ/mol 逆反应的活化能为 41.9kJ/mol，接着 CH_2解离为 CH 和 H，所需克服的活化能为 3.4kJ/mol，逆反应的活化能为 63.2kJ/mol。最后，CH 解离为 C 和 H 需要克服的活化能为 67.9kJ/mol，逆反应的活化能为 90.2kJ/mol。以上结果表明，CH 解离为 C 和 H 所需的活化能最高，是决速步骤，而 CH_2解离为 CH 和 H 是动力学最优步骤。因此，CH 是 Rh（100）面最主要的解离物种。

　　为了进一步了解 CH_4在 Rh（111）、Rh（110）和 Rh（100）面解离的反应机理，根据 Eyring 过渡态理论得到了不同温度（298.15～1000K）下解离反应的速率常数 k，计算结果列于表 7-11。

　　根据表 7-11 可以看出，速率常数 k 随着温度的升高而快速变大，但是温度升高到一定程度时，速率常数 k 随着温度的升高变化趋缓。同一温度下，在 Rh(111)

表 7-11　CH₄ 在 Rh (111)、Rh (110) 和 Rh (100) 面不同温度下解离的速率常数 k

界　面	温度/K	速率常数 k/s^{-1}			
		$CH_4—CH_3 + H$	$CH_3—CH_2 + H$	$CH_2—CH + H$	$CH—C + H$
Rh (111)	298.15	6.73×10^{-1}	1.45×10^{6}	5.15×10^{11}	5.08×10^{-5}
	500	2.01×10^{5}	1.17×10^{9}	9.45×10^{11}	5.33×10^{2}
	700	6.13×10^{7}	2.14×10^{10}	1.38×10^{12}	4.67×10^{5}
	1000	6.47×10^{9}	2.02×10^{11}	2.1×10^{12}	7.04×10^{7}
Rh (110)	298.15	2.77×10^{3}	7.53×10^{8}	1.07×10^{-4}	2.87×10^{6}
	500	3.26×10^{7}	1.39×10^{10}	2.85×10^{2}	3.99×10^{9}
	700	2.15×10^{9}	5.28×10^{10}	1.23×10^{5}	9.92×10^{10}
	1000	6.04×10^{10}	1.56×10^{11}	1.02×10^{7}	1.28×10^{12}
Rh (100)	298.15	1.00×10^{4}	1.12×10^{8}	1.93×10^{15}	2.99×10^{2}
	500	9.23×10^{6}	1.07×10^{10}	1.01×10^{14}	5.34×10^{6}
	700	6.26×10^{8}	8.97×10^{10}	2.47×10^{13}	4.04×10^{8}
	1000	2.17×10^{10}	5.23×10^{11}	6.98×10^{12}	1.23×10^{10}

和 Rh (100) 面，CH 解离为 C 和 H 的速率常数与其他解离路径相比是最小的，而且这个顺序不会随着温度的变化而改变，这表明 CH 解离为 C 和 H 是 CH₄ 解离的决速步骤。在 Rh (110) 面，CH₂ 解离为 CH 和 H 的速率常数最小，而且这个顺序也不会随着温度的变化而改变，这表明 CH₂ 解离为 CH 和 H 是决速步骤。

　　基于以上动力学分析结果可知，在 Rh (100) 和 Rh (111) 面，CH 解离为 C 和 H 是决速步骤；在 Rh (110) 面，CH₂ 解离为 CH 和 H 是决速步骤。也就是说，Rh 催化剂上 CH₄ 解离的最主要产物是 CH₂ 和 CH。热力学和动力学的结果表明，与 Rh (110) 和 Rh (111) 面相比，CH₄ 在 Rh (100) 面的解离过程是最优的反应路径。

7.3.1.3　CH₄ 在 Pt (hkl) 面的解离机理

A　过渡态结构

CH₄ 在 Pt (111)、Pt (110) 和 Pt (100) 面逐步解离对应的过渡态结构如图 7-26 所示，且 CH₄ 顺序解离对应的过渡态分别为 TS1、TS2、TS3、TS4。

B　热力学研究

CH₄ 在 Pt(111)、Pt(110) 和 Pt (100) 面解离的热力学计算结果如图 7-27 所示。CH₄ 在 Pt (111) > Pt(110) 和 Pt(100) 面完全解离的反应热为 93.9kJ/mol、-28.4kJ/mol 和 9.0kJ/mol，而在气相中，CH₄ 顺序解离是吸热反应，每一步的反应热分别为 457.3kJ/mol、479.5kJ/mol、479.5kJ/mol 和 350.2kJ/mol，完全解离的总反应热为 1766.5kJ/mol。从热力学角度分析，CH₄ 在金属 Pt 催化剂表面上的解离反应是有利的。

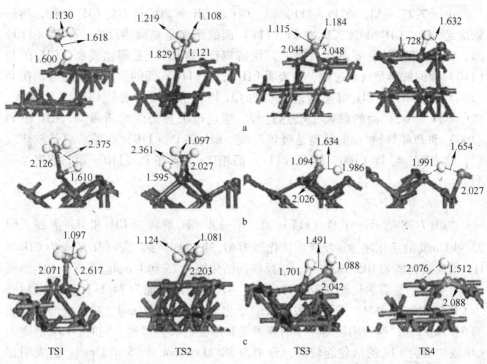

图 7-26　CH₄在 Pt（111）、Pt（110）和 Pt（100）面解离的过渡态结构

a—Pt（111）；b—Pt（110）；c—Pt（100）

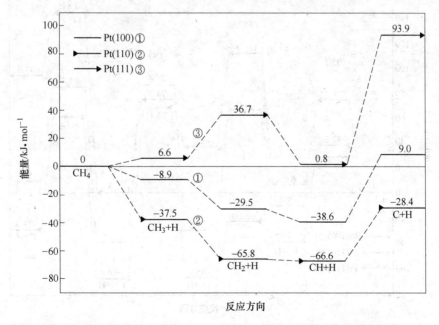

图 7-27　CH₄在 Pt（hkl）面逐步解离的热力学能量变化

由图 7-27 可知，在 Pt（111）面，CH 是 CH_4 解离的最主要 CH_x 物种，然后依次是 CH_3、CH_2 和 C，CH_4 在 Pt（111）面的解离是强吸热反应。在 Pt（110）面，CH_2 和 CH 是主要解离产物，其他解离产物在能量上都比较高。CH_4 在 Pt（110）面的解离是放热过程，这表明 CH_4 在 Pt（110）面的解离是优先的。在 Pt（100）面，CH 是 CH_4 解离的最主要的 CH 物种，然后依次是 CH_2、CH_3 和 C。CH_4 在 Pt（100）面的解离是吸热过程。通过以上热力学分析可知，CH_4 在 Pt（100）和 Pt（111）面的解离是吸热反应，CH_4 在 Pt（110）面的解离是放热反应，这表明，与 Pt（100）和 Pt（111）面相比，CH_4 在 Pt（110）面的解离是有利的。

C　动力学研究

如图 7-28 所示，在 Pt（111）面，第一步 CH_4 解离为 CH_3 和 H，需要克服 73.9kJ/mol 的活化能，逆反应的活化能为 67.3kJ/mol。第二步 CH_3 解离为 CH_2 和 H，所需活化能为 105.1kJ/mol，逆反应的活化能为 75.0kJ/mol。第三步 CH_2 解离为 CH 和 H，所需活化能为 38.2kJ/mol，逆反应的活化能为 74.1kJ/mol。最后一步 CH 解离为 C 和 H，需要克服较大的活化能 144.8kJ/mol，逆反应的活化能为 51.7kJ/mol，这表明最后一步的解离是非常强的吸热过程。同时，CH_2 解离为 CH 或加氢为 CH_3 的活化能较低，分别为 38.21kJ/mol 和 75.0kJ/mol。这表明在所有的解离物种（CH_3、CH_2、CH 和 C）中，CH_2 是最不稳定的。因此，CH_2 的存

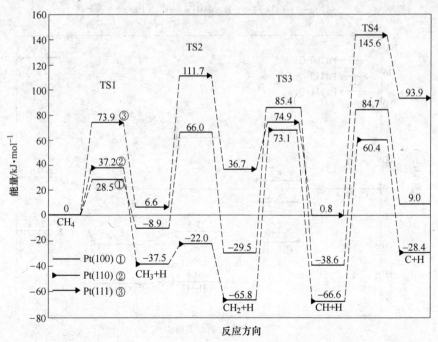

图 7-28　CH_4 在 Pt（111）、Pt（110）和 Pt（100）面解离的势能剖面图

在时间可能很短，在真实的实验条件下聚集非常少。此外，高活化能和强吸热性表明 CH 在 Pt（111）面的解离从热力学和动力学都是不利的。CH 解离为 C 和 H 是决速步骤。因此，CH 在 Pt（111）面是最主要的解离物种。

在 Pt（110）面，第一步 CH_4 解离为 CH_3 和 H，需要克服 37.2kJ/mol 的活化能，逆反应的活化能为 74.7kJ/mol。随后，CH_3 解离为 CH_2 和 H，所需活化能为 15.5kJ/mol，逆反应的活化能为 43.8kJ/mol，紧接着 CH_2 解离为 CH 和 H，所需克服的活化能为 138.9kJ/mol，逆反应的活化能为 139.7kJ/mol。最后，CH 解离为 C 和 H 需要克服的活化能为 127.0kJ/mol，逆反应的活化能为 88.8kJ/mol。以上结果表明，CH_3 解离为 CH_2 和 H 是动力学最优步骤，然后是 CH_4、CH 和 CH_2。CH_2 和 CH 的解离活化能都很高，两者差别不大，为竞争反应，而 CH 解离是强的吸热过程，CH_2 解离是轻微的放热过程。因此，认为 CH 是 Pt（110）面的最主要解离物种。

在 Pt（100）面，CH_4 解离为 CH_3 和 H，需要克服 28.5kJ/mol 的活化能，逆反应的活化能为 37.4kJ/mol。然后，CH_3 解离为 CH_2 和 H，所需活化能为 79.4kJ/mol，逆反应的活化能为 95.5kJ/mol，紧接着 CH_4 解离为 CH 和 H，所需克服的活化能为 14.9kJ/mol，逆反应的活化能为 24.0kJ/mol。最后，CH 解离为 C 和 H 需要克服活化能为 23.3kJ/mol，逆反应的活化能为 75.7kJ/mol。以上结果表明，CH 解离为 C 和 H 活化能最高，即是决速步骤，且是强吸热过程。因此，CH 解离的高活化能和强吸热性表明 CH 在 Pt（100）面解离在动力学和热力学上都是最不利的，也就是说 CH 在 Pt（100）面是最主要的解离物种。

基于以上动力学分析可知，在 Pt（111）、Pt（110）和 Pt（100）面，CH 解离为 C 和 H 是决速步骤，CH_4 解离的最主要产物是 CH。此外，热力学和动力学的结果表明，与 Pt（100）和 Pt（111）面相比，CH_4 在 Pt（110）面的解离过程是最优的反应路径。

7.3.1.4　CH_4 在 Co（hkl）面的解离机理

A　过渡态结构

CH_4 在 Co（111）、Co（110）和 Co（100）面逐步解离的过渡态结构如图 7-29 所示，解离对应的过渡态分别为 TS1、TS2、TS3、TS4。

B　热力学研究

CH_4 在 Co（hkl）面解离的热力学计算结果如图 7-30 所示，CH_4 在 Co（111）、Co（110）和 Co（100）面完全解离的反应热为 87.0kJ/mol、32.3kJ/mol 和 -48.6kJ/mol，而在气相中，CH_4 逐步解离是吸热反应，每一步计算的反应能量分别是 457.3kJ/mol、479.5kJ/mol、479.5kJ/mol 和 350.2kJ/mol，也就是说，完全解离需要能量 1766.5kJ/mol。从热力学角度分析，CH_4 在金属 Co 表面的解离反应是有利的。

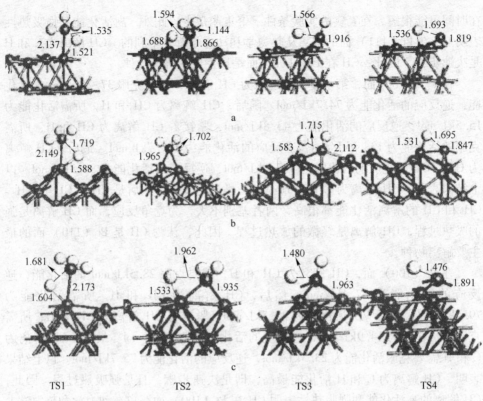

图 7-29　CH₄ 在 Co (111)、Co (110) 和 Co (100) 面解离的过渡态结构

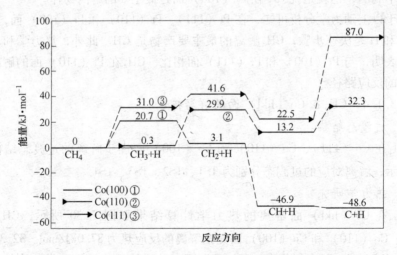

图 7-30　CH₄ 在 Co(hkl) 面逐步解离的热力学能量变化

　　由图 7-30 可知，在 Co(111) 面，CH 是 CH₄ 解离的最主要 CH 物种，然后依次是 CH₃、CH₂ 和 C。C 由于较高的能量在金属表面仅有微量存在。一般来说，CH₄ 在

Co(111) 面的解离是吸热的，这与 Zuo 等人的研究结果相一致。在 Co(110) 面，CH₃是解离的最主要物种，然后依次是 CH、CH₂ 和 C。CH₄ 在 Co (110) 面的解离反应是吸热的，表明 CH₄ 在 Co(110) 面的解离过程是不利的。在 Co(100) 面，CH 和 C 在 CH₄解离过程中都是最主要的物种，然后依次是 CH₂ 和 CH₃，这说明表面 C 在 Co(100) 面容易生成，且 CH₄ 在 Co(100) 面的解离是放热的。综上可知，CH₄ 在 Co(100) 面的解离过程比 Co(110) 和 Co(111) 面优先。

基于以上的热力学研究可以得出，与 Co(111) 和 Co(110) 面相比，CH₄ 在 Co(100) 面的解离是最优反应路径。在 Co(100) 面，表面 C 很容易形成，以上仅仅是基于热力学的研究，接下来还需要进行动力学研究。

C　动力学研究

如图 7-31 所示，在 Co(111) 面，第一步 CH₄解离为 CH₃和 H，需要克服 119.6kJ/mol 的活化能，逆反应的活化能为 88.6kJ/mol。第二步 CH₃解离为 CH₂ 和 H，所需活化能为 66.6kJ/mol，逆反应的活化能为 56.0kJ/mol，第三步 CH₂解离为 CH 和 H，所需活化能为 29.6kJ/mol，逆反应的活化能为 48.7kJ/mol。最后一步 CH 解离为 C 和 H，需要克服较大的活化能为 117.3kJ/mol，逆反应的活化能为 52.8kJ/mol，CH₄的最后一步解离是强吸热过程，CH 是最主要的解离产物。同时，CH₂容易解离为 CH 和 H，对应的活化能较小为 29.6kJ/mol，CH₂加氢生成 CH₃的活化能为 48.7kJ/mol，这表明在所有解离产物中，CH₂是最不稳定的。因此，CH₂的存在时间可能很短，在真实的实验条件下浓度很低。

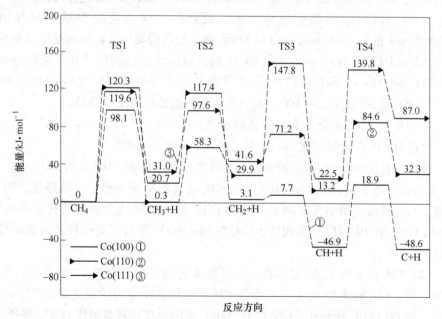

图 7-31　CH₄ 在 Co (111)、Co (110) 和 Co (100) 面逐步解离的势能剖面图

在 Co(110) 面，第一步 CH_4 解离为 CH_3 和 H，需要克服 120.3kJ/mol 的活化能，逆反应的活化能为 120.0kJ/mol。随后，CH_3 解离为 CH_2 和 H，所需活化能为 58.0kJ/mol，逆反应的活化能为 28.4kJ/mol，然后 CH_2 解离为 CH 和 H，需克服的活化能为 117.9kJ/mol，逆反应的活化能为 134.6kJ/mol。最后，CH 解离为 C 和 H 需要克服的活化能为 71.4kJ/mol，逆反应的活化能为 52.3kJ/mol。由此可知，CH_4 解离为 CH 和 H 需要很高的活化能 117.9kJ/mol，且为整个反应的决速步骤，而 CH_2 加氢生成 CH_3 所需活化能较低为 28.4kJ/mol，表明 CH_2 不易存在，而加氧成为 CH_3，因此 CH_3 是解离的主要产物。

在 Co(100) 面，CH_4 解离为 CH_3 和 H，需要克服 98.1kJ/mol 的活化能，逆反应的活化能为 77.4kJ/mol。CH_3 解离为 CH_2 和 H，所需活化能为 96.7kJ/mol，逆反应的活化能为 114.3kJ/mol，然后 CH_2 解离为 CH 和 H，需克服的活化能为 4.6kJ/mol，逆反应的活化能为 54.6kJ/mol。最后，CH 解离为 C 和 H 需要克服的活化能为 65.8kJ/mol，逆反应的活化能为 67.5kJ/mol。以上结果表明，CH_2 非常容易解离为 CH 和 H，解离活化能为 4.6kJ/mol，在所有解离物种中，CH_2 是最不稳定的。CH_4 解离为 CH_3 和 H 与 CH_3 解离为 CH_2 和 H，两者活化能相近，为竞争反应，但其活化能均低于 Co(111) 和 Co(110) 上 CH_4 解离的决速步骤活化能，因此，认为 C 是主要的解离产物。

综上动力学研究结果可知，在 Co(111) 面，CH 是最主要的解离产物；在 Co(110)，CH_3 是最主要的解离产物；在 Co(100) 面，C 是最主要的解离产物。CH_4 在 Co(111) 面的整个解离过程，最高的反应活化能和反应热分别为 139.8kJ/mol 和 87.0kJ/mol，在 Co(110) 面，最高的反应活化能和反应热分别为 147.8kJ/mol 和 32.3kJ/mol 在 Co(100) 面，最高的反应活化能和反应热分别为 117.4kJ/mol 和 −48.6kJ/mol 以上动力学和热力学分析表明，与 Co(110) 和 Co(111) 面相比，CH_4 在 Co(100) 面的解离过程是最优的反应路径。

7.3.1.5　CH_4 在金属表面解离的特点

通过对 CH_4 在金属催化剂表面解离机理的研究，可知：

（1）CH_4 在金属 Rh 催化剂表面上的解离过程，在 Rh(100) 和 Rh(111) 面，CH 解离是决速步骤；在 Rh(110) 面，CH_2 解离是决速步骤。也就是说，Rh 催化剂上 CH_4 解离的最主要产物是 CH_2 和 CH。热力学和动力学的研究结果表明，与 Rh(110) 和 Rh(111) 面相比，CH_4 在 Rh(100) 面的解离过程是最优的反应路径。

（2）CH_4 在金属 Pt 催化剂表面上的解离过程，在 Pt(111)、Pt(110) 和 Pt(100) 面，CH_4 解离的最主要产物是 CH。热力学和动力学的结果表明，与 Pt(100) 和 Pt(111) 面相比，CH_4 在 Pt(110) 面的解离过程是最优的反应路径。

（3）CH_4 在金属 Co 催化剂表面上的解离过程，在 Co(111) 面，CH 是最主要的解离产物；在 Co(110)，CH_3 是最主要的解离产物；在 Co(100) 面，C 是最主要的解离产物。热力学和动力学研究表明，与 Co(110) 和 Co(111) 面相比，CH_4 在 Co(100) 面的解离过程是最优的反应路径。

（4）CH_4 在金属 Rh、Pt 和 Co 催化剂表面的解离，在 Rh(111) 面，最高反应活化能和反应热分别为 79.4kJ/mol 和 4.7kJ/mol，在 Rh(110) 面，最高反应活化能和反应热分别为 86.8kJ/mol 和 −53.7kJ/mol，在 Rh(100) 面，最高反应活化能和反应热分别为 62.4kJ/mol 和 −104.4kJ/mol；在 Pt(111) 面，最高反应活化能和反应热分别为 145.6kJ/mol 和 93.9kJ/mol，在 Pt(110) 面，最高反应活化能和反应热分别为 73.1kJ/mol 和 −28.4kJ/mol，在 Pt(100) 面，最高反应活化能和反应热分别为 111.7kJ/mol 和 9.0kJ/mol；在 Co(111) 面，最高反应活化能和反应热分别为 139.8kJ/mol 和 87.0kJ/mol，在 Co(110) 面，最高反应活化能和反应热分别为 147.8kJ/mol 和 32.3kJ/mol，在 Co(100) 面，最高反应活化能和反应热分别为 117.4kJ/mol 和 −48.6kJ/mol，通过以上三种金属的比较可知，CH_4 在金属 Rh、Pt 和 Co 表面解离活性的强弱顺序为：Rh > Pt > Co。

7.3.2 不饱和碳氢化合物

7.3.2.1 不饱和碳氢化合物氧化反应机理的量子化学研究

人类开始大规模利用矿物燃料（煤炭、石油、天然气等）已有 100 左右的历史，在今天，矿物燃料已是人类最为依赖的能源，被广泛应用在工业、运输、军事及各种民用系统中。矿物燃料在人类生活中发挥着举足轻重的作用，与之相关的研究课题涵盖了空气热动力学、燃烧科学、环境科学、大气科学、生物学等多种学科。在化学及其相关领域，矿物燃料因其具有多样的组成成分以及在燃烧过程中发生的极其复杂的化学变化和燃烧产物对人类生存环境产生的重大影响，使得人们长期以来一直对它保持着浓厚的兴趣。在其燃烧过程中发生的不饱和碳氢化合物（烯烃、炔烃、芳香烃）的氧化反应，由于结构中不饱和键的影响，使其反应活性较高，可参与的反应类型较多，产物较为复杂，同时，不饱和碳氢化合物尤其是芳香族化合物对环境以及人体健康的影响十分巨大，因此，一直以来都受到人们广泛的关注。

矿物燃料在燃烧过程中，产生的污染物主要包括烟尘颗粒、氮氧化物、硫化物、一氧化碳和各种有机污染物，有机污染物即指各种各样的碳氢化合物，是燃料中碳氢化合物在燃烧过程中产生的中间体和产物。这些碳氢化合物包括两类：饱和碳氢化合物（链式烷烃）和不饱和碳氢化合物（烯烃、炔烃、芳香烃）。饱和碳氢化合物由于其结构比较简单，反应类型比较单一，同时在常温下反应活性不高，因此受到的关注较少，与之相关的反应体系也被研究得比较充分。而不饱和碳氢化合物由于结构中不饱和键的影响，使其反应活性较高，可参与的反应类型较多，产物较为复杂，同时，不饱和碳氢化合物尤其是芳香族化合物对环境以及人体健康的影响十分巨大，因此，一直以来都受到人们广泛的关注。因为不饱和碳氢化合物多出现在含氧火焰中，因此，它的氧化反应体系一直是人类研究的热点，虽然人们在这方面投入了很多精力，但由于反应体系十分复杂，因此，在这方面依然存在着很大的研究空间。同时，由于近年来量子化学的理论和计算方法有了飞速的发展，因此，使用先进的量子化学方法从分子层次对不饱和碳氢化合物的氧化反应体系进行深入的研究，必定可以帮助人们进一步揭示不饱和碳氢化合物的氧化反应机理，对人类更好的利用矿物燃料及预防产生的污染危害起到重要的作用。

大气化学是研究发生在大气中各种化学现象和过程的一门学科，由于其与气候、环境等方面的密切联系而受到人们的普遍重视。近年来，许多地区出现了大范围的气候异常现象和环境恶化问题，解决这些问题需要了解大气环境问题的产生机理，并对大气环境的保护和治理和全球经济发展战略的制订提供科学依据，这在很大程度上有赖于大气化学在内的大气科学各学科的进步。

7.3.2.2　戊二烯基（$CH_2CHCHCHCH_2$）与 O_2 反应的理论

研究者采用 B3LYP 方法，即 Becke 的三参数非局域交换泛函与 Lee、Yaug 和 Parr 的非局域相关泛函的 DFT 方法，以 6-311G（d，p）为基组优化了 $C_5H_7 + O_2$ 反应中所有涉及的稳定结构（包括反应物和产物）和过渡态的几何结构。在同等水平上，进行频率计算以确定势能面上这些驻点的性质和它们的零点振动能（ZPE，乘以校正因子为 0.96）。具有唯一一个振动虚频的结构被确认为过渡态，所有振动均为实频振动的结构被确认为势能面上局域最小值点。最后，采用 G3B3 方法计算了 $C_5H_7 + O_2$ 反应的势能面。G383 方法为 G3（Gaussian 03）方法的一个变种，采用 B3LYP 密度泛函方法进行结构和频率上的计算。

研究表明，G383 方法可以为许多化合物提供精确的单点能，尤其是针对碳氢化合物及其衍生物以及不饱和成环化合物。全部计算工作用 Caussian 03 程序包在 Pentium Ⅳ 计算机上完成的。

A　$C_5H_7O_2 \cdot$ 自由基的形成

计算表明，$C_5H_7 \cdot$ 自由基可以直接和 O_2 分子化合生成两种自由基产物：ISO1（$CH_2CHCHCHCH_2OO \cdot$）和 ISO2（$CH_2CHCH(OO \cdot)CHCH_2$），ISO1 和 ISO2 互为异构体，反应式为：

$$CH_2CHCHCHCH_2 \cdot + O_2 \rightarrow TS1 \rightarrow ISO1 \qquad (7\text{-}65)$$

$$CH_2CHCHCHCH_2 \cdot + O_2 \rightarrow TS2 \rightarrow ISO2 \qquad (7\text{-}66)$$

在反应式（7-65）中，O_2 分子逐渐移向到 $C_5H_7 \cdot$ 自由基的末端 C 原子（C1）上，经过一个虚频为 362i/cm 的过渡态 TS1，形成过氧自由基 ISO1。在 TS1 的结构中，正在形成的 C—O 键键长为 0.2085nm，而原来 O_2 分子中的 O—O 键则从

0.1206nm 拉长到 0.1247nm。根据 G3B3 的计算，反应（7-65）为放热反应，其反应热为 55.27kJ/mol（13.2kcal/mol），而反应能垒则为 44.80kJ/mol（10.7kcal/mol），显示此反应很容易进行。而在反应（7-66）中，O2 分子则是与 $C_5H_7 \cdot$ 自由基的中间 C 原子（C3）联接，经过一个虚频为 273i/cm 的过渡态 TS2，形成过氧自由基 ISO2。在 TS2 的结构中，正在形成的 C—O 键键长为 0.2003nm，而原来 O2 分子中的 O—O 键则从 0.1206nm 拉长到 0.1245nm。根据 G3B3 的计算结果，反应（7-66）中 ISO2 的能量比反应物的能量和低 43.96kJ/mol（10.5kcal/mol），为放热反应，反应所跨越的能垒仅为 26.8kJ/mol（6.4kcal/mol）。

从电子结构上看，化合反应的一个结果是破坏了戊二烯基原有的电子共轭体系。戊二烯基中原本的电子共轭体系为五中心五电子的大 π 键，在 O2 分子与其化合的过程中，与 O2 相连的 C 原子（ISO1 中为 C1，ISO2 中为 C3）的杂化类型从 sp^2 逐步的转化为 sp^3，从而破坏了原有的 π 电子共轭体系。电子结构的变化结果直观的体现为产物的空间结构发生了显著的形变。在原来的戊二烯基结构中，所有的原子都处在同一个平面内，而在反应（7-65）中，由于 C1 原子的杂化类型变为 sp^3，使得 ISO1 中 C1 上的两个氢原子脱离了原来的平面，但由于 C2、C3、C4、C5 保留了原来的共轭体系，使得 C1 依然留在了原来的平面中；在反应（7-66）中，C3 原子的杂化类型变为 sp^3，使得 C1、C2、C3、C4、C5 均脱离了原有的平面，从结构上的变化证明原有的共轭体系在 ISO2 中只剩下 C2 ＝ C3 和 C4 ＝ C5；两个孤立的双键了。

B $C_5H_7O_2 \cdot$ 自由基的单分子异构化反应

计算表明，戊二烯基与氧分子的两种化合产物 ISO1 和 ISO2 均可以发生一系列的异构化反应，主要包括氢转移途径和环化途径。

a 氢转移异构化途径

ISO1 和 ISO2 均可以发生氢转移异构化反应，具体反应为：

ISO1：

$$ISO1 \rightarrow TS3 \rightarrow ISO3 \tag{7-67}$$

$$ISO1 \rightarrow TS4 \rightarrow ISO4 \tag{7-68}$$

ISO2：

$$ISO2 \rightarrow TS5 \rightarrow ISO5 \tag{7-69}$$

$$ISO2 \rightarrow TS6 \rightarrow ISO6 \tag{7-70}$$

反应（7-67）和反应（7-69）均为 α 氢转移反应。在反应（7-67）中，ISO1 自由基 C1 原子上的氢原子被带有一对孤电子对的 O7 原子提取，经过过渡态 TS3 生成异构体 ISO3。在 TS3 中，C—H 键长从 0.1092nm 拉长到 0.1281nm，而 O—H 键长则从 0.2420nm 缩短到 0.1373nm，从而形成一个 C—H—O—O 的四元环。而在反应（7-69）中，ISO2 自由基 C3 原子上的氢原子同样被带有一对孤电子对的 O7 原子所提取,经过过渡态 TS5 生成异构体 ISO5。在 TS5 中,C—H 键长从 0.1091nm 拉长到 0.1268nm,而 O—H 键长则从 0.3185nm 缩短到 0.1397nm,也同样形成一个 C—H—O—O 的四元环。

　　除了 α 氢转移反应途径,ISO1 和 ISO2 还可以发生 β 氢转移异构化反应。反应(7-68)和反应(7-70)均为 β 氢转移反应。在反应(7-68)中,ISO1 自由基 C2 原子上的氢原子被带有一对孤电子对的 O7 原子所提取,经过过渡态 TS4 生成异构体 ISO4。在 TS3 中,C—H 键长从 0.1087nm 拉长到 0.1412nm,而 O—H 键长则从 0.2830nm 缩短到 0.1178nm,从而形成一个 C—C—H—O—O 的五元环。而在反应(7-70)中,ISO2 自由基 C2 原子上的氢原子同样被带有一对孤电子对的 O7 原子所提取,经过过渡态 TS6 生成异构体 ISO6。在 TS5 中,C—H 键长从 0.1086nm 拉长到 0.1401nm,而 O—H 键长则从 0.2625nm 缩短到 0.1176nm,也同样形成一个 C—C—H—O—O 的五元环。

　　从能量的角度来看,氢转移反应途径都具有很高的能垒。四个氢转移反应的能垒分别为 168.73kJ/mol(40.3kcal/mol)、196.78kJ/mol(47.0kcal/mol)、162.45kJ/mol(38.8kcal/mol)、185.48kJ/mol(44.3kcal/mol),表明氢转移反应很难进行。而对数据进行比较可以看出,与 β 氢转移反应相比,α 氢转移反应途径具有相对较低的能垒。在 ISO1 进行的反应中,α 氢转移反应(反应(7-67))的能垒比 β 氢转移反应(反应(7-68))的能垒低 28.05kJ/mol(6.7kcal/mol)。同样在 ISO2 进行的反应中,α 氢转移反应(反应(7-69))的能垒比 β 氢转移反应(反应(7-70))的能垒低 23.03kJ/mol(5.5kcal/mol)。通常来说,在氢转移反应中,给氢原子和受氢原子之间的距离大小对反应有极为重要的影响。在 α 氢转移反应的过渡态 TS3 和 TS5 中,给氢原子和受氢原子的距离 C1—O7(TS3)和 C3—O7(TS5)分别为 0.2045nm 和 0.2047nm,而在 β 氢转移反应的过渡态 TS4 和 TS6 中,给氢原子和受氢原子的距离 C2—O7(TS4)和 C2—O7(TS6)分别为 0.2369nm 和 0.2363nm。因此认为,造成 $C_5H_7O_2$· 自由基 α 氢转移反应途径相比 β 氢转移反应具有较低的能垒的原因,很有可能是由于 α 氢转移反应中给氢原子和受氢原子的距离相对较近。

　　除了能垒,氢转移异构化反应的反应热也是关注的问题。G3B3 的计算表明,α 氢转移反应(7-67)和反应(7-69)的反应热分别为 27.63kJ/mol(6.6kcal/mol)和 38.94kJ/mol(9.3 kcal/mol),说明 α 氢转移反应为放热反应。与之相对地,β 氢转移反应(7-68)和反应(7-70)的 G3B3 反应热分别为 -102.58kJ/mol(-24.5kcal/mol)和 -96.72kJ/mol(-23.1kcal/mol),说明 β 氢转移反应为吸热反应。两类氢转移反应在反应热上的显著差异反映了两种产物在结构稳定性上的不同。对于 α 氢转移反应,产物 ISO3 和 ISO5 的 α 碳原子上均有一个未成对的电子,这使得体系中的五个碳原子可以保留原来的电子共轭体系,因此极大地降低了体系的相对能量。而 β 氢转移反应的产物 ISO4 和 ISO6 由于破坏了原有的 π 电子共轭体系，使得体系的相对能量大大提高了。

b 环化异构化途径

除了氢转移途径之外，环化反应途径也是 $C_5H_7O_2$· 自由基 ISO1 和 ISO2 重要的单分子异构化反应途径。在计算中，环化异构化反应主要有以下几个：

ISO1：

$$ISO1 \rightarrow TS7 \rightarrow ISO7 \qquad\qquad (7\text{-}71)$$

$$ISO1 \rightarrow TS8 \rightarrow ISO8 \qquad\qquad (7\text{-}72)$$

ISO2：

$$ISO2 \rightarrow TS9 \rightarrow ISO9 \qquad\qquad (7\text{-}73)$$

$$ISO2 \rightarrow TS10 \rightarrow ISO8 \qquad\qquad (7\text{-}74)$$

反应（7-71）和反应（7-73）分别为 ISO1 和 ISO2 的四元环化反应。在反应（7-71）中，O7 原子逐渐向 C2 原子靠近，经过一个过渡态 TS7，生成四元环化合物 ISO7。TS7 中 C2—O7 的距离由原来的 0.2978nm 缩短为 0.1905nm，最终形成一个 C2C1O6O7 的四元环，并在 C3 原子上产生一个未成对的电子。而在反应（7-73）中，O7 逐渐向 C3 原子靠近，经过一个过渡态 TS9，生成四元环化合物 ISO9。TS9 中 C3—O7 的距离由原来的 0.2840nm 缩短为 0.1829nm，最终形成一个 C2C3O6O7 的四元环，并在 C3 原子上产生一个未成对的电子。由于在 ISO7 中 C3C4C5 上形成了一个三中心三电子的共轭体系，所以相比 ISO9 具有更低的体系相对能量。根据 G3B3 的计算结果，ISO7 的能量比 ISO9 低 39.36kJ/mol（9.4kcal/mol）。反应（7-72）和反应（7-74）分别为 ISO1 和 ISO2 的五元环化反应。在反应（7-72）中，O7 原子逐渐向 C3 原子靠近，经过一个过渡态 TS8，生成五元环化合物 ISO8。TS8 中 C3—O7 的距离由原来的 0.4230nm 缩短为 0.1976nm，最终形成一个 C3C2C1O6O7 的五元环。而在反应（7-74）中，O7 逐渐向 C1 原子靠近，经过一个过渡态 TS10，生成相同的五元环化合物 ISO8。TS10 中 C1—O7 的距离由原来的 0.4071nm 缩短为 0.1982nm，最终也形成一个 C3C2C1O6O7 的五元环。

G3B3 的计算表明，五元环化反应相比四元环化反应具有更高的能垒。对于 ISO1，四元环化反应（7-71）的能垒为 119.74kJ/mol（28.6kcal/mol），比 ISO1 的五元环化反应（7-72）的能垒低 41.45kJ/mol（9.9kcal/mol）。ISO2 的情况与之相似，四元环化反应（7-73）的能垒为 137.33kJ/mol（32.8kcal/mol），比五元环化反应（7-74）的能垒低 13.4kJ/mol（3.2kcal/mol）。通过对反应过程中体系结构的分析，发现在五元环的形成过程中，自由基的碳骨架需要发生很大的形变，而在四元环的形成过程中，自由基的碳骨架只需要发生较小的形变。因此认为碳骨架发生较大的形变是五元环化反应具有较高能垒的主要原因。

虽然五元环化反应在动力学上是难以发生的，但是从热力学的角度来说，五元环化反应的反应热要普遍高于同体系的四元环化反应。在 ISO1 的环化异构化途径中，五元环化反应（7-72）的反应热为 -27.63kJ/mol（-6.6kcal/mol），相比四元环化反应（7-74）的反应热要高 13.82kJ/mol（3.3kcal/mol）。同样的，在 ISO2 的环化异构化途径中，五元环化反应（7-74）的反应热为 -16.33kJ/mol（-3.9kcal/mol），相比四元环化反应（7-73）的反应热要高 53.17kJ/mol（12.7kcal/mol）。考虑到不同的环化反应产物在结构上的不同，认为导致反应热具有普遍差异的主要原因是在结构上四元环比五元环具有更大的张力。

c $C_5H_7O_2$ · 自由基异构体的单分子分解反应

大多数的氢转移异构体和环化异构体都具有单分子分解反应通道，分解产物主要包括一些不饱和醛和不饱和酮。主要的分解反应为：

$$ISO3 \longrightarrow P1 + OH \qquad\qquad (7\text{-}75)$$

$$ISO5 \longrightarrow P2 + OH \qquad\qquad (7\text{-}76)$$

$$ISO4 \rightarrow TS11 \rightarrow P3 + OH \qquad\qquad (7\text{-}77)$$

$$ISO8 \rightarrow TS12 \rightarrow ISO10 \rightarrow P4 + CH2O \qquad\qquad (7\text{-}78)$$

$$ISO7 \rightarrow TS13 \rightarrow ISO10 \rightarrow P4 + CH2O \qquad\qquad (7\text{-}79)$$

$$ISO9 \rightarrow TS14 \rightarrow C2H3O + C3H4O \qquad\qquad (7\text{-}80)$$

反应（7-75）和反应（7-76）分别是 α 氢转移异构体 ISO3 和 ISO5 的单分子分解反应。在反应（7-75）和反应（7-76）中，O6—O7 键逐步拉长，直到断裂。G3B3 计算表明这两个反应为直接反应，没有能垒。反应（7-75）的产物为羟基和不饱和醛 P1，而反应（7-76）的产物为羟基和不饱和酮 P2。导致这两个反应分解产物细微区别的原因是由于 O 原子在 ISO3 和 ISO5 中所处的位置不同。根据 G3B3 的计算结果，反应（7-75）的反应热为 101.74kJ/mol（24.3kcal/mol），而反应（7-76）的反应热为 94.2kJ/mol（22.5kcal/mol）。反应（7-77）是 β 氢转移异构体 ISO4 的单分子分解反应。在反应（7-77）中，ISO4 中 O6—O7 键逐步拉长，经过一个过渡态 TS11，分解为一个具有三元环结构的 P3 和羟基。G3B3 计算表明，反应（7-77）的能垒为 91.27kJ/mol（21.8kcal/mol），反应热为 96.3kJ/mol（23.0kcal/mol）。在计算中，没有发现 β 氢转移异构体 ISO6 具有单分子分解反应通道。

在环化异构体 ISO7，ISO8 和 ISO9 中，同样发现了单分子分解反应通道。反应（7-78）表明，五元环异构体 ISO8 中 O—O 键逐步拉长，先经过过渡态 TS12 生成具有一个三元环结构的异构体 ISO10，ISO10 再分解生成甲醛和同样具有三元环结构的 P4。反应（7-78）的能垒为 84.15kJ/mol（20.1kcal/mol），总的反应热为 64.06kJ/mol（15.3kcal/mol）。除了 ISO8 的单分子分解反应通道外，四元环异构体 ISO7 也可以在反应（7-79）中通过过渡态 TS13 生成 ISO10，同样分解生成甲醛和具有三元环结构的 P4。G3B3 计算的反应（7-79）的能垒为 84.15kJ/mol（20.2kcal/mol），反应热为 77.87kJ/mol（18.6kcal/mol）。在另一个四元环异构体的单分子分解反应（7-80）中，ISO9 通过 TS14 分解为乙醛和丙烯醛，此反应过程为 O—O 键和 C—C 键的协同断裂过程，反应的能垒为 64.06kJ/mol（15.3kcal/mol），反应热达到了 285.54kJ/mol（68.2kcal/mol）。

通过对整个反应体系势能面的计算，可以看到，在第一步即化合过程中，反应（7-66）的能垒相比反应（7-65）的能垒要低 18kJ/mol（4.3kcal/mol）。接着，在第二步即异构化过程中，反应（7-73）的能垒为 137.33kJ/mol（32.8kcal/mol），低于绝大多数的异构化反应通道。最后，在异构体的单分子分解反应过程中，ISO9 的单分子分解通道即反应（7-80）具有所有分解反应通道中最低的（64.06kJ/mol（15.3kcal/mol））能垒，并且，反应（7-80）具有非常高的（285.54kJ/mol（68.2kcal/mol））反应热。虽然在第二步中，反应（7-71）（ISO1 异构化生成 ISO7）的能垒比反应（7-73）要低 17.58kJ/mol（4.2kcal/mol），但是，ISO7 的分解反应通道的能垒比 ISO9 的分解能垒高 20.10kJ/mol（4.8kcal/mol），并且 ISO7 的分解反应热比 ISO9 的分解反应热低 207.67kJ/mol（49.6kcal/mol）。因此，总的来看，认为最终生成乙醛和丙烯醛的反应通道是整个反应体系的最优反应通道：

$$C_5H_7 + O_2 \rightarrow TS2 \rightarrow ISO2 \tag{7-66}$$

$$ISO2 \rightarrow TS9 \rightarrow ISO9 \tag{7-73}$$

$$ISO9 \rightarrow TS14 \rightarrow C2H3O + C3H4O \tag{7-80}$$

此反应通道的总能垒为 93.37kJ/mol（22.3kcal/mol），总的反应热为 260.00kJ/mol（62.1kcal/mol）。其中，第二步即反应（7-73）的能垒是整个反应通道中最高的能垒，说明反应（7-73）是整个通道的决速步骤。另外，G3B3 的计算显示某些 $C_5H_7O_2 \cdot$ 自由基具有相对较低的能量。例如，环氧异构体 ISO10 在反应体系中具有相当高的生成热（127.28kJ/mol（30.4kcal/mol）对应于 ISO7，115.14kJ/mol（27.5kcal/mol）对应于 ISO8），并且其生成反应的逆反应能垒很高（164.54kJ/mol（39.3kcal/mol）对应于 TS12，175.01kJ/mol（41.8kcal/mol）对应于 TS13），发生分解也需要 51.50kJ/mol（12.3kcal/mol）的能量，因此，认为 ISO10 可能作为反应体系中的长寿命中间体而存在。同时，ISO1 由于具有 55.27kJ/mol（13.2kcal/mol）的生成热和相当高的向前向后反应能垒（分别为 137.33 ~ 185.89kJ/mol（32.8 ~ 44.4kcal/mol）和 100.06kJ/mol（23.9kcal/mol）），因此同样也可能作为反应体系中的长寿命中间体而存在。通过 Zils 等人的实验观察，证实在 $C_5H_7O_2$ 反应体系中确实有 $C_5H_7O_2 \cdot$ 自由基的长寿命中间体存在。

7.3.2.3　环己烷的热裂解机理

A　计算方法

由于设计的路径较多、计算量较大，因此，研究者首先利用 Gaussian 98 程序包中 AM1 法，用 UHF 计算对环己烷热解反应的可能途径进行了热力学和动力学计算，对其热解机理进行了理论预测。并在此基础上，对可能的主反应路径又用密度泛函（DFT）方法中的 UB3LYP/3 – 21G * 进行了计算。具体过程为：对反应物（R）及各中间体（I）的平衡构型经能量梯度法全优化，获得了各物种的标准热力学量（考虑了振动零点能校正）；用 TS 方法优化寻找各反应通道的过渡态，振动频率计算表明有唯一的虚频；最后用内禀反应坐标（IRC）方法确证过渡态。

B　反应路径的热力学描述（UAM1）

因为从热力学的角度去研究一个反应，只需考虑这个反应的始终两态即可，而不管它中间经历了何种变化。所以对图 7-32 设计的反应通道加以简化，将只考虑始终两态的总反应通道列于图 7-33。

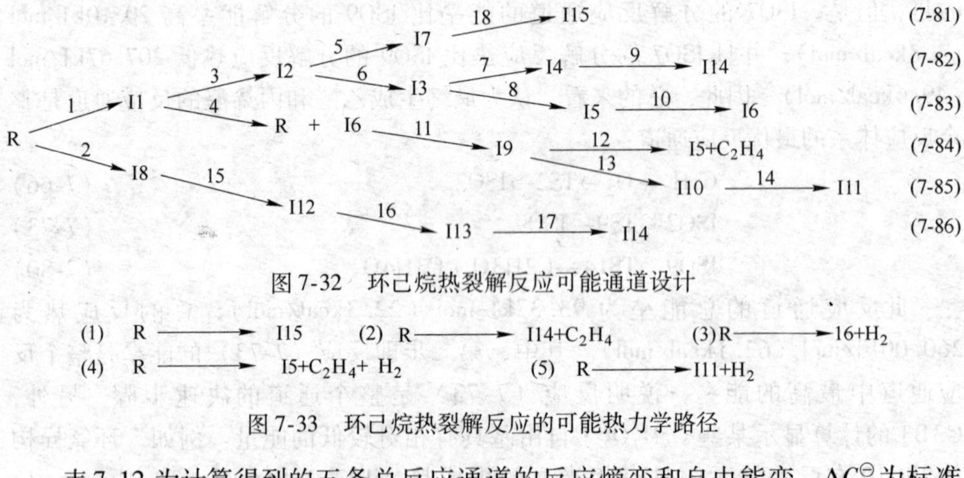

$$
\begin{array}{c}
\text{R} \xrightarrow{1} \text{I1} \xrightarrow[4]{3} \text{I2} \xrightarrow[6]{5} \text{I7} \xrightarrow{18} \text{I15} \hspace{2cm} (7\text{-}81) \\
\text{I3} \xrightarrow[8]{7} \text{I4} \xrightarrow{9} \text{I14} \hspace{1cm} (7\text{-}82) \\
\text{R} + \text{I6} \xrightarrow{11} \text{I5} \xrightarrow{10} \text{I6} \hspace{1cm} (7\text{-}83) \\
\text{I9} \xrightarrow[13]{12} \text{I5+C}_2\text{H}_4 \hspace{1cm} (7\text{-}84) \\
\text{R} \xrightarrow{2} \text{I8} \xrightarrow{15} \text{I10} \xrightarrow{14} \text{I11} \hspace{1cm} (7\text{-}85) \\
\text{I12} \xrightarrow{16} \text{I13} \xrightarrow{17} \text{I14} \hspace{1cm} (7\text{-}86)
\end{array}
$$

图 7-32　环己烷热裂解反应可能通道设计

(1)　R ⟶ I15　　(2)　R ⟶ I14+C_2H_4　　(3) R ⟶ 16+H_2

(4)　R ⟶ I5+C_2H_4+ H_2　　(5)　R ⟶ I11+H_2

图 7-33　环己烷热裂解反应的可能热力学路径

表 7-12 为计算得到的五条总反应通道的反应熵变和自由能变。$\Delta G^\ominus$ 为标准吉布斯自由能变，从平衡的角度考虑，$\Delta G^\ominus$ 愈小反应达平衡时的产物愈多。由表 7-12 可看出，各热裂解反应路径 $\Delta G^\ominus$ 由小到大的顺序均为(7-81) < (7-82) < (7-83) < (7-84) < (7-85) < (7-86)。也就是说，对于环己烷的热裂解反应来说，热

表 7-12　环己烷热裂解反应五种可能路径的 $\Delta E^\ominus$、$\Delta H^\ominus$ 和 $\Delta G^\ominus$ 值

物 理 量	(1)	(2)	(3)	(4)	(5)
$\Delta E^\ominus$/kJ·mol^{-1}	17. 35	198. 45	69. 21	282. 74	100. 29
$\Delta H^\ominus$/kJ·mol^{-1}	9. 21	127. 41	31. 42	179. 78	59. 94
$\Delta G^\ominus$/J·(K·mol)$^{-1}$	27. 313	238. 266	126. 750	345. 326	135. 348

力学上最支持路径（7-82），主要产物为甲基环戊烷（I15）。

然而由质谱图可知，裂解产物中最多的是 2-丁烯，即路径（2）是主要裂解途径，热力学的计算结果与之不符。严格说来，反应的吉布斯自由能变等热力学数据只能说明反应进行的方向，并不能说明反应发生的难易，而动力学数据—活化能则可说明反应发生的快慢即难易，因而有必要寻找反应的过渡态，从动力学角度来比较环己烷各裂解路径发生的难易。

C 反应路径的动力学描述（UAM1）

在优化了平衡几何构型的基础上，对反应物、中间体及过渡态做热力学校正，得到经零点能校正的总能量 E_0、焓 H 及吉布斯自由能 G 值，对其加以整理，得到了各个反应途径正向和逆向的活化能、活化熵及活化自由能的值，列于表 7-13 中。

表 7-13　环己烷可能裂解路径的正向、逆向反应的活化能值　　　　（kJ/mol）

路径	1	2	8	3		4		5	
				正向	逆向	正向	逆向	正向	逆向
$\Delta E_0^{\ominus}$	301.07	238.87	174.90	146.03	29.55	39.42	148.88	31.72	113.17
$\Delta H^{\ominus}$	308.15	246.14	179.59	146.26	24.74	38.84	>150.50	27.75	112.38
$\Delta G^{\ominus}$	269.95	224.46	149.00	146.60	39.11	85.62	188.64	39.36	116.86

路径	6		7		10		11		12	
	正向	逆向	正向	逆向	正向	逆向	正向	逆向	正向	逆向
$\Delta E_0^{\ominus}$	129.73	25.07	137.39	200.40	113.98	318.41	205.36	23.15	95.38	74.15
$\Delta H^{\ominus}$	130.97	22.05	135.85	199.06	106.72	320.25	207.70	18.73	94.79	70.24
$\Delta G^{\ominus}$	126.22	67.42	140.14	202.09	168.86	317.22	203.04	34.21	98.62	119.09

路径	13		14		15		16		17	
	正向	逆向	正向	逆向	正向	逆向	正向	逆向	正向	逆向
$\Delta E_0^{\ominus}$	154.61	177.13	45.02	174.65	125.24	30.10	155.15	172.57	100.73	237.83
$\Delta H^{\ominus}$	153.16	174.98	41.38	177.45	126.48	26.58	153.38	170.94	106.85	217.09
$\Delta G^{\ominus}$	155.93	183.64	58.89	171.50	126.21	75.11	157.68	175.67	111.71	211.87

对表 7-13 有如下两点说明：

（1）由于反应路径 1、2、8 为分子中某一化学键断裂为自由基的过程，在这样的基元反应中无需再形成新的化学键，所以反应活化能即为该化学键的断裂能；理论计算发现这几个反应没有过渡态，以键的断裂能作为其活化能，数据列在表中。

（2）反应路径 10 为乙烯和 1，3-丁二烯发生的 Diels-Alder 反应，用 UAM1 方法优化出一端先联上去的中间体 I，在 R 和 1、I 和 P 之间找到了过渡态。原本是一步加成的 Diels-Alder 反应计算上却为分步反应。分析原因，认为这是用非限制性计算方法所致。于是改用限制性的 RAM1 方法，得到了满意的结果。表中给出的就是由 RAM1 方法优化结果计算出的活化能值。

活化能处理方法较多，但无论何种方法，都能得出相同的结论。本书以经过零点能校正的基态时内能变 ΔE_0 作为活化能来讨论。为了便于描述，把 UAM1 方法计算得到的各可能反应通道的相对能量画在图 7-34 中。此图仅为示意图，并不是按实际的反应坐标做出的。

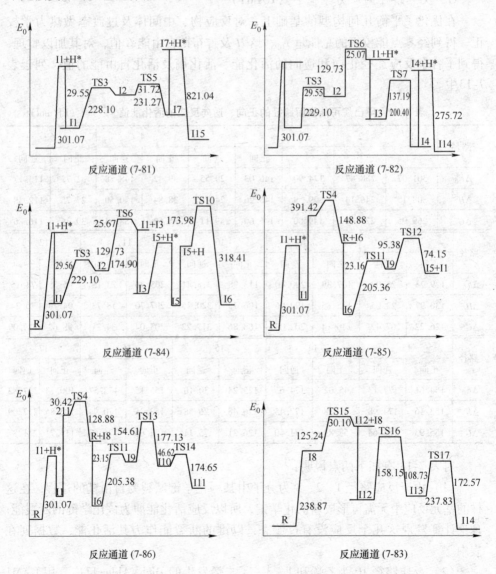

图 7-34　方法计算得到的各可能反应通道的相对能量示意图

首先，环己烷（R）热解断裂化学键，有两种方式：若断 C—H 键，生成中间体 I1；若断 C—C 键，生成 I8，活化能 E_a 分别为 301.07kJ/mol 和 238.87kJ/mol。I1 需 146.03kJ/mol 的活化能（过渡态 TS3）发生开环反应转化为 I2，I2 转变成 I7 需要 31.72kJ/mol 的活化能（TS5）；I7 接着和 H·发生自由基的复合反应生成 I15，此步放出 321.04kJ/mol 的热量。由于无需破坏化学键，所以不需活化能。I2 也可经过 TS6 变为 I3，同时生成一分子的 C_2H_4 需 129.73kJ/mol 的活化能。I3 可发生自由基的转移经 TS7 生成 I4（E_a 为 37.39kJ/mol）也可以断裂 C—H 键生成 I5（E_a 为 174.90kJ/mol）。I4 和 H·发生自由基的复合反应生成 I14，不需活化能，放出 275.72kJ/mol 的热量。I5 和 C_2H_4 发生 Diels-Alder 反应，经 TS10（活化能 113.98kJ/mol）生成 I6。

由 R 断裂 C—H 键生成的 I1，除了可能发生上述的开环反应外，也可发生自由基的歧化反应，经 TS4 生成 R 和 I6（E_a 为 39.42kJ/mol）；I6 接着开环转变为 I9，需 205.36kJ/mol 的活化能（TS10）。I9 若分解为 C_2H_4 和 I5，需 95.38kJ/mol 的活化能（TS12）；或者自由基迁移经 TS13 变为 I10，所需活化能为 154.61kJ/mol，I10 可经 TS14、成环生成 I11，所需活化能为 45.02kJ/mol。R 断裂 C—C 键生成 I8，I8 发生分解反应，经 TS15 分解为 C_2H_4 和 I12，活化能为 125.24kJ/mol；I12 两端的自由基（1，4 位）可分步转移至中间（2，3 位），先经 TS16 变为 I13（E_a 为 155.15 kJ/mol），再经 TS17 最后生成 I14（活化能为 108.73kJ/mol）。

在这些反应通道中，到底哪一个是主要产物的通道，要通过热力学和动力学的结合分析来判定。如图 7-32 所示，环己烷的热裂解反应有六个可能通道，除式（7-83）的决速步是活化能为 238.87kJ/mol，的反应 2 外，其他五个通道的决速步都是反应（7-81），其活化能为 301.07kJ/mol。无论选择哪个通道，其速控步均是第一步的化学键的断裂过程。比较活化能的大小，发现式（7-83）的决速步的活化能最低。所以，式（7-83）是主要的通道，其最终产物 2-丁烯（I14）是主要产物，与质子谱图的结果相一致。对于一个分步反应，若前一个过程是活化能很大的慢反应决速步，后面过程是活化能很小的快速热力学平衡过程，则整个反应生成何种产物是由热力学稳定性决定的。这样的反应称为热力学控制反应。在除式（7-83）外的五个通道中，环己烷断掉 C—H 键是活化能（301.07kJ/mol）很大的慢反应决速步，所以产物的多少由热力学稳定性来决定。热力学支持的反应通道顺序为(7-81)＞(7-83)＞(7-85)＞(7-82)＞(7-84)，说明在这五个通道中，主通道是（7-81），产物为甲基环戊烷；其次是生成环己烯的通道式（7-84），而产物为 2-丁烯的通道式（7-84）不是主要通道。综合上述动力学分析可见，环己烷热裂解主要产物为 2-丁烯，其裂解反应通道是式（7-83）而不是式（7-82），即为环己烷先断 C—C 键开环而非先断 C—H 键的裂解机理，与饱和烃的 C—H 键键能大于 C—C 键键能相一致。

由通道式（7-85）可看出，环己烯（I6）开环断键生成丁二烯（I5）和乙烯时，需要经历反应 11（活化能为 205.36kJ/mol），而丁二烯（I5）和乙烯反应生成环己烯（I6）的 Diels-Alder 反应（反应 10）活化能为 113.98kJ/mol，而且热力学上环己烯比丁二烯和乙烯稳定，所以裂解产物中应该没有丁二烯和乙烯，若有也很快反应转化为环己烯。这也证实了在碳源前驱体发生热解—缩合稠环—碳化反应的过程中，只要最初热解反应发生，接下来基于 Diels-Alder 反应进行的芳构化缩合稠环反应就很容易发生的结论。

D　部分反应路径的密度泛函（DFT）研究

在 UAM1 方法优化的反应物及各中间体平衡几何构型的基础上，对环己烷热解生成主产物 2-丁烯的反应路径式（7-82）、式（7-83）及热力学支持的路径（1）又用密度泛函（DFT）方法中的 UB3LYP/3-21G * 进行了计算，部分热力学量变的计算结果列于表 7-14。图 7-35 为计算的反应通道的相对能量示意图。

表 7-14　环己烷裂解部分反应路径 UB3LYP/3-21G * 计算的正向、
逆向反应的活化能　　　　　　　　　　（kJ/mol）

路径	1	2	3		5		6	
			正向	逆向	正向	逆向	正向	逆向
$\Delta E_0^{\ominus}$	407.90	355.46	124.89	24.56	13.33	89.03	108.51	16.64
$\Delta H^{\ominus}$	415.36	364.26	125.41	20.24	9.16	87.31	109.44	13.48
$\Delta G^{\ominus}$	376.97	340.44	124.40	32.04	20.02	94.02	105.73	56.93

路径	7		15		16		17	
	正向	逆向	正向	逆向	正向	逆向	正向	逆向
$\Delta E_0^{\ominus}$	147.59	224.83	113.39	19.05	181.58	195.77	179.61	445.74
$\Delta H^{\ominus}$	145.84	223.83	114.02	16.08	180.23	194.04	178.46	447.49
$\Delta G^{\ominus}$	150.19	227.34	110.26	58.09	183.30	198.88	180.98	440.74

由表 7-14 和图 7-35 可看出，反应路径 2—15—16—17（式（7-83））的决速步为反应（7-82），活化能是 355.16kJ/mol；而产物同样是 2-丁烯的路径式（7-82）和热力学支持的路径（7-81）的决速步均是反应（7-81），活化能为 407.90kJ/mol。这表明，环己烷热解的主反应通道为式（7-83），其主要产物是 2-丁烯，与质谱图的结论相同。比较图 7-34 和图 7-35 发现，AM1 方法和 DFT 方法计算得到的反应通道能量示意图一致，说明在研究反应机理时 AM1 方法和 DFT 方法一样，其结论是可靠的。

另外查到环己烷中 C—H 键断裂能的实验值是（400±4）kJ/mol。比较计算结果，UAM1 方法为 301.07kJ/mol，DFT 方法为 907.90kJ/mol。后者与实验值符合较好，说明对于本书研究的热力学量的计算，DFT 方法优于 AM1。

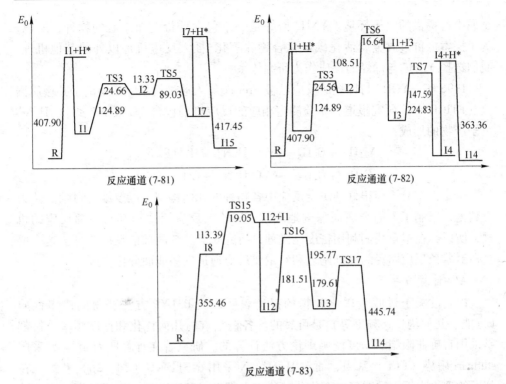

图 7-35 UB3LYP/3-21G∗ 方法计算得到的各可能反应通道的相对能量示意图

7.3.2.4 气相中 YNH⁺ 与丙烯反应的密度泛函研究

过渡金属在元素周期表中位于还原性强的金属和氧化性强的非金属之间，具有适中的电负性，可以提供可变的离子性和共价性，这决定了它们在化学研究的诸多领域（有机化学、生物化学、特别是催化化学方面）发挥极其重要的作用；此外，气相环境可避免一些干扰因素（强烈的分子间作用力、晶体间的作用力和溶剂抗衡离子效应等），这就决定了化学工作者从实验或理论上均可直接研究一些他们感兴趣的物种的性质。所以，在过去的二十几年，过渡金属的气相化学被广泛研究，且迅速发展。

在过去几年，大量的离子化的金属配体物种的气相化学已被深入研究。这些研究不仅考察了配体对过渡金属中心反应活性的影响，还为类似的研究提供了可靠的机理信息和模型。尤其是有关 d 区金属在气相中活化碳氢化合物的研究在过去几年内迅速发展。在这些过程中，C—H 键被富电子金属中心活化主要通过氧化-插入方式。相反，包含低价 d⁰ 过渡金属的物种阻止这种初始进攻方式，所以它们活化 C—H 键必须采取其他的反应机理。

一些已报道的关于过渡金属酰胺正离子反应活性的研究指出：在气相中，它们对包含 C—C、C—H、H—H 和 N—H 键的小分子的反应活性主要取决于其中金属中心提供的电子环境。YNH^+ 恰好是一个包含低价金属中心的物种，所以，为了探索低价过渡金属活化碳氢化合物除氧化-插入反应机理以外的其他机理，我们选择 YNH^+ 与烯烃的反应作为研究体系。

1996 年，YNH^+ 与烯烃的反应已被 Freiser 等人通过傅里叶变换离子共振质谱仪（FTICRMS）研究报道，实验测定相应的反应机理包含 $YC_3H_5N^+$ 和 $YC_2H_3N^+$ 离子产物的形成：

$$YNH^+ + C_3H_6 \longrightarrow YC_3H_5N^+ + H_2 \quad (92\%)$$
$$YNH^+ + C_3H_6 \longrightarrow YC_2H_3N^+ + CH_4 \quad (8\%)$$

但是，实验不能很好地决定反应中各物种的几何构型，以及缺乏可信的热力学数据，限制了人们全面而深刻地理解 YNH^+ 的反应活性和其与丙烯反应的机理，所以，在本章我们利用密度泛函理论研究 YNH^+ 与丙烯的反应机理。这主要包括对各条反应路径的详细阐述和对主要反应通道的势能面分析。

A　计算方法

以前的关于过渡金属化合物的报道表明，从 B3LYP 方法获得的诸多性质（键能、几何构型、频率等）是可靠的。各稳定点的几何优化和振动频率分析都是采用自旋非限制的密度泛函理论方法计算的。研究者在计算时对金属 Y 采用 stuttgart 赝势（ECP）基组，而对 H、C、N 采用 6-311 + G（2d，2p）基组。在相同的理论水平上，对每一个优化的稳定点都做了频率分析，为了决定它们的性质（极小点没有虚频，过渡态有唯一虚频）和获得零点能校正，这些都包含在本书中所提到的相对能中。为了证实各过渡态与相应反应物和产物连接的正确性，对它们都做了内禀反应坐标分析。最后，对反应中各重要物种的自然布局分析（NPA）都是通过自然键轨道（NBO）分析获得的。

B　YNH^+（$^1\Sigma^+$）的电子结构

经计算表明 YNH^+（$^1\Sigma^+$）是线形的，其中 Y—N 键的键能是 527.54kJ/mol（126.0 kcal/mol），这与实验值（Y—N 键的键能大于 422.87kJ/mol（101kcal/mol））是相一致的。此外，YNH^+ 电子结构的 NBO 分析结果列在表 7-15 中。结果表明，Y—N σ 键是由 Y 的 $sd^{15.35}$ 杂化轨道和 N 的 sp 杂化轨道构成的，Y、N 间的两个 π 键是由 Y 的 $4d\pi$ 轨道和 N 的 $2p\pi$ 轨道构成的；N—H σ 键主要是由 N 的另一个 sp 杂化轨道和 H 的 1s 构成的。很显然，在 YNH^+ 中 Y、N 间的多重键主要是由 Y 提供空的 $4d\pi$ 轨道，而 N 的 $2p\pi$ 轨道提供孤电子对所形成的配位键，这恰好解释了 YNH^+ 的线形结构和 Y—N 键较高的键能。

C　YNH^+（$^1\Sigma^+$）与丙烯的气相反应机理

下面我们将详细地考察标题反应，包括部分驻点的几何构型和各可能反应通道的势能剖面图。选择驻点的几何参数见图 7-36，反应通道 1~6 的势能剖面描述见图 7-37，势能面上各驻点的自然布局分析结果见表 7-16。

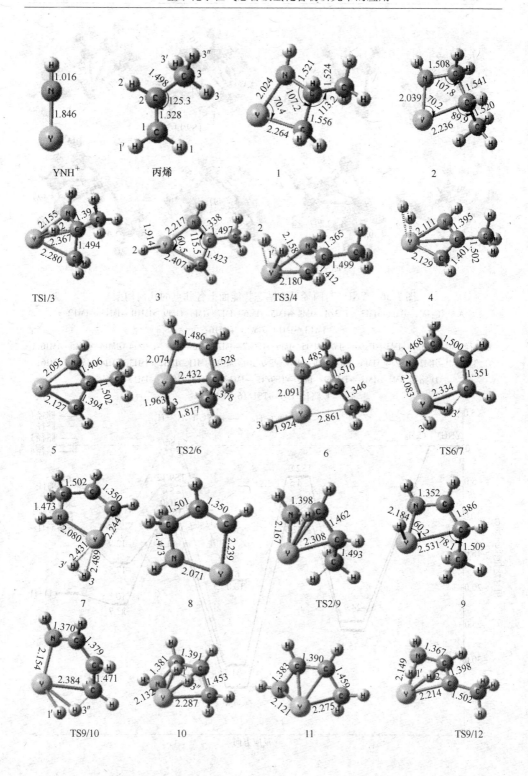

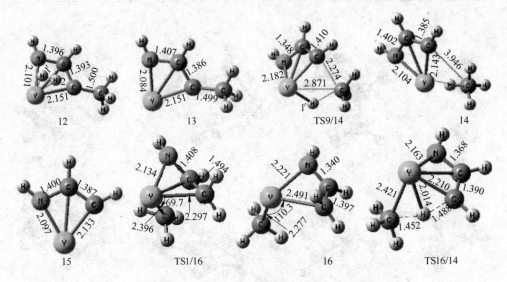

图 7-36　YNH$^+$与丙烯反应基态势能面上各驻点的几何构型

（A 路径：IM1→IM2→IM3→TS3/4→IM4→IM5→IM6→IM7→IM8→IM9→IM10→IM11→IM12→
IM13→IM14→IM15→IM16；

B 路径：IM1→TS1/3→IM3→TS3/4→IM4→IM5→IM6→TS6/7→IM7→IM8→IM9→TS9/14→IM14→IM15→IM16；
C 路径：IM1→IM2→TS2/6→IM6→IM7→IM8→IM9→TS9/10→IM10→IM11→IM12→IM13→IM14→IM15→IM16；
D 路径：IM1→IM2→TS2/9→IM9→TS9/12→IM12→IM13→IM14→IM15→IM16；
E 路径：IM1→TS1/16→IM16）

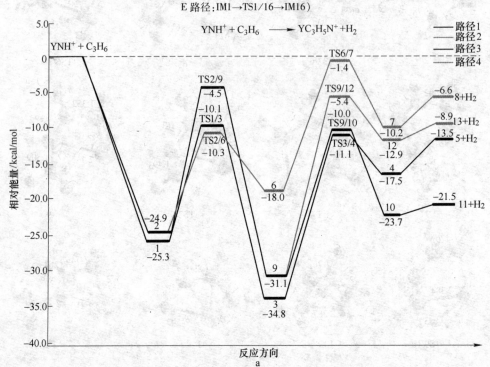

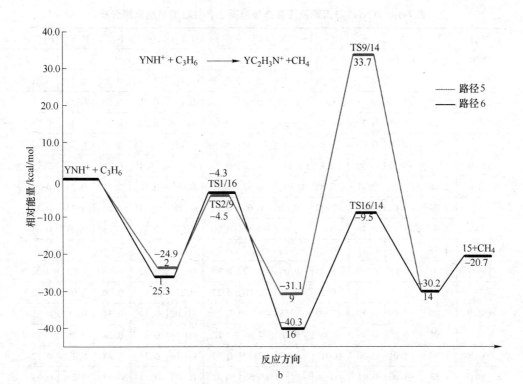

图 7-37 YNH$^+$ 与丙烯反应的基态势能面

(1cal = 4.1868J)

表 7-15 YNH$^+$（$^1\Sigma^+$）的自然键轨道分析

自然轨道			
自然键轨道　键种数		占据轨道数	组　成
Y—N　σ键		1.98	13.8% Y sd$^{15.35}$ + 86.2% N sp
Y—N　π键		2.00	19.8% Y d + 80.2% N p
Y—N　π键		2.00	19.8% Y d + 80.2% N p
N—H　σ键		1.99	70.5% N sp + 29.5% H s
自然布局分析			
项　目		电　荷	电子分布
Y		1.94527	[core] 5s (0.02) 4d (1.09)
N		−1.33621	[core] 2s (1.68) 2p (4.65)
H		0.39094	1s (0.61)

表 7-16　YNH⁺与丙烯反应基态势能面上各驻点的自然布局分析　　　（e）

项目	Y	N	H	C(1)	C(2)	C(3)	H(1)	H(1')	H(2)	H(3)	H(3')	H(3")
YNH⁺	1.95	-1.34	0.39									
C₃H₆				-0.39	-0.17	-0.61	0.18	0.19	0.18	0.20	0.21	0.21
1	2.00	-1.11	0.40	-0.93	-0.09	-0.58	0.23	0.23	0.20	0.20	0.21	0.22
TS1/3	1.80	-0.99	0.39	-0.09	-0.55	-0.59	0.25	-0.08	0.24	0.11	0.26	0.25
3	1.96	-0.94	0.40	-0.84	0.30	-0.64	0.25	0.25	-0.46	0.24	0.22	0.26
TS3/4	1.88	-0.97	0.40	-0.83	0.24	-0.62	0.25	0.12	-0.18	0.24	ND	0.25
4	1.86	-1.00	0.41	-0.82	0.19	-0.62	0.23	0.04	0.00	0.23	0.24	0.24
2	1.94	-1.09	0.40	-0.22	-0.66	-0.60	0.19	0.20	0.24	0.24	0.24	0.19
TS2/6	1.97	-1.11	0.40	-0.21	-0.51	-0.33	0.20	0.21	0.23	-0.31	0.23	0.23
6	1.98	-1.11	0.41	-0.24	-0.15	-0.50	0.20	0.23	0.23	-0.50	0.21	0.23
TS6/7	1.91	-1.09	0.40	-0.25	-0.08	-0.72	0.23	0.22	0.22	-0.20	0.13	0.24
7	1.97	-1.10	0.39	-0.24	-0.12	-0.80	0.22	0.22	0.21	0.00	0.04	0.22
TS2/9	1.80	-0.99	0.39	-0.09	-0.55	-0.59	0.25	-0.08	0.24	0.11	0.26	0.25
9	1.95	-0.97	0.40	0.06	-0.46	-0.64	0.25	-0.49	0.24	0.24	0.28	0.15
TS9/10	1.88	-1.01	0.40	0.01	-0.33	-0.77	0.22	-0.26	0.24	0.23	0.27	0.12
10	1.88	-0.96	0.41	-0.06	-0.34	-0.85	0.01	0.01	0.04	0.23	0.23	0.22
TS9/12	1.86	-0.96	0.41	0.04	-0.58	-0.61	0.22	-0.18	0.12	0.23	0.23	0.22
12	1.85	-0.99	0.41	-0.01	-0.57	-0.62	0.01	0.01	0.04	0.21	0.23	0.22
TS9/14	1.83	-0.91	0.41	0.04	-0.72	-0.58	0.22	-0.18	0.23	0.22	0.22	0.21
14	1.92	-1.03	0.41	-0.83	-0.01	-0.90	0.23	0.24	0.24	0.29	0.23	0.21
TS1/16	1.98	-1.02	0.39	-0.85	-0.04	-0.86	0.22	0.24	0.24	0.21	0.20	0.28
16	2.11	-0.95	0.40	0.11	-0.82	-1.28	0.25	0.21	0.25	0.25	0.23	0.23
TS16/14	1.99	-0.99	0.41	-0.82	0.05	-1.08	0.24	0.25	0.22	0.21	0.24	0.28

　　计算结果表明丙烯按两种不同的方式结合到 YNH⁺，这与实验预测是一致的。当 YNH⁺ 与丙烯两种方式相互连接时，YNH⁺ 合到丙烯的碳碳双键上形成初始进攻复合 1 和 2。中间体 1、Y、N 和丙烯中两个双键原子间形成了一个四元环，它们的量比始分离反应物的分别 105.93kJ/mol（25.3kcal/mol）和 100.48kJ/mol（24kcal/mol）。在中间体 1，Y—N 键（2.024）与 YNH⁺（0.1nm）中相比伸长了，键角 Y—N—H 从 18°减小到了 51°，C—C 键从 0.128nm，伸长到了 0.156nm，为了使 Y、N 与烯的电子好地结合，一个 C—C 单键和三个在中间体 1 和中间体 2 中，N—C 和 Y—C 成键轨道都是双占据的。很显然，从分应物到生成初始进攻复合物的过程中，YNH⁺ 和丙烯中的 π 键都被有效地破坏了。在这一步中，NBO 分析

表明由于 N 原子上电荷密度较大，从 YNH^+ 碎片到 C_3H_6 存在净电荷转移（中间体 1 中转移 0.29 a.u.，中间体 2 中转移 0.25 a.u.，见表 7-15）。

所以，中间体 1 和中间体 2 的形成是 YNH^+ 与丙烯中的碳碳双键（C—C）按照 [2+2] 环加成反应机理，发生亲核加成而得到的。

如图 7-37 所示，从反应物出发，YNH^+ 与丙烯的反应就分成了两条对等的向下反应路径，分别到达复合物 1 和复合物 2，从此之后，就可以找到六条反应通道。通道 1~4 对应消除 H_2 生成 $YC_3H_5N^+$，而通道 5 和通道 6 对应消除 CH_4 生成 $YC_2H_3N^+$。

通道 1：从复合物 1 出发，吸收 63.64kJ/mol（15.2kcal/mol）能量到达过渡态 TS1/3，丙烯中的一个氢原子带 0.24a.u. 正电荷从 C(2) 迁移到 Y 上，然后生成比分离反应物稳定（145.7kJ/mol（34.8kcal/mol））的中间体 3，它是整个脱氢势能面上的极小点；接下来从中间体 3 出发，经过过渡态 TS3/4，另外一个 H 带 0.12 a.u. 正电荷从 C(1) 迁移到 Y 上，生成产物复合物 4；最后，产物复合物吸收 16.75kJ/mol（4.0kcal/mol）能量直接分解成产物 5 和产物 H_2。从表 7-16 可以看出，在两个 H 连续转移的过程中，Y 上的正电荷是依次减小的（2.00→1.96→1.86 a.u.），而 C(1) 上的负电荷是依次减小的（-0.93→-0.84→-0.82a.u.），在这个过程中伴随的电荷转移（C(2)→C(1)，H(2)→Y），使 Y—C(1) 键进一步加强，所以从中间体 1 到中间体 4，Y—C(1) 键的键长从 0.2264nm 缩短到 0.2129nm，这表明 Y—C(1) 键的键级增加了。

另外的四条反应通道都是从中间体 2 开始的，所以它可以被看做一个反应分岔点，从此之后，经过过渡态 TS2/6 反应沿着通道 2 继续进行；经过能量比分离反应物低 18.84kJ/mol（4.5kcal/mol）的过渡态 TS2/9 到达中间体 9。从表 7-16 可以看出，在氢转移的过程中（2→TS2/9→9），转移 H（1′）上的负电荷消失了，到达中间体 9 时，它已带上了 0.47a.u. 的负电荷。从中间体 2 到中间体 9，伴随着负电荷从 C(2) 转移到 C(1) 然后到达 H(1′)，C(1)（-0.22→0.06 a.u.）C(2)（-0.66→-0.50 a.u.）上的负电荷都减少了，另外，在这一步 Y（1.94→1.96 a.u.）上的正电荷略微增加了。很显然，在这一步中各原子电荷密度的改变都是由 C(1)—H(1′) 键的断裂和 Y—H(1′) 键的形成引起的。从中间体 9 出发，反应按 3 条不同的通道继续进行，所以，它可以被看做另外一个反应分岔点。

通道 2：中间体 2 出发，经过能量比分离反应物低 43.12kJ/mol（10.3kcal/mol）的过渡态 TS2/6，第一个氢原子从 C(3) 转移到 Y 上，形成中间体 6。从表 7-16 可以看出，在 TS2/6 中转移的 H(3) 上的正电荷已消失，且带上了 0.31a.u. 负电荷；依据 C(3)、H3(3) 和 Y 上电荷密度的变化，从电荷转移的角度也可以看出，C(3)—H(3) 键的断裂和 Y—H(3) 键的形成是相继发生的。然后，从中间体 6 出发，经过五元环过渡态 TS6/7 另外一个氢 H(3′) 从 C(3) 转移到 Y 上形成产物复合物 7。最后，吸收 17.58kJ/mol(4.2kcal/mol) 能量，产物复合物直接分解成产物 8 和 H_2。在连续的两步氢转移过程中，C(2)—C(3) 键的键长先缩短后又略微伸长（0.1520nm→0.1346nm→0.1350nm）。在第一个 H 转移的过程中，H(3) 从 C(3) 上脱落，导致 C(3) 的杂化形式从 sp^3 变成了 sp^2。在第二个氢转移的过程中，C(2)—C(3) 键的略微伸长是由 C(3)—Y 键的形成和相应的结构从四元环重排为五元环所致。

通道 3：从中间体 9 出发，经过能量比分离反应物低 41.868kJ/mol (10.0kcal/mol) 的五元环过渡态 TS9/10，H(3″) 转移到 Y 上生成产物复合物 10，从中间体 9 到中间体 10，这步反应分别与 C(3)—H(3″) 键的断裂和 H (3″)—Y 键的形成有关。在这个氢转移过程中，由于 Y—C(3) 键的形成，从表 7-16 可以看出：C(3) 上的负电荷显著增加（−0.64→−0.85 a.u.），而 C(2) 上负电荷（−0.46→−0.34 a.u.）和 Y 上的正电荷（1.95→1.88 a.u.）均略微减少。

通道 4：从中间体 9 出发，经过过渡态 TS9/12，另外一个 H 从 C(2) 转移到 Y 上，在这一步中需翻越 107.6kJ/mol（25.7kcal/mol）的势垒生成产物复合物 12，然后，产物复合物吸收 16.75kJ/mol（4.0kcal/mol）的能量直接分解成最终产物 13 和 H_2。在这步反应中（9→TS9/12→12），Y—C(2) 键的键长（0.2531nm→0.2214nm→0.2151nm）是逐渐缩短的。NBO 分析表明在这一步氢转移过程中，伴随着负电荷从 H(2) 流向 C(2)，使 C(2) 上的负电荷从 0.46 增加到了 0.57 a.u.，同时伴随着负电荷从 H(1′) 转移到 Y 上，使 Y 上的正电荷从 1.95 减少到了 1.85 a.u.。这样，Y、C(2) 之间电荷密度增加促使 Y—C(2) 键缩短，这表明 Y—C(2) 键的键级增加。

通道 5：从中间体 9 出发，经过过渡态 TS9/14，从 C(3) 上转移一个 H 至 Y 上，可能使该反应可继续进行生成产物复合物 14，最后，产物复合物吸收 39.77kJ/mol(9.5kcal/mol) 的能量直接分解成最终产物 15 和 CH_4。但是，得注意的是在这步反应中（9→TS9/14→14），C(2)—C(3) 和 Y—H(1′) 这两个键同时断裂，所以较高的活化势垒可阻止反应按该通道顺利进行。正如图 7-37b 所示，通道 5 在热力学上是允许的，但在动力学上是禁阻的。换言之，在常温下，标题反应按照该通道很难发生，由于其决速步骤（9→TS9/14→14）的活化势垒高达 270.05kJ/mol(64.5kcal/mol)。

通道 6：另外一条消除 CH_4 通道见图 7-37b。从初始反应复合物 1 出发，第一步是甲基从 C(2) 迁移至 Y，经过的过渡态 TS1/16 有唯一虚频（428i/cm），从 1

→16，需翻越 87.92kJ/mol（21.0kcal/mol）的能垒高度。从中间体 16 出发，经过渡态 TS16/14 生成产物复合物 14，最后其迅速分解成分离的产物 15 和 CH_4。在第一步（1→TS1/16→16）中，甲基从 C(2) 上脱落使 C(2) 的杂化形式从 sp^3 变成 sp^2，且伴随着电荷密度沿四元环结构转移至 C(2)（见表 7-16），所以键 Y—C(1) 和 Y—N 均被拉长（见图 7-36）。经 NBO 分析表明 C(3) 为与缺电子 Y 成键，迁移甲基中碳原子带 0.86 a.u. 负电荷，到达中间体 16，该碳原子上的负电荷已增加到 1.28 a.u.，Y 上的正电荷已增加到 2.11a.u.，这是由于 Y—C(3) 键的形成。在第二步中（16→TS16/14→14），过渡态 TS16/14 振动模式的特征向量明确指向键 C(1)—H(1) 的断裂和 C(3)—H(1) 的形成，产物复合物 CH_4—$YC_2H_3N^+$ 的几何参数与分离产物 CH_4 和 $YC_2H_3N^+$ 很接近，所以其比较容易解离成最终产物。正如图 7-37b 所示，该通道在动力学和热力学上均是可行的，这与实验报道是一致的。

D 结论

为进一步获得气相中 YNH^+ 与丙烯反应的机理信息，在密度泛函 UB3LYP 水平上对复杂的基态（单重态）势能面进行详细的理论计算研究，通过势能面上各驻点的几何参数、能量和自然布局分析刻画它们之间的化学反应模式。得到的理论数据可以很好地解释实验观测，另外，还可以为理解类似反应机理提供有利的指导。目前研究的结论总结如下：

（1）六条反应通道已被找到：通道 1~4 对应消除 H_2 生成 $YC_3H_5N^+$，而通道 5 和通道 6 对应消除 CH_4 生成 $YC_2H_3N^+$。所有的反应通道经过两个多中心过渡态分两步进行，这不同于 C—H 键被富电子金属中心活化。

（2）所有的反应通道都在单重态势能面进行的，在基态（单重态）和第一激发态（三重态）势能面间没有发生自旋交叉。

（3）六条反应通道均放热，但值得注意的是通道 1~4 和通道 6 中的各驻点的能量均低于初始平衡反应物的，通道 5 中一过渡态（TS9/14）的能量比初始反应物的能量高 141.1kJ/mol（33.7kcal/mol）。所以，在低温条件下这阻止了反应按该通道（通道 5）顺利进行。

（4）就 YNH^+ 与丙烯反应而言，H_2 和 CH_4 消除过程是平行反应，但从图 7-37 可以看出（比较各通道决速步骤的活化势垒高度）β-CH_3 比 β-H 难以迁移，这限制了对应过程的反应效率和相应产物的分支比。所以对标题反应来说，脱 H_2 是主反应，脱 CH_4 副反应，这与实验报道是一致的。

（5）沿着通道 1~4 来自不同碳原子上的两个 H 连续迁移，经消除 H_2 得到的产物（7，8，11 和 13）是同分异构体。根据它们的能量，其稳定性顺序为：11 ＞7＞13＞8，这样通道 1~4 的反应放热性和它们的稳定性顺序是一致的。

参 考 文 献

[1]　胡正发，冯霞，王振亚，等. F 原子与瞬态自由基 CH_2SH 反应的理论研究 [J]. 化学学报，2002，10（10）：1760～1767.

[2]　Morris V，Walker G A，Jones P，et al. Ab initio SCF studies of the electronic structures of halogen nitrates. 2. FNO_x （$x=1$，2，3）[J]. J. phys. chem，1989，93（20）：7071～7074.

[3]　Harcourt R D，Wolynec P P. Parametrized Valence Bond Studies of the Origin of the N-F Bond Lengthenings of FNO_2 and FNO [J]. Journal of Physical Chemistry A，2001，105（20）：4974～4979.

[4]　徐建华. CF_2ClBr 与 O（1D）反应机理的理论研究 [J]. 四川师范大学学报（自然科学版），2008，3（3）：353～357.

[5]　刘俊伶，朱元强，李来才. HCO 自由基与 HO_2 自由基反应机理的理论研究 [J]. 四川师范大学学报（自然科学版），2006，6（6）：726～731.

[6]　李来才，朱元强. CH_2O 与 H 反应机理的量子化学研究 [J]. 四川师范大学学报（自然科学版），2005，28（2）：214～217.

[7]　查东，郑妍，尚静，等. CH 自由基与 NO 反应机理的量子化学研究 [J]. 四川师范大学学报（自然科学版），2006，29（1）：101～105.

[8]　Gonzalez C，Schlegel H B. An improved algorithm for reaction path following [J]. Journal of Chemical Physics，1989，90（4）：2154～2161.

[9]　Gonzalez C，Schlegel H B. Reaction-Path Following in Mass-Weighted Internal Coordinates [J]. J. phys. chem，1990，94（14）：5523～5527.

[10]　于勇，潘循皙. O（1D）与 CF_2ClBr 的反应研究 [J]. 环境化学，1999，18（5）：414～421.

[11]　Zhang L，Qin Q Z. Computational Studies on the Reaction Pathways of CF3Br with O（1D，3P）Atoms [J]. J. phys. chem. a，2000，105（1）：215～218.

[12]　Dibble T S，Francisco J S. The last chapter on chlorofluorocarbon photooxidation processes：formation and dissociation of FC(O)ONO [J]. J. phys. chem，1994，98（19）：5010～5018.

[13]　Weihai F，Ruozhuang L，Xuming Z，et al. Photodissociation of Acetic Acid in the Gas Phase：An ab Initio Study [J]. J. org. chem，2002，67（24）：8407～8415.

[14]　翟翠屏. 大气瞬变物种 FC(O)O 与 NO 反应过程的量子化学研究 [D]. 石家庄：河北师范大学，2008.

[15]　赵江，崔磊，曾祥华，等. FC(O)O 自由基与 NO 反应机理的理论研究 [J]. 物理学报，2008，57（11）：7349～7353.

[16]　孙昊. 大气化学中几种重要自由基反应的理论研究 [D]. 长春：东北师范大学，2006.

[17]　冯丽霞. 几种氟代烷烃与自由基抽氢反应的直接动力学研究 [D]. 西安：陕西师范大学，2006.

[18]　Kreye W C. Ab-initio study of the enegreties and themrodynmaics of the reaction CF3H + O(3P) →CF3H···O→CF3 + OH [J]. Chem Phys. Lett.，1996，256（4）：383～390.

[19]　Liu J Y，Li Z S，Dai Z W，et al Dual-level direct dynamics studies for the hydrogen abstrac-

tion reaction of 1, 1-difluoroethane with O(3P)[J]. Chme. Phys., 2004, 296 (1): 43~51.

[20] Zhang Q, Zhang R Q, Gu Y. Kinetics and Mechanism of O(3P) Reaction with CH3CHF2: A Theoretical Study [J]. J. phys. chem. a, 2004, 108 (6): 1064~1068.

[21] 刘朋军. 若干气相含氮、硫、卤素的小分子自由基反应微观动力学的理论研究 [D]. 长春: 东北师范大学, 2004.

[22] 谢鹏涛, 曾艳丽, 郑世钧, 等. CH_2ClO 与 NO 反应机理的理论研究 [J]. 化学学报, 2007, 65 (13): 1217~1222.

[23] 赵岷, 潘秀梅, 刘朋军, 等. OClO + NO ——→ClO + NO_2 反应机理的密度泛函理论研究 [J]. 东北师范大学学报 (自然科学版), 2004, 35 (4): 33~38.

[24] Kambanis K G, Lazarou Y G, Morozov I I, et al. Kinetic Studies of the Reaction of Cl Atoms with BrCH2OCH3 [J]. J. phys. chem, 1995, 99 (47): 17169~17173.

[25] 胡海泉, 刘成卜. 单重态 CC_{12} 与 O_3 反应机理的理论研究 [J]. 化学学报, 1999, 57 (1): 29~33.

[26] 李吉来. 几类重要卤素原子自由基——分子反应机理的理论研究 [D]. 长春: 吉林大学, 2007.

[27] 杨剑钊. 卤代烷氧基与 XO (X = N, O) 反应机理的理论研究 [D]. 哈尔滨: 哈尔滨理工大学, 2011.

[28] 赵力维. 氯与卤代化合物反应机理的理论研究 [D]. 哈尔滨: 哈尔滨理工大学, 2008.

[29] 梁俊玺, 王彦斌, 耿志远. 气相中 $CHCl^-$/CCl_2^- 与 CX_3H (X = F, Cl, Br 和 I) 的氢抽提反应的密度泛函理论研究 [C]. 中国化学会第 28 届学术年会第 13 分会场摘要集. 2012.

[30] Ayhens Y V, Nicovich J M, Mckee M L, et al. Kinetic and Mechanistic Study of the Reaction of Atomic Chlorine with Methyl Iodide over the Temperature Range 218~694K [J]. Journal of Physical Chemistry A, 1997, 101 (49): 9382~9390.

[31] 张辉, 李泽生, 刘靖尧, 等. Br + $CH_3S(O)CH_3$ 反应机理的直接动力学研究 [J]. 分子科学学报, 2006, 22 (1): 1~6.

[32] 贾秀娟. 卤代甲基自由基、卤代烷和氢氟醚类化合物与一些自由基反应机理及动力学性质的理论研究 [D]. 长春: 东北师范大学, 2010.

[33] 牟宏晶, 赵力维, 张辉, 等. Cl + CH2ICl 反应机理的理论研究 [J]. 东北师范大学学报 (自然科学版), 2008, 40 (2): 83~87.

[34] Hongqing H, Jingyao L, Zesheng L, et al. Theoretical study for the reaction of CH_3OCl with Cl atom. [J]. Journal of Computational Chemistry, 2005, 26 (6): 642~650.

[35] 赵宇飞, 刘兴重, 孙少学, 等. 氯代次甲基与 O_2 反应的机理研究 [C]. 中国环境科学学会 2009 年学术年会论文集 (第四卷). 2009.

[36] Petersen M A, Jenkins S J, King D A. Theory of Methane Dehydrogenation on Pt{110}(1×2). Part II: Microscopic Reaction Pathways for $CH_x \rightarrow CH_{x-1}$ (x = 1~3) [J]. J. Phys. Chem. b, 2004, 108: 5920~5929.

[37] 章日光, 黄伟, 王宝俊. Co-Pd 催化剂上 CH_4/CO_2 合成乙酸反应中 CO_2 与表面金属物种作用的密度泛函理论研究 [J]. 高等学校化学学报, 2009, 30 (11): 2252~2257.

[38] Burghgraef H, Jansen A P J, Santen R A V. Methane activation and dehydrogenation on nickel and cobalt: a computational study [J]. Surface Science, 1995, 324 (2~3): 345~356.

[39] Zuo, Zhijun, Huang, et al. A density functional theory study of CH_4 dehydrogenation on Co (111) [J]. Applied Surface Science, 2010, 256 (20): 5929~5934.

[40] Sein L T, Jansen S A. DFT Study of the Adsorption and Dissociation of Methanol on NiAl (100) [J]. Journal of Catalysis, 2000, 196 (2): 207~211.

[41] Tang H R, Wang W N, Fan K N. Work function change induced by surface modification and its effects upon methanol adsorption on Ag(110) surface: a density-functional theory approach [J]. Chemical Physics Letters, 2002, 355 (5): 410~416. .

[42] Jiang L, Huang W, Zhong B. Surface Structure Sensitivity of the Water-Gas Shift Reaction on Cu(hkl) Surfaces: A Theoretical Study [J]. J. phys. chem. b, 2002, 107 (2): 557~562.

[43] Wang G C, Jiang L, Pang X Y, et al. A theoretical study of surface-structural sensitivity of the reverse water-gas shift reaction over Cu (hkl) surfaces [J]. Surface Science, 2003, 543 (1): 118~130.

[44] 朱洪元, 张元, 周丹红, 等. Mo/MCM-222 分子筛碳化钼活性中心结构及甲烷活化机理的密度泛函理论研究 [J]. 催化学报, 2007, 28 (2): 180~186.

[45] Wang S G, Cao D B, Li Y W, et al. CH_4 dissociation on Ni surfaces: Density functional theory study [J]. Surface Science, 2006, 600 (16): 3226~3234.

[46] Marcus R A, Sutin N. Electron transfers in chemistry and biology [J]. Biochimica et Biophysica Acta (BBA) -Reviews on Bioenergetics, 1985, 811 (3): 265~322.

[47] Aubert C, Buisine O, Malacria M. The behavior of 1, n-enynes in the presence of transition metals. [J]. Chemical Reviews, 2002, 102 (3): 813~834.

[48] Christian B. Electrophilic Activation and Cycloisomerization of Enynes: A New Route to Functional Cyclopropanes [J]. Angewandte Chemie International Edition, 2005, 44 (16): 2328~2334.

[49] Tonkyn R, Ronan M, Weisshaar J C. Multicollision chemistry of gas-phase transition-metal ions with small alkanes: Rate constants and product branching at 0.75 Torr of He [J]. Journal of Physical Chemistry, 1988, 92 (1): 92~102.

[50] Guo B C, Kerns K P, Castleman A W. Studies of reactions of small titanium oxide cluster cations toward oxygen at thermal energies [J]. International Journal of Mass Spectrometry & Ion Processes, 1992, 177 (1~3): 129~144.

[51] Armentrout P B. Chemistry of excited electronic States. [J]. Science, 1991, 251 (4990): 175~179.

[52] Tilson J L, Harrison J F. Electronic and geometric structures of various products of the scandium-water reaction [J]. J. phys. chem, 1991, (13): 5097~5103.

[53] Fisher E R, Armentrout P B. Activation of alkanes by chromium (+): unique reactivity of ground-state Cr^+ (6S) and thermochemistry of neutral and ionic chromium-carbon bonds [J]. Cheminform, 2002, 23 (6): 2039~2049.

[54] Weisshaar J C. Bare transition metal atoms in the gas phase: reactions of M, M^+, and M^{2+}

with hydrocarbons [J]. Acc. chem. res, 1993, 26 (4): 213~219.

[55] Kaya T, Horiki Y, Kobayashi M, et al. Intensity gaps in M^+ (CH_3OH)$_n$ as studied by laser ablation-molecular beam method [J]. Chemical Physics Letters, 1992, 200 (5): 425~439.

[56] Buckner S W, Freiser B S. Formation of primary amide complexes of Fe^+, Co^+ and Rh^+ in the gas phase [J]. Polyhedron, 1989, 8 (11): 1401~1406.

[57] Fisher E R, Elkind J L, Clemmer D E, et al. Reactions of fourth-period metal ions (Ca^+ - Zn^+) with O_2: Metal-oxide ion bond energies [J]. Journal of Chemical Physics, 1990, 93 (4): 2676~2691.

[58] Hendrickx M, Ceulemans M, Gong K, et al. Ab Initio Study of the Activation of Ammonia by Co^+ [J]. Journal of Physical Chemistry A, 1997, 101 (45): 8540~8546.

[59] Michelini M D C, Sicilia E, Russo N, et al. Topological Analysis of the Reaction of Mn^+ (7S, 5S) with H_2O, NH_3, and CH_4 Molecules [J]. Journal of Physical Chemistry A, 2003, 107 (24): 4862~4868.

[60] Emilia S, Nino R. Theoretical study of ammonia and methane activation by first-row transition metal cations M^+ (M = Ti, V, Cr). [J]. Journal of the American Chemical Society, 2002, 124 (7): 1471~1480.

[61] Michelini M D C, Nino R, Emilia S. Density functional study of ammonia activation by late first-row transition metal cations. [J]. Inorganic Chemistry, 2004, 43 (16): 4944~4952.

[62] Buckner S W, Gord J R, Freiser B S. Gas-phase chemistry of transition metal-imido and nitrene ion complexes. Oxidative addition of nitrogen-hydrogen bonds in ammonia and transfer of NH from a metal center to an alkene [J]. Journal of the American Chemical Society, 2002, 110 (20): 6606~6612.

[63] Zhang Q, Bowers M T. Activation of Methane by MH^+ (M = Fe, Co, and Ni): A Combined Mass Spectrometric and DFT Study [J]. Journal of Physical Chemistry A, 2004, 108 (45): 9755~9761.

[64] Uddin J, Frenking G. Energy Analysis of Metal-Ligand Bonding in Transition Metal Complexes with Terminal Group-13 Diyl Ligands (CO) 4 Fe-ER, Fe (EMe) 5 and Ni (EMe) 4 (E = B-Tl; R = Cp, N (SiH3) 2, Ph, Me) Reveals Significant π Bonding in Homopleptical Molecules [J]. J. am. chem. soc, 2001, 123: 1683~1693.

[65] Li H Z, Wang Y C, Geng Z Y, et al. The theoretical investigation on gas-phase chemistry of YNH^+ with propene [J]. Journal of Molecular Structure Theochem, 2008, 866 (1): 5~10.

[66] Jackson T C, Jacobson D B, Freiser B S. Gas-phase reactions of oxoiron (1 +) ion (FeO^+) with hydrocarbons [J]. J. am. chem. soc, 1984 (5): 1252~1257.

[67] Clemmer D E, Aristov N, Armentrout P B. Reactions of scandium oxide (ScO^+), titanium oxide (TiO^+) and vanadyl (VO^+) with deuterium: M^+—OH bond energies and effects of spin conservation [J]. J. phys. chem, 1993 (3): 544~552.

[68] Musaev D G, Morokuma K. Molecular Orbital Study of the Reaction Mechanism of Sc^+ with Methane. Comparison of the Reactivity of Early and Late First-Row Transition Metal Cations and Their Carbene Complexes [J]. Journal of Physical Chemistry, 1996, 100 (28):

11600 ~ 11609.

[69] Porembski M, Weisshaar J C. Kinetics and Mechanism of the Reactions of Ground- State Y (4d15s2, 2D) with Ethylene and Propylene: Experiment and Theory [J]. J. phys. chem. a, 2001, 105 (27): 6655 ~ 6667.

[70] Jackson T C, Jacobson D B, Freiser B S. Gas-phase reactions of oxoiron (1 +) ion (FeO$^+$) with hydrocarbons [J]. J. am. chem. soc, 1984 (5): 1252 ~ 1257.

[71] Alcami M, Luna A, Mó O, et al. Theoretical Survey of the Potential Energy Surface of Ethyl- enediamine + Cu$^+$ Reactions [J]. Journal of Physical Chemistry A, 2004, 108 (40): 8367 ~ 8372.

[72] Sanders L, Hanton S D, Weisshaar J C. Total reaction cross sections of electronic state- speci- fied transition metal cations: V$^+$ + C$_2$H$_6$, C$_3$H$_8$, and C$_2$H$_4$ at 0. 2 eV [J]. Journal of Chem- ical Physics, 1990, 92 (6): 3498 ~ 3518.

[73] Armentrout P B. Chemistry of excited electronic States [J]. Science, 1991, 251 (4990): 175 ~ 179.

[74] Perry J K, Goddard W A. Trends in Sc$^+$ – Alkyl Bond Strengths [J]. J. am. chem. soc, 1994, 116 (11): 5013 ~ 5014.

[75] Brönstrup, Schröder, Schwarz, et al. Oxidative dealkylation of aromatic amines by "bare" FeO$^+$ in the gas phase [J]. Canadian Journal of Chemistry, 2011, 77.

[76] Mark B, Detlef S, Helmut S. Reactions of Bare FeO$^+$ with Element Hydrides EHn (E = C, N, O, F, Si, P, S, Cl) [J]. Chemistry—A European Journal, 1999, 5 (4): 1176 ~ 1185.

[77] Liyanage R, Armentrout P B. Ammonia activation by iron: state- specific reactions of Fe$^+$ (6D, 4F) with ND3 and the reaction of FeNH$^+$ with D2 [J]. International Journal of Mass Spectrometry, 2005, 241 (2): 243 ~ 260.

[78] Ranatunga D R A, Hill Y D, Freiser B S. Gas- Phase Chemistry of the Yttrium- Imido Cation YNH$^+$ with Alkenes: β- Hydrogen Activation by a d 0 System via a Multicentered Transition State [J]. Organometallics, 1996, 15 (4): 1242 ~ 1250.

[79] Cramer C J, Truhlar D G. Continuum Solvation Models [M]. Solvent Effects and Chemical Re- activity. Springer Netherlands, 2002: 1 ~ 80.

[80] Hwang D Y, Mebel A M. Reaction mechanism of nitrogen hydrogenation in the presence of scandi- um oxide: a density functional study [J]. Chemical Physics Letters, 2003, 375 (1): 17 ~ 25.

[81] Gronert S. The need for additional diffuse functions in calculations on small anions: the G2 (DD) approach [J]. Chemical Physics Letters, 1996, 252 (5): 415 ~ 418.

[82] Reed A E, Curtiss L A, Weinhold F. Intermolecular interactions from a natural bond orbital, donor- acceptor viewpoint [J]. Chemical Reviews, 1988, 88 (6): 899 ~ 926.